100の失敗事例に学ぶ

設計・施工トラブルの防ぎ方

日経コンストラクション編

日経BP社

100の失敗事例に学ぶ
設計・施工トラブルの防ぎ方［目次］

第1章 重大事故に学ぶ現場の失敗

第2章 会計検査にみる現場のミス

第3章 「想定外」を招く現場の盲点

第4章 偽装・隠蔽を生む現場の闇

第5章 トラブルを防ぐ現場の心得

第1章

重大事故に学ぶ 現場の失敗

■施工

■設計

第1章は日経コンストラクション2012年2月13日号から16年7月25日号までに掲載した記事をベースに加筆・修正して編集し直した。文中の数値や組織名、登場人物の肩書などは取材、掲載当時のもの

新名神の橋梁工事で事故多発

■ 落下の状況

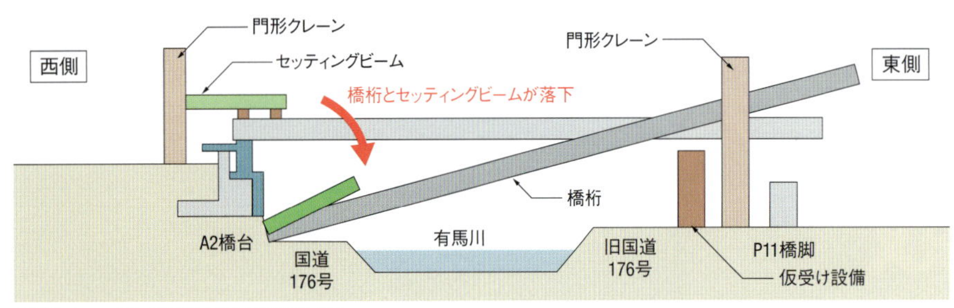

（資料:9ページまで西日本高速道路会社）

■ A2橋台側の状況

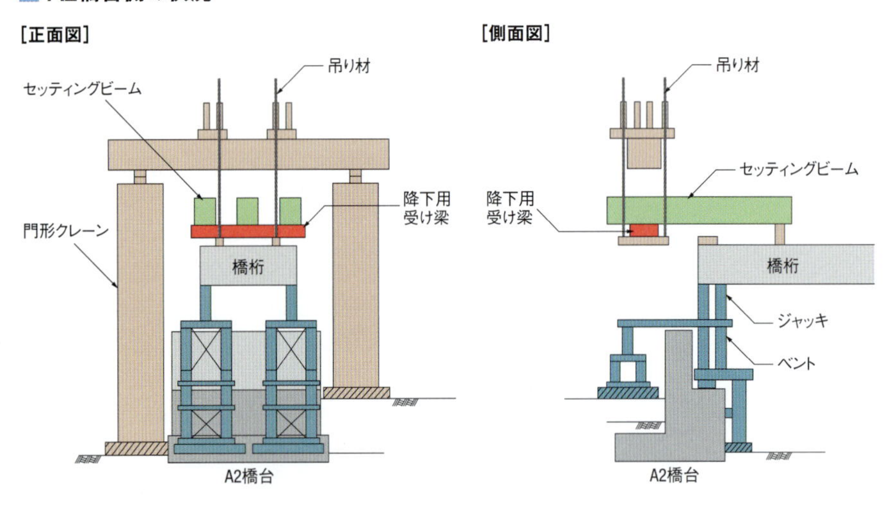

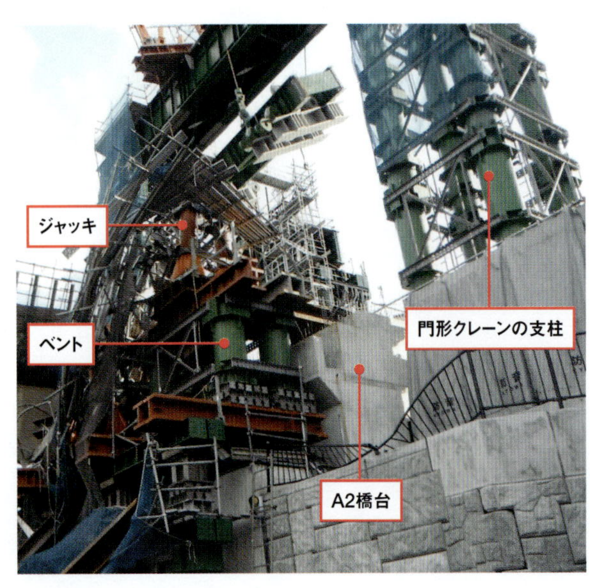

事故後のA2橋台を北側から見たところ。北側のジャッキ2基が見えるが、橋桁の荷重は右側の1基だけにかかっていた。南側のジャッキはベントとともに崩れ落ちた（写真:西日本高速道路会社）

神戸市北区で2016年4月、建設中の新名神高速道路の橋桁が落下した。新名神高速の橋桁落下事故を受けて、西日本高速道路会社が設置した有識者委員会（委員長：山口栄輝・九州工業大学副学長）は6月19日、橋桁の東側を吊っていた門形クレーンが地盤の不等沈下で西へ18.5cm傾いていたことが主な原因とする報告をまとめた。

門形クレーンが傾いたことで、橋桁を西に押す力が発生。ジャッキに載っていた橋桁の西側がバランスを崩して落下した。

事故があったのは16年4月22日。有馬川や国道176号を東西にまたぐ有馬川橋のうち、上り線のA2橋台とP11橋脚の間で鋼製の橋桁が落下した。落下した橋桁は、長さ約120mで、重さは1350t。この事故で作業員2人が死亡し、8人が負傷した。上部工事の施工者は三井住友建設・横河ブリッジJVで、事故があった箇所は横河ブリッジが担当していた。

事故前日から不等沈下

委員会の報告などによると、橋桁落下の経緯やメカニズムは以下の通りだ。

事故発生の前日、施工者はP11橋脚側の橋桁を下から支えていた仮受け設備の解体を始め、門形クレーンで橋桁を吊った状態にした。橋桁の荷重がクレーンにかかるようになっ

■ **P11橋脚側の状況**

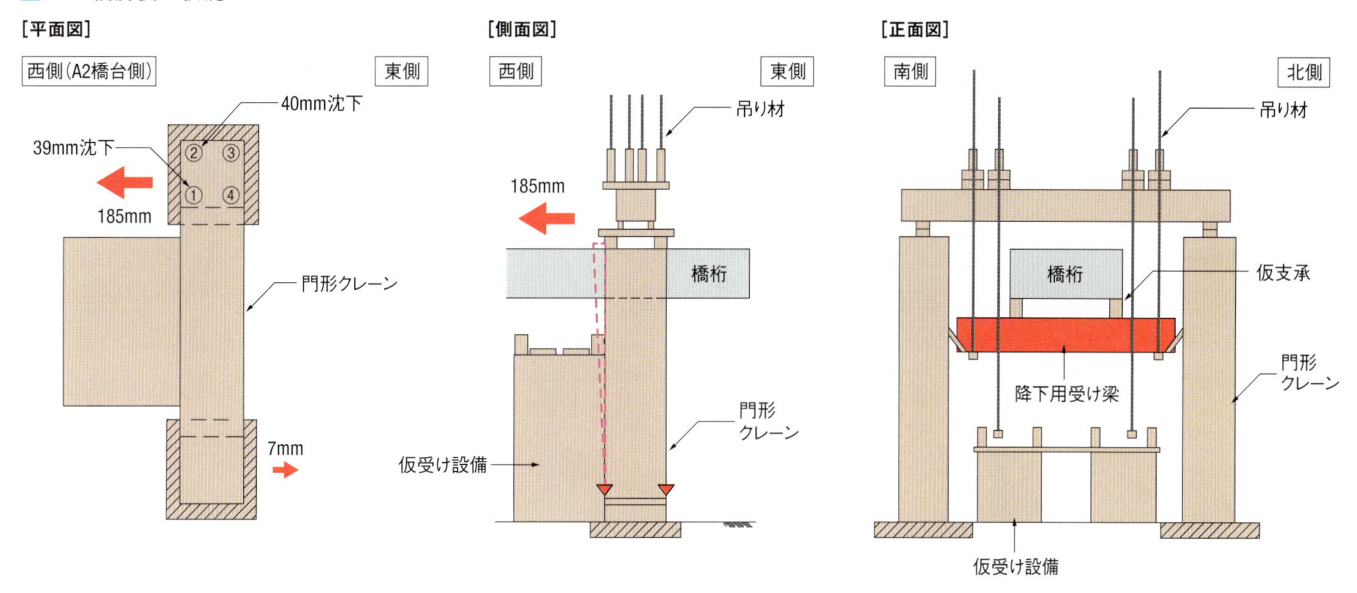

■ **門形クレーンの基礎付近の土質断面図**

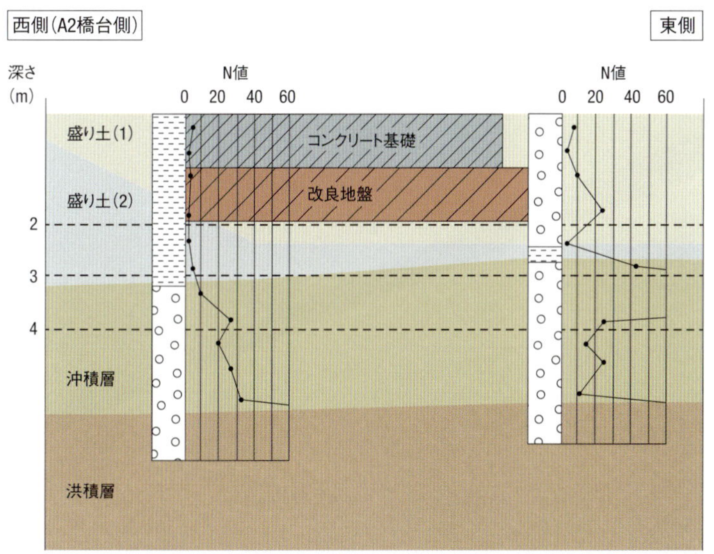

盛り土(1):今回の高速道路建設に伴う盛り土
盛り土(2):宅地造成時などに造成されたと考えられる盛り土

■ **橋桁の挙動**

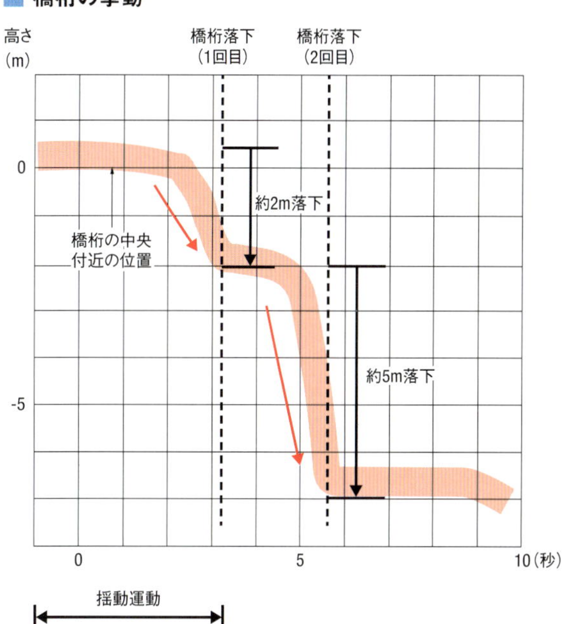

た結果、クレーンの北側の支柱で不等沈下が進んだ。支柱の基礎4隅の計測位置のうち、西側の2点が東側より2.2～2.5cm程度、低くなっていた。

施工者は、事故前日にこれらの現象を把握していたにもかかわらず、工事を続行した。翌日にもさらに不等沈下が進み、午前10時には3.9～4cmに拡大。これに伴い、門形クレーンの上端が西に18.5cm傾いた。その後、午後4時半ごろに事故が発生した。

施工者は門形クレーンの支柱の基礎部では地盤調査を実施せず、事前に調査していた別の箇所のデータをもとに安全性を判断していた。事故後に調査したところ、支柱のコンクリート基礎を支える改良地盤の下に、強度の低い層があることが分かった。

事故当時、A2橋台側ではベント(仮受け設備)上に載せた南北のジャッキ1基ずつで支えていた。橋桁の送り出しなど工程上の都合で、ベントの北側と南側にそれぞれジャッキを2基ずつ、計4基を備えていたが、基本的には常に南北1基ずつで支える計画だった。

A2橋台側ではこの後の工程で、

セッティングビーム（仮受け桁）を介して橋桁を門形クレーンで吊ることになっていた。しかし、事故当時はまだ仮留めの状態で、吊ってはいなかった。

2段階で落下して国道上に

P11橋脚側の門形クレーンが傾斜したことで、西へ押し出すような水平力が橋桁にかかった。その結果、橋桁が不安定になり、A2橋台側で北側のジャッキから逸脱した。南側のジャッキだけに載った不安定な状態になり、橋桁に揺れが発生。橋桁が3秒ほど揺れた後、南側のジャッキからも外れた。

これにより、橋桁がベント上にいったん落下し、ベントの鋼管柱を破壊。さらに、南側に18mずれて国道176号上に落ちた。

一方、P11橋脚側では門形クレーンで吊った降下用受け梁の上に、南北に1基ずつ設けた仮支承を介して橋桁を載せていた。クレーンの傾斜

部材の損傷

［A2橋台側の正面図］

南側

北側

ジャッキから逸脱

橋桁

ジャッキ

橋桁

ベント

橋桁

［P11橋脚側の正面図］

南側

北側

仮支承から逸脱

橋桁

降下用受け梁

A2橋台側のベントとP11橋脚側の降下用受け梁はともに、橋桁の荷重を受けて損傷したのではなく、落下の衝撃によって損傷したことが分かった

国道176号上に落下した上り線の橋桁。事故当時、国道176号は通行止めにしていなかったが、走行車両に被害はなかった。右上に見えるのは下り線（写真：西日本高速道路会社）

によって、橋桁が南側の仮支承から逸脱、あるいは桁の下フランジの変形によってバランスが崩れ、橋桁全体に揺れが発生。橋桁がいったん降下用受け梁の上に落下した。さらに、この衝撃によって受梁が変形して吊り金具から外れ、仮受け設備の上に落ちた。

なお、安定性の計算の結果、ベントと受け梁はいずれも静的荷重では損傷しないことから、橋桁落下の衝撃で壊れたことが分かった。

西日本高速によると、門形クレーンが傾いた後も、クレーンのジャッキに反力の変化がなかったことから、施工者はそのまま工事を続けても大丈夫だと判断したという。

この傾きによる水平力が、A2橋台側に与える影響までは検討していなかったとみられる。施工中も、橋桁や仮設構造物の変位を監視していなかった。

委員会では、橋桁落下を防げなかった要因として、以下の3点を挙げている。

1点目は、事故当時、A2橋台側のジャッキ2基とP11橋脚側の仮支承2基の計4点だけで橋桁を支持していて、少しでも揺れが生じると一気に不安定になる状態だったことだ。4点ともジャッキや仮支承に橋桁を載せただけの「摩擦接合」の状態で、固定はしていなかった。

2点目は、橋桁の架設作業中、施工者が橋桁と仮設構造物の変位や傾きなどを計測・監視していなかったことだ。バランスを崩しやすい状態にもかかわらず、異常をいち早く察知して対策を取れる体制が整っていなかった。

3点目は、P11橋脚側の門形クレーンで進行性の傾斜が生じていたにもかかわらず、それまで橋桁を支えていた仮受け設備を解体したことだ。

直吊り方式を基本とする

委員会は、今回の事故を受けて以下のような再発防止策を提言した。

まずは、仮設構造物の基礎の安定と変位に関して、地耐力を調査したうえで必要な対策を講じるものとした。一時的に片吊り状態になる場合には、十分な安全対策を講じることとした。具体的には、吊り支持側の仮設構造物の安全性が確認されるまで、それまで支持していた仮受け設備などを解体しないことといった対策を挙げている。

また、橋桁を吊る場合には、直吊り方式を基本とした。事故現場では受け梁を使って、その上に仮支承を介して橋桁を載せていたので、不安定になりやすかった。そこで、橋桁にフックなどを取り付け、直接、吊り下げる方式とする。

落下した橋桁は、3分割して撤去することになった。A2橋台側の橋桁は既に撤去が済み、事故発生から通行止めだった国道176号は、7月9日に開通した。

事故現場を含む新名神の神戸ジャンクション（JCT）―高槻JCT間は16年度末までの開通を予定していたが、事故の影響で17年度末に延期された

再発防止策

仮設構造物に関する配慮

（1）仮設構造物の基礎の安定と変位に関して、地耐力を調査したうえで必要な対策を講じ、その効果を確認する

（2）吊り下げ方式で降下させる場合、一時的に片吊り状態となる際には、十分な安全対策を講じる。例えば、鉛直方向には安全サンドル、水平方向にはサイドストッパーを設置

（3）吊り方式を採用する場合は、安全性の高い直吊り方式を基本とする

施工管理に関する配慮

（1）架設作業は進捗とともに荷重状態が変わってくるため、作業段階ごとに計測管理項目（変位、倒れ、反力など）とその管理基準値の設定、計測頻度とその記録方法、計測値が管理基準値を超過した場合の対処方法などについて事前に計画する

（2）計測管理項目に、橋桁や仮設部材に加え、仮設構造物の基礎部など大きな荷重がかかる地盤の状態も含める

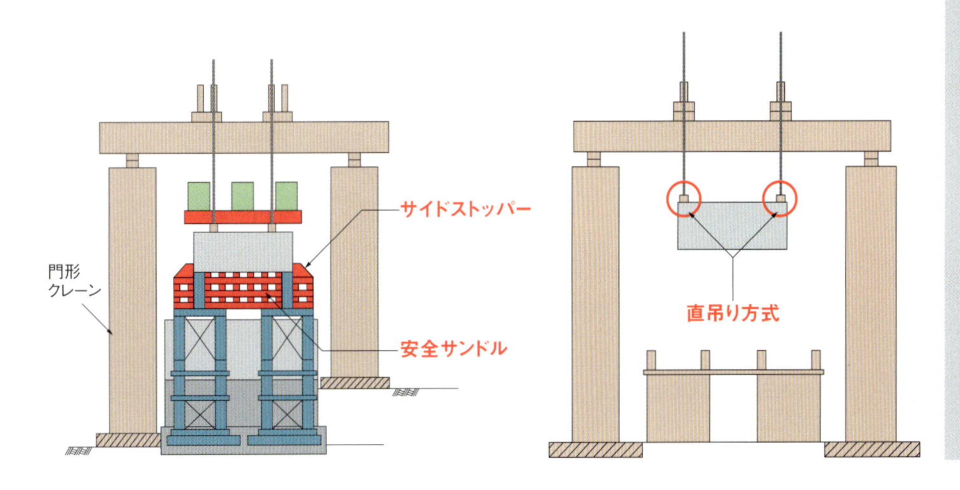

［仮支柱転倒］原因は安定性の照査ミス

西日本高速道路会社は2016年6月14日、専門家による技術検討委員会（委員長：山口栄輝・九州工業大学副学長）を開き、5月に発生したベント転倒のメカニズムを明らかにした。

当初の安定照査では、気温上昇に伴う主桁の変形を考慮せず、桁からの重力が掛かる作用点も実際とは異なる位置に設定した。こうした条件を精査して再計算した結果、転倒しようとするモーメントが大幅に増加。安全率は当初の想定の2から1へと低下した。

事故があったのは、IHIインフラシステムが施工していた新名神高速道路の余野川橋下り線。長さ316mの鋼5径間連続合成少数鈑桁橋だ。

5月19日午前10時ごろ、P2橋脚とP3橋脚の間で主桁を支えていた鋼製ベントがP2橋脚側に倒れ、桁下を通る箕面有料道路を塞いだ。P2橋脚側から主桁を順次、張り出しており、事故発生時にはまだP3橋脚に届いていなかった。

主桁の勾配で転倒モーメント

ベントの設置位置が箕面有料道路の盛り土部分と干渉するので、P3橋脚側に寄せて設置していた。そのため、仮支承（サンドル）をベント上のP2橋脚側にずらして載せざるを得なかった。西日本高速によると、ベント上に作業スペースを広く確保できるといった利点があるので、サンドルをずらして設置すること自体は珍しくない。

主桁には、P2橋脚からP3橋脚に向かって下がる勾配がある。また、主桁を張り出すことによって、その重みで桁が下がり、勾配がさらに大きくなる。こうした勾配によって、ベントにはP2橋脚側に倒れようとするモーメント（転倒モーメント）が働く。施工者は計画時に、これらの転倒モーメントをもとに安定性を計算していた。

余野川橋のベント転倒の現場。左に見えるのがP3橋脚。主桁はP3橋脚まで届いていなかったが、P2橋脚側からの片持ち状態で、落下せずに済んだ（写真：西日本高速道路会社）

事故の状況

［側面図］

5月19日架設予定　5月18日架設　5月10日架設　架設済み

床版架設済み範囲

箕面有料道路

ベント

P3　P2

（資料：西日本高速道路会社）

しかし、製作キャンバーと気温上昇に伴う主桁の変形は考慮していなかった。製作キャンバーとは、自重などによるたわみを見込んで、桁の製作時に設けておく反り（上げ越し）のことだ。また、日の当たる床版上面の方が下面よりも温度上昇による膨張が大きいので、中央部が盛り上がるように湾曲する。これらの要素も主桁の勾配を大きくし、転倒モーメントを増大させる。

一方、転倒モーメントと逆向きの抵抗モーメントは、当初の計画より大幅に小さくなることが分かった。計画時には、桁の重みがベントに掛かる作用点を、サンドルと主桁が接する面の中心と考え、回転の中心からの水平距離を24cmとしていた。

しかし、実物大のベントを使った実験の結果、実際に力が作用する箇所の水平距離は12cmの位置であることが判明。中心からの距離が短くなり、モーメントが減った。

これを考慮して安定性を計算すると、当初計画より転倒モーメントは50%増加し、抵抗モーメントは23%減少した。その結果、転倒モーメントと抵抗モーメントがほぼ同じ大きさになり、安全面の余裕がなくなった。

事故前日に、2ブロック分の主桁をベントの先に張り出すように架設した。事故当日の早朝の段階では、まだベントは倒れずに立っていた。その後、次第に気温上昇による主桁の変形が進んだことがきっかけとなり、転倒したと考えられる。

基礎梁を延ばすなどの対策を

西日本高速は再発防止策として、サンドルの位置を重心からずらさないことを原則とした。やむを得ずずらして設置する場合、(1)ベントの基礎梁を延ばす、(2)サンドルの反対側の基礎梁に重りを設置する、(3)ベントをコンクリート基礎とする――といった安全対策を施す。

ベントの概要とモーメント

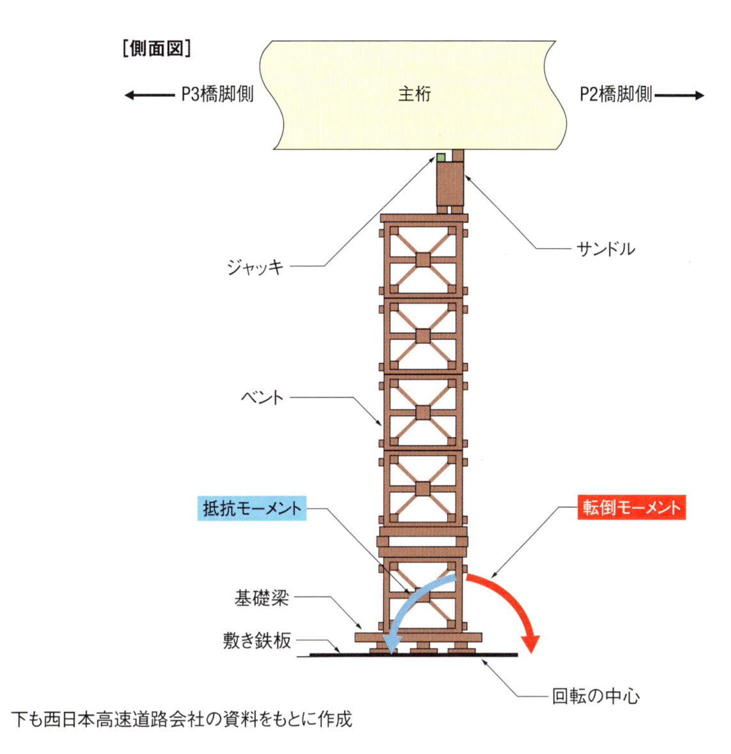

下も西日本高速道路会社の資料をもとに作成

検証結果に基づく安定照査

項目			単位	当初計画	検証結果
鉛直荷重	主桁自重	Po1_1	kN	494.6	534.0
	温度差による反力	Po1_2	kN	—	105.4
ベント自重	ベント本体	Po2_1	kN	122.6	106.5
	受け梁・サンドル	Po2_2	kN	—	16.1
Po1作用位置		L1	m	0.24	0.12
Po2作用位置	ベント本体	L2_1	m	1.21	1.19
	受け梁・サンドル	L2_2	m	—	0.22
抵抗モーメント合計 (Po1_1+Po1_2)×L1+Po2_1×L2_1+Po2_2×L2_2		MR	kNm	267.0	205.0
水平力	主桁の縦断勾配の影響	H1	kN	9.9	12.8
	張り出しによる勾配変化	H2	kN	0.5	0.6
	製作キャンバーの勾配	H3	kN	—	1.3
	気温上昇に伴う変形	H4	kN	—	0.9
作用高		h	m	13.0	13.0
転倒モーメント合計 (H1+H2+H3+H4)×h		Mn	kNm	135.0	202.8

ベントに掛かる主桁の自重が、当初計画よりも大きいことが判明

気温上昇による主桁の湾曲で、鉛直荷重がさらに大きく

作用点の位置が、主桁と接する面の中心よりも外側寄りであることが判明

製作キャンバーと気温上昇を当初計画では考慮せず

検証の結果、安全率（MR／Mn）は1.01に

［ボルト穴のずれ］ ジャッキ操作で不手際

2015年6月、新名神高速道路の橋桁を架設する夜間工事の際に接合部のボルト穴がずれて作業が大幅に長引いたトラブルで、その“後遺症”と言える不具合が発生していたことが分かった。発注者の西日本高速道路会社は16年4月6日までに、ボルト穴にずれが生じた原因や、これから実施する補修工事の内容などを明らかにした。

トラブルが発生したのは、名神高速道路と接続する新名神高速の高槻第二ジャンクション（JCT、大阪府高槻市）の建設現場。15年6月16日夜から17日朝にかけて、橋長366.5mのランプ橋の一部となる延長約85mの曲線区間の橋桁（以下、架設桁）を架設していた。施工者は宮地エンジニアリング・東京鉄骨橋梁・片山ストラテックJVだ。

設置済みの桁（既設桁）に架設桁を連結する際、大阪側（西側）の接合部の下り線側で桁と添接板のボルト穴にずれが生じたために作業が難航。現場で穴を開け直すなどした影響で工事が長引き、付近の名神高速の夜間通行止め解除が予定より4時間近く遅れた。

その後、間もなくして接合部の側面にはらみ出しなどの不具合が発生した。西日本高速は翌7月に宮川豊章・京都大学特任教授を委員長とする技術検討委員会を設置。同委員会の審議を経て、ボルト穴がずれた原因や不具合の補修工事の内容などを公表した。

架設桁にねじれ

西日本高速によると、ボルト穴のずれは部材製作時の穴開けのミスではなく、連結作業中に架設桁がねじれたことで生じた。連結後の側面のはらみ出しも、ねじれを解消せずに接合したことが原因とみられる。

ジャッキを2基ずつ据えた台車2台に架設桁を載せて、京都側の台車ではジャッキを上げて、大阪側の台車ではジャッキを下げて架設桁の高さを調整する計画だった。しかし台車の高さの設定を誤り、大阪側のジャッキを上げるだけで調整することになって作業効率が低下した。

さらに、問題を大きくしたのが、ずれたボルト穴に最も近いジャッキ1基だけで架設桁の位置を調整しようとしたことだ。本来なら、4基全てのジャッキを使い、反力バランスを取って高さを調整すべきだった。使用した1基のジャッキが過負荷となって調整が困難になり、架設桁にねじれが生じた状態のまま、新たに開けたボルト穴で固定した。

架設桁と既設桁との隙間が想定より

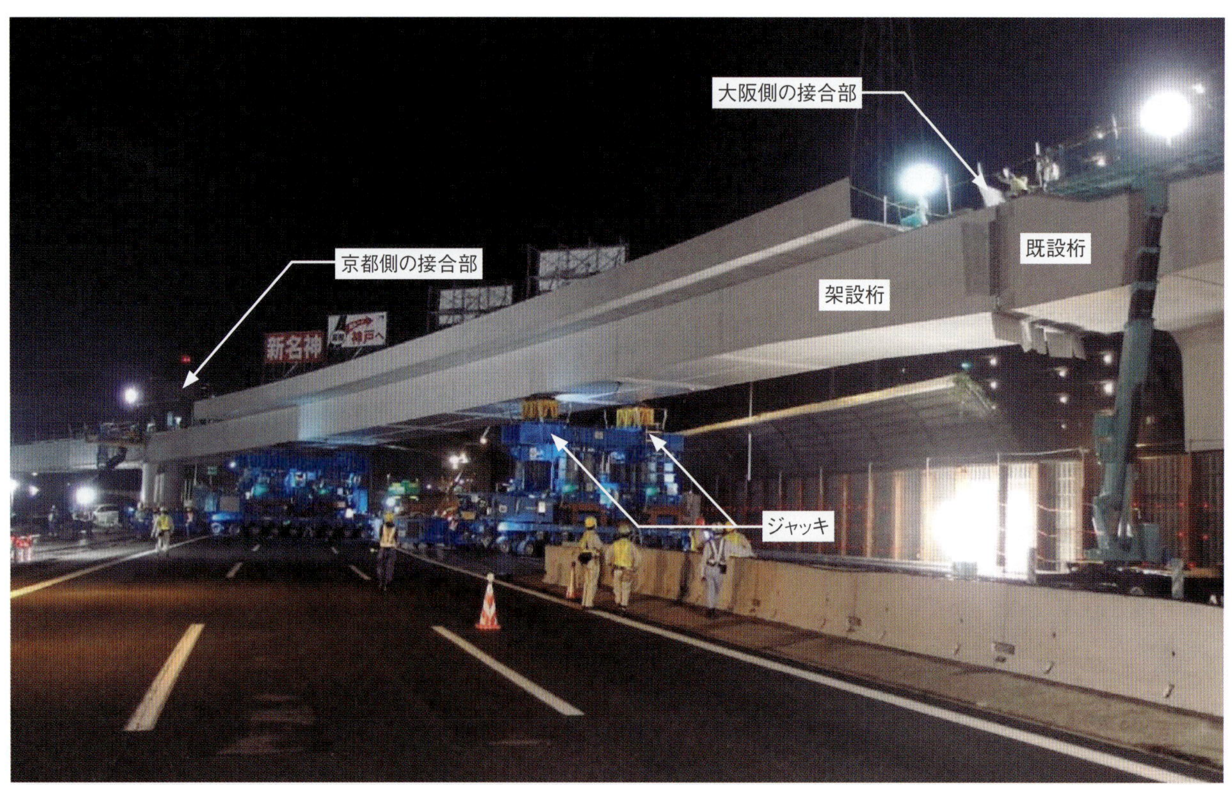

ランプ橋の桁の架設状況。大阪側と京都側でそれぞれ2基、計4基のジャッキで支えた
（写真・資料：右ページまで西日本高速道路会社）

狭くなっていたことも、連結作業のしにくさを助長した。既設桁同士は剛結合されているので、温度変化による伸縮は吸収されるか、接合部から4径間離れたゴム支承側に発生すると同JVでは考えていた。しかし、実際には接合部側に伸びが生じていた。

接合部に“継ぎ”を当てる

不具合が見つかった接合部の対策工事で、西日本高速の設置した技術検討委員会は3通りの対策案を比較検討。そのうち、はらみ出しが生じた側面に添接板を重ねて補強する手法は、ボルトが過密になり設計基準を満たさなくなるので却下した。

続いて、接合部周りの桁のブロックを丸ごと切断して交換する手法と、接合部の一部をコの字形に切り取り、“継ぎ”を当てるようにして補強する手法を詳細に検討した。前者の手法はブロックの切断によって離れた桁に振動や水平力が発生し、桁を支える台車を転倒させるリスクが生じるとして、後者の採用を西日本高速に提言した。

宮地エンジニアリングJVが費用を負担して、不具合を補修する。まず、不具合のあった箇所を30cmずつ切断し、添接板で仮留めする。さらに、添接板をいったん外して防錆処理も施しておく。その後、切断した部材を取り替える。

西日本高速は同JVの構成企業と桁の連結作業に携わった専門工事会社を、名神高速の夜間通行止め解除を遅らせたことによる「公衆損害」を理由に、5カ月間の指名停止とした。

西日本高速は再発防止策として、15年6月から夜間工事を実施する各現場で「作業撤退限界時刻」を設定するようにした。作業の進捗が予定どおりかどうかにかかわらず、施工者が現場から撤収すべき時刻を、通行止めを解除する時刻から逆算して決める取り組みだ。

■ 発生した不具合

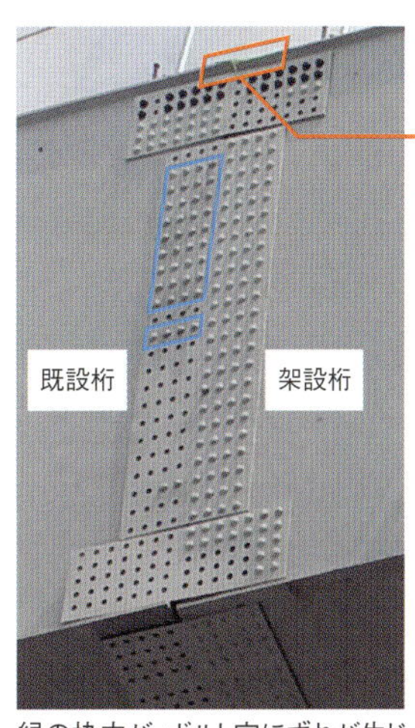

緑の枠内が、ボルト穴にずれが生じたため、既設桁に新たな穴を開けてボルトで接合した箇所。後に最大23mmのはらみ出しが発生した

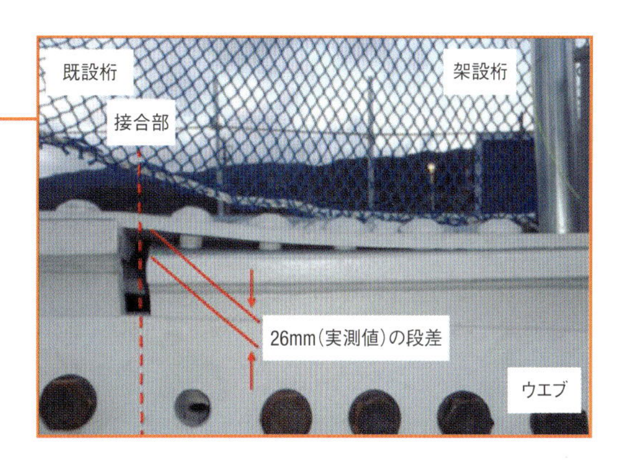

[桁の断面図]

上り線側 下り線側 3 2 1 1 26 24 20 21 架設桁 既設桁 (単位:mm)

■ 対策工事の流れ

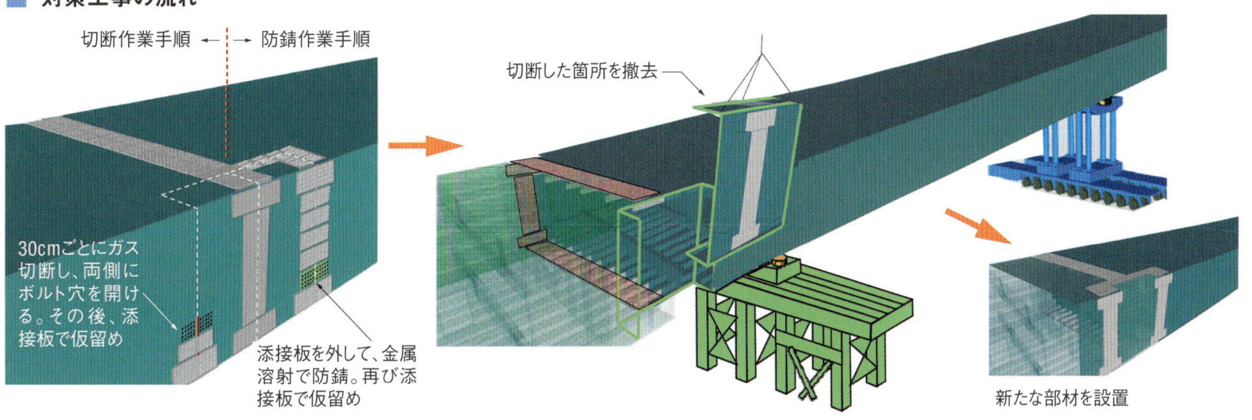

設計と異なる仮設計画があだに

2014年3月30日、東京都心から約1700km離れた日本最南端の沖ノ鳥島沿岸部で、大惨事が発生した。桟橋が施工中に転覆して、桟橋上の元請け会社や下請け会社の社員、発注者の現場監督補助員など計16人が海に投げ出され、7人が溺死した。

現場では、排他的経済水域や大陸棚の保全などを図るために、活動の拠点となる港湾施設を整備していた。発注者は国土交通省関東地方整備局で、施工者は五洋建設・新日鉄住金エンジニアリング・東亜建設工業JV。事業費は約750億円に上る。

国交省は事故後、直ちに「沖ノ鳥島港湾工事事故原因究明・再発防止検討委員会」(委員長：間瀬肇・京都大学防災研究所教授)を設置。調査やシミュレーション解析を駆使して、事故から約3カ月後の7月2日に、推定できる事故原因をまとめた。

クレーンの配置ミスが桟橋の傾斜招く

事故原因を理解するうえで、まずは桟橋の特徴的な構造と据え付け手順、事故が発生するまでの経緯を知っておく必要がある。

下の写真のように、施工中の桟橋で目に付くのが上に突き出た4本の長い足だ。海上で降下して、桟橋を支える仮設の鋼管杭(レグ)となる。床版部に当たる鋼製箱型の本体重量が739tなのに対して、レグ4本の重量は合計で688t。重心は、桟橋下面から約11mの高さだ。

施工手順は次のとおり。まずは沈降式の台船に桟橋を載せて、海上を運搬する。沖ノ鳥島沿岸部に到達したら台船を沈めて、自身の浮力で浮上した桟橋をえい航用の船で引き出し、起重機船で据え付け位置まで移動。そこでレグを降下して地盤に貫

東京都小笠原村の沖ノ鳥島に設置する桟橋が、転覆する約1時間前の状況。緑色のクレーン車両が、桟橋の端に寄っていたために、約9度傾斜した(写真・資料:19ページまで特記以外は国土交通省「沖ノ鳥島港湾工事事故原因究明・再発防止検討委員会」)

■ 事故現場の位置と排他的経済水域

転覆して天地が逆転した桟橋。底版に付いている円柱のさや管は、施工者の提案で取り付けた。桟橋を引き出す際に、桟橋と台船が接触して桟橋を傷付けないように保護材の役目を果たす

入後、本設の鋼管杭を設置してレグを引き抜けば完成だ（下の図参照）。

転覆は、台船を沈めて桟橋を船で引き出す工程で起こった。想定外の波や風が作用したわけではなく、発端は些細なミスだ。桟橋上に積載したクレーン車両が、施工計画と異なる場所に配置されていたのだ。

五洋JVが発注者に提出した施工計画書では、桟橋上の搭載物は左右対称の配置が原則だ。そのため、1台しかない重量12tの4.9t吊りクレーンは、桟橋の中心線上に配置することになっていた。ところが施工直前に、クレーンは左舷側6.5mに仮置きされていた。理由は不明だ。

現場では回転運動に気付かず

重心は左舷側に偏り、桟橋が自力で浮上した瞬間に左舷側に約9度傾斜。桟橋の揺れを防ぐために台船に結んでいた振れ止め用の鋼製ワイヤが破断した（次ページの図参照）。

桟橋を水平に戻すために、五洋JVはクレーンを右舷側2.5mの位置に移動。重心の位置が急激に変化したため、桟橋の長軸方向の中心線を軸に、90秒から100秒程度の周期で振幅約9度の回転運動が発生した。右舷側にゆっくりとクレーンを移動させれば、回転運動を防げたかもし

■ 桟橋の据え付け手順

(1) 起重機船で桟橋を押して据え付け位置まで移動

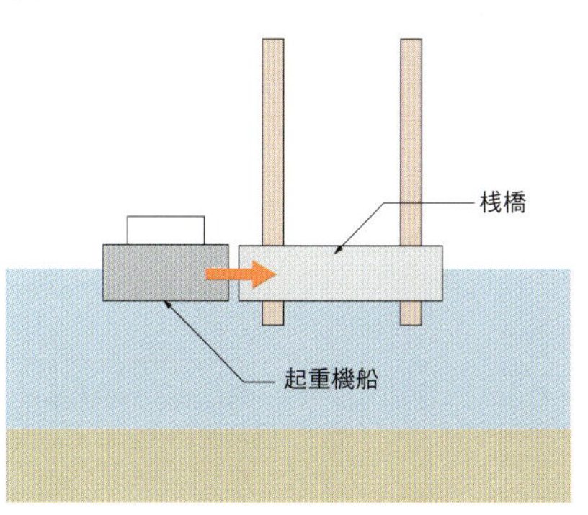

(2) レグを降下して桟橋をジャッキアップ

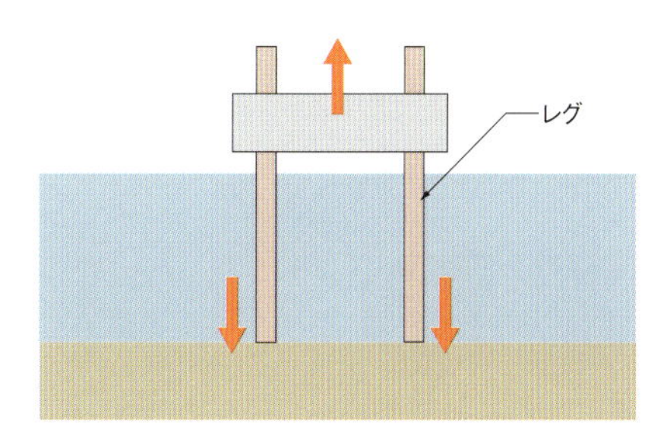

(3) レグ以外の箇所に鋼管杭建て込み

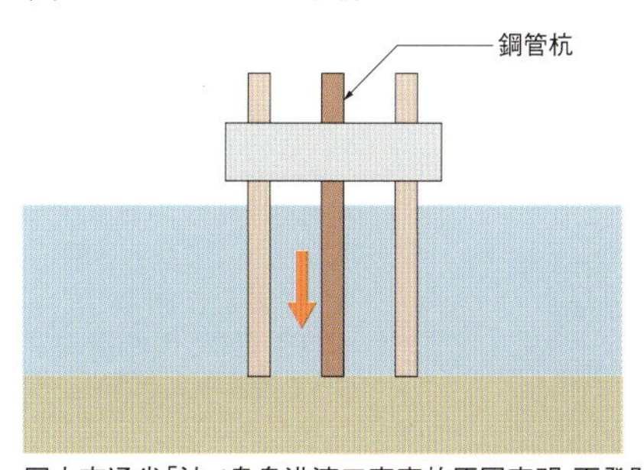

(4) レグを撤去して鋼管杭を順次建て込み

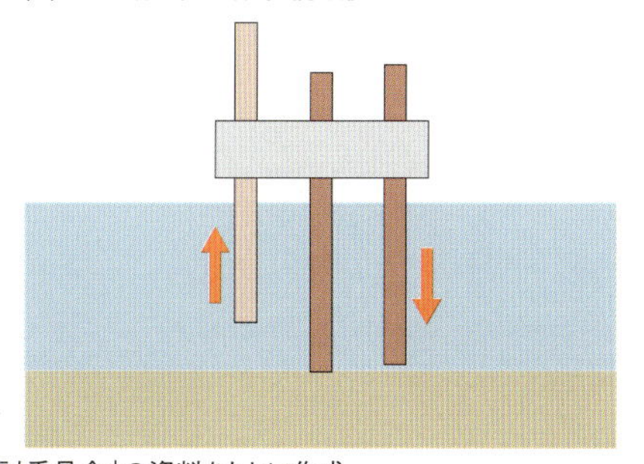

国土交通省「沖ノ鳥島港湾工事事故原因究明・再発防止検討委員会」の資料をもとに作成

長さ30m、幅20m、高さ5mの桟橋の全景。4本の柱は長さ約47.5mの鋼製の仮設杭（レグ）

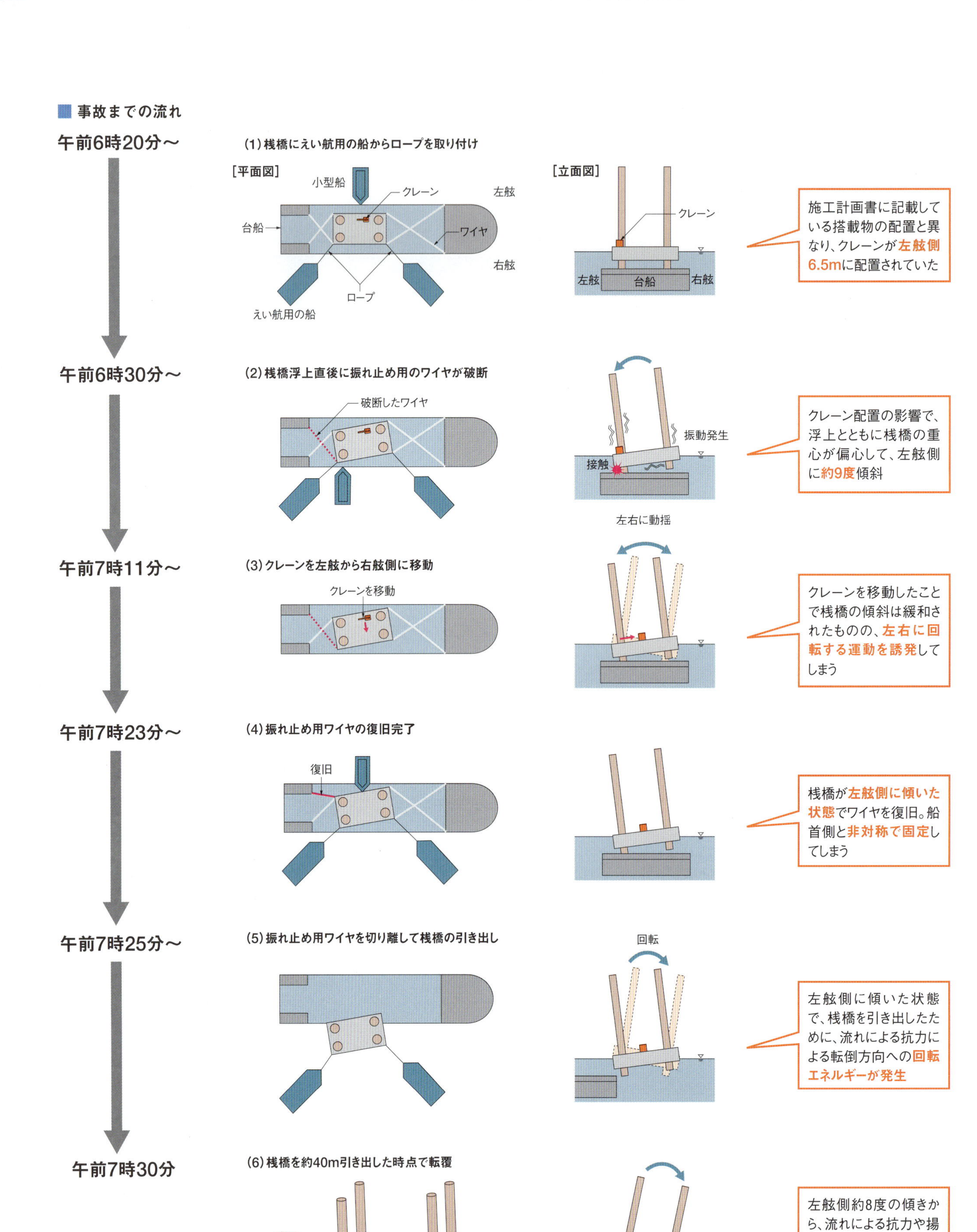

次ページも国土交通省「沖ノ鳥島港湾工事事故原因究明・再発防止検討委員会」の資料をもとに作成

れない。その後、破断したワイヤを復旧して回転運動は止まる。しかし、まずいことに左舷側に傾斜した状態のままで止めてしまった。

一方、現場にいた作業員への聞き取り調査では、長い周期のため栈橋上では回転運動を体感できなかったという。当然、左舷側に傾斜した状態でワイヤを結んだという認識もなかったと思われる。ワイヤを切り離して栈橋を引き出した結果、一時的に止まっていた回転運動が再び始まり、最終的に転覆に至った。

回転運動は、撮影していたビデオ映像で初めて判明した現象だ。現場の作業員が回転運動を把握する方法があれば、別の結末が待っていたかもしれない。

委員会はさらに、栈橋自体の安定性にも着目。栈橋の「復原力」が当初の設計時点と比べて、激減していたと判断した。復原力は、傾いたものが元の状態に戻ろうとする際に働く力だ。船の転覆に対する安定性を考えるうえで、一般的に使われる。

栈橋の改造で復原力が激減

復原力が低減した理由は、五洋JVの提案で、当初の設計と異なる形状の栈橋を採用したからだった。

■ 復原力曲線でみる栈橋の安定性低下のイメージ

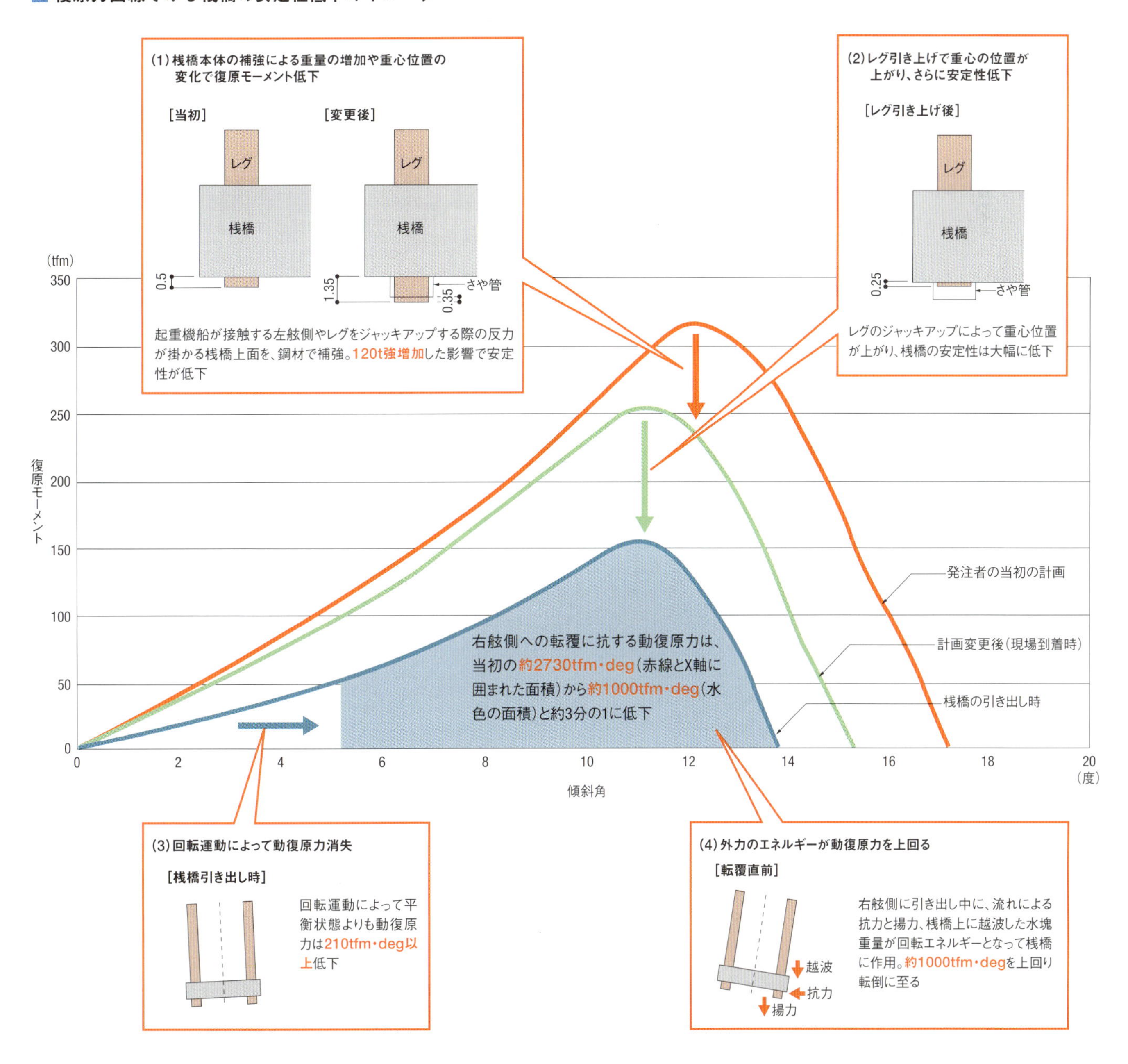

設計変更の内容は主に、台船や起重機船との接触による桟橋の損傷を防ぐための補強だ。桟橋を引き出す際に台船に当たらないように、桟橋下面に保護材としてさや管を新設したり、起重機船に接触する桟橋の左舷側に鋼材を付けたりしている。発注者は補強を認めており、後に契約変更で増額費用をみる予定だった。

当初の設計と比較して、補強で桟橋本体の重量は120t強増加し、復原力は低下(前ページのグラフ参照。復原力曲線は赤線から緑線へ)。

さらに、五洋JVは桟橋を台船から引き出す際、レグを引き上げる方法を採用した。その作業で重心位置が上がったために、復原力はさらに低下。前ページのグラフのように、復原力曲線は青線まで下がった。

復原モーメントが低下すれば、少しの傾きでも水平に戻りづらい。クレーンを左舷側に配置しただけで大きく傾斜したのは、復原モーメントが低下していたためと考えられる。

動復原力は当初の半分以下に

転覆は、桟橋が平衡状態から転覆状態に至るまでに抗するエネルギー(動復原力)を上回る回転エネルギーが作用すれば起こる。前ページのグラフで復原力曲線とX軸に囲まれた面積(動復原力)は、当初設計時の約2730tfm・degに対して、桟橋を引き出した時点では約1200tfm・degと、半分以下に低下していた。

この状態で先述したクレーンの配置ミスが重なった。回転運動で動復原力はさらに低下して約1000tfm・degに。そこへ、桟橋の引き出し続行によって発生した流れの抗力や揚力、越波による水塊重量などに起因する回転エネルギーが作用して、動復原力を上回ったために転覆した。当初の設計どおり施工していれば、上回る恐れは全くなかった。

施工時の安定性検討

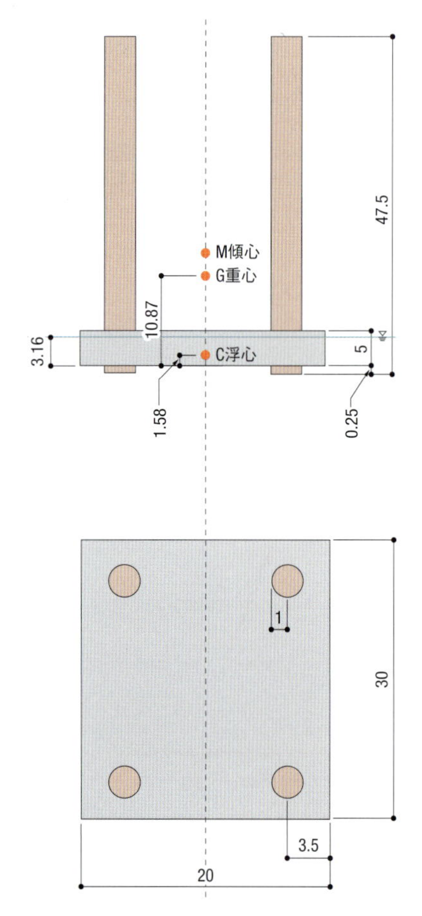

国土交通省の「沖ノ鳥島港湾工事事故についての調査・検討に関する中間とりまとめ」や日本港湾協会の「港湾の施設の技術上の基準・同解説」(2007年版)を参考に計算した

記号	諸元	数量	単位	備考
ℓ	桟橋長さ	30	m	中間とりまとめ参照
d	桟橋幅	20	m	中間とりまとめ参照
h	桟橋高さ	5	m	中間とりまとめ参照
w	桟橋重量	739	t	中間とりまとめ参照
L	レグ長さ	47.5	m	中間とりまとめ参照
L'	レグ下端はみ出し長	0.25	m	中間とりまとめ参照
r	レグ半径	1	m	中間とりまとめ参照
w_1	レグ1本当たりの重量	172	t/本	中間とりまとめ参照
w'	レグ4本の重量	688	t	w_1×4
w+w'	桟橋とレグの重量	1427	t	w+w'
w''	桟橋上の搭載物の総重量	426	t	中間とりまとめ参照
W	全重量(重力)	1853	t	w+w'+w''
G	重心(桟橋下端部からの距離。上方向が正)	10.87	m	(w'×(L/2−L')+w×h/2+w''×h)/W
ρ	海水密度	1.023	t/m^3	中間とりまとめ参照
D	喫水	3.16	m	中間とりまとめ参照
C	浮心(桟橋下端部からの距離。上方向が正)	1.58	m	D/2
V	排水容積	1856.29	m^3	ℓ×d×D−r＾2×π×D×4
I_1	桟橋の断面2次モーメント	20000	m^4	ℓ×d＾3/12
I_2	レグの断面2次モーメント	133.52	m^4	π×(2r)＾4/64+r＾2×π×(d/2−3.5)＾2
I	喫水面の長軸に対する断面2次モーメント	19465.93	m^4	I_1−I_2×4
GM	傾心と重心の距離(上方向が正)	1.19	m	I/V−(G−C)
喫水に対する割合		38	%	GM/D×100

傾心が重心よりも上にある場合は、重力によって傾いた方向とは逆の復原力が作用して浮体は戻ろうとするため安定

傾心と重心の距離を喫水深で除した割合は、安全のため5%以上にすることが望ましい。それを大きく上回っている

間瀬委員長は「仮設構造物を増やしたならば、施工段階で桟橋の安定性をチェックする必要があった」と指摘する一方、「細かい補強ばかりで、安定性が低下するという自覚がなかったのではないか」とも述べた。委員会は、事故後の検討で初めてこれだけの動復原力が低下することが分かったと結論付けた。

2013年8月に完成した荷さばき施設。五洋JVが中央桟橋とほぼ同じ施工方法で据え付けた。事故が発生した中央桟橋よりも安定性があったせいか、施工時にトラブルは生じなかったという

計算では「傾心は重心より上」

では、桟橋はそもそもどの程度の安定性があったのだろうか。日本港湾協会の「港湾の施設の技術上の基準・同解説」(2007年版改正)には、ケーソンの浮遊時の安定性を照査する式がある。日経コンストラクションは、それを基に施工時の桟橋の安定性を照査してみた(左の表参照)。

浮体物の安定性では、傾心(メタセンター)が重要な意味を持つ。傾心とは、水面に浮いている物体の傾きの中心を指す。照査の結果、施工時の桟橋の傾心は、重心よりも上に位置することが分かった。傾心が重心よりも上にあれば、浮体物は安定しているとみなせる。

■ 沖ノ鳥島の港湾施設の完成イメージ

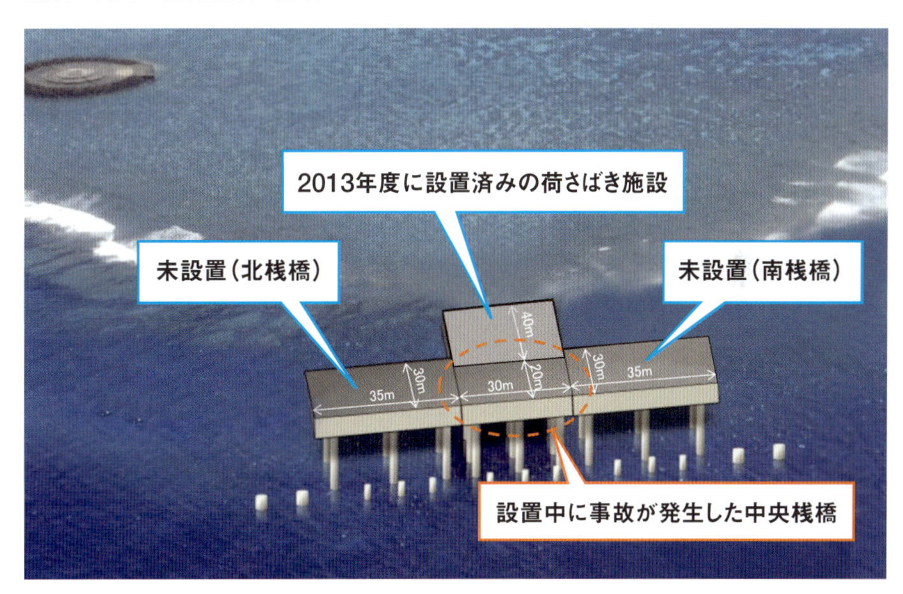

ただしこの式は、比較的小さい傾きしか起こらないと考えられる場合にしか適用できない。沖ノ鳥島沿岸のような厳しい環境下での工事の場合、どんな不測の事態で傾きが生じるか分からない。実際に、今回はクレーンの配置が重心を偏心させた。

港湾施設の設計に詳しいある建設コンサルタント会社の技術者は、「極秘裏に進めていた重大工事であればこそ、念には念を入れて桟橋を船とみなし、傾いた際の復原性能を検討すべきだった」と指摘する。

五洋JVは13年度、沖ノ鳥島に荷さばき施設の施工を完成させた。転覆した中央桟橋と同じ補強方法や施工手順を採用していた。同施設は中央桟橋よりも規模が大きく、浮体物として安定していたと考えられ、据え付け時にトラブルは発生しなかった。この成功実績があったためか、浮遊時の安定性がそれよりも低い今回の桟橋も同じ補強方法を採った。

五洋JVは中央桟橋のほか、北桟橋の工事も請け負っている。委員会は五洋JVに対して、施工方法を総点検して十分に検討するように促した。例えば、転覆のきっかけとなった傾斜や回転運動を桟橋上で把握できるように、傾斜計や加速度計でモニタリングしながら工事を進めることなどが考えられる。

特殊な桟橋の形状かつ、外洋での施工という点で、沖ノ鳥島の工事はかなり特殊な例だ。それでも委員会は、事故の教訓が海上工事全般で生かせるとみて、留意事項をまとめた。例えば、各施工段階で仮設が及ぼす安全への影響の重要性を説いている。そのほか、桟橋の上にできるだけ人が載らなくても施工できるように一層の機械化を期待する。

橋 ジョイントの不具合

「抽出」では不良品を見抜けず

2015年3月に開通した中国横断自動車道の尾道松江線で、伸縮装置(ジョイント)に不具合が生じた。国土交通省中国地方整備局三次河川国道事務所が管理する二つの橋で、ジョイントに段差や膨れが続けて見つかった。

一つ目の不良は、広島県三次市にある海田原(かいだはら)熊野橋のジョイントだ。設置からわずか4カ月で発覚した。三次河川国道事務所が確認したところ、ジョイントが盛り上がって段差が生じていた。

二つ目の不具合は8月4日、道路パトロール中に真金原橋(広島県庄原市)で見つかった。約2cmの浮きや膨れの異常だ。同橋を含む区間は13年3月に開通しており、ジョイント設置から2年半ほどたっていた。

両橋に使っていたのは、山陽化学(岡山県早島町)が製作した大型の「チューリップジョイント」だ。同社は、ゴムと鋼製部材が一体化した耐久性の高いジョイントとして売り出していた。

異常のあった橋ごとに、不具合と発生要因を詳細に見ていこう。

■ 真金原橋と海田原熊野橋の位置図とジョイント不具合の結果

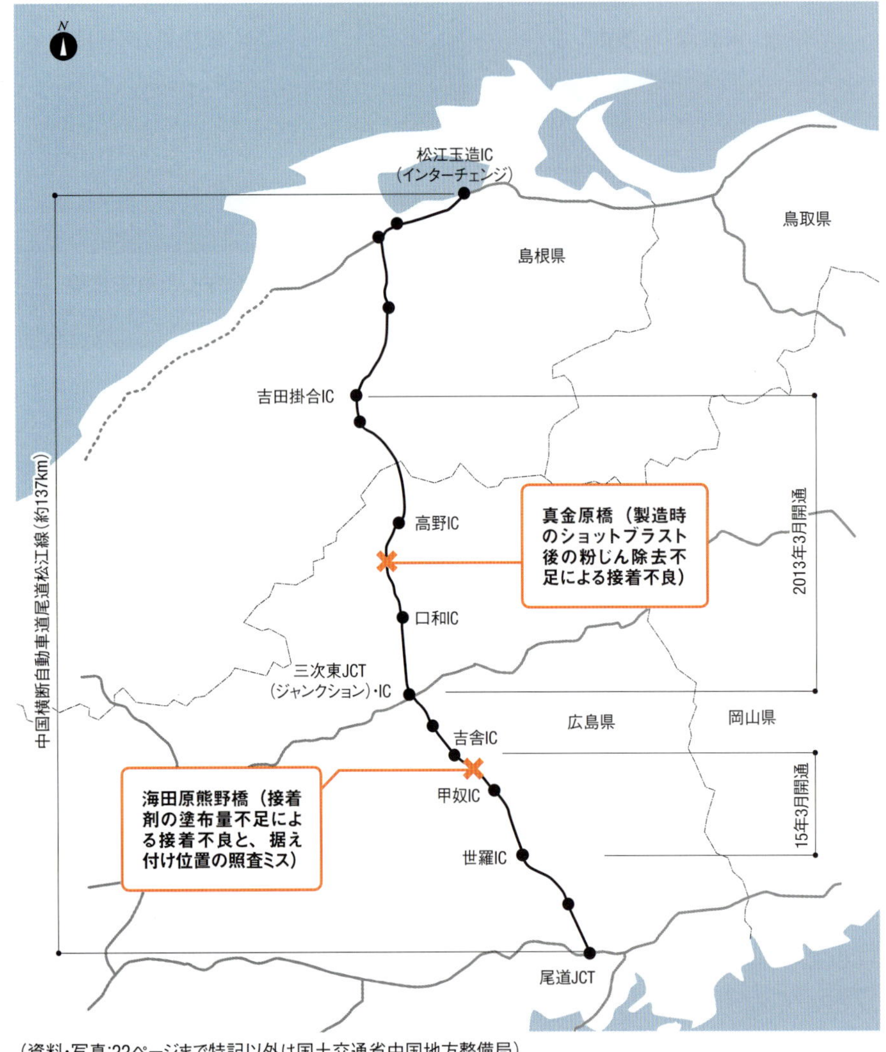

(資料・写真:22ページまで特記以外は国土交通省中国地方整備局)

■ ジョイントの不具合を巡る経緯

[真金原橋]

2013年	1月末	前田道路が山陽化学が製作したジョイントを設置
	3月30日	真金原橋を含む区間が開通
15年	8月4日～5日	施工から2年半たって、ジョイント2カ所に浮きや膨れの不具合が発覚
	9月2日～3日	前田道路が山陽化学製のジョイントに取り替えて補修を完了

[海田原熊野橋]

15年	1月末～2月上旬	常盤工業が山陽化学が製作したジョイントを設置
	3月22日	海田原熊野橋を含む区間の工事が完成し、尾道松江線が全線開通
	5月28日	施工からわずか4カ月で、路肩部のジョイントに段差が生じていることが発覚
	6月28日	車道部でもジョイントの段差を発見
	7月18日	常盤工業が山陽化学製のジョイントを使用して、取り替え工事を完了
	11月11日	常盤工業の申し入れで、鋼製のジョイントに再度取り替える

国土交通省中国地方整備局の資料と取材などをもとに作成

供用中の振動で初期不良が拡大

まずは真金原橋だ。該当箇所を切断したところ、ゴム本体内部に埋め込んだ中央の鋼板上面と表層ゴムが剥離していた。長さ1.45m、幅0.38mの広範囲で見られた。

「鋼板上面にちりやごみなどのかすが付いていた。接着が不十分だった可能性が考えられた」と、山陽化学設計技術室の大山忠敬課長は話す。

同社は接着剤塗布前のショットブラスト処理後の粉じん除去の処理工程を省いた可能性があるとして、そのとおりの不良ジョイントを製作。引張圧縮試験を繰り返したところ、ゴム表面にかすかな浮きが生じる現象が再現された。接着剤塗布不足の線も考えたが、それならば製作直後から不具合が生じているはずだ。

山陽化学は、粉じん除去を省いてしまった理由として、接着工程を担当していた熟練の作業員が、別の作業を兼ねていたために作業を忘れた可能性を上げている。

「真金原橋のジョイント設置は13年1月末。製品を作った12月は、多忙な時期だった。接着工程の隣でほかの作業工程を実施しており、恐らくは持ち場を離れて手伝ったのではないか」と大山課長は推測する。

施工者が100mm縮めて設置

一方、設置から4カ月で不具合が発覚した海田原熊野橋では、最大57mmと大きな段差が生じていた。不具合箇所を切断すると、ゴム内部中央にある鋼板の一端が、ゴムから完全に剥離していた。ゴムと鋼板は、熱と圧力を掛けて加硫接着している。そのため、鋼板が剥がれればゴムの付着跡が付くはずだが、剥離

■ チューリップジョイントの標準断面図

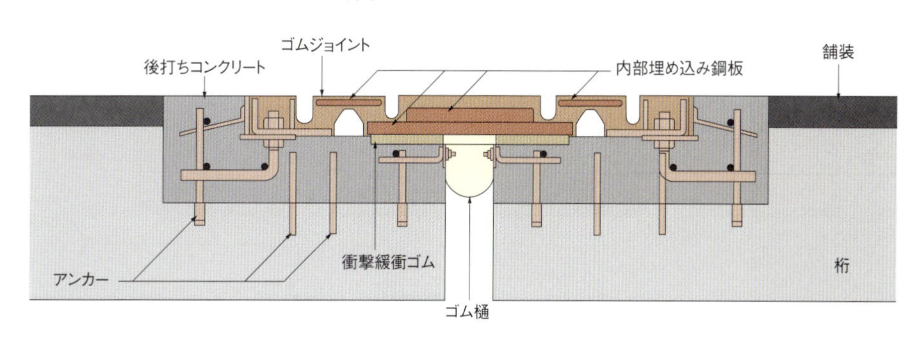

■ 真金原橋で発生した不具合

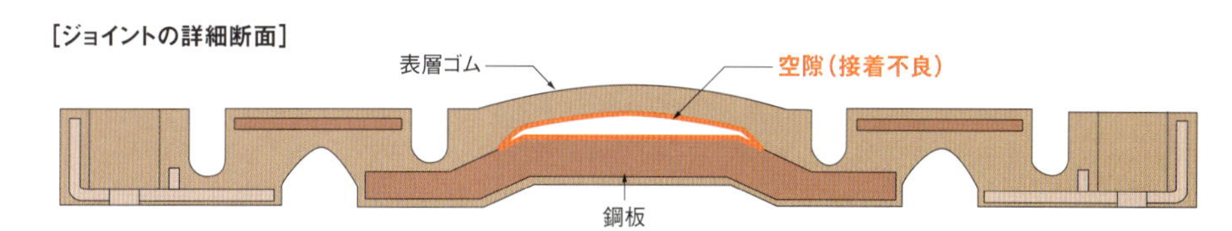

車道中央部の表層ゴムで、長さ1.45m、幅0.38mの範囲に厚さ25mmの浮きや膨れが見られた

浮きや膨れがある箇所の表層ゴムを切断。内部に空洞が見られた

■ 海田原熊野橋で発生した不具合

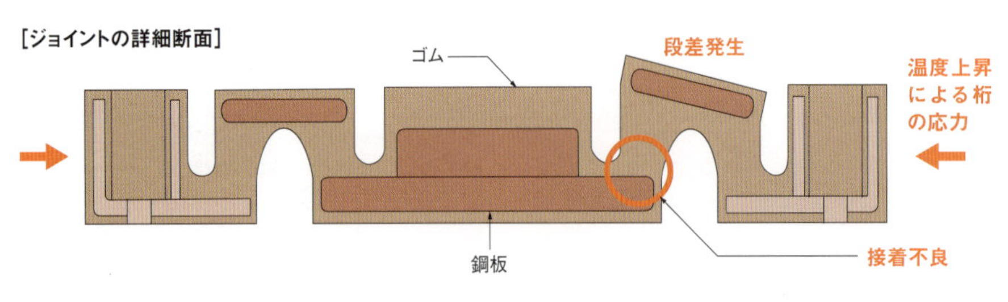

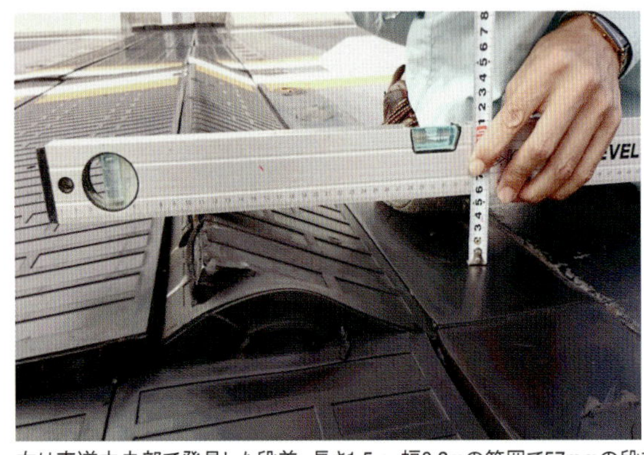

左は車道中央部で発見した段差。長さ1.5m、幅0.2mの範囲で57mmの段差が生じていた。右は路肩部で見つかった異常箇所の鋼板。赤で囲んだ部分では鋼板が露出しており、ゴムの付着跡がなかった

■ 施工者が誤った設置間隔で製作を依頼

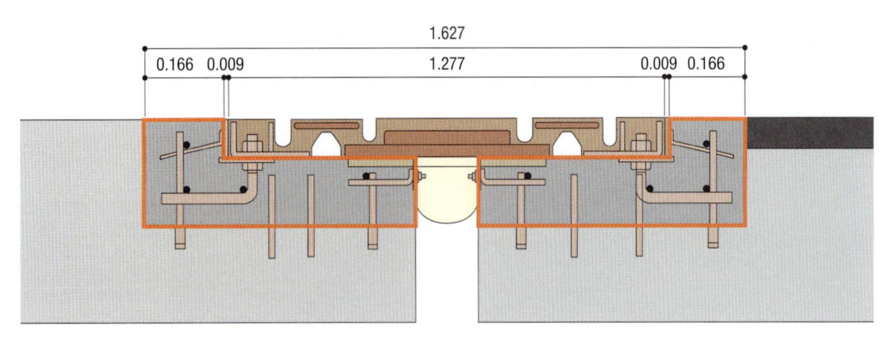

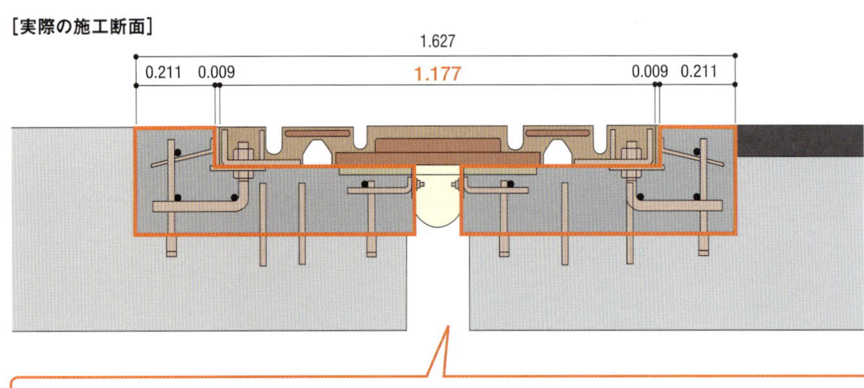

常盤工業がコンクリート桁の乾燥クリープ補正を誤って考慮し、遊間量を200mmではなく130mmで、山陽化学に製作を依頼。実際はクリープによる収縮は完了しており、ゴムを定尺長から約50mm縮めた状態で設置してしまった。本来は165mmの収縮に追随できるゴムのはずが、120mm程度しか収縮できないことに

していた鋼板には付着跡のない箇所が多数あった。山陽化学は接着剤の偏りや塗りむらがあったことを、再現実験で確認した。

海田原熊野橋では、浅い経験年数の作業員が担当していた。既に退社しておりヒアリングできていないので、塗布ミスの理由は不明だ。

ただし、三次河川国道事務所は、海田原熊野橋について、接着不良がジョイント段差の直接的な原因だと断定できなかった。なぜなら調査の途中で、施工者の常盤工業(東京都千代田区)が、ジョイントの設置でミスを犯したことが発覚したからだ。

三次河川国道事務所の山田晋吾工務課長は、「施工者がジョイントを据える際に、本来の設置幅よりも誤って100mmほど縮めて設置してしまった」と説明する。

ジョイントは桁の伸縮に追随するため、設置時の桁間(遊間)に合わせて、その幅を伸縮させて設置する。夏場は桁が伸びるために遊間は狭まり、冬場は逆に広がる。温度変化に応じて補正する必要がある。

資料もらえず誤った遊間気付けず

常盤工業は、温度補正については考慮していた。しかし、設置する際に別の補正の「乾燥クリープ補正」を誤って考慮したのだった。

道路橋示方書によると、打設から2年間は、クリープによる桁の収縮を踏まえる必要がある。ただし、海田原熊野橋は打設から3年以上たっていた。収縮は完了しているにもかかわらず、誤ってクリープ補正を考慮したために、現実よりも遊間量を70mm短く設定したのだ。常盤工業は発注者に対して「照査不足だっ

た」と非を認めている。

海田原熊野橋のジョイントは定尺長1220mmで、最大165mm伸び縮みする性能を持つ。しかし、定尺長よりも約50mm短くして設置したため、許容収縮量は残り120mm程度になっていた。ジョイントを設置したのは1月末。春先から夏場にかけて気温が上昇し、桁が伸びてゴムにさらなる圧縮が負荷。ジョイントが吸収しきれずに、異常が生じたと見られる。

山陽化学は通常、ジョイントの製作依頼時に、コンクリートの材齢や桁長、想定温度の設定などを見て、遊間量の適正さを判断する。しかし海田原熊野橋では、「伸縮量と遊間量以外の情報を得られず、それで製作するしかなかった」(大山課長)。

情報収集がうまくいかなかったのは、山陽化学が商社を介してやり取りしたことが背景にある。営業部の竹本寛部長代理は、「商社に計算書などの資料を要求したが、もらえなかった」と話す。同社はこれを教訓に、今後は元請け会社と直接話をするか、今回のような問題が生じる危険性を伝えて、資料を必ずもらうよう説得する方針だ。

一方、発注者もジョイント設置の根拠となる温度補正などの資料を元請け会社に提出させて、自ら確認するよう再発防止策を検討している。

■ 海田原熊野橋の施工・製作者関係図

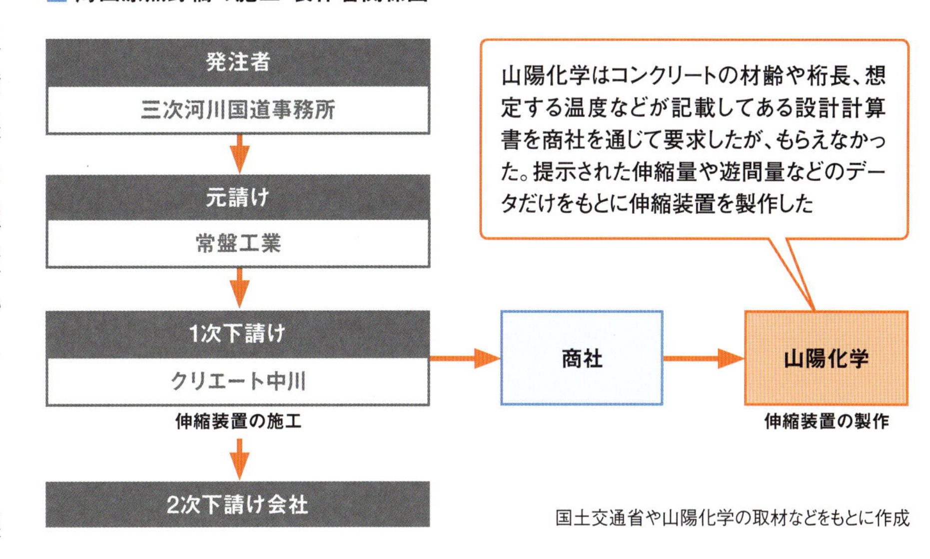

国土交通省や山陽化学の取材などをもとに作成

■ 山陽化学が掲げた主な再発防止策

(1) 接着剤の塗布量確認の強化(海田原熊野橋)
塗布後の膜厚測定箇所を増やす

(2) 粉じん処理など下地面の確実な清掃(真金原橋)
ショットブラスト後の粉じん除去項目を製造管理表に追加。下地面の粗さをJIS(日本工業規格)規定の限度見本と見比べて判断していたが、表面粗さ測定器で計測するように変更

(3) 納品前の不具合発見(海田原熊野橋、真金原橋)
ジョイントの性能検査(製品の圧縮や伸びを確認)を抜き取り抽出ではなく全数で実施

(4) トレーサビリティーの強化(海田原熊野橋、真金原橋)
製造後10年間、製品の性能検査の記録を残す

山陽化学への取材をもとに作成

ジョイントも性能検査は全数対象へ

山陽化学によると、真金原橋と海田原熊野橋で使ったのと同型のジョイントは、全国で14橋に納品していた。過去10年以内に製作したほかの型も含めて、同社が点検したところ、問題のあった2橋以外に目立った異常は見つかっていない。

竹本部長代理は、「問題を風化させないようにして、品質の向上と信頼の回復に努めたい」と話す。山陽化学は従来、JIS(日本工業規格)の抜き取り検査方式に基づいて、納品の一定数で抽出検査を行っていた。しかし再発防止策として、全数で性能検査することを掲げている。

一方で、ジョイント不具合の問題は、管理する発注者にも課題を突き付けた。発注者や元請け会社の注意が行き渡りにくい工場製作品の品質管理体制を、どう考えるべきか。

ジョイントは受注生産とはいえ、規格がある程度決まっている。そのため、発注者は従来、使用する型の伸縮量や遊間量、品質、規格などの書類検査だけで、性能確認を終わらせていた。一方、納品時に発注者が検査を課したり、性能試験の結果を要請したりすることはなかった。

三次河川国道事務所は今後、ジョイントの製作については、納品全数で引張圧縮などの性能試験結果を求めるよう検討している。

橋 門形クレーンの転倒

現場の無造作な対応が事故招く

建設現場では施工計画どおりに工事を進めるだけでなく、その場で様々な対応を求められることも多い。施工計画を立てる段階で安全性をきちんと検討していても、変更が生じた場合に現場で対応を誤ると、思わぬ事故につながる。

2015年7月に熊本市の高架橋建設現場で発生した門形クレーンの転倒事故は、現場対応の不備がトラブルを招いたケースだ。施工計画のミスを発見して現場で対処したものの、クレーンの安定性に対する認識が甘かった。

架設桁据え付け中にクレーン転倒

事故があったのは、川田建設・成南建設JVが熊本市から受注した熊本西環状線下硯川高架橋の上部工事。延長261mのPC（プレストレスト・コンクリート）6径間連結ポストテンション少主桁橋を、架設桁架設工法で建設していた。

A1橋台とP1橋脚それぞれの上に設置した2基の門形クレーンで長さ54mの架設桁を据え付ける際に、P1橋脚上のクレーンが転倒。その影響でA1橋台のクレーンも転倒し、架設桁が下部構造の上に落下した。落下の衝撃で下部構造の一部が破損し、桁の先に取り付けていた長さ30mの手延べ機の先端が折れた。この事故で負傷者は出なかった。

橋台側から見た事故の様子。架設桁を吊り上げていた門形クレーンがバランスを崩して転倒した（写真:26ページまで特記以外は熊本市）

クレーンの脚部を枕木のような木製部材(堅木)の上に載せて高さを調整していたために、バランスを崩したのが原因だ。事故前の現場の写真を見ると、木製部材を2段重ねた上に鋼製の部材を置き、その上にクレーンの脚部を載せているのが確認できる。載っている部分が極めて小さく、見るからに不安定な印象を受ける。

そもそもクレーンの高さ調整が必要になったのは、施工計画にミスが見つかったからだ。川田建設によると、当初の計画時に、PC桁の方が架設桁よりも重いという思い込みがあり、PC桁の重量を吊り荷重に使って門形クレーンの強度計算をしてしまった。その結果に基づき、クレーンの梁を高さ90cm、幅30cmと設定した。

その後、現場の施工時に改めてチェックしたところ、架設桁の方がPC桁よりも重いことが判明。急きょ、クレーンの梁の下に高さと幅それぞれ30cmのH形鋼をボルトで接合して補強することにした。それに伴い、クレーンで吊り上げることのできる高さが減ったので、脚部をかさ上げする必要が生じた。

木製部材の強度は確認したが…

施工者はかさ上げ用の台として、高さ30cmの鋼製部材のほか、微調整のために高さ10cmの木製部材も使用した。いずれも幅は30cmで長さは60cmだ。

ただ、その積み上げ方が良くなかった。クレーンの高さは11mで、

転倒前の状況

[門形クレーン脚部の拡大写真]

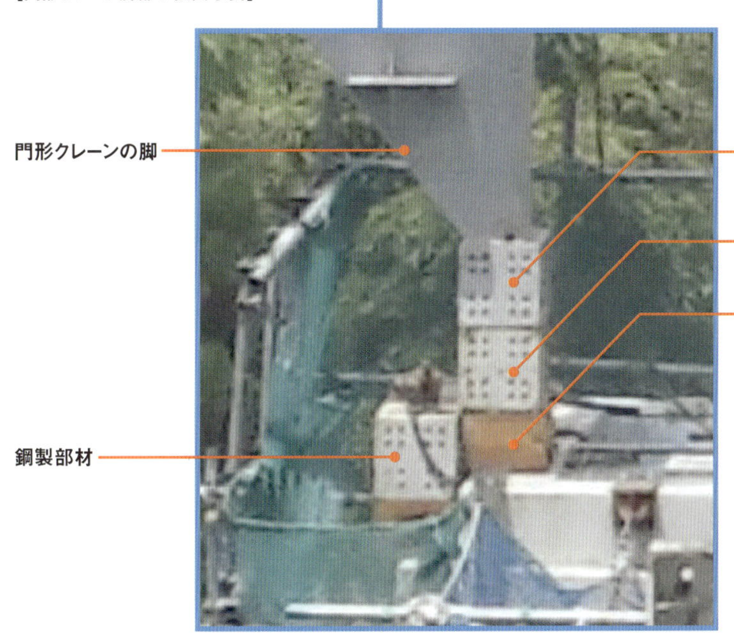

[部材の寸法]

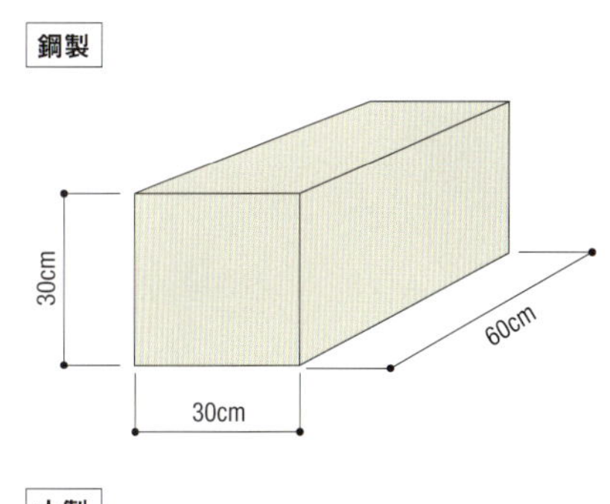

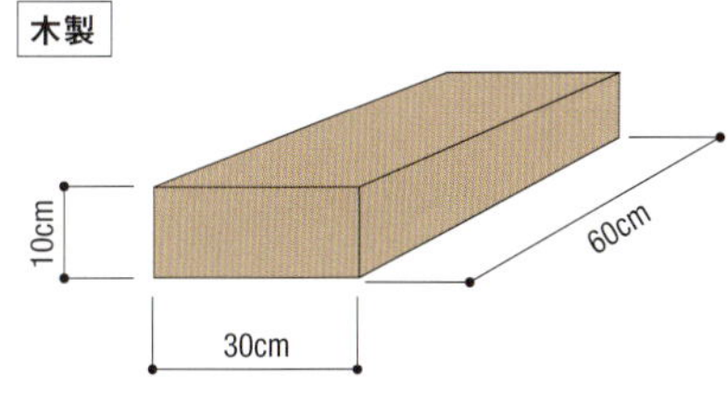

クレーンの高さ調整のために使用した部材

幅は10mもある。それだけ大きな機械をかさ上げするのに、無造作に一方向に部材を積み上げただけで、安定性に対する配慮が欠けていた。

上段の鋼製部材が木製部材の上に完全に載っていたわけではなく、一部でほかの鋼製部材に掛かっていたことも災いしたようだ。重みによる沈下が木製と鋼製で異なることから、バランスを崩したとみられる。「部材を井桁状に組むなど、荷重を分散させるような安定した置き方にすべきだった」と熊本市北部土木センターの吉永浩伸副所長は話す。

16年2月時点の下硯川高架橋。写真左奥の現場で事故が発生した。工事は予定どおり3月に完了した
(写真:日経コンストラクション)

こうした状態でかさ上げしていることは、元請けの現場代理人や監理技術者も把握していた。しかし、木製部材の圧縮応力度が許容値の範囲内であることを確認していたので、問題ないと判断したという。

「同一方向に積み上げることの不安定さに対する認識が不足していた」(川田建設総務部)。転倒の危険に対する想像力の欠如が、事故につながったと言える。

工事再開に当たっては、安定性を高めるために、クレーンの脚部に鋼製ブラケットを設置する方法に変更した。コンクリートを打って橋脚の天端と台座の高さをそろえたうえで、鋼製ブラケットを設置。ブラケット上に鋼製の部材を載せて高さを調整した。

工期は14年12月から16年3月まで。事故で作業が1カ月ほど中断したものの、予定どおり3月に完成している。

事故発生後のP1橋脚。架設桁の前部に取り付けていた手延べ機の先端が折れ、18m分が地上に落下した

安衛法違反容疑で書類送検

この工事に関しては、熊本労働基準監督署が15年12月、労働局長の許可が必要な吊り荷重3t以上のクレーンを使用していたにもかかわらず許可を得ていなかったとして、川田建設と同社の現場代理人を労働安全衛生法違反容疑で熊本地方検察庁に書類送検した。同署では、「労働安全衛生法で規制されるクレーンとは、動力を用いて荷を吊り上げ、これを水平に運搬することを目的とする機械装置」であると定義している。

一方、川田建設は、「許可を得る必要のない『架設門構』として製造した」と主張。架設桁に対応するようにクレーンを補強したことも、安衛法とは無関係だとしている。

熊本市は川田建設などに対し、15年11月から1カ月間の指名停止とした。ただし、これは事故によって橋脚を破損させるなど、市に損害を与えたことが理由。安衛法違反に関しては、検察や裁判所などの判断が下った段階で措置を検討する。

橋 橋桁の落下

手順書の不備で確認おろそかに

愛媛県今治市の高架橋建設現場で2015年9月、架設桁を使って送り出していた橋桁が落下した事故は、カプラーと呼ぶ接続部品への鋼棒のねじ込み不足が原因だった。橋桁を吊り上げていた鋼棒が、カプラーから抜け落ちた。

問題は、施工計画書とともに現場で重要な役目を果たす作業手順書で、カプラーのねじ込みに関する記載が不十分だったことだ。接続部の確認を行うことは盛り込んでいたが、具体的な確認方法を明記していなかった。

施工者の三井住友建設によると、事故当日、ねじ込みが不足していたにもかかわらず、作業員が「締め込みOK」と合図。同社の社員はその合図だけで判断し、自ら目視で確認せずに橋桁の架設を開始した。

カプラーへのねじ込み長は8cm

橋桁が落ちたのは、国土交通省四国地方整備局が発注した今治小松自

橋桁が落下した朝倉第2高架橋の建設現場。落下の衝撃で橋桁が折れた（写真・資料:29ページまで特記以外は国土交通省松山河川国道事務所）

送り出し架設の概要

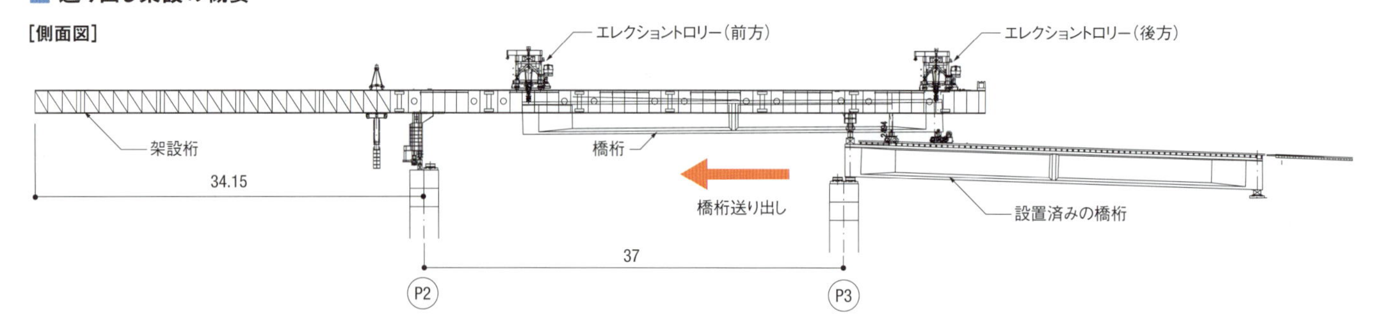

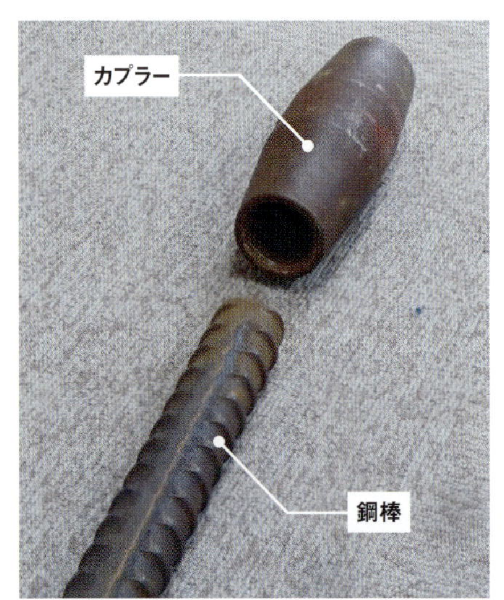

橋桁を吊るのに使用したカプラーと鋼棒。2本の鋼棒をカプラーの両側からねじ込む(写真:日経コンストラクション)

接続部の詳細図

吊り装置
吊り鋼棒
橋桁
埋め込み鋼棒
吊り鋼棒(左)
吊り鋼棒(右)
カプラー
ねじ込み不足
カプラー
埋め込み鋼棒(左)
埋め込み鋼棒(右)

動車道の朝倉第2高架橋。橋長223mのPC(プレストレスト・コンクリート)6径間連結コンポ桁橋だ。三井住友建設が上部工事を約4億6000万円で受注した。

カプラーとは、ねじのようにらせん状の筋の入った2本の鋼棒を連結する筒状の部品のことだ。長さは17cmで、内部の中央に仕切りが入っている。直径32mmの鋼棒を、カプラーの両側からそれぞれ8cmほどねじ込んで接続する。

吊り上げる橋桁の両端部の上面に、10cmほど露出するように「埋め込み鋼棒」を2本ずつ設置しておく。これらの鋼棒を、吊り装置から下向きに突き出している2本の「吊り鋼棒」とそれぞれつなぎ合わせ、橋桁を引っ張り上げる仕組みだ。橋桁の長さは約40mで高さ2.6m、幅1m。重さは110tに上る。

橋桁の架設手順は以下のとおり。まず、橋桁を架ける径間にあらかじめ架設桁を渡しておく。架設する橋桁を台車に載せて、隣の径間の床版上に用意。架設桁上を動くエレクショントロリーの吊り装置を使って橋桁の前方を吊り上げ、据え付け先の橋脚まで残り10m程度の位置まで送り出す。続いて、もう1台のエレクショントロリーの吊り装置で橋桁の後方を吊り上げ、所定の据え付け位置まで移動させる。

1径間に平行して3本の橋桁を架ける。3径間で橋桁の設置が終わり、次の径間で2本目を架設する際に事故が起きた。橋桁の後方を吊り上げたところで前方のカプラーが外れ、橋桁の前方が15mほど落下した。その衝撃で橋桁が折れたほか、エレクショントロリーが損傷した。

110tの桁を鋼棒4本で吊り上げ

「110tもある橋桁を前後2本ずつ、計4本の鋼棒だけで吊り上げることになる。非常に重要な箇所であるにもかかわらず、鋼棒をカプラーにねじ込んで接続するだけの簡単な作業に頼っている。現場では、この作業の重要性に対する認識が不十分だったのではないか」。四国地整松山河川国道事務所の金滝和彦工事品質管理官はこう話す。元請けと下請けともに、安全性への意識が足りなかったようだ。

現場では、ねじ込み長をチェックできるように、埋め込み鋼棒と吊り鋼棒それぞれの所定の位置にビニールテープを貼っていた。カプラーがテープの位置まで届いていれば、奥まで完全にねじ込んだことになる。

ところが作業手順書には、ねじ込みの確認方法について具体的な記載がなかった。ねじ込み長を誰が確認し、それをどのように記録するのか、明確に決めていなかった。

実際、外れたカプラーだけ、ねじ込みが緩かったわけではない。事故後に状況を確認すると、前方の二つのカプラーのうち、右側のカプラーは橋桁の埋め込み鋼棒側に、左側のカプラーは吊り鋼棒側に残っていた。右側は所定の位置まで8cmほどねじ込んであったが、左側のカプラーには吊り鋼棒が2～3cmしかねじ込まれていなかった。抜け落ちた箇所のねじ込み長は、2～3cmより短かったと考えられる。

橋桁の架設が終わるとカプラーを外してしまうので、それまでの箇所のねじ込み具合がどうだったのかは不明だ。しかし、事故に至らなかっただけで、ねじ込み長が足りない状態で施工していた可能性は高い。

橋桁落下事故の現場。架設桁上を動くエレクショントロリーで橋桁を吊っていたが、カプラーから鋼棒が外れて前方が落下した

落下した橋桁の前方。落下の衝撃で地面にめり込んでいる。埋め込み鋼棒の片方にカプラーが残っていた。もう一方のカプラーは吊り装置側に残った

職長と元請け社員がダブルチェック

三井住友建設では事故を受け、全ての作業を見直して改善すべき点を洗い出した。再発防止策として、下請け会社の職長と元請け会社の社員が、それぞれ目視で確認するダブルチェックを徹底するようにした。

また、カプラーのねじ込み長をチェックしやすいように、吊り装置と橋桁との間を広げた。これまで隙間が15cmほどしかなかったので、橋桁側の埋め込み鋼棒の突き出しを長くして、両者の間隔を25cm程度に拡大した。

そのほか、緩みを容易にチェックできるように、所定の位置まで鋼棒をねじ込んだ後、カプラーと鋼棒に連続した印を付ける「合いマーキング」を施すようにした。ねじ込んだ時だけでなく、橋桁を吊り上げる際にも、カプラーに緩みが生じていないかをチェックするようにした。

工期は当初、14年11月～15年12月だったが、壁高欄設置などの追加工事を受けて16年3月までに変更された。事故による工期延長はなく、予定どおり3月に完成した。

橋　橋脚の強度不足

「これくらい大丈夫」は禁物

「午後には雨がやむはずだから、大丈夫だろう」。小雨が降り始めていたにもかかわらず、橋脚のコンクリート打設を決行。その結果、1カ月後のコア抜き検査で強度不足が判明し、造り直すことに——。

高知県本山町が発注した土佐本山橋の橋脚工事で2015年春、こんなトラブルがあった。供用開始から50年以上が過ぎた旧橋を架け替えるため、隣で新橋の橋脚の建設に取り掛かったところだった。

コンクリートを打設したのは3月9日。年度末でコンクリートポンプ車の手配が難しく、この機会を逃すと次に確保できるのは1週間くらい先になってしまう状況だった。施工者の四国開発（高知市）によると、朝の早い段階では、午後に天気が回復するとの予報だったという。

雨天時にコンクートを打設すべきでないことは確かだが、実際には、打設途中に思わぬ雨が降ることもある。雨の中で打設したからといって、必ずしも示方書や仕様書に違反したことにはならない。しかし、土佐本山橋の場合、結果的に強度不足が生じたのだから、判断が甘かったと言わざるを得ない。

施工者が打設を開始したのは、既に小雨が降り始めていた午前8時30分ごろ。施工者はブルーシートによる雨天対策の準備はしていたが、作

業員不足などのために、設置を始めたのは雨が激しくなった午後0時40分ごろからだった。

気象庁本山観測所のデータによると、午後1時には1時間雨量が10mmを超えていた。シートの設置が完了したのは午後2時50分ごろ。117m^{3}に及ぶコンクリートの打設を終了したのは、午後3時ごろだった。シートで保護していたものの、やや強い雨のなか2時間ほど打設していたことになる。

2年前のトラブル受け雨天時に巡回

今回、橋脚の強度不足を発見できた背景には、品質管理に対する本山町の強いこだわりがある。

本山町では13年、別の建設会社が施工した町発注の簡易水道施設のろ過池で、コンクリートの強度不足が発生した。町が調査すると、雨の中でコンクリートを打設していたことが判明。それ以来、町では強い雨が想定される場合、コンクリートを打設している可能性がある現場を職員が巡回するようにしている。

土佐本山橋でコンクリートの打設があった当日も、午後から1時間雨量が10mmを超える予報が出たので急きょ、現場を巡回することにした。そこで、四国開発がコンクリートを打設しているのを発見した。

ただ、この時、巡回した職員が捨てコンクリートの打設だと勘違いしてしまい、すぐに打設中止の指示は出さなかった。本山町建設課の藤本弘一課長補佐は、「見回った職員も、報告を受けた私も、雨が降っているのに、品質に影響のある部分の打設を行うはずがないと思い込んでいた」と語る。

この現場の監督業務を委託している高知県建設技術公社には、状況を報告しておいた。

翌日、建設技術公社からの連絡で、橋脚底版部の打設だったことが分かった。町は、主任技術者を兼務する現場代理人に聞き取り調査を実

左の写真は、15年3月に撮影した土佐本山橋の橋脚。奥に供用中の旧橋が見える。右の写真は、8月に撮影した時の様子。新橋の橋脚は全て取り壊された。台風シーズンが終わる10月以降に、橋脚工事を再開する
(写真:左・本山町、右・日経コンストラクション)

コンクリート打設から不具合発覚までの経緯

［打設当日(3月9日)］

時刻	状況
8:30	・小雨が降る中で底版部のコンクリート打設を開始
12:40	・雨が強くなったので、雨天対策用のブルーシートの設置を開始
13:00	・町職員が巡視中にコンクリート打設を確認 ・監督業務を委託している高知県建設技術公社に状況を報告
14:50	・ブルーシートの設置完了
15:00	・コンクリートの打設終了
15:30	・建設技術公社が現場代理人に聞き取り調査を実施

職員は、捨てコンクリートの打設と誤認したため、その場で作業の中止を指示せず

［打設後］

月日	状況
3月10日(打設翌日)	・建設技術公社が聞き取り調査の内容を町に報告 ・町が現場代理人に聞き取り調査を実施 ・品質低下の懸念を払拭できない限り、次のロットのコンクリートを打設しないよう指示
3月13日	・第1回目の3者協議(本山町、建設技術公社、四国開発)を実施 ・施工者に、品質低下の懸念を払拭できる資料の提出を求める
3月18日	・第三者のコンクリート診断士が現地を調査。テストハンマーによる調査で28日推定強度を平均27.1N/mm^{2}と判定。所定の強度は満たしているが、さらにコア供試体による強度試験の実施を提案
4月16日	・3カ所からコンクリートコアを採取。1カ所で打ち継ぎ面の締め固め不足と思われる不連続面を発見。さらに、表面や側面にあばたや陥没、豆板などがあることも確認した
4月17日	・採取したコンクリートコアの圧縮強度試験を実施(材齢39日)。試験をした10カ所のうち1カ所で設計強度を下回る
5月13日	・2回目のコンクリート採取
5月14日	・採取したコンクリートコアの圧縮強度試験を実施(材齢66日)。試験をした30カ所のうち4カ所で設計強度を下回る ・構造物を取り壊して再構築することに

町はこの時点で底版部のコンクリート打設だったことを把握

発注者、施工者とも、この時点では、品質に問題が生じているとは考えていなかった

施工者が造り直しを提案

本山町の資料をもとに作成

施。現場代理人は、ブルーシートで雨を防いだので、品質に問題はないとの認識だった。それでも町は万全を期して、施工者に対し、品質低下の懸念を払拭できない限り、次のロットを打設しないよう指示した。

施工者はこれを受け、打設から9日後、外部のコンクリート診断士に依頼して調査を行った。診断士の立ち会いの下で、テストハンマーによる強度調査を3カ所で実施。28日推定強度で平均27.1N/mm²と、設計強度の24N/mm²を超えていることを確認した。

この時点では材齢が9日と若いので、推定の精度が低い。そこで後日、コアを採取して圧縮強度試験を実施することにした。一方、本山町は、たとえコア抜き検査で必要な強度が確認できても、雨天時に打設したことが長期的な品質に影響することも考えられると判断。施工者が責任を負う瑕疵担保期間を、通常は2年であるところ、10年程度に延長することにした。

材齢39日の時点で、コアを3カ所で採取して強度試験を実施した。その結果、1カ所で天端付近の強度が16N/mm²と、基準の24N/mm²を大きく下回っていることが分かった。

シートから雨水が漏れた可能性

四国開発では、この結果についてコンクリート構造を専門とする高知工科大学の教授に相談。1カ所だけ極端に数値が低いことから、測定のバラツキによる可能性もあるとして、再度試験するよう助言された。同社はこれを受け、再試験することを町に提案。町もそれを承認した。

材齢66日の時点で再度、コア抜き検査を実施した。1回目でコアを抜いた3カ所付近で、今度はそれぞれ3本ずつコアを採取。天端付近を重点的に調査するため、コアの上部をそれぞれ三つの供試体に分けて強度を調べた。

その結果、四つの供試体で基準を下回っていることが分かった。なかには強度が14.1N/mm²しかない供試体もある。品質に問題のあることが確実となった。

四国開発によると、ブルーシートで保護したものの、一部で水が漏れたのではないかという。1回目に採取したコアの表面には、シートにたまった水が落ちた跡とみられる不良箇所が確認されている。底版の上面や側面には、あばたや陥没、豆板など、不十分な施工の痕跡も見つかった。

町では、強度不足の原因を雨中のコンクリート打設とは断定していないが、その影響は大きいとみる。

「ブルーシートを準備してから掛けるまでに時間がかかった。生コン車待ちが発生していて、連続的に打

コンクリートコアの圧縮強度試験の結果

[1回目（材齢39日）]

	No.1	No.2	No.3
上部1	26.4	30.1	16.0
上部2	—	—	24.5
上部3	—	—	—
中央部	30.0	35.9	29.8
下部	33.8	39.8	35.3

[コアの採取位置（底版平面図）]

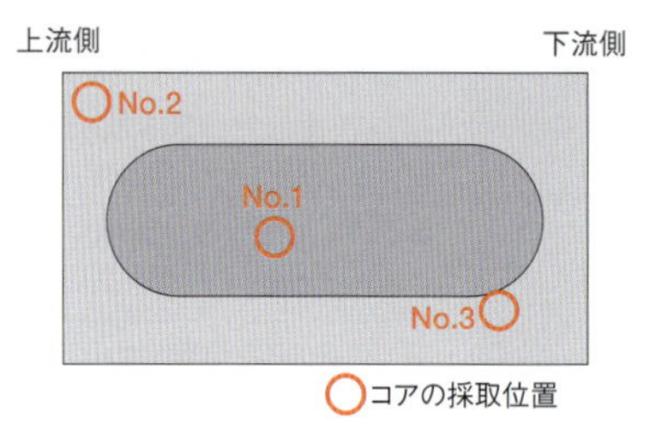

[2回目（材齢66日）]

	No.1			No.2			No.3			
	1-1	1-2	1-3	2-1	2-2	2-3	3-1	3-2	3-3	3-4
上部1	33.1	32.8	30.2	38.4	34.3	26.4	14.1	20.0	26.7	17.6
上部2	36.4	35.8	29.8	36.9	33.1	35.5	27.7	25.7	26.0	27.9
上部3	37.0	43.6	32.7	36.3	35.8	30.7	31.0	19.8	31.9	32.1
中央部	—	—	—	—	—	—	—	—	—	—
下部	—	—	—	—	—	—	—	—	—	—

数値の単位はN/mm²。1回目の試験では、No.1～No.3でそれぞれ1カ所ずつコアを採取。2回目はそれぞれ3～4カ所ずつ採取した。「上部」は天端付近、「中央部」は天端から下に50cm程度、「下部」は天端から1m程度の箇所。2回目は、上部のコアを三つに分けて試験した。赤字は、設計強度の24N/mm²を下回った箇所。本山町の資料をもとに作成

[コンクリートコアの試験箇所]

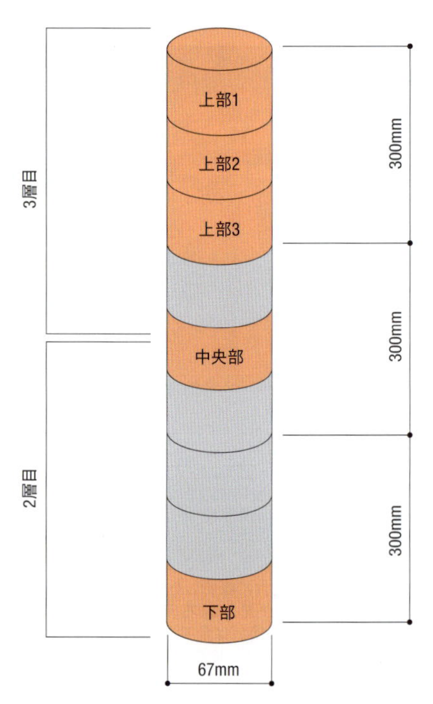

設できなかった。雨が強くなったので打設速度が速くなり、締め固めが不十分になった。こうした様々な要因が、雨を契機として複合的に重なり、一部が弱体化したのではないか」(藤本課長補佐)。

強度が低いのは天端付近だけなので、部分的に再構築する補修方法も考えられた。しかし、施工者からの申し出で、底版を一から造り直すことが決まった。「建設業者としての使命をきちんと果たさなければいけないと考え、取り壊すことにした」(四国開発の岡崎隆会長)。

土佐本山橋の完成予想イメージ。色は未定。橋長109mのニールセン橋と53mの単純合成鋼鈑桁橋で構成する。両者の境界部に立てる高さ約15mの橋脚1本を四国開発が施工する。橋の総工費は約15億5000万円(資料:本山町)

造り直し費用は1400万円

一方、町は今回のトラブルの反省点として、打設しているところを職員が発見した際に、捨てコンクリートだと間違えてしまったことを挙げる。鉄筋が組み上がった状況で打設しているのだから、本体の打設であることは十分に考えられたはずだ。

ただ、仮に本体の打設だと分かったところで、その場で打設中止の指示を出すことが妥当とは限らない。途中で打設をやめてしまうと、後日、打設を再開した箇所との打ち継ぎ目で不具合が生じやすい。

「コンクリート標準示方書にも『雨天時を避け』という記載はあるが、雨天時に中止しろとは書いていない。ただし書きの部分では、急激な天候の崩れに備えて雨天対策シートを準備するよう求めている」(藤本課長補佐)。

町では、小雨であっても、早い時刻に巡回を始めていればよかったとしている。ブルーシートの設置を早い段階で指示しておけば、不具合を回避できた可能性がある。

四国開発が受注した橋脚工事の工費は5076万円だ。底版部の造り直しに要する約1400万円は同社が負担する。不具合の発覚時点で工期は15年5月15日までだったが、造り直しに伴い16年2月15日までに延長した。出水期は施工できないので、再施工は15年10月以降。橋全体の完成は18年度の予定。トラブルによる遅れは生じない見込みだ。

平成26年度 道交本防安第5号
町道本山三島線 土佐本山橋 橋梁下部工事

底版コンクリート品質確認再調査結果及び今後の方針

平成27年5月18日

四国開発株式会社

四国開発が本山町に提出した調査結果などの文書(資料:本山町)

橋 ▶ 橋台のずれ

逆算して位置を求めたのが災い

「事前に相談してくれればよかったのに」。鳥取県大山町に建設中の倉谷川橋で発生した施工ミスについて、発注者はこう残念がる。その下部工事で施工者が支承位置を取り違え、深礎杭と橋台のフーチングの位置を約75cmずれたまま施工してしまったのだ。

発注者の国土交通省中国地方整備局倉吉河川国道事務所によると、施工を請け負った井中組(鳥取県倉吉市)の監理技術者が杭などの位置を割り出す際、発注図のデータのなかから座標図を見つけられなかった。しかし、発注者には問い合わせず、上部工事の線形図から支承の位置を求め、橋台や杭の位置を割り出した。問い合わせるより、自社で使っているソフトウエアで算出する方が早いと判断したのだという。

ところが、これが災いした。支承の位置をパラペット前面の位置と間違えてしまったのだ。そのため、橋台が背面側に75cmほどずれた。

これは、橋台1基と橋脚2基などを構築する工事だ。2010年2月、最後に施工する予定だった橋脚の位置出しの際にミスが発覚した。この橋台と、別工区にあるもう一つの橋台から、橋脚の位置をそれぞれ割り出したところ、一致しなかった。ミスが分かったときには、既に杭と橋台のフーチングを施工していた。

「橋台の位置出しのときに、ほかの橋脚との位置関係を測量していれば、その段階でずれを把握できたかもしれない」と倉吉河川国道事務所工務第二課の福井雄二課長は話す。最初の位置出しで間違えてしまうと、その後の施工がすべて台無しになる恐れがある。

再発防止策として、同事務所では「どのようにして位置出しの際のミスを防止するのか、取り組みや工夫などを施工計画書に記載してもらっている」(福井課長)。複数の人でチェックしたり、別の測量方法で確認したりするよう、受注者に申し入れている。

ミスがあった橋台では、既に打った杭はそのままにして、フーチングだけを造り直すことにした。フーチングが本来の位置まで届くように、幅を75cm拡大した。

ただし、これだけでは地震時の圧縮応力度が杭の許容値を超えてしまう。そこで、橋台背面の盛り土の一部を単位体積重量19kN/m³から20kN/m³の良質土に変更し、土圧を軽減した。

完成した倉谷川橋の下部工事。鳥取県北部を通る名和・淀江道路の一部となる
(写真・資料:右も国土交通省倉吉河川国道事務所)

■ 橋台の断面図

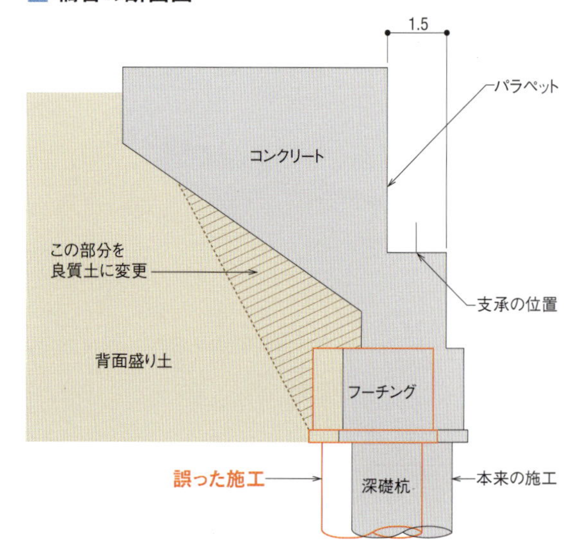

橋 重機の転倒

何気ない重機の移動に落とし穴

2012年8月10日午前10時10分ごろ、首都圏中央連絡自動車道（圏央道）の整備事業の一環で実施していた橋梁下部工事で、掘削作業中にバックホーが転倒する事故が発生。投げ出されたオペレーターが下敷きになって死亡した。バックホーはシートベルトがないタイプだった。

事故が起きたのは、国土交通省関東地方整備局相武国道事務所が発注した「さがみ縦貫中沢第二橋下部他工事」の現場だ。相模原市緑区中沢地区に橋台を上り線で2基と下り線で1基を構築する工事で、あおみ建設が受注。12年3月から13年3月までの工期で作業を進めていた。

安全衛生責任者自らが被災

上り線の片方の橋台で、基礎を築くための土工事中に事故は発生。土留めの内側で小型バックホー2台が掘削や土砂の集積を行っていた。集積した土砂は土留めの外側から大型バックホーですくい取り、ダンプトラックに積み込む段取りだった。

転倒したのは土留め内の小型バックホー1台。一次下請け会社の主任技術者兼安全衛生責任者を務める職長が操作していた。集積土砂の上部から高低差95cmの床付け面に移動しようと、傾斜角27度のスロープを降りていた際に事故が起きた。

現場には被災者以外に6人の工事関係者がいたが、事故発生時の様子を目撃した人はいなかった。しかし関東地整は、転倒後の状況などから、オペレーターが被災したプロセスを次のように推測している。

(1)スロープを降りる際に何らかの原因でアームが旋回した、(2)重機のバランスが崩れてオペレーターは投げ出された、(3)オペレーターの上にバックホーが倒れた。

「転倒後のバックホーは、アームが完全に横を向いていた。恐らく誤操作だと思われるが、旋回したことは間違いない」。関東地整企画部技術調査課の渡辺稔課長補佐は、こう

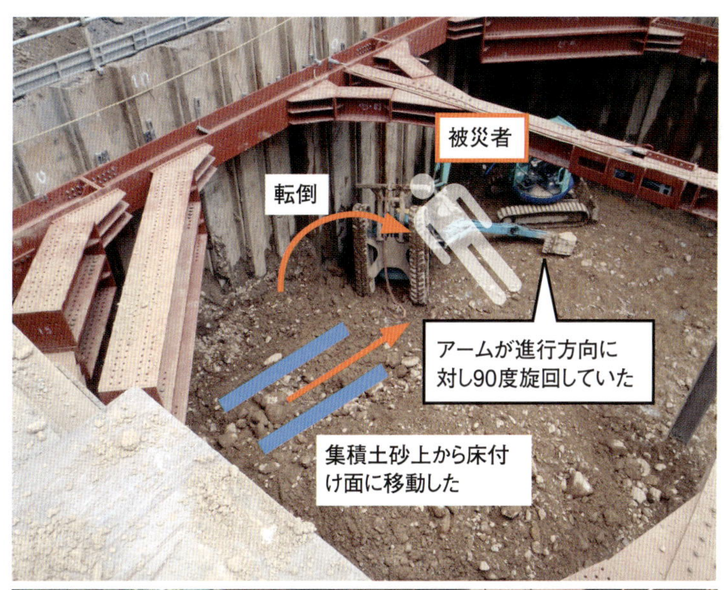

事故発生後の現場の様子。掘削床付け作業中にバックホーが転倒し、投げ出されたオペレーターが下敷きになった（写真・資料：次ページまで国土交通省関東地方整備局）

事故発生時の状況

[人と重機の位置や作業状況(平面図)]

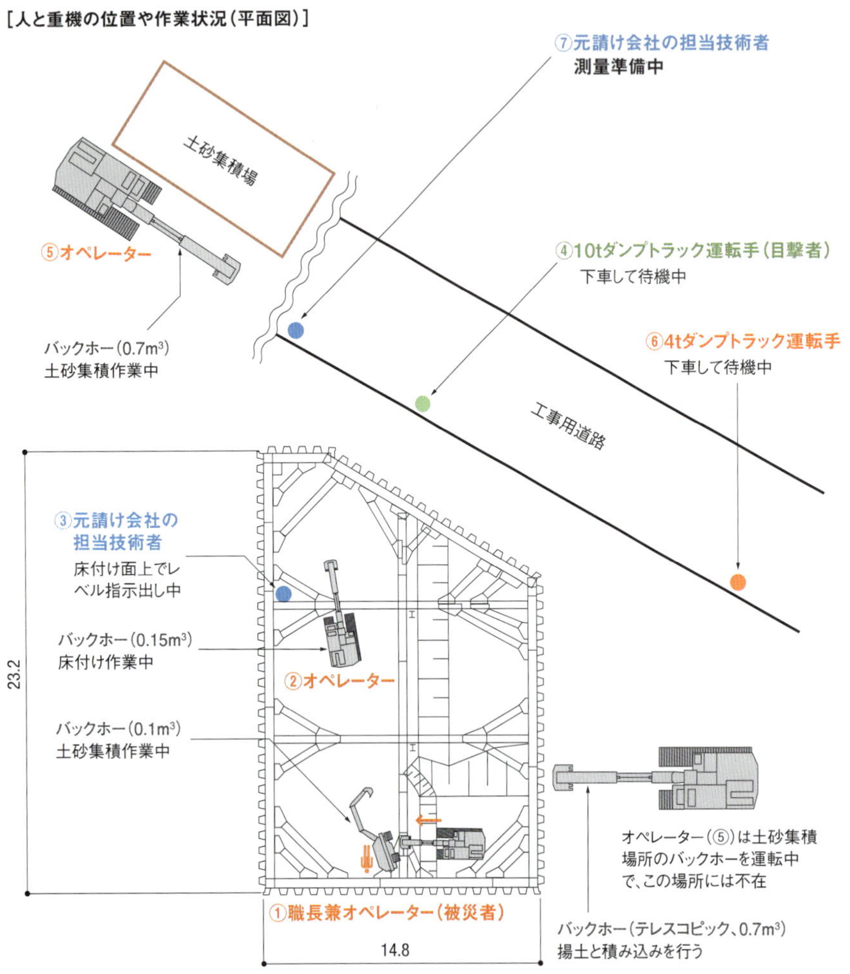

事故発生当時、現場では合計7人が作業中だった。待機中のダンプトラックの運転手が最初に事故に気付いたが、そのとき、バックホーは既に転倒していたので、事故の正確な経緯は分かっていない

[バックホーの転倒状況(推測イメージ)]

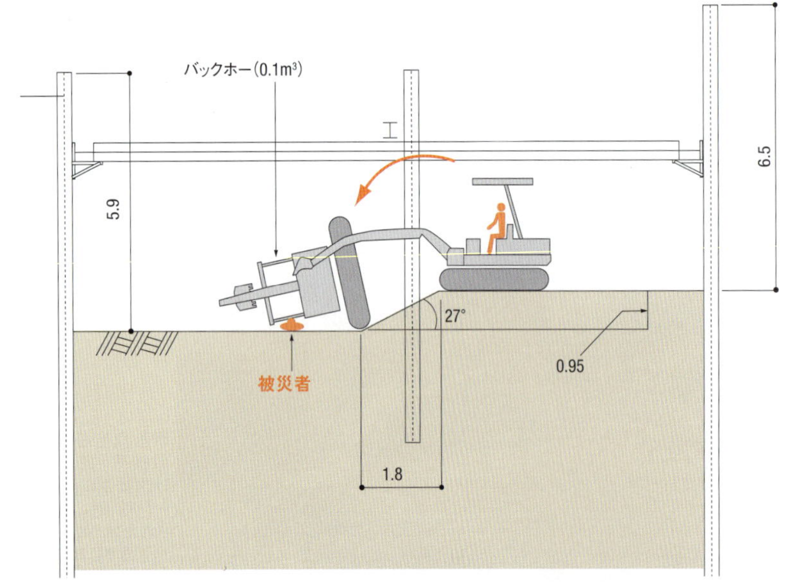

集積した土砂の上から床付け面に降りるスロープの傾斜角は概ね27度。集積が完了して床付け面に移動する際、何らかの理由でバックホーのアームが振れ、バランスを崩して転倒したと推測される

説明する。

さらに関東地整は、被災者自身が安全衛生責任者だった点も問題視した。「安全衛生責任者が自ら作業に専念してしまっては、現場で不安全行動をチェックできなくなってしまう」(渡辺課長補佐)。

渡辺課長補佐によれば、被災したオペレーターは30年程度のキャリアを持つ熟練者で、重機の技能講習も受講していたという。「安全衛生責任者としての役割をどの程度果していたのか?」、「オペレーター不足が背景にあったのか?」。これらについては不明だ。あおみ建設は日経コンストラクションの取材依頼に応じていない。

同課の佐伯良知課長は、この種の事故に対するオペレーターの安全確保策について、現実的な難しさを次のように述べる。「頑丈なフレームで運転席を保護する構造の重機もある。しかし特に小型バックホーはそうしたタイプばかりではないし、シートベルトの有無もタイプによって異なる。使用する機種を細かく指定するわけにもいかない」。

この事故を受けてあおみ建設は、関東地整に再発防止策を提出。その

元請け会社の担当技術者(左図の⑦)がいた位置から見た事故発生当時の現場

■ 2012年度*に国土交通省関東地方整備局発注の工事で発生したバックホーの転倒事故例

工事や作業の内容	事故の内容と原因	再発防止のポイント
河川の維持補修工事。川表法尻で刈草を山状に集草する作業	帯状に集めた刈草をハサミ付きバックホー（0.08m³）を使って山状にする作業を実施。一山が完了したので、次の山を作ろうと、完成した山を迂回して法面を走行した際、刈草をよけるためにアームを伸ばしたところ、バランスを崩して横転した。原因は、平地ではなく法面を走行したこと	・建設機械作業時の安全教育を徹底する
地中連続壁を構築する工事。砕石を敷きならす作業	施工機械の下に用いる2.56tの敷き鉄板をバックホー（0.45m³、クレーン仕様、定格荷重2.9t）で吊り、旋回して移動しようとした。その際、丁張りがあったので避けようとしてブームを伸ばしたところ、バランスを崩して横転した（下の左図）。原因はオペレーターの思い違い。吊り下げた敷き鉄板が実際のものよりも小さいと思い込み、クレーンモードにしていなかった。現場に規格の大きい敷き鉄板があることが周知されていなかったことも要因の一つ	・現場条件に合わせた具体的な作業手順書を作成し、作業内容を周知・徹底する ・建設機械作業時の安全教育を徹底する
仮置きした土砂を搬出するための積み込み作業	土砂を積み込むためにバックホーを土砂上に移動しようとしたときに事故が発生した。昇降用スロープを造成準備するために50度の斜面を進んだが、重機足場の土砂状態が悪く、足場整備のために後進しようとした。その際、運転方向を変えようと右旋回し、90度旋回したところでバランスが悪くなり、クローラーの後方に置いていた敷き鉄板がずれて軟弱地盤に潜り、バランスを崩して転倒した（下の右図）。原因は、奥側からスロープを造成しようとして、地盤の悪い傾斜地に重機を配置したこと。また、監視員を配置せず、安全監視や指導が不足していたことも事故発生を助長した	・転倒の恐れがある作業では、監視員を配置し、作業の確認を行う ・建設機械作業時の安全教育を徹底する

*2013年1月時点。いずれの事例も人的被害は出ていない（国土交通省関東地方整備局の資料をもとに作成）

[吊り下げ作業での転倒例]

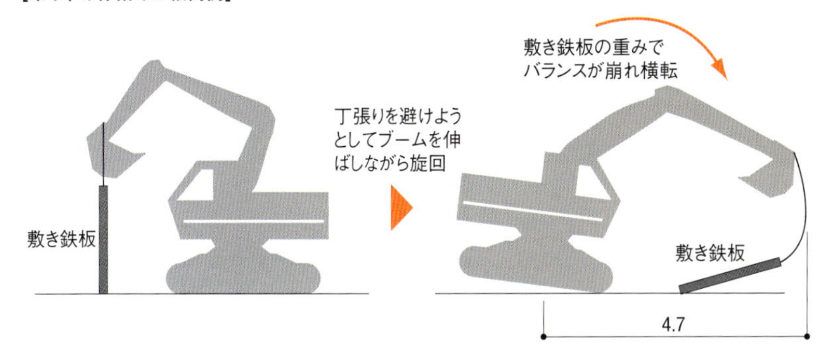

[斜面で旋回しようとしたときの転倒例]

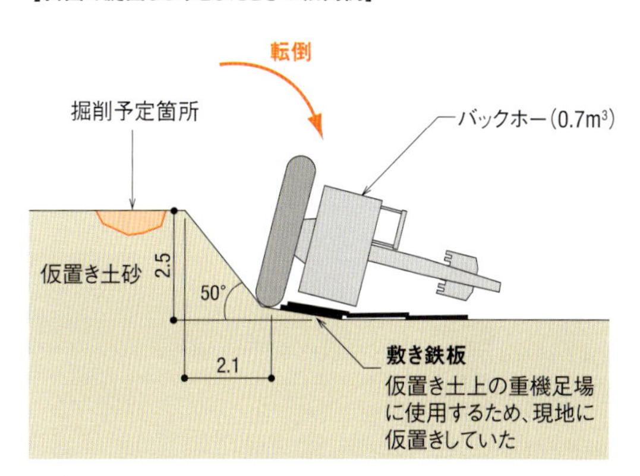

（資料：右も国土交通省関東地方整備局の資料に一部加筆）

中身としては、まず監視体制の強化を挙げている。

具体的には、元請け会社が現場に「安全専従員」を配置。安全面に関して下請け会社の指導や掘削作業時の常時監視に当たる。また、下請け会社が配置する安全衛生責任者は、安全な作業を指導監督する役割に支障が出るような作業に従事させないように徹底するという。

危険予知活動の実施頻度も上げた。事故前の「午前中に1回」から、「午前と午後にそれぞれ1回ずつ」にして、リスク要因を洗い出したうえで、元請け会社の職員が対策の実施までの経過を必ず確認・記録するようにした。

また重機でスロープ部を昇降する作業に関しては、作業手順書に「昇降時の正しいアームの位置」などをきめ細かく明文化。土留め内の作業では、使用する小型バックホーをシートベルト付きタイプに限定することにした。

重機転倒を重点的安全対策に

関東地整はあおみ建設から再発防止策を受け取った後、事故に対する処分として、2週間の指名停止措置を決定。13年2月8日に発表した。工事は予定通り、3月に竣工した。

他方、関東地整は発注した工事で発生した建設事故を定期的にまとめて内部で情報共有しているが、この事故のような重機の転倒、およびその巻き添えを含めた事故が、近年目立ってきているという。

12年度の事故例でもクレーンの操作方法を誤ったり、斜面移動時にバランスを崩したりして事故に至ったケースがある（上の表と図）。

関東地整はこうした状況を鑑みて、毎年度公表している「重点的安全対策」の13年度版に、重機の転倒や巻き添えによる事故を加えた。

橋 ▶ 作業員の墜落

突風でゴンドラが予想外の滑走

伏木富山港(富山県射水市)に建設中の新湊大橋で、橋桁の下面に外装パネルを取り付けるために設けたゴンドラ(移動式足場)が突風によって橋桁から45m下の橋脚基面まで落ち、乗っていた作業員2人が死亡した。事故は2010年12月3日に発生した。

新湊大橋は主橋梁部が長さ600mの5径間連続複合斜張橋。中央径間には2車線の車道の下に箱桁のような構造を設け、橋の中から景色を楽しめる自転車歩行者道を整備する。

発注者は国土交通省北陸地方整備局。主橋梁部の上部構造のうち、事故のあった東側300mを日立造船・川田工業JVが施工。死亡したのは日立造船JVの二次下請け会社の社員で、ゴンドラに乗って外装パネルを設置する作業に当たっていた。

鋼製のゴンドラは幅約20m、高さ約8m、奥行き約6mで、重量は約14t。橋桁下方の左右2カ所に設けたレールから吊り下げており、レールに密着させた車輪をモーターで駆動させて移動する。

1日の作業を終えてゴンドラを離れる際や長期休暇などの際には、クランプを使ってレールを挟み込む装置とレバーブロックのチェーンでレールを締め込む装置で固定する。これら二つの装置は作業中には使っていなかった。橋桁に設けたレールは勾配が約4%と緩やかで、移動用のモーターを止めればモーターの電磁ブレーキで停止していたからだ。

落下したゴンドラ。後ろに見えるのは斜長橋の東側主塔が建つP23橋脚(写真・資料:40ページまで特記以外は国土交通省伏木富山港湾事務所)

事故時の最大瞬間風速は30.5m

事故当日は気象庁から暴風警報が出ていた。北陸地整伏木富山港湾事務所の吉田忠副所長によれば、「昼ごろに低気圧が発達するので早めに対処するようにと、午前9時30分に監督職員が日立造船JVに注意喚起の電子メールを送信した」。

事故現場を上から見る。作業員2人はこのゴンドラに乗ったまま約45m落下した

日立造船JVの施工計画では、橋桁に設けた風速計が10分間の平均で毎秒10m以上を計測したときに、ゴンドラを使う作業を中止することになっていた。日立造船JVも当日の暴風警報を確認しており、ゴンドラでの作業のうち風の影響を受けやすいパネルの設置は取りやめ、留め具の取り付けを指示していた。

当日の平均風速は、事故が発生するまでは作業の中止基準を下回っていた。午後1時30分から40分までは毎秒約6.5m。同40分から50分までは毎秒7mだった。風が強くなり始めたのは、その直後のことだ。

日立造船機械・インフラ本部インフラ事業部鉄構建設部の山下時治部長は、「午後1時50分ごろに、一次下請け会社の担当者に作業を中止するように電話をかけた」と説明する。日立造船JVでも低気圧発達の予報をつかんでおり、その予報どおりに風はしだいに強くなっていた。空がにわかに暗くなってきたこともあ

■ 工事用ゴンドラの概要

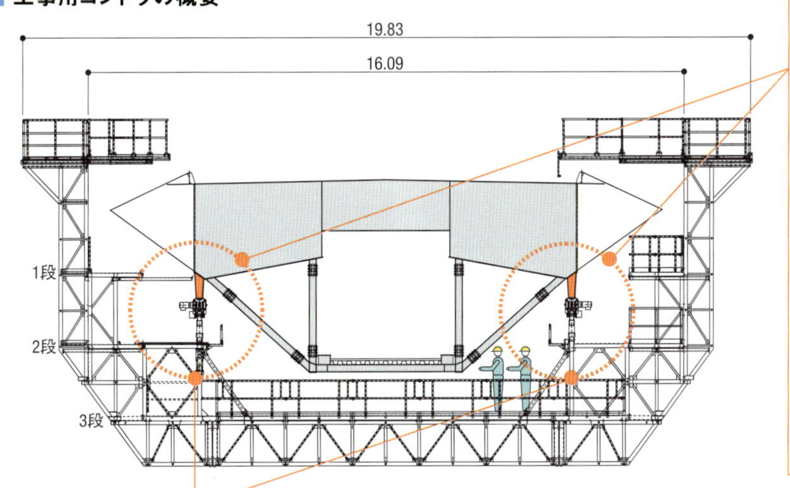

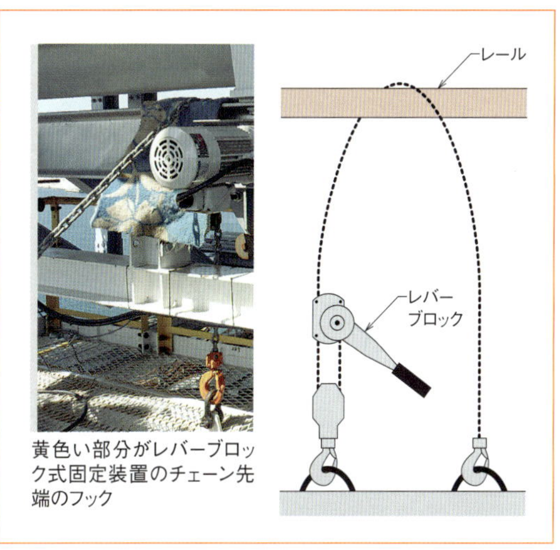

黄色い部分がレバーブロック式固定装置のチェーン先端のフック

写真中央の装置はゴンドラの移動用モーター。その右にクランプ式固定装置が見える

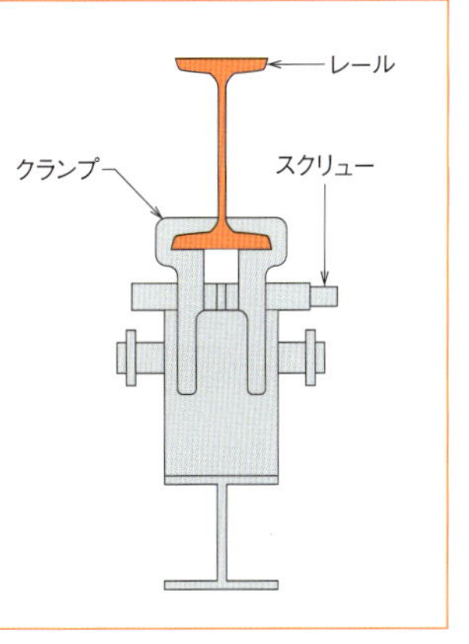

ゴンドラを使った作業の様子。橋桁の下方に外装パネルを取り付けていた

り、中止基準以上の平均風速を計測する前に作業の中止を決めた。

ところが、一次下請け会社の担当者と連絡が取れない。担当者の携帯電話に着信記録が残っており、電話がつながったことは分かっているが、肝心の情報は伝わらなかった。

担当者に再度連絡する間もないまま、P23橋脚付近で衝撃音が2回発生。午後1時53分ごろに、P23橋脚の西側約75mの位置にあったはずのゴンドラが橋脚の基面に落ちているのを、別の下請け会社の社員が確認した。1時50分から2時までの間に、風速計は最大瞬間風速毎秒30.5mを計測していた。

ゴンドラが滑走する様子を目撃した者はいない。事故現場の状況から、突風で滑走したゴンドラがP23橋脚の手前の足場に衝突し、その衝撃でレールから外れて落下したとみられている。

移動を制限するワイヤを設置

「風で約14tのゴンドラが吹き飛ばされるように動くとまでは正直、想像が及ばなかった」と山下部長は話す。事故を受けて日立造船JVは、ゴンドラ固定装置の運用基準見直しなどの再発防止策を講じた。

ゴンドラを移動するとき以外は、前述の二つの固定装置を使用する。ゴンドラを移動する際の予想外の滑走を防ぐため、新たに滑走防止用のワイヤを4本設置することにした。約4mのワイヤを橋桁の横材に固定して、移動範囲を制限する。

ゴンドラを使う作業は、暴風警報が出たら中止することにした。さらに、気象情報を確実に得る目的で、現場付近の情報をインターネットで配信するサービスを活用する。

作業中止の連絡を伝えることができなかった点を重視し、JVの社員と下請け会社の責任者に携帯電話のハンズフリー機器の着用を義務付けた。現場の詰め所に拡声器を備え、作業監視人を配置するようにした。

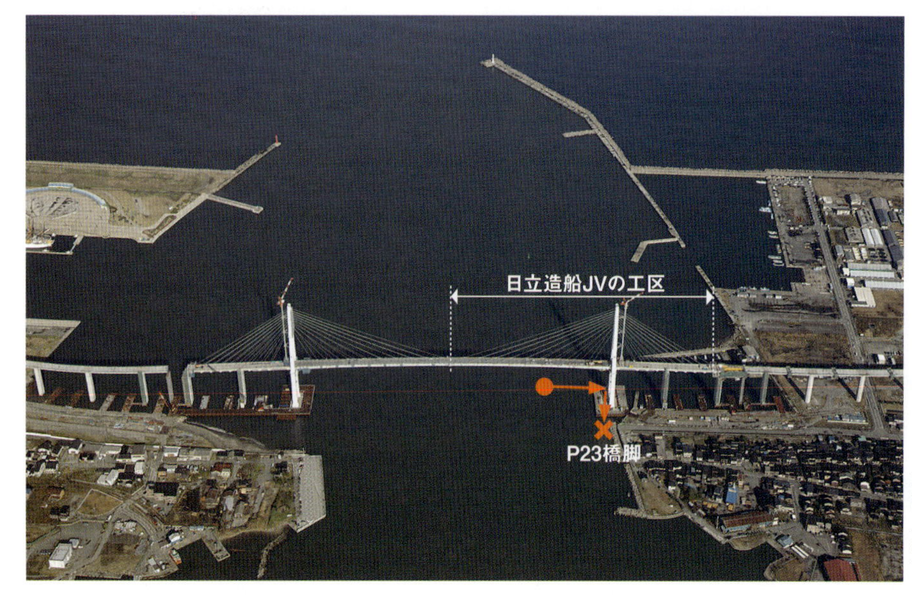

右側の主塔から約75m離れた位置にあったゴンドラが突風で滑走し、橋脚付近に衝突して落下したとみられている

再発防止策の一つとして採用した携帯電話用のハンズフリー機器。風が強いときでも連絡しやすいように配慮した（写真:日立造船JV）

■ ゴンドラ滑走防止策の概要

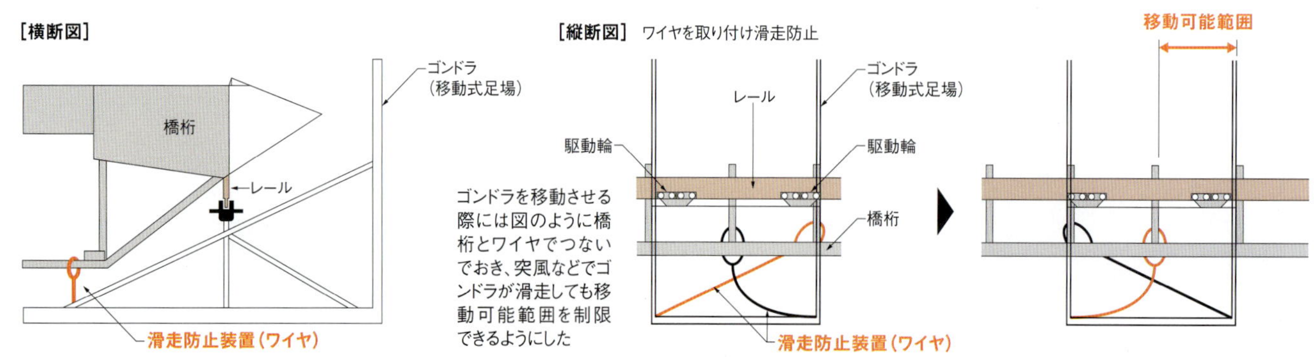

橋 作業員の墜落

KY活動の注意事項が徹底されず

尾道・松江自動車道の一部となる真金原(まきんばら)第一橋上部工事の現場で、ブラケット式の支保工2基が落下。枠組み足場の中にいた作業員2人が落下する支保工に巻き込まれ、1人は約15m下の橋脚の施工基面に落下して死亡、もう1人は数メートル下の枠組み足場に落ちて頭部を切るなどの重傷を負った。事故は2010年12月20日午前10時15分ごろに発生した。

同橋は長さ322mのPC（プレストレスト・コンクリート）5径間連続ラーメン箱桁橋。この工事は国土交通省中国地方整備局が発注し、鉄建が受注した。死傷した作業員は鉄建の二次下請け会社の社員で、支保工の解体作業に当たっていた。ほかの4基の橋脚でも同じ形式の支保工を採用しており、事故が発生したP1橋脚以外の解体作業は終わっていた。2人の作業員はP4の支保工の解体も手掛けていた。

この支保工は、橋脚の柱頭部で箱桁の一部を造るためのもの。水平部材と垂直部材、斜材を組み合わせたトラス構造で、橋軸方向の両側にそれぞれ4基ずつ設置し、支保工の上に横梁と足場板を渡して箱桁を造る際の足場として利用していた。事故当時は柱頭部の箱桁を造り終え、箱桁の架設を張り出し施工に切り替えるために支保工を解体していた。

支保工1基の重さは約2.4t。垂直部材にアンカーボルトを通す穴があり、ボルトにナットを付けて橋脚に固定する。アンカーボルトの長さは130cmで、80cmを橋脚に根入れした。4基のうち、外側の2基には6本、内側の2基には4本のアンカーボルトを打設して固定していた。

ナットは油圧ジャッキを使って締める。ジャッキでアンカーボルトを引っ張りながらナットを締め込み、締め込んだ後にジャッキからアンカーボルトを解放する。緊張力でナットの固定を強固にするためだ。

支保工を撤去する際には、ジャッキでアンカーボルトを引っ張りなが

事故後のP1橋脚。橋脚の脇に見えるのが落下した2基の支保工
（写真・資料：次ページまで国土交通省三次河川国道事務所）

■ 事故発生時の状況

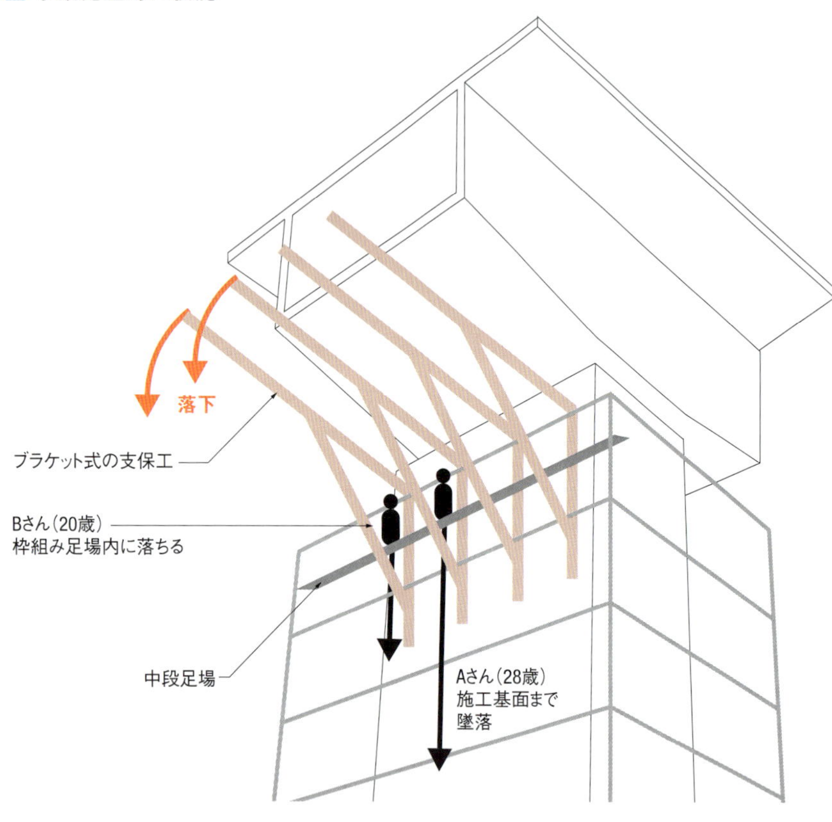

らナットを緩め、アンカーボルトからジャッキを外す。支保工に取り付けたワイヤをクレーンのフックに掛けた後で、すべてのナットを外すのが手順だった。

手順と異なる作業

「支保工が落下した直接の原因は、アンカーボルトのナットがすべて外されていたことにある」。当時、中国地整三次河川国道事務所副所長だった中国地整松江国道事務所の石川庄嗣副所長はこう話す。

これは、事故発生の翌日に広島大学大学院工学研究院の藤井堅教授の協力を得て三次河川国道事務所が現地調査して判明した。8基の支保工のうち橋台側の4基の固定に用いた合計20個のナットがすべてアンカーボルトから外されていた。ボルトにナットを取り付けたとき、ボルトはナットから7cmほど飛び出す状態になっているはずであり、ナッ

死亡した作業員は赤色のコーン付近の施工基面まで墜落した

■ ブラケット式の支保工の概要

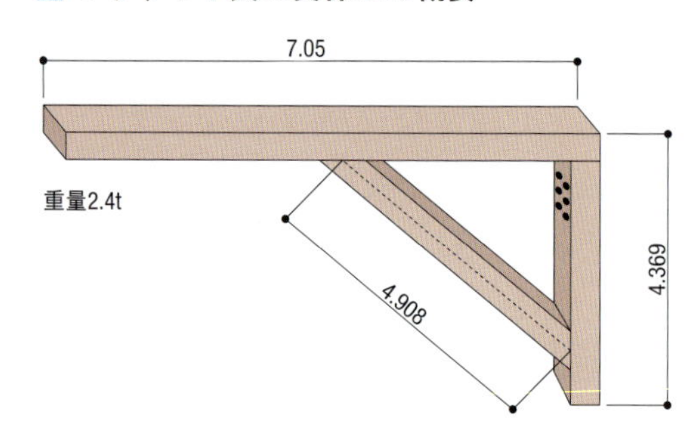

■ 真金原第一橋のP1橋脚付近の上部構造側面図

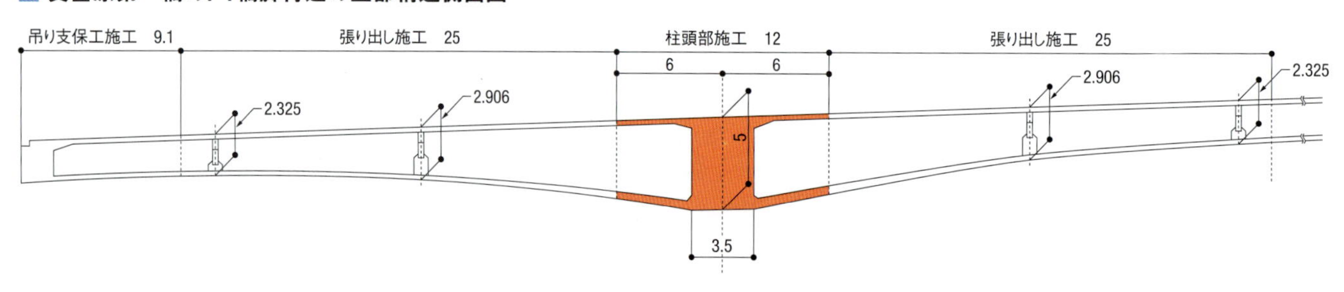

トが自然に外れたとは考えにくい。

支保工とアンカーボルトはいずれも鋼製で、藤井教授によれば鋼材同士の摩擦係数は0.2ないしは0.3程度。ナットがない状態ではいつ落下しても不思議ではないという。「ただ、足場板を撤去した後で支保工には上載荷重がない状態だった。ナットが一つでも残っていれば、支保工が落下することはなかったのではないか」と藤井教授は話す。

鉄建の現場責任者は事故の当日、朝礼で支保工の解体に伴うKY活動を実施していた。KY活動では、支保工を吊り上げるためのワイヤをクレーンのフックに掛けるまで、少なくとも2カ所のナットは残すように指示していた。

事故で死傷した2人の作業員が何をしていたのか、鉄建の社員は作業に立ち会っていたのかなどは分かっていない。支保工が落下したきっかけやナットをすべて外した経緯なども明らかになっていないが、支保工が落下した直接の原因が判明したことから、再発防止策を講じて11年3月2日から工事を再開した。

よく見える場所に留意事項を示す

再開に当たり、鉄建はKY活動の徹底を図ることにした。従来の朝礼時のKY活動に加えて、作業班ごとに施工場所でもKY活動を実施することにした。個々の作業で生じる可能性のある危険を、班ごとに現場で改めて確認する。

さらに、施工場所ごとに作業上の留意点などをまとめて掲示した。例えば、支保工の解体現場では、アンカーボルトの緊張の解放後はワイヤをクレーンにセットし終えるまでナットをすべて取り付けておくことや、鉄建社員の立ち会いの下で作業することなどを盛り込んだ看板を枠組み足場の中に掲示した。

事故で死傷者を出したことを受けて、中国地整は2月8日、鉄建を2カ月間の指名停止にした。

枠組み足場の外観（上）と内部の様子（右）。残っていた支保工の解体に当たり、作業場所から見える位置に注意事項を掲示した
（写真：下の3点も山崎 一邦）

枠組み足場の入り口にも、施工上の注意点や安全帯の留め具を掛ける位置などを説明した安全対策の看板を掲示した

P2橋脚と張り出し施工用のワーゲン。事故が発生したP1橋脚では、P2橋脚と同じように張り出し施工移行前の作業として、支保工を解体していた

地盤の「不確実さ」を甘く見た惨事

秋田県由利本荘市で、土工事では近年まれに見る大事故が発生したのは2013年11月のこと。切り土整形後の法面が崩落し、施工者である山科建設（同市）の作業員5人が土砂にのみ込まれて死亡した。

崩落の真相解明に注目が集まるなか、15年になってようやく事故の全容が明らかになってきた。

3月には、崩落原因の究明に向けて発注者の由利本荘市が立ち上げた土砂崩落技術調査委員会（委員長：及川洋・秋田大学教授）が、検討結果を報告書にまとめた。崩落のあらゆるリスクを抽出しており、その数は崩落の元凶（素因）と引き金（誘因）を合わせて77個にも上る。

結局、報告書はそれらを列挙しただけで、事故の直接的な原因は絞り込んでいない。しかし、これらの素因から、施工者と発注者がともに、適切に対処していなかった実態が浮かび上がる。

湧水など危険を示す兆候があったのに、発注者に報告しない。地下水リスクが高いのに、それを軽視して施工計画を変更する――。事前の調査だけでは把握しきれない不確実性の高い地盤を、甘く見ていたと言わざるを得ない。

事故の責任問題は7月8日、新たな局面を迎えた。秋田労働局本荘労働基準監督署が労働安全衛生法違反

作業員5人が生き埋めとなった秋田県由利本荘市の土砂崩落の現場。災害発生から3日後の2013年11月24日に撮影。消防や警察など大勢が駆けつけ、慌ただしい雰囲気が写真から伝わる（写真：秋田労働局本荘労働基準監督署）

の容疑で、山科建設や当時の工事長ら2人を書類送検したのだ。施工者が崩落防止の対策を適切に講じなかった点などが、安衛法の労働安全衛生規則に違反するとした。

以下では、安衛法違反の疑いがある施工者の対応に焦点を当てながら、事故を振り返る。

地下水位が上昇しやすい現場

崩落したのは、市道猿倉花立線の法面だ。同路線は1994年と96年、山肌に高さ約20m分の腹付け盛り土をして完成した。供用中の12年11月、路面にひび割れが発生したため、市は全面通行止めにして、対策工事の検討を始めた。

■ 土砂崩落のあった現場の概要

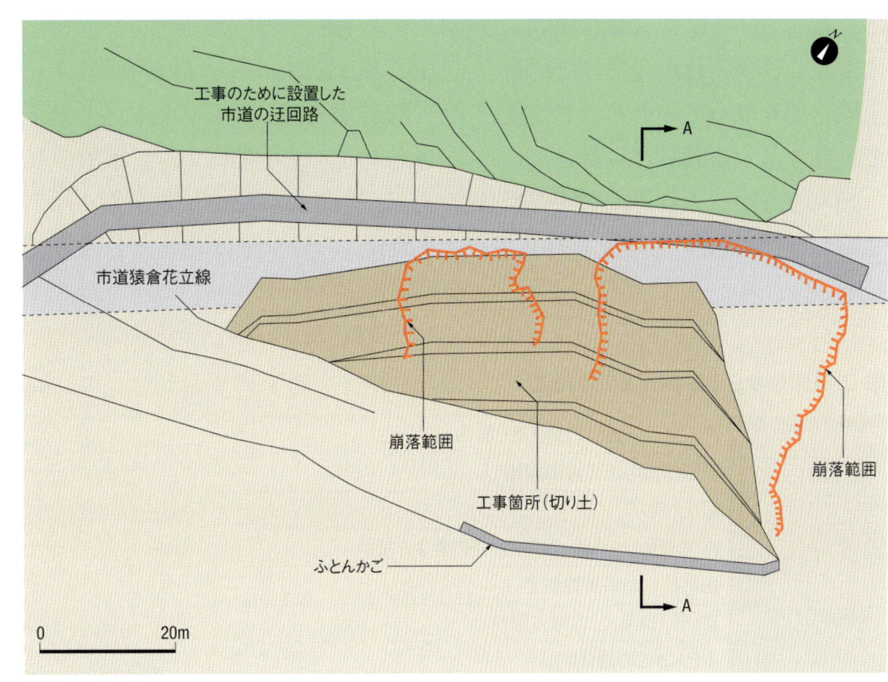

(資料:由利本荘市)

■ 崩落につながった地下水位上昇の想定メカニズム(A-A断面)

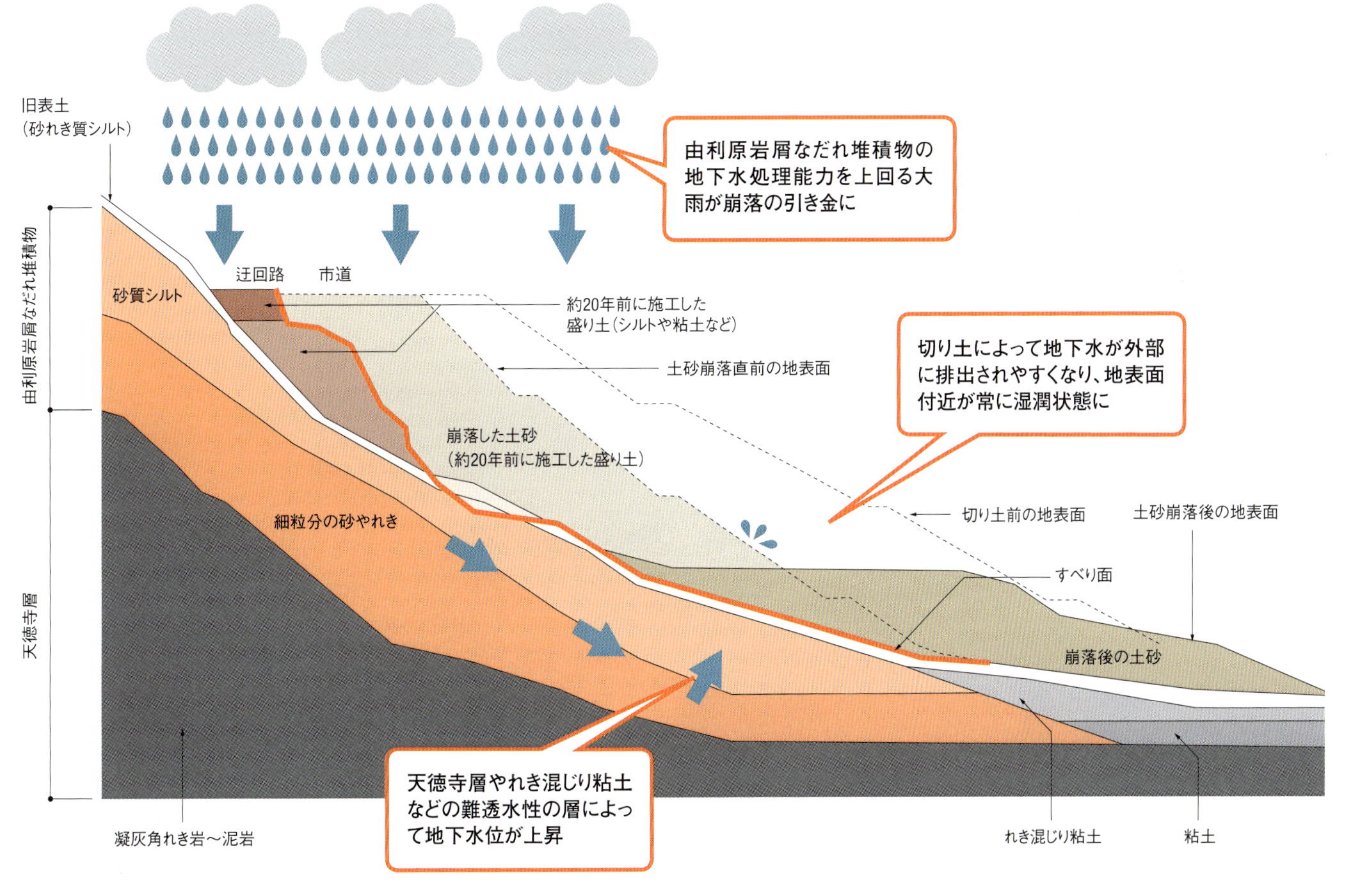

由利本荘市の資料をもとに作成

法面の変状調査や対策工事の設計は、奥山ボーリング（秋田県横手市）に委託。ひび割れが発生した範囲の土砂を切り取って、セメント改良土で再盛り土する設計とした。

13年9月から山科建設が災害復旧工事に着手した。切り土を終えて、法尻から1mほどの高さまで盛り土した段階で、事故が発生。幅40m、高さ20mにわたり土砂が崩落した。

報告書では、崩落の誘因を「地下水位の上昇」と推察する。事故の10日ほど前に降った雪が解けて、120mmの降水量に相当する水が地下へ浸透。さらに、事故発生までの3日間で累積約130mmの大雨が降り、地下水位が一気に上がった。

現地の地層構造も災いした。切り土した後だったために地下水が排出されやすく、地表面が湿潤状態にあったことも影響したとみられる。広域的に見ると、現地は複数の谷の合流箇所に当たる。水には十分な注意が必要な地形だった。

設計では、「沢埋め盛り土」や「斜面中の高い水位」を、留意すべき問題と認識。切り土と集水ボーリングを交互に実施、地下水位を下げるなどの対策を講じることにしていた。

工事開始から土砂崩落までの経緯

2013年10月 7日	アスファルト舗装の剥ぎ取り開始
10月 8日	丁張り、切り土の搬出開始
10月30日	切り土完了
10月31日	市が法面の一部にブルーシートの養生を指示
11月 5日	水平排水材の敷設完了
11月 6日	盛り土（改良土）の施工開始
11月 7日	ふとんかごの設置開始
11月12日	積雪深25cmの大雪が降り、作業を中止
11月13日	積雪深40cmの大雪で工事の一時中止を協議
11月14日	土工事を中断。2段目のふとんかごの設置を再開
11月19日	大雨のため作業を中止
11月21日	地盤改良と濁水処理の最中に土砂崩落が発生

現場の法尻付近に設置したふとんかご。事故発生時は、この付近で8人が作業をしていた。バックホーに乗っていたオペレーター2人と、軽油を取りに現場を離れていた1人は被害を免れた（写真：由利本荘市）

危険を示すサインは十分にあった

それでは、設計の考え方は施工者へ十分に伝わっていたのだろうか。

■ 崩落につながると考えられる施工上の素因(土砂崩落技術調査委員会の報告書から抜粋)

素因	現場での対応	崩落につながる素因としての可能性
施工計画の変更	当初設計では切り土と交互に集水ボーリングを実施する計画だったが、盛り土構築時に変更	一般的に集水ボーリングを遅らせることは、盛り土内の水が排水されにくくなり、盛り土の不安定化につながる
設計図書と施工の違い	設計図どおりに切り土が実施されていない箇所があった。さらに出来形確認時に、発注者がそれに気付けなかった	設計どおりに切り土しないと、盛り土の安定性を低下させる
湧水の発生への対応	降雨後、切り土した法面の数カ所で、湧水を確認。その後、処置を取らなかった	地下水位上昇は法面の不安定化を招く。危険サインの一つ
施工中に発生した法面変状への対応	ガリ浸食による肌荒れや小崩落が発生したものの、処置を取らず、発注者へも報告しなかった	崩落前の危険サインと捉えられる。さらなる法面の変状を引き起こす恐れがある
ブルーシートによる養生	法面の一部しかブルーシートで養生しなかった	養生する範囲が適切でない場合、十分な効果が得られない恐れがある
アスファルト撤去後の表流水の排水	市道のアスファルト撤去後、降雨時に表流水が切り土斜面に直接流入する状態だった	ガリ浸食を引き起こしたり、盛り土内の水位を上昇させたりして法面を不安定化させる
由利本荘市との情報共有	法面の変状などを発注者に報告せず。湧水については報告していたものの、その後、受発注者は何の対策も取らなかった	現場の変状を正確に伝達しない、または伝達しても、必要に応じた協議や対策を打たないと、崩壊のリスクが高まる

左は事故前の切り土斜面の一部。赤線の範囲は、事故1週間前から数回にわたって発生した小崩落。崩落前の危険サインの一つであるにもかかわらず、施工者は何の対策も取っていなかった。上は、市道から見下ろした土砂崩落現場。崩落した翌日に撮影
(写真:左は由利本荘市、右は秋田労働局本荘労働基準監督署)

「発注者も施工者も、地下水位が高い点については理解していた」と、由利本荘市建設部の佐々木肇部長は話す。

ところが、今回の受発注者の現場での対応には、ふに落ちない点が散見される。

その一例が、湧水発生への対応だ。市工事請負契約事項によると、施工者は湧水発見時に、その事実を発注者に通知しなければならない。しかし、施工者は「常時の湧水ではない」という理由で、報告しなかった。後日、立ち話で発注者に伝えたものの、それ以降も受発注者間で、地下水対策は協議されなかった。

常時であろうとなかろうと、湧水は地盤が不安定な状態にあるというサインの一つだ。地下水位の高さをリスクとして認識していれば、湧水を軽視する対応は取らないはずだ。

湧水以外にも、切り土後の法面に危険を示すサインは出ていた。委員会の現場写真の検証では、事故前にガリ浸食(降雨が集中して流れて溝状に浸食される現象)や小崩落が発生していたことを確認。施工者がサインに気付いていたかどうかは不明だが、発注者への報告はなかった。

このように、目視で分かるような様々な兆候が地表面に現れていた。結果論ではあるものの、それに気付いて適切な対策を打っていれば、崩落を未然に防げたかもしれない。

地下水位下げるボーリングを後回し

地下水のリスクに対して、受発注者の認識不足と思わせるような対応はほかにもある。施工計画を変更した点だ。

設計者が高い地下水位を解消するために、切り土と集水ボーリングを交互に施工する計画としていたのは先述したとおりだ。しかし、施工者は施工性を理由に、盛り土構築時にボーリングを実施するよう変更を申請。市もそれを了承した。

この現場で最も気を付けるべき水

の問題を軽視するかのように、あえて水抜きを1カ月ほど後回しにした工程の変更は、理解に苦しむ。

切り土と同時に集水ボーリングを実施していれば、事故を防げたかどうかについて、委員会は明らかにしていない。それでも、高さ5mごとに10m間隔で施工する集水ボーリングに、地下水位を下げる効果があったのは間違いない。

施工者が、切り土の時期にボーリングの資機材を入手できなかったのか、それとも地下水のリスクは低いとみて、対策を後回しにしても問題ないと判断したのか——。真相は闇に包まれたままだ。高い地下水位の解消が現場の課題だったにもかかわらず、検討資料を交わさずに口頭で施工計画の変更を認めた発注者の対応も、ずさんと言わざるを得ない。

リスクの伝達は発注者の役目

報告書は「工事関係者に、土工に対する基本的な考え方が浸透していなかったのではないか」と指摘する。

土工事では、工場で作る製品と異なり、均一でない材料（土砂）を用いて野外で施工する。事前の地盤調査で得られる情報には限界があるので、工事を進めながら地盤情報を補完して、事故を防ぐしかない。

つまり土工事は、図面など設計成果品どおりに構造物を造る橋の上部工事などとは異なる。そこを勘違いして、図面どおりに完成させることしか考えていないようであれば、設計と現実が違う場合、現場での危険サインを見逃してしまう。

今回の崩落事故では、施工者が事前の地盤調査報告書を当てにせず、工事に臨んでいたことが明らかになっている。それでは、調査結果と現場状況に食い違いが生じていたとしても、適切な対応を取れるはずがない。

「土工事には排除しきれない地盤のリスク（不確実さ）が存在する。そのため、調査や設計、施工、維持管理の各段階で解消できなかった不確実さを、次の工程に伝えていくことが重要になる」。委員会で委員を務めた土木研究所地質・地盤研究グループ施工技術チームの宮武裕昭上席研究員はこう説明する。

伝達を主に担うのは、事業計画立案から維持管理まで一貫して携われる発注者しかいない。報告書も、その点を強調している。

由利本荘市は事故を教訓に、施工者らと定期的な協議の場を設けることを検討している。「高い法面の掘削工事などでは、設計者と施工者との3者会議を正式に導入することも視野に入れている」と、佐々木部長は話す。

雨量の把握が被害減らすカギに

一方、施工者には労働災害に遭わないために、安全管理の充実や危険察知能力の向上などが求められる。

本荘労基署は事故を受けて、安全

■ 当初設計時の工事の流れ

(1) 切り土して法面整形後に各小段で集水ボーリングの施工

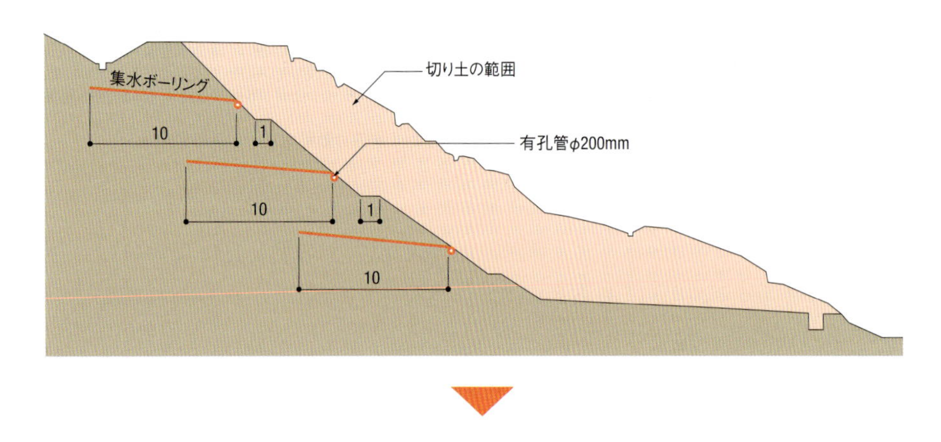

(2) セメント改良土で埋め戻しながら、各小段で水平材などの敷設

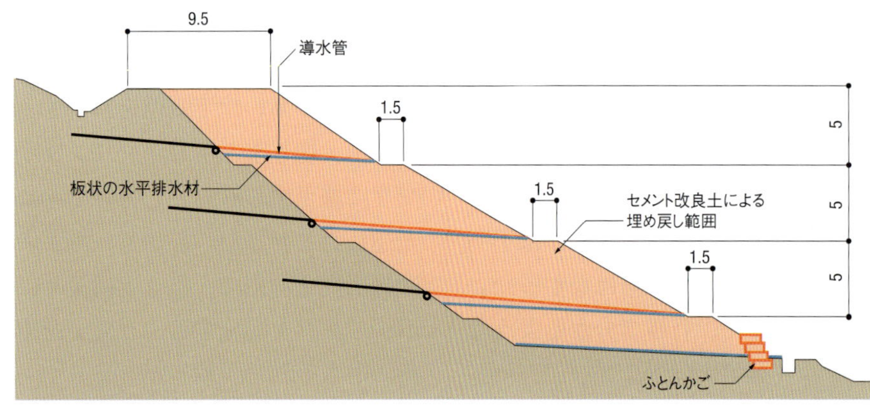

由利本荘市の資料をもとに作成

管理の指導を強化している。14年には、安衛法に基づく届け出のあった全現場をパトロールして、安全対策を確実に実施しているかどうかを確認。労基署が過去の好例を振り返って、施工者に安全対策を提案するなどしたかいもあって、事故の翌年の重大災害はゼロ件だった。

さらに14年には、「地山掘削点検表」を作成した。労働安全衛生規則の地山掘削時の点検項目である浮き石や亀裂の有無、含水の変化などをもとに、具体的な点検のポイントを独自に加えた（右の表参照）。主なターゲットは、安衛法に基づく届け出の必要がない高さ、深さとも10m未満の地山掘削現場だ。労基署が普段、確認できないような現場の建設会社が点検表を使い、点検の習慣を身に付けることを期待する。

「規模の小さな土工事の現場だと、地山の点検さえも実施していないケースが多かった」と、本荘労基署の児玉勇監督・安衛課長は明かす。

点検表のもう一つの特徴は、前日の降雨量の記載欄を追加した点だ。「被害に遭うリスクを減らす方法の一つが、雨量の把握だ」（児玉課長）。

労働安全衛生総合研究所が由利本荘市の事故を受けてまとめた災害調査報告書によると、今回の事故のように、事故発生3日前までに雨が降って、死亡事故につながった土砂崩落は決して珍しくない。過去14年間で死亡事故のあった土砂崩落131件のうち、半数がそれに該当する。工事関係者の頭の片隅にこの統計があれば、崩落は防げずとも人的被害は減らせたかもしれない。

安衛規則上では、土工現場全てに雨量計設置の義務があるわけでない。本荘労基署はそれでも、雨量の把握が労災減の一助になるとみて、土工現場へ雨量計の設置を勧める。

地山掘削点検表の点検項目

点検月日	
前日の降雨量（mm）	
点検箇所	
浮き石	浮き石はあるか
	落下の危険性はないか
亀裂	法肩に亀裂はあるか
	掘削面に亀裂はあるか
	亀裂箇所の増加はないか
	長さの変化はあるか
	深さの変化はあるか
含水	水を含んだ箇所があるか
	泥濘（でいねい）化した箇所はあるか
	膨張した箇所はあるか
	降雪・融雪による浸透はないか
湧水	湧水している箇所はあるか
	湧水箇所は増加しているか
	湧水量は増加しているか
	湧水口の広がりはないか
	湧水の濁りはあるか
凍結	凍結箇所はあるか
	融解後の亀裂、たまり水などの有無
その他	法肩の曲がりはないか
	小崩落している箇所はないか
	陥没箇所はないか
	雨水による洗掘はないか
	掘削面のはらみ、押し出しはないか
	小石がぱらぱら走ることの有無
発破後	発破後における上記の状況

（資料：秋田労働局本荘労働基準監督署）

［識者の見方］土工に対する基本認識足らず

土木研究所
地質・地盤研究グループ
施工技術チーム
上席研究員
宮武 裕昭

（写真：日経コンストラクション）

今回の崩落で浮き彫りになったのは、土工に対する基本的な考え方が工事関係者に浸透していなかったことに尽きる。

調査や設計だけで地盤のリスクを全て排除するのは難しい。リスクを残したまま、次の工事段階に進まざるを得ないのが土工の特徴だ。実際に掘ってみて調査結果と現実が異なれば、そこでまた設計を見直すといった手順が必要になる。

各工程で不確実な点があれば、それを次の工程の担当者に伝えることも重要だ。例えば、ボーリング調査のデータがある間隔を置いてしか存在しなければ、「その間を均一な土壌とみなして、設計している」と伝える。まさにリスクマネジメントの基本だ。

崩落の現場では、路面に変状が生じたために復旧工事をしていた。そもそも安定なはずの盛り土が不安定化している事態からスタートしているため、通常より不確実性の高い現場だった。

そうした点に十分に注意が行き届いていれば、現場で決定的な兆候を捉えられたかもしれない。実際に、現場では湧水や小崩落、肌落ちなど、気付きのチャンスはたくさんあったからだ。

事故を防ぐ安全体制の確立には、事業の計画から設計、施工、維持管理までを総括する発注者によるところが大きい。とは言え、彼らに全てを期待するのは酷だ。まずは、異状に気付く能力を身に付けること。それは原因まで当てる高度な能力である必要はない。自分が分からなくても、現場の詳細について施工者に説明してもらったり、現場を止めて専門家の判断を仰いだりすればよい。（談）

法面 ▶ 斜面の崩落

計画を無視した無謀な施工

「法面の内部に向かって垂直に近い勾配で掘り込んでいた。不安定になるのは明らかで、無謀な行為だ」。

2015年9月に発生した鹿児島市皷川町の法面の崩落で、現地を視察した鹿児島大学地域防災教育研究センターの下川悦郎特任教授はこう指摘する。

事故があったのは、民間の工事現場だ。この土地を所有する事業者が、自ら施工者として集合住宅建設のために土地を掘削していたところ、崩落が起こった。正規の計画では、これほど深く掘削することにはなっていなかった。計画を無視した無謀な施工が事故を引き起こした。鹿児島県は再発防止のために、危険性の高い斜面の工事では、事業者に施工計画書の提出を義務付けることにした。

当初の申請の掘削深さは2m

県によると、事業者は自らの掘削を崩落の原因とは認めていない。一方、県の久保田一土木部長は「施工方法に起因するものと考えている」と県議会で説明。下川特任教授も、「現場で見る限り、岩盤の形態をなしている。雨も降っていないのに壊れるというのは、掘削作業が影響したとしか考えられない」と言い切る。

幅30m、高さ20mにわたって崩れ落ちた鹿児島市皷川町の法面。付近に住む23世帯54人が避難を余儀なくされた（写真:51ページまで住民提供）

現場はもともと、モルタル吹き付けなどが施されていた3分勾配（約73度）の法面。「急傾斜地の崩壊による災害の防止に関する法律」（急傾斜地法）に基づき、県が危険区域に指定している。土地の形状に変更を加えるには県の許可が必要だ。

事業者は当初、事務所を建設する目的で、法面の下を通る私道付近を深さ2m掘削するという内容で県に申請し、許可を得ていた。申請では、モルタル吹き付けには手を付けないことになっていた。

ところが15年4月22日、県の職員が現地を訪れたところ、許可の範囲外でモルタルが剥がされているのを発見した。建設する建物も、事務所ではなく、3階建ての集合住宅に変えていたことが分かった。そこで県は事業者に対し、実態に合わせて安全を確保した施工方法で変更申請を出すように指示した。

3分勾配ならば大丈夫と判断

事業者は、斜面の角度を3分勾配として、掘削の深さを3mに変更。既存のモルタル吹き付けの一部を剥がし、新たな掘削で生じる斜面とともに、コンクリート吹き付けで保護するという内容で変更を申請。県は15年5月に許可した。

許可した理由について、県土木部砂防課の田村毅課長は県議会で、「モルタル吹き付けは、もとの地山が岩盤の場合に適用される工法なので、いったん剥がして、より強いコンクリートを吹き付けることで、法面の崩壊が誘発・助長されることはないと考えた」と説明している。

掘削する箇所に関しては、事業者が県に提出した地質調査の結果で、凝灰岩であることが確認できた。斜面部の調査は実施していないが、そこも岩であると推察した。

「通常、凝灰岩の場合は3分勾配で切ることができるという基準があるので、この掘削行為によって崩壊を助長・誘発する恐れはないと判断した」（田村課長）。

下川特任教授によると、この近辺は吉野火砕流の溶結凝灰岩による切り立った崖が連なっている。一部で風化の進んだ表土が露出していたが、掘削箇所とは別の場所で、崩落とは関係がないという。

岩盤は、斜面と交差する方向に亀

事故当日の15年9月14日に撮影した現場。バックホーが土砂に埋まり、作業をしていた事業者の男性がけがをした

15年4月30日時点の斜面の状態。吹き付けモルタルを壊して、斜面を削り取っている。急傾斜地法に基づく許可を変更する前のこの時点では、モルタル吹き付け部には手を加えないはずだった

裂が入った「受け盤」だった。深く掘削したことでトップリング（転倒）破壊を起こし、それがきっかけで上部が円弧すべりを起こしたとみられる。「許可条件どおりにやっていれば、安定性は十分確保できたと思う」と下川特任教授は話す。

掘削の深さは3mとして許可しているが、施工中に住民が撮影した写真によると、実際には私道の下を6mほど掘削していた。しかも、申請内容よりもかなり深く掘り込んでおり、垂直に近い状態になっていた。

事故当時、現場の斜面では事業者の男性がバックホーに乗って作業をしており、崩落した土砂に埋まってけがを負った。

■ 崩落箇所の断面イメージ

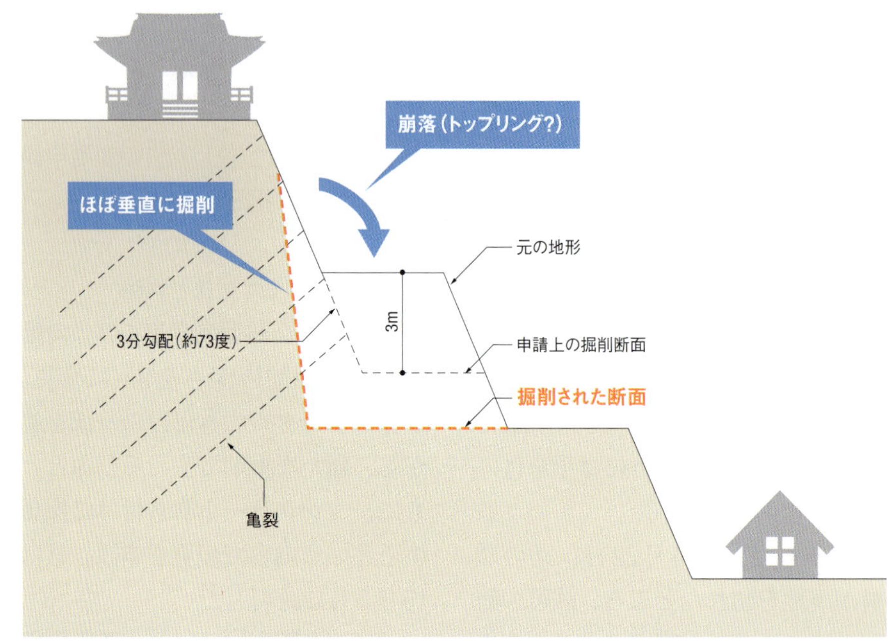

取材をもとに作成

行政代執行で恒久対策工事

無謀な施工をしたこと自体は論外だが、申請内容を逸脱した工事を把握した後の県の対応はどうか。

事故発生前に、県の職員が3回、現場を訪れている。1回目が前述の4月で、2回目が7月24日。7月の時点で、申請以上に深く掘り下げた岩盤が露出した状態になっていた。

その際、県は作業を中止させず、吹き付けを速やかに実施するよう指導した。ここで中止すると不安定な状態で斜面が放置されるので、早く最後まで仕上げた方が安全だと判断したという。

応急対策後の現場。16年2月に撮影。大型の土のうを積み上げ、元の地盤高まで埋め戻している。法面の上にあった家屋は取り壊した。県が行政代執行で恒久対策工事を実施する（写真：日経コンストラクション）

9月4日にも現場に行ったが、吹き付けは終わっていなかった。そして、9月14日に事故が起こった。

事故の後、法面の下部に押さえ盛り土として大型土のう200個を積み上げた。防護柵設置などその他の工事も含めて応急対策に掛かった費用は約5600万円。県は、この費用を事業者に請求したが、期限までに納付されなかったため、財産を差し押さえた。

さらに、県は4月以降、恒久対策工事を始め、16年度中に終える予定だ。恒久対策の費用は1億5000万円と見込んでいる。

事故を受け、県は急傾斜地における民間工事の安全対策を強化する。周辺への影響が大きいと判断した工事では、許可申請時に提出を義務付けている設計図書に加えて、施工計画書も求めることにした。工期が2カ月以上の工事では、現場の写真など施工状況が分かる資料を県に毎月提出することを許可条件に加えた。

トンネル 吹き付けモルタルの崩落

前年度工事と明暗分けた施工計画

土木構造物の設計図書に記載されているのは、基本的に完成後の姿にすぎない。その完成形を現場でどのように造っていくか。この過程を細かく定めたのが施工計画だ。施工者が、安全性や効率性、品質の確保や環境への配慮など、様々な要素を勘案しながら計画を立てていく。

同じ設計図書をもとにした二つの工区で施工計画に違いがあり、片方で事故に至ったのが、国道410号松丘隧道（千葉県君津市）の補修工事だ。トンネルを管理する千葉県が、2工区を2014年度と15年度に分けて別々の建設会社に発注。安全性への配慮を欠いた施工者の区間で、吹き付けモルタルが崩落する事故が起きた。

松丘隧道は、1954年に完成した延長91.3m、幅5.5～5.8m、天端までの高さ4.87mの道路トンネルだ。老朽化が進んだことから、PCL（プレキャスト・コンクリート・ライニング）工法で補修工事を実施した。

吹き付けモルタルが崩落した松丘隧道の補修工事の現場。夜間通行止めとして工事をしていた。通行止め解除後の午前8時10分ごろに事故が起きたが、通行車両の被害はなかった（写真・資料：57ページまで特記以外は千葉県）

■ 吹き付けモルタルの剥落イメージ

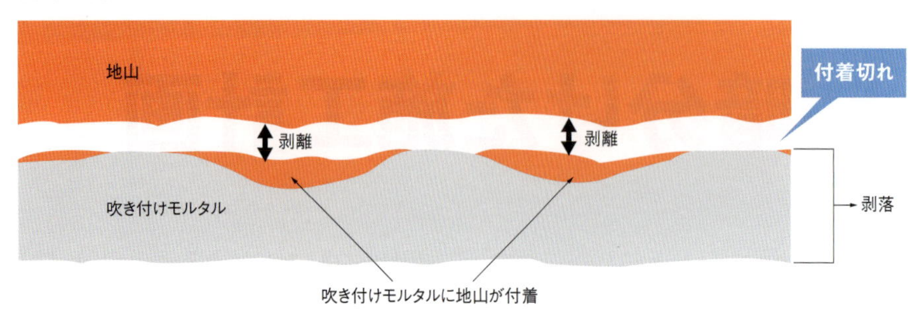

地山の表層部で吹き付けモルタルと剥離し、付着が切れた。吹き付けモルタルに、地山の一部が付着していた

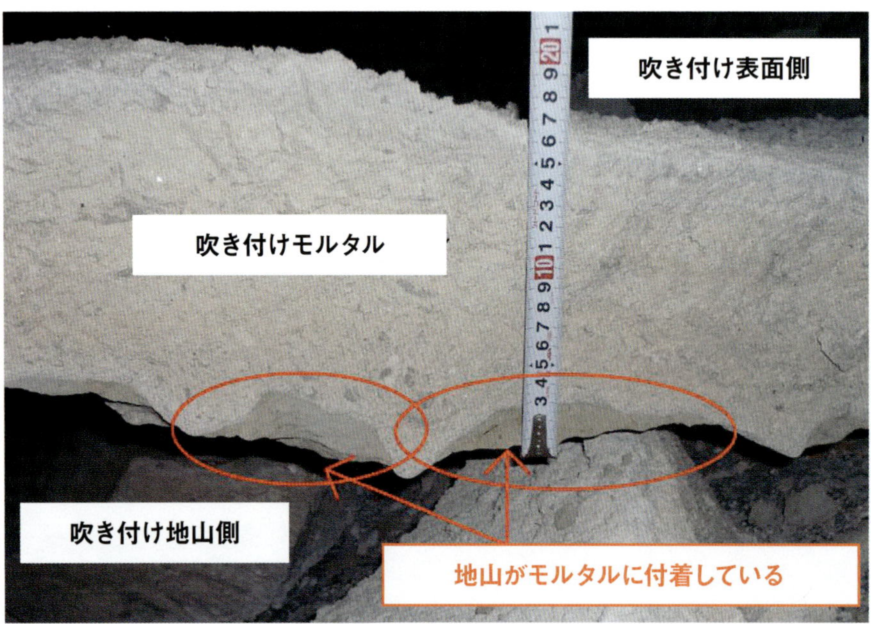

剥落した吹き付けモルタルの断面

■ 剥落箇所

［断面図］

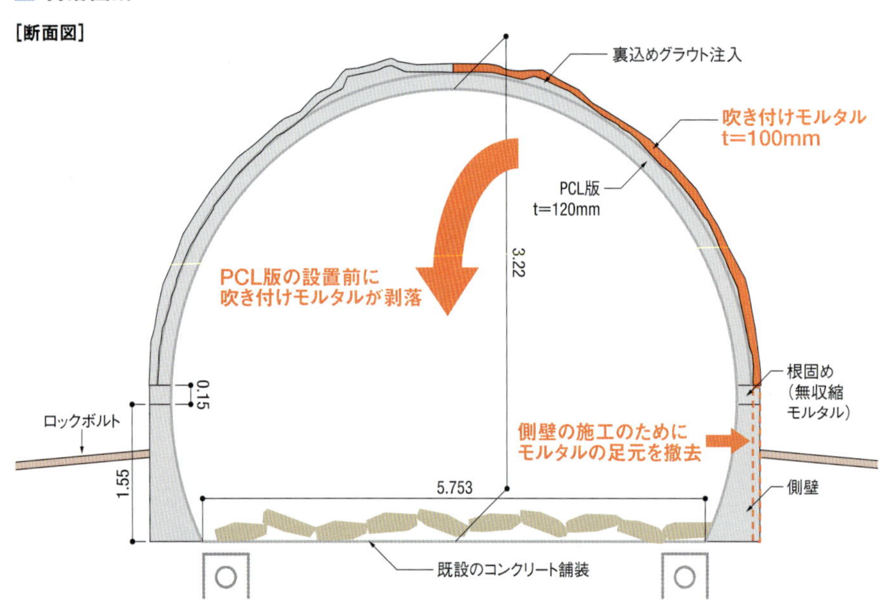

千葉県の資料をもとに作成。剥落したモルタルは部分的に20cmほどの厚さだった

内壁の既存モルタルを撤去した後、新たにモルタルを厚さ10cmで吹き付け、その前面にプレキャストコンクリート版（PCL版）を設置し、背面にグラウトを充填する。補修工事の設計は、基礎地盤コンサルタンツが担当した。

両端の坑口からそれぞれ10mの区間を除いてPCL工法を適用。そのうち、北側の延長26.7mを14年度に五洋建設が、南側の44.6mを15年度に宮本組（兵庫県姫路市）が手掛けた。

宮本組が施工していた15年12月23日、PCL版の据え付け前の状態で、厚さ10cmの吹き付けモルタルが長さ20m、幅5mにわたって剥落した。重量は23.5tに及ぶ。

アーチの足元の支持を確保せず

五洋建設と宮本組が、同じ設計に基づいて施工したにもかかわらず、五洋建設の区間ではこのような事故は起こっていない。いったい何が明暗を分けたのか――。

両社には、施工計画に大きな違いがあった。設計では、トンネル両側の下部に、それぞれ高さ1.55mの鉄筋コンクリート造の側壁を設けることになっている。設計で決められた側壁の厚さを確保するには、新たに吹き付けるモルタルが邪魔になる。

宮本組は、側壁のスペースを確保するため、モルタルを吹き付けた後に足元部分を撤去する施工計画としていた。

一方、五洋建設は足元のモルタルを撤去せずに済むように、既存のモルタルを取り除く際、足元付近で地山を奥まで削り込むようにしていた。吹き付けモルタルの位置が奥に

事故発生の要因

［横断図］

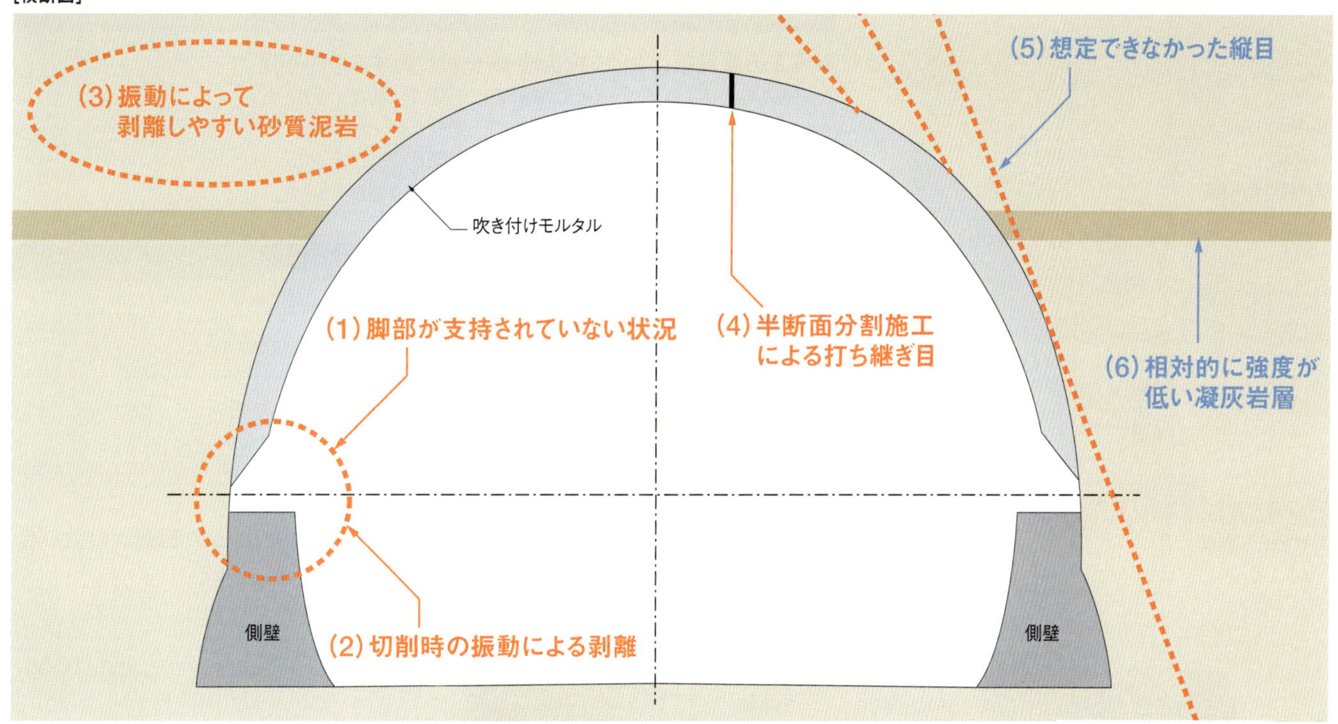

下がるので、その手前に側壁を設置できる。

宮本組の方法だと、足元のモルタル撤去によってアーチ状の構造が失われ、モルタルが浮いたような形になる。地山との付着力だけでモルタルを支えている状態だ。

最終的には、モルタルの手前にPCL版を設置するので、落下の恐れはなくなる。しかし、施工途中で一時的に、危険性の高い状態が生まれる。その危険性に対する配慮が欠けていた。アンカーを打つといった対策も施していなかった。

千葉県は、「松丘隧道補修工事検討会」(委員長:西村和夫・首都大学東京教授)を設置し、事故原因の究明などを進めた。西村委員長は16年2月16日の会合後の会見で、「宮本組の担当者は『危険性について気付かなかった。落ちるとは思わな

［縦断図］

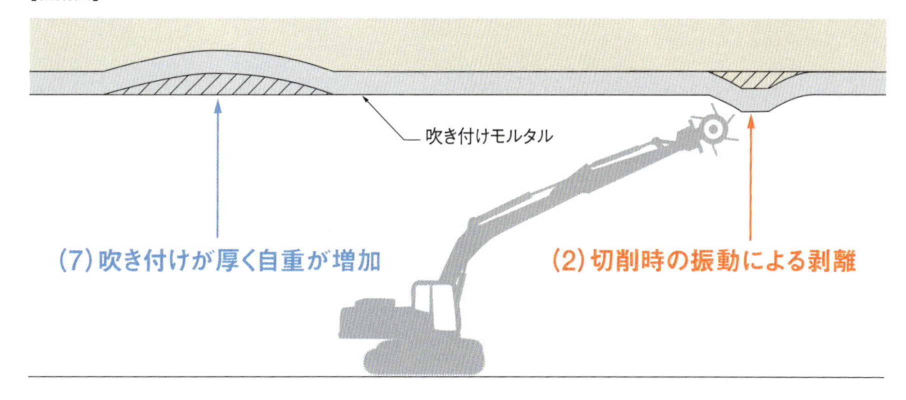

主な要因

(1)吹き付けモルタルの脚部を支持する対策を行わず、付着力だけで支える状態となった。

(2)モルタル吹き付け後の切削施工が、地山表層部との剥離を誘発する振動を与えた。
＊側壁を施工するために吹き付けモルタルの脚部を切削　＊地山の切削不足で生じた吹き付けモルタルの突出部を切削

(3)吹き付けモルタルとの付着が切れやすい砂質泥岩(軟岩)の地山だった。

(4)半断面分割施工によって、構造的な弱点となる打ち継ぎ目を吹き付けモルタルに形成した。

その他の要因

(5)地山の中におおむね同じ方向の数本の縦目があった。

(6)砂質泥岩と比較して強度と付着力の低い層厚約23cmの凝灰岩層があった。

(7)施工時の不十分な断面管理によって吹き付けモルタルの自重が増加した。

■ 脚部の支持を確保した施工

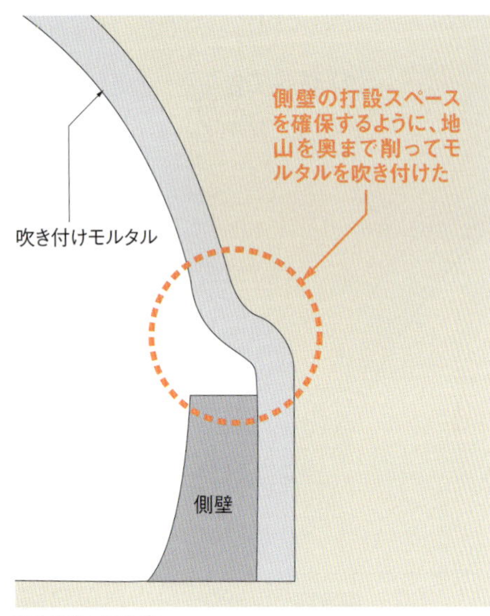

取材をもとに作成

■ 事故発生の背景

設計段階

- 施工の各段階における施工性・安全性に対する検討不足
  →施工時に考えればよいと考え、設計時に十分、検討していなかった。
- 施工上のポイントや留意点を伝える意識の欠如
  →設計時に認識できた留意点を、確実に施工に引き継がなかった。

施工段階

- 安全な施工計画についての検討不足
  →施工の各段階で必要となる構造の安定性確保の重要性に気付かなかった。
- 経験・知識不足に起因する施工状況に対する判断力の欠如
  →施工とその監督において、危険な状態に対する必要な対策が取れなかった。
- 安全管理と施工管理の重要性に対する認識不足
  →各施工段階における吹き付けモルタルの状態、断面管理などの現場状況の把握が欠如していた。

補修工事完了後の松丘隧道。崩落事故があった南側の坑口から見る。全面通行止めを解除した3月18日に撮影。前後の道路は2車線だが、トンネルの断面が小さいため、補修前から1車線の交互通行で運用している（写真:日経コンストラクション）

かった』と話している。経験不足、知識不足が原因だと思う」と語った。

「専門家が見れば、落ちる落ちない以前に、危ないと思うだろう。何か対策をした方がいいのではないかと感じるはずだ」と西村委員長は言う。「脚部を削ること自体が悪いわけではない。削ったら、アンカーを打つなど何らかの手当てが必要だ」。

五洋建設は日経コンストラクションの取材に応じていないので、なぜモルタルを削らない施工方法を採用したのかは不明だが、モルタル脚部の支持を確保できなくなる危険性に配慮したのではないかと思われる。

不十分な断面管理も一因か

調査の結果、アーチ状の支持が失われたこと以外にも、様々な要因が考えられることが分かった。一つが、施工時の振動だ。モルタル脚部を切削して撤去する際の振動が、剥離を誘発したと考えられる。

既存モルタルを撤去する際の断面管理が不十分だったことも分かった。地山が本来よりも出っ張っている箇所では、その上に吹き付けたモルタルにも突出部ができて、PCL版設置の支障となる。モルタルに生じた突出部を削り取った際の振動も、剥離を促した可能性がある。

逆に、地山を削りすぎた箇所では、新たな吹き付けモルタルがほかの箇所よりも厚くなる。本来は10cmの厚さで吹き付けるはずだが、場所によっては最大で22～23cmにも達していた。モルタルが厚くなった分、自重が増して剥落が起きやすくなる。

■ **事故後の復旧工事**

① 不安定なモルタルを撤去した後、剥落防止のために支保工を設置

② 左下の側壁コンクリートと上の吹き付けモルタルとの間の15cmの隙間には、無収縮モルタルを打設した

③ モルタル吹き付けの様子。付着力が強い繊維混入タイプのプレミックスモルタルを、厚さ10cmで吹き付けた

④ 吹き付けモルタルが剥落しないように、1.8m²に1本の割合で計305本のアンカーを打ち込んだ。アンカーの直径は25mmで長さは2m

アーチ状に全体のモルタルを吹き付けるのではなく、施工効率を高めるために断面を半分に分け、片側ずつ施工したことも一因となった可能性がある。剥落した区間では、片側だけ既存モルタルを撤去して新たにモルタルを吹き付けていた。

トンネルの中央部には、新旧のモルタル同士が隣り合う打ち継ぎ目ができる。そこを境にモルタルが切れ、新しく吹き付けた側だけが落下していた。打ち継ぎ目が構造的な弱点となっていたと考えられる。

事故発生後、県は松丘隧道を全面通行止めとして、復旧・補修工事を実施した。剥落を防止するために、吹き付けモルタルにはアンカーを打ち込んだ。

全ての補修工事を終えた3月18日、約3カ月ぶりにトンネルの全面通行止めを解除した。

［設計者の役割］施工上のポイントを伝える配慮を

設計図書に示された構造物を、どのように造るかを施工計画で決めるのは、施工者側の役割だ。松丘隧道の事故で、設計に何らかの瑕疵(かし)があったわけではない。それでも松丘隧道補修工事検討会では、設計者側にもう少し配慮が欲しかったという声が上がった。

「施工の途中で、構造的に不安定な形ができる可能性があるが、その点について設計では触れられていない。コンサルタント会社に話を聞いたが、危険な状態かどうかということに考えが至っていなかったようだ」(西村和夫委員長)。例えば、五洋建設のように、地山を奥まで掘り込んでモルタルを吹き付ければ、脚部を削らなくても側壁の厚さを確保できる。ただ、こうした工夫について、西村委員長は「設計段階で必ず考えなければならないかと言うと、ちょっと酷かなと思う」と語る。

2月16日の会合後の記者会見で、事故の要因などについて語る西村和夫委員長
(写真:日経コンストラクション)

それでも、施工者に注意を促すことくらいはできる。検討会では事故発生の背景として「施工上のポイントや留意点を伝える意識の欠如」を挙げ、設計者の役割にも言及している。「施工で考えることと割り切っていた可能性が高い。設計でも、こうした点をもう少し考えてほしいという意味で、背景の一つに挙げた」(西村委員長)。

トンネル　コンクリート舗装の変状

完成間もない舗装にひび割れ発生

2012年7月、供用開始から間もない高速道路トンネルで、コンクリート舗装に多数のひび割れや剥離などの変状が生じた。施工不良に起因するとみられる変状で、発注者は状況を確認後、応急処置を実施。同年12月、変状が生じた箇所のコンクリート舗装を打ち直して本格復旧した。変状に伴う事故や車両の損傷といった二次被害はなかった。

近畿自動車道紀勢線の上り線、尾鷲側坑口から約50m付近の路面上に亀甲状のひび割れが3カ所発生した。上の写真はセンターライン寄りに発生した二つのひび割れ、下は路肩寄りに発生したひび割れ。ひび割れは走行車のタイヤが通る位置に集中して発生していた。応急復旧工事を実施した2012年7月4日に撮影
（写真:60ページまで国土交通省中部地方整備局）

問題の場所は、近畿自動車道紀勢線の海山インターチェンジ（IC）－尾鷲北IC間に建設した延長2272mの馬越（まごせ）トンネル。変状の原因とみられる施工不良があったのは、国土交通省中部地方整備局が発注した「平成22年度紀勢線馬越トンネル舗装工事」だ。工事内容は連続鉄筋コンクリート舗装などで、日本道路が受注し、11年1月から12年1月までの期間で施工。12年3月から供用している。

供用後に現場代理人自らが発見

変状に最初に気付いたのは同工事で現場代理人を務めた日本道路の社員だった。供用後の現場付近を車両で走行中に発見し、12年7月2日午前9時ごろ、中部地整に「路面に一部、ひび割れが生じているようだ」と報告した。同日、中部地整の職員が現場を確認すると、尾鷲側の坑口から約50m付近で、上り線の路面に亀甲状のひび割れや表面の剥離が生じていた。変状箇所は3カ所あり、それぞれ面積は$1m^2$程度だった。

中部地整は7月4日、変状箇所に応急処置を施した。その一方で、施工者にヒアリングしたところ、変状箇所は当初の施工時にコンクリートフィニッシャー（以下、フィニッシャー）が故障し、人力で締め固めた箇所と一致することが判明。中部地整は作業を人力に変更したこと自体はミスではないが、締め固めが一

■「平成22年度紀勢線馬越トンネル舗装工事」の概要

[断面図]

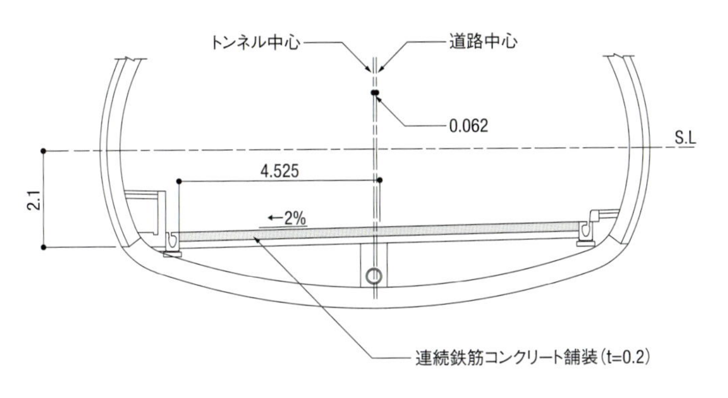

(資料:国土交通省中部地方整備局)

[施工状況]

敷きならしをしている様子

■ ひび割れなどの変状が発生した位置

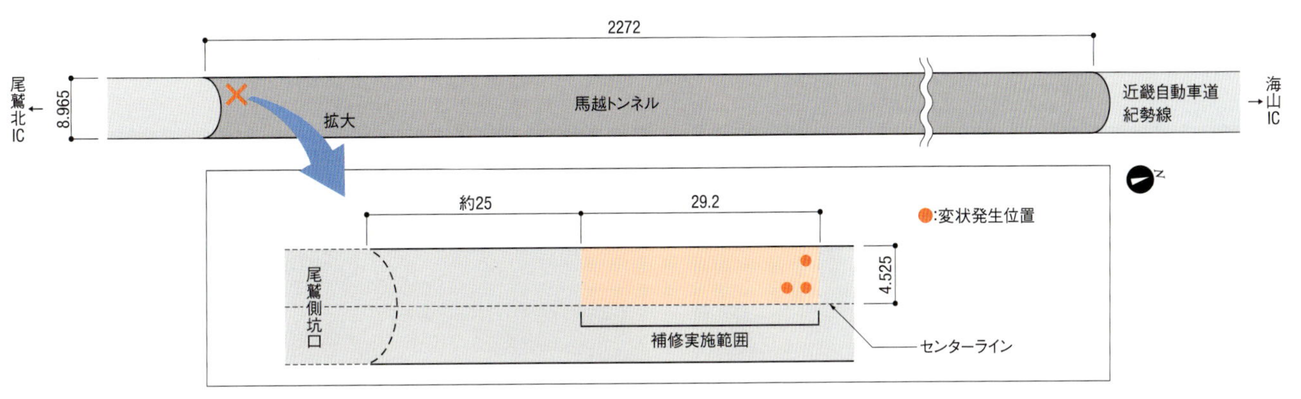

取材をもとに作成

部で不十分だったと判断した。

「締め固め不足だった箇所は、コンクリートが密実でなく強度が弱い。そこに走行車両からの荷重がかかってせん断が生じ、ひび割れが発生した」。中部地整企画部の岡田昌之技術調整管理官は、変状と締め固め不足の因果関係をこう説明する。

使用初日にフィニッシャーが故障

当初の施工時、フィニッシャーのトラブルはその作業初日に発生していた。作業を始めて約1時間半後、バイブレーターを動かす駆動部が故障して、機械を使えなくなった。

施工者はフィニッシャーの使用を諦めて、手作業による締め固めを続行。現場で既に荷下ろししてしまっていた分の生コンを、手持ちの高周波バイブレーターで締め固め、仕上げた。人力で施工したのは、同日の施工延長28mの約半分に当たる15m分だった。

日本道路生産技術本部の畠山収副本部長によれば、この種の故障の発生頻度は一般に5年に1度程度で、決して頻繁に起こるものではないという。現場で故障したフィニッシャーは使い慣れたもの。06年にオーバーホールを済ませ、その後の使用でも問題は生じていなかった。馬越トンネルの現場では、施工前に約1時間の試運転もしていた。

この現場の条件では、人力による締め固めはフィニッシャーによる締め固めに比べて、施工効率は5分の1程度低下することになった。しかし、この効率低下の挽回を図って作業を急いだわけでもなかった。「作業者の人数は十分だったし、特に急いで作業をしたわけでもない」(畠山副本部長)。原因の詳細は不明だが、結果としては、局部的に締め固めが十分でない箇所が生じた。

施工前に2時間以上の試運転

変状発生の原因を粗雑工事とした中部地整は、日本道路に再発防止策

当初施工時にフィニッシャーを使用して締め固めている様子。施工開始からおよそ1時間半後、バイブレーターを動かす駆動部が故障し、延長約15m分だけを人力による締め固めに切り替えた

12年12月16日から19日にかけて実施した補修工事の様子。フィニッシャーは使わず、人力でムラなく丁寧に締め固めた

補修コンクリートの打設が完了した状況

の提示を要請。同社が提出した再発防止策のポイントは主に二つだ。

まずはフィニッシャーの故障防止策。施工前の試運転を、これまでの「1時間程度」から「2時間以上」に増やす。今回の故障が施工開始から1時間半後に生じていることを考えての対策だ。これに加えて、出庫前の点検もより入念に行い、トラブルの発生率低下に努める。

もう一つは、人力作業となった場合の締め固めに関して。人力でもコンクリートを満遍なく密実に充填するために、ムラなく丁寧な作業を心掛けることを明文化した。一方、同地整は今後、この種のトラブル情報を管轄内の施工者に積極的に周知し、技術力の底上げを図るという。

12年12月、中部地整は日本道路に対して修補を命じ、尾鷲側坑口から約25m地点から、変状発生箇所を含む上り線の延長約29m分を打ち替える工事を実施。13年5月には、施工管理が不適切だったとして、同社を6週間の指名停止にした。応急復旧工事と補修工事に掛かった費用は日本道路が全額負担した。

「変状発生に対する処分は仕方ないが、施工者自らの報告には、通行車両の安全確保の点からも感謝している。技術者たるもの、こうした責任感を持ち続けてほしい」。岡田技術調整管理官は、こう付け加えた。

河川 ▶ 盛り土の沈下や波打ち

寒冷地で常識を守らずに施工

国土交通省北海道開発局旭川開発建設部が発注した天塩川の築堤工事では、寒冷地における盛り土工事の基本的な配慮を欠いたために、沈下などの不具合を起こしてしまった。施工時に雪などが盛り土に混入したのが原因とみられる。完成時には水分が凍っていたので見た目には問題なかったが、春になって解け出すと盛り土の形が崩れてしまった。

「現場代理人に冬季の河川工事の経験がなく、知識不足だったことが原因のようだ」と、北海道開発局建設部河川工事課の小野克夫河川技術対策官はみる。

北海道音威子府（おといねっぷ）村で、既存の堤防に新たな盛り土をして拡幅し、排水ポンプ車の作業ヤードや進入路などを造成する工事だ。施工者は騎西組（北海道旭川市）で、工事費は1億230万円だった。

完成したのは2010年2月。その時点では問題なかったものの、3カ月後の5月6日に、旭川開発建設部の職員が舗装のひび割れや波打ち、盛り土の沈下などの不具合を見つけた。その2週間後には会計検査の実地検査があり、「施工が著しく粗雑」と指摘された。

最大で67cm沈下した箇所も

不具合の発生後、法肩などの154カ所で高さを計測すると、119カ所で規格値の5cmを超えて沈下していた。なかには67cm沈下した箇所もあった。締め固め度を計測した14カ所では、最大乾燥密度の85％という規格値に対して80.4～86.7％。9カ所で規格値を下回って

不具合が生じた盛り土。進入路の舗装面が波打っている。奥に見えるのが作業ヤード
（写真・資料：次ページも国土交通省北海道開発局）

盛り土の工事写真。かなりの降雪があるにもかかわらず施工している様子が写っていた

既設堤防に施した段切り。水がたまっていることから、傾斜が不十分であることが分かる

その一因に、含水比に関する明確な基準がないことが挙げられる。締め固め度には85%以上という規格値はあるものの、含水比の数値的な基準はない。施工時には締め固め度のほかに含水比も計測するが、その数値をどう判断するかは、施工者に委ねられている。

含水比が高すぎれば、締め固め度は低下するはずだ。しかし、盛り土の造成時に施工者が19カ所で計測した締め固め度は85.4～87.5%。いずれも規格値の85%を超えていた。そのため、発注者側の監督員は問題に気づかなかった。

「不具合の発生後に計測した締め固め度でも、すべての箇所で85%を下回ったわけではない。施工時には、たまたま問題のない箇所を計測したのだろう」(小野対策官)。

■ 堤防の断面図

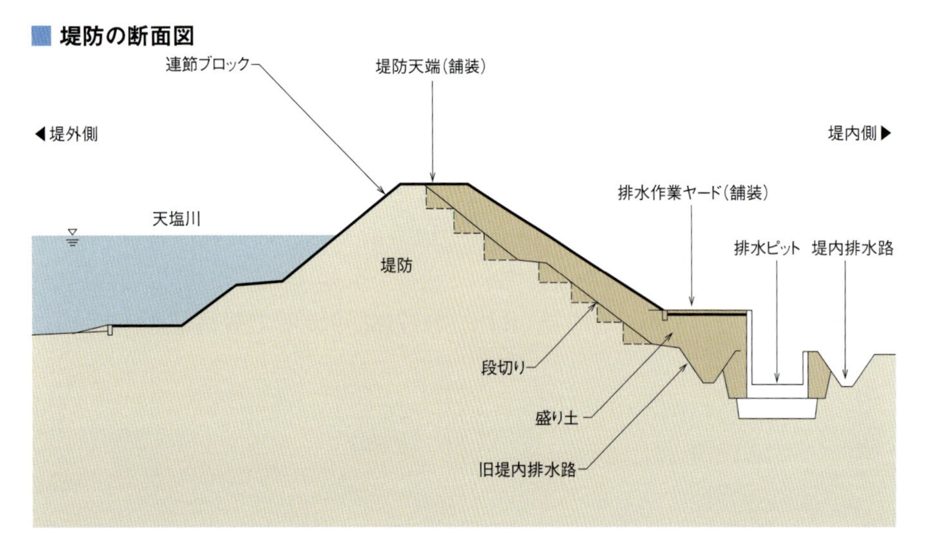

いた。

工事記録を調べたところ、寒冷地特有の事情に配慮していないずさんな施工だったことが明らかになった。施工の際に、盛り土材料の採取場所で計測した自然含水比は33.5%。ところが、現場での受け入れ時に計測した含水比のデータを見ると、平均で39.3%に高まっていた。ダンプトラックで運ぶ間に、雪などで水分が混入したとみられる。

工事写真を調べると、かなりの降雪があるにもかかわらず、構わずに施工を続けている様子が写っていた。「本来なら降雪が多いときには休止するなどの対策が必要だが、漫然と作業をしていたようだ」(小野対策官)。既設の堤防に施した段切りの傾斜が不十分だったために、水がたまった様子が写っている写真もあった。

このような状況から、施工した盛り土に水分が多く含まれ、不具合を引き起こしたと考えられる。その後、10年8月～11月に、施工者の全額負担で補修工事を実施した。

含水比に明確な数値基準なし

この施工ミスの原因が、施工者の技術力不足にあるのはもちろんだ。しかしなぜ、施工時に発注者が問題を指摘できなかったのだろうか。

受発注者と研究機関で検討会設置

現場では含水比が高い値を示していたものの、計測した時点で発注者への報告はなかった。「監督員に含水比が報告されていれば、中止するといった指示をその場で出せていたはずだ」と小野対策官は言う。北海道開発局では再発防止策として、含水比を調べた時点で速やかに発注者に計測結果を報告するよう、仕様書に規定するようにした。

さらに、10年9月には土木研究所寒地土木研究所と北海道建設業協会と共同で、「冬期の河川・道路工事における施工の適正化検討会」を設置した。まずは、盛り土の品質向上をテーマに、発注者と受注者それぞれの対応策について検討している。その後、舗装やコンクリート構造物などにも対象を広げていく考えだ。

下水道 下水管の漏水・変形

施工計画の軽視が命取りに

岩手県大槌町の宅地造成に伴う下水道工事で2015年3月、汚水本管のひび割れや変形、たるみ、漏水など、138カ所にも上る不具合が発覚した。施工計画どおりに作業を進めなかったことが主な原因だ。

実際に施工をした下請け会社に問題があるのは間違いないが、それを見逃した元請けの責任も重い。実は、下請けが自分たちの都合のいいように施工方法を変えていることを、元請けの監理技術者は知っていたのだ。にもかかわらず、問題が生じるとは思わず、容認していた。監理技術者に技術力や管理能力が不足していることは明らかだ。

既に道路の舗装が終わり、検査を受ける前の清掃をしている時に不具合が見つかった。その後、舗装を剥がして不良箇所を補修。15年2月までの予定だった下水道工事の工期が、8月まで延びてしまった。

前田JVが16億円で受注

施工不良があったのは、都市再生機構（UR）が大槌町から受託している復興市街地整備事業の寺野臼澤団地。この団地や中心市街地を含む「町方地区」で、URはコンストラクション・マネジメント（CM）方式を導入し、調査・設計から施工までのマネジメント業務を、前田建設工業・日本国土開発・日特建設・パスコ・応用地質JVに委託している。

2015年8月に撮影した寺野臼澤団地。既に管路の補修は終わり、住宅の建設が進んでいる。左奥に見えるのは、都市再生機構が建設した災害公営住宅（写真：日経コンストラクション）

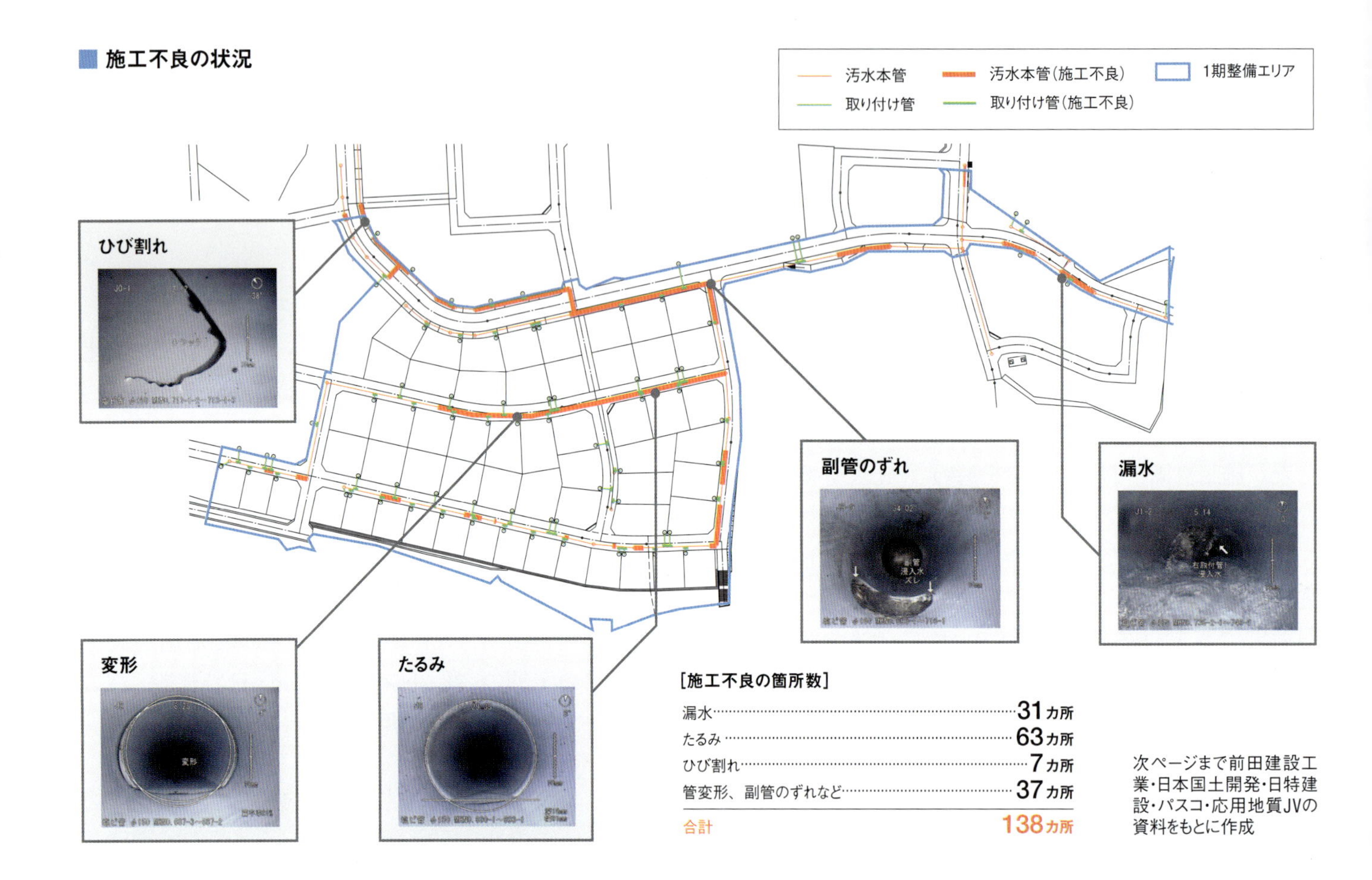

コーセン建設に発注した工事の内容

工事区分	工種	種別	数量
整地工事	整地土工	掘削工	2582m³
		盛り土工	1万234m³
排水工事	雨水本管工	管敷設工	406m
	汚水本管工	管敷設工	1092m
	汚水マンホール工	組み立て式マンホール	38カ所
道路工事	路面排水工	L形街きょ、L形側溝	394m
		U形側溝ほか	1515m
	道路付属物施設工	街きょブロック工	120m

施工不良があった工事

契約工期:2014年5月～15年2月
契約金額:1億1508万4800円

ただ、個別の工事に関しては、前田JVがURと請負契約を結び、下請けに工事を発注する。例えば、寺野臼澤団地の整備工事については、前田JVがURから約16億円で受注している。同JVの仕事は、通常の元請けの建設会社と同じと言える。

不具合を起こした工事を担当したのが、下請けのコーセン建設(大阪市)だ。前田JVから整地、排水、道路の3種類の工事を約1億1500万円で受注しており、そのうち排水工事で施工不良があった。排水工事では二次下請けを使っていない。

前田JVが公表した施工不良に関する報告書によると、工事はずさんそのものだった。

例えば、取り付け管を接続する穴を汚水本管に開ける際、専用コアドリルを使うことになっていたが、手配に時間を要するからといって、通常の切断工具で済ませてしまった。その結果、せん孔サイズが取り付け管の管口と合わず、漏水が発生した。

「通常では考えられない」

本来は盛り土を終えてから溝を掘り、本管を敷設すべきところ、本管を先に設置してからその上に盛り土するといった手抜きも行っていた。本管の真上で盛り土の転圧をすることになり、本管に強い圧力がかかって損傷した。

UR岩手震災復興支援本部市街地整備部基礎工事チームの武田啓司チームリーダーは、「通常では考えられないやり方だ」とあきれる。

さらに、想定以上の湧水がありながら、これを問題とは思わずに当初計画のままポンプアップだけの対策で基礎や汚水管の設置を進めた。これにより転圧不良が生じ、埋め戻し後に基礎が不等沈下。本管にたるみやひび割れが発生した。

こうした数々の不適切な施工に加えて、品質管理もずさんだった。施工段階で、出来形管理基準に基づいて延長40mにつき1カ所ずつ実施する計測を怠っていた。

「規定通り確認していれば、早い段階で不具合が見つかったはずだ」とURの武田チームリーダーは言う。マンホールから管の中をのぞいてチェックすれば、たるみや漏水などは発見できる。舗装前に不具合に気付けば、補修工事による手戻りはそれほど大きくならずに済んだはずだ。

ここまで大量の施工不良が起こった背景には何があるのか。各地で復興事業が進む被災地では、人材不足が深刻だと言われている。復興事業はできるだけ早く進めるべきなので、どの現場も工期が厳しいとの指摘もある。こういった点の影響について、前田JVが日経コンストラクションの取材に応じていないので、詳細は不明だ。

URでは、「余裕はないかもしれないが、決して無理な工期ではない」(岩手震災復興支援本部総務企画部の永田祐一主幹)としている。工事が遅れるような特別な事情が生じたわけでもないという。専用コアドリルの手配についても、「最初から用意しておいて当然のものだ」(永田主幹)と指摘する。

現場代理人と監理技術者を更迭

URとしても反省点はある。下水道工事が終わったのが14年10月で、舗装工事を始めたのは15年1月。本来なら、その間にURが現場に立ち会うべきだったが、前田JVから現地確認の要請は全くなかった。「舗装前に通知がなかったことに対して、指導すべきだった」と武田チームリーダーは話す。

前田JVは報告書のなかで、施工不良の問題点として、管理能力を持つ技術者を現場に配置できていなかったことを挙げる。不具合発覚後、4月1日付で現場代理人と監理技術者を更迭。新体制のもとで、コーセン建設とは別の建設会社に下請けに出して、補修工事を進めた。

URが大槌町から受託している市街地整備事業は17年度まで。その間、前田JVはコンストラクション・マネジャーとして、寺野臼澤団地の2期以降の工事も含め、町方地区内の各所で宅地造成などを進める。前田JVの現場事務所には、15年8月時点で70人ほどが配属されている。

同JVでは、組織的な体制が不十分だったとして、前田建設工業の本店直属の品質保証室を現地に配置した。本店の専門技術者が定期的に技術検討会を実施することも決めた。

下請け会社の選定方法も改善する。実績や専門性、機械などの調達能力に加えて、新たに配置技術者の施工実績も選定基準に追加した。

■施工不良の発生要因

判断ミスと不適切な施工	生じたトラブル	監理技術者の問題
判断ミス 想定以上の湧水があり、止水対策が別途必要だったにもかかわらず、当初計画のポンプアップによる湧水対策だけで施工	基礎工の転圧不良に伴い、埋め戻し後に不等沈下。本管にたるみやひび割れ	**黙認** 監理技術者は、作業手順が計画と異なることを認識しながら、是正ややり直しの指示を出さず
不適切な施工 本管のせん孔に専用コアドリルを使う計画だったが、ドリルの手配に時間を要することが分かったため、一般的な切断工具を使用	本管のせん孔サイズ・形状と取り付け管の管口が合わず、接続部から漏水	
不適切な施工 盛り土の完了後に掘削して排水管を敷設する計画だったが、工事を急ぐために、本管を敷設してから盛り土	盛り土の転圧時に強い圧力が本管にかかり、ひび割れや変形が発生	**品質管理の不履行** 監理技術者が施工計画どおりに品質管理を実施せず、施工不良の発見が遅れる

下水道 道路の陥没

出来損ないの地盤改良の謎

福岡市の中心部を通る市道で2014年10月、直前の交通規制で間一髪、人的被害を出さずに済んだ陥没事故があった。交通規制からわずか6分後の午後4時58分ごろ、路面が幅約4m、長さ約5m、深さ約4mにわたって陥没した。

現場付近では、福岡市交通局が雨水幹線の移設工事を進めており、陥没箇所から6mほど離れた場所で、たて坑を掘削中だった。午後4時23分ごろ、たて坑に土砂が流入する事故が発生したことから急きょ、市道を通行止めにしていた。

土砂流入の原因は、土留めの地盤改良が不十分だったことだと分かっている。問題は、なぜ不十分だったのかだ。残っている記録などをもとに市交通局が調査したものの、結局、原因を特定できなかった。

原因が分からなければ、有効な再発防止策を講じることもできない。この事故では、原因を特定できなかったこと自体が教訓となった。市交通局は、施工計画や出来形確認の内容を充実させて、トラブル時の原因特定に役立つようにする。

2014年10月27日の夕方に発生した福岡市道博多駅前線（はかた駅前通り）の陥没現場。博多駅から西に700mほど離れた場所だ。この下で、地下鉄七隈線の延伸工事が予定されている（写真:69ページまで福岡市交通局）

新設駅と干渉する雨水幹線を移設

市交通局は、天神南駅止まりの地

■ 事故発生箇所

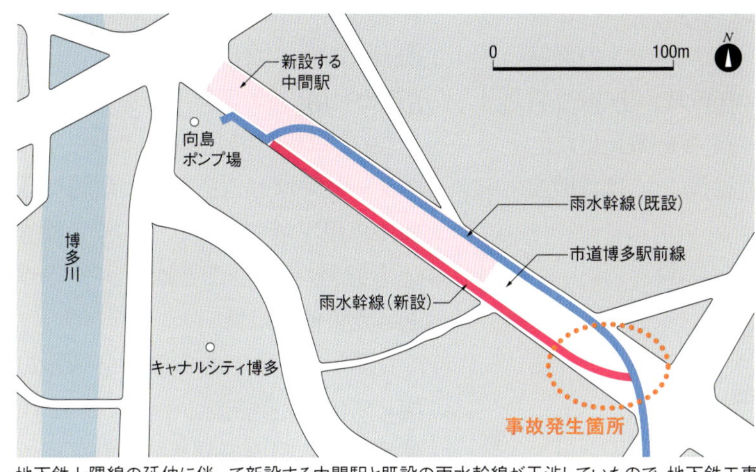

地下鉄七隈線の延伸に伴って新設する中間駅と既設の雨水幹線が干渉していたので、地下鉄工事に先立って雨水幹線を移設していた。下も福岡市交通局の資料をもとに作成

たて坑内の土砂流入箇所。右に見えるのが既設雨水幹線。その底部付近まで掘削したところで、地下水や土砂が流入した

下鉄七隈線を、20年度の開業を目指して博多駅まで1.4kmほど延伸する事業を進めている。その途中に設ける中間駅が既設の雨水幹線と干渉することから、地下鉄工事に先立って雨水幹線の移設に着手。移設工事を約5億7000万円で受注した松鶴建設・環境開発JVが事故当時、たて坑を掘削していた。

たて坑は、新設する雨水幹線の端部で、既設の雨水幹線との切り替え箇所に位置する(上の図)。

周囲を鋼矢板で土留めしているが、既設の雨水幹線の下の部分には打つことができない。鋼矢板を打てない雨水幹線の下や、たて坑の底盤部では、高圧噴射かくはん工法による地盤改良で土留めをしていた。細いロッドを地中に挿入し、そこから高圧で硬化剤などを回転しながら噴射して、円柱状の硬い改良体を構築する工法だ。

鋼矢板と地盤改良で土留めした後、たて坑内を既設の雨水幹線の底部まで掘削したところで、その下から地下水とともに土砂が流入した。

■ たて坑の断面図

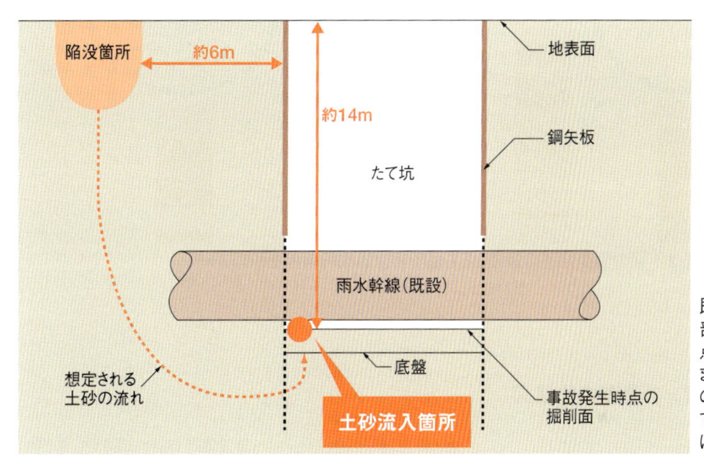

既設の雨水幹線の底部付近まで掘削した時点で、土砂の流入が始まった。雨水幹線の下の部分は鋼矢板を打設できないので、地盤改良によって土留めしていた

これ以上の流入を防ぐため、たて坑内に埋め戻し土を投入し、水道水を注入した。周囲の地下水位と同じ高さまでたて坑内を水で満たし、内外の土水圧のバランスを取った。

不十分な改良箇所が水みちに

「ちょうど掘削中に土砂が流入してきたので、作業員がバックホーのバケットで抑え込むようにしていた。バケットを外すと、どっと入り込んでしまうので、結局、そのバックホーごと埋めた」(福岡市交通局の角英孝建設課長)。

事故の後、陥没や土砂流入のあった場所の付近をボーリング調査したところ、地盤が十分に改良されていない箇所が見つかった。調査結果は次ページ中央の図のとおりだ。陥没箇所と土砂流入箇所を結ぶ間で、既設の雨水幹線よりも低い箇所に、改良不足が見つかっている。両者の間に形成された直線的な水みちを通って、地下水とともに土砂がたて坑に入り込んだとみられる。

円柱状に構築した改良体の直径は、

5mまたは3m。地盤改良が終わった後、たて坑の掘削前に、下図の黒丸で示した3カ所でボーリング調査を実施している。いずれも改良不足の箇所からは離れており、その時の調査で問題は見つからなかった。

市交通局は改良不足の原因として、(1)想定した地質との相違、(2)施工機器の「モニター」の異常、(3)噴射ノズルの異常、(4)施工管理上の過失――の4点を調査した。

(1)の地質に関しては、改良しにくい粘性土が若干、想定よりも多く含まれていたが、分類上は砂質の範囲内にあり、改良に支障はないことが分かった。

(2)のロッドの先端部に当たるモニターと呼ばれる箇所は、現場搬入前に専用工場で整備しており、検査証も確認できたことから、欠陥があった可能性は低い。

(3)の消耗品である噴射ノズルに関しては、交換記録が残っておらず、使用できる限界を超えていた可能性はある。しかし、施工者は「交換した」と話しており、ノズルに問題があったとは断定できなかった。

(4)について専門会社にヒアリングしたところ、施工方法は標準化された単純な作業で、熟練者でなくても間違えることはないとのことだった。施工管理などの資料で確認する限り、施工ミスとは考えにくい。

結局、「提出記録の義務付けに限

■ 事故後に実施したボーリング調査の結果

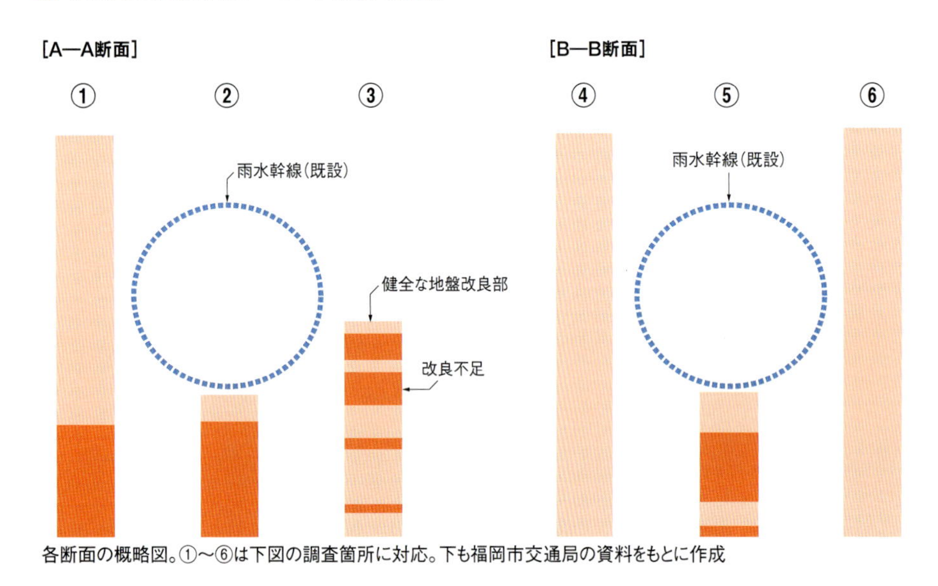

各断面の概略図。①～⑥は下図の調査箇所に対応。下も福岡市交通局の資料をもとに作成

■ 陥没箇所とボーリング調査の位置図

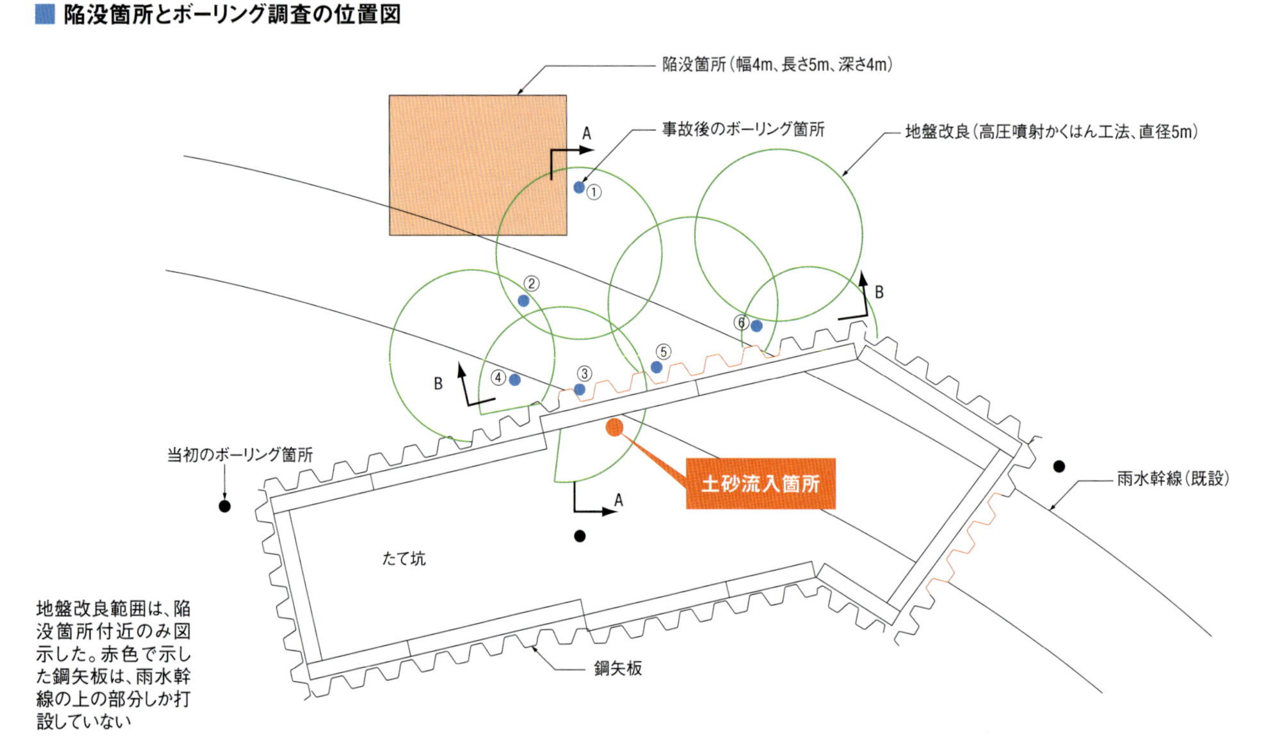

地盤改良範囲は、陥没箇所付近のみ図示した。赤色で示した鋼矢板は、雨水幹線の上の部分しか打設していない

界があり、原因の特定に至らなかった」(角課長)。市交通局では、出来形確認を強化することで、不具合が発生しても検証できる管理体制を整えることにした。改良不足をいち早く発見できる仕組みも取り入れる。

標準仕様書を改定

市交通局は15年7月、地下工事標準仕様書を改定した。高圧噴射かくはん工の節で、資器材の点検記録書を施工計画に添付することを明記。施工機器の不具合によるトラブルを防ぐとともに、トラブルが起きた場合の原因特定をしやすくした。

これまで「改良体の中心から、直径の4分の1離れた場所」などと決められていた出来形の確認位置については、監督員と協議して決めることにした。例えば、どの改良体の中心部からも遠く、改良不足が起こりやすい場所など、調査箇所を柔軟に選ぶようにする。

事故があった現場ではその後、改良不足の箇所に高圧噴射かくはん工法や薬液注入工法で対策を施し、水みちを塞いだうえで、15年3月に工事を再開した。たて坑内に投入した水と埋め戻し土を排出したうえで、推進工法で掘削を開始。9月に、反対側に到達した。

陥没箇所の埋め戻しなど、復旧に関わる費用は全て松鶴建設・環境開発JVが負担した。ただし、事故の原因が明確にならなかったことから、市交通局では同JVを指名停止にはしていない。

この事故に加えて、雨水幹線の切り替え工事が渇水期に限定されることなどから、15年1月までだった工期を16年3月まで延長した。

土砂の流入事故の後、たて坑内に水道水を注入しているところ。周囲の地下水位と同じ高さまで注水してバランスを取った

陥没箇所の復旧工事の様子。埋め戻した土量は約60m³。陥没事故の後、付近で弾性波地中探査を実施したが、ほかに空洞は見つからなかった

地下工事標準仕様書改定の主なポイント

[第10節 高圧噴射かくはん工]

- 施工前のボーリング調査を原則として義務化
- 施工計画の記載事項に資機材の点検記録書の添付などを明記
- 改良体の出来形・品質確認を追加
- 出来形確認の確認位置などについて、監督員と協議したうえで決める
- 土留め欠損部の防護や先行地中梁、底盤改良は、別紙の付則を含める

福岡市交通局の資料をもとに作成

共同溝 電線共同溝の管路干渉

協議の手間を惜しんで大失態

国土交通省による電線共同溝の整備が終わり、東京電力が各戸に引き込み管を敷設しようとしたときのこと。施工者が歩道を掘り起こしてみると、目を疑うような状況が明らかになった。分岐升の真横を通る管路が邪魔になり、引き込み管を取り付けられないのだ。

もちろん、設計どおりの敷設ではない。共同溝を施工した東亜道路工業が、既設埋設物を避けるため、勝手に管路の位置を変えていた。

不具合が発覚したのは、関東地方整備局横浜国道事務所が整備した磯子電線共同溝。国道の歩道下などに延長260mにわたって管路を埋設し、分岐升やコンクリートボックスを設置した。

分岐升は共同溝を構成する埋設物の一つで、電力管と引き込み管との接続部に当たる。分岐升の側面には、引き込み管とつなぐ穴を開ける薄肉部(ノックアウト部)があるので、その真横にほかの管路などを敷設してはならない。

共同溝工事では常識だが、東亜道路工業の監理技術者は既設埋設物を避けるために、なぜか管路をノックアウト部の真横に移した。多くの共同溝工事を見てきた横浜国道事務所の菱川龍副所長も「今回のようなミスは初めて」と首をひねる。

下請け会社は気付いていた

同事務所によると、下請け会社はおかしいと気付いていたようだ。管路の敷設位置について、「この位置にならざるを得ないが問題ないか」と元請けに相談していた。ところが、監理技術者はそのまま進めた。

監理技術者は共同溝の仕組みや機能を十分に理解していなかったよう

不具合があった電線共同溝の補修工事の様子。9カ所を掘り起し、計70mにわたって干渉する管路などを動かした。2015年4月に工事を終えた(写真:国土交通省横浜国道事務所)

だ。共同溝工事に関する経験不足がトラブルにつながったとみられる。

東亜道路工業工事部の堀之内悟部長は、この失敗の要因を、監理技術者の「焦り」だったと説明する。同社によれば、想定外の既設埋設物が現れたのが2014年の2月中旬。その時点から工期終了の3月末までに残り100m程度を施工しなければならない状況だった。堀之内部長は「敷設位置を検討する余裕がなく、とにかく工事を終わらせることで頭がいっぱいだったようだ」と悔やむ。

不具合発覚後の調査で、同様の問題は施工区間全体にわたって8カ所もあることが分かった。

たとえ監理技術者の知識や経験が不足していても、事前に発注者と協議していれば、こんな初歩的なミスは犯さずに済んだはずだ。しかし、この監理技術者は発注者との協議を怠っていた。

共同溝工事では、既設埋設物の影響で管路の敷設位置を変更せざるを得ないケースがよくある。実際、この工事でも事前の情報と現況が異なり、施工者は着工前の13年6月末と着工後の14年1月下旬に、それぞれ発注者と協議したうえで設計変更している。ところが、2月中旬に続出した想定外の既設埋設物に対しては、協議せずに管路の敷設位置を変えてしまった。

資料作りなどの手間を避けた

堀之内部長は、工期末が迫るなかで、監理技術者が協議よりも工事の完成を優先したことが背景にあると指摘する。「資料作りなど、協議の申請には手間暇がかかる。その時点で申請をすれば、工期内に完成でき

■ 電線共同溝のイメージと不具合箇所の様子

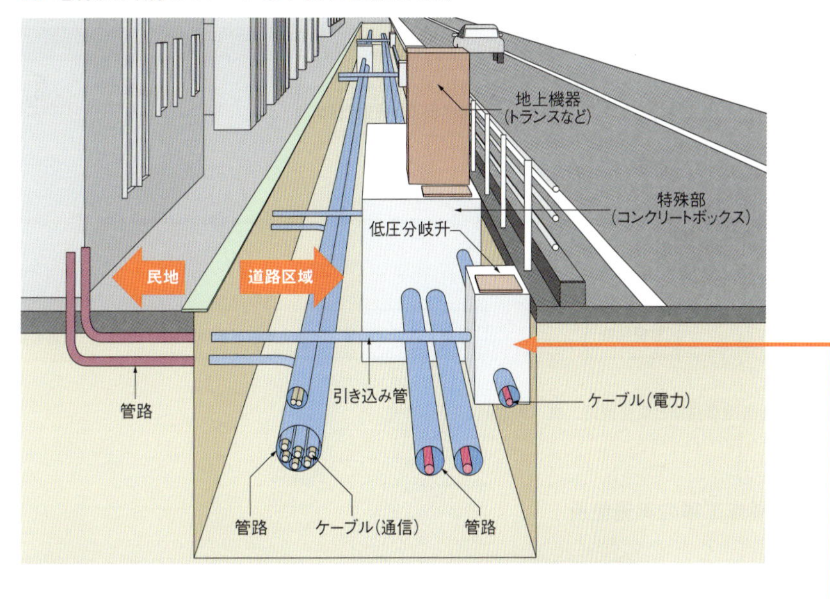

上の図は、一般的な電線共同溝のイメージ。国土交通省の資料をもとに作成。左の写真は不具合箇所を開削したところ。奥に見えるのが低圧分岐升。前面に敷設された通信管路と電力管路などが、引き込み管を接続するためのノックアウト部(矢印の部分)を覆っている
(写真:国土交通省横浜国道事務所)

■ 不具合の発生状況の例(断面図)

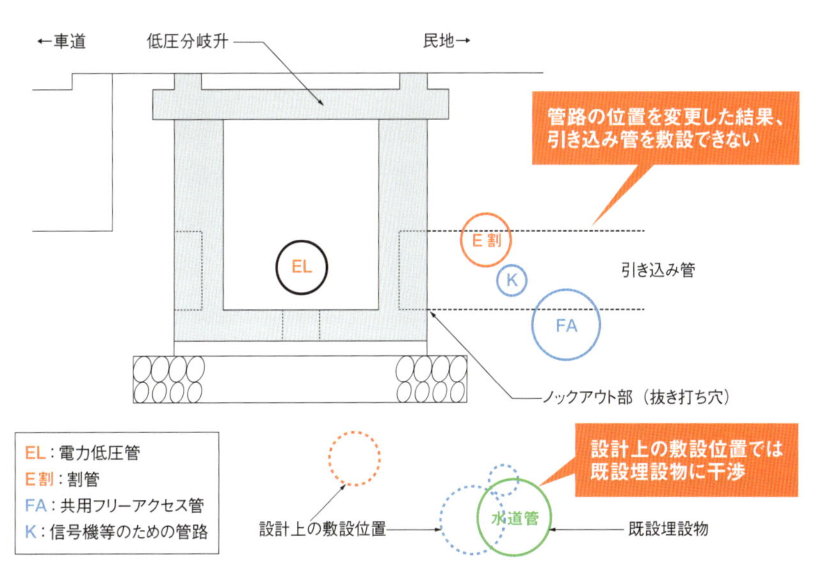

国土交通省横浜国道事務所の資料をもとに作成

工事の流れと不具合発生の経緯

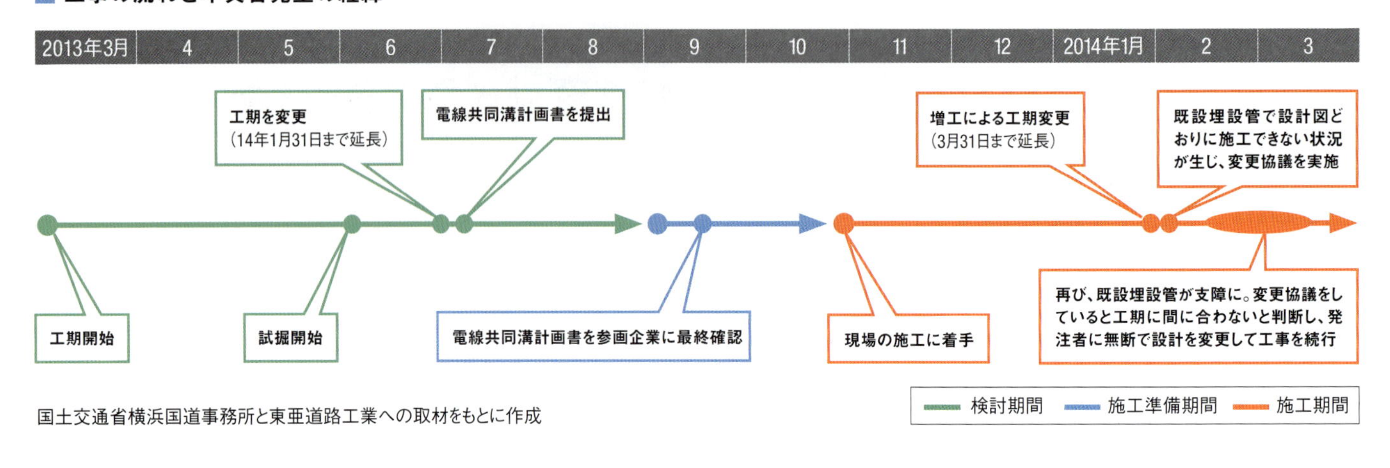

国土交通省横浜国道事務所と東亜道路工業への取材をもとに作成

本工事と補修工事の実施箇所

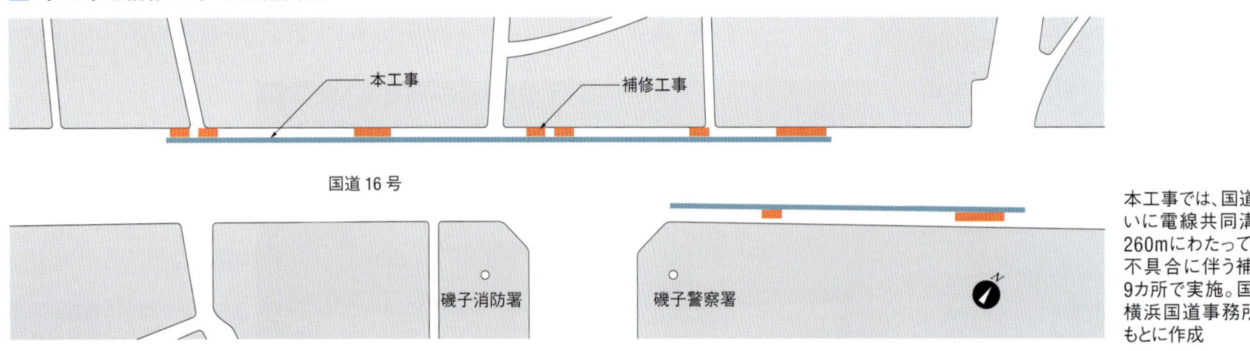

本工事では、国道16号線沿いに電線共同溝を延長約260mにわたって敷設した。不具合に伴う補修工事は9カ所で実施。国土交通省横浜国道事務所の資料をもとに作成

ないと考えたようだ」。

さらに、以下のような状況も重なっていた。この工事は既に年度を繰り越して施工していた。よほどのことがない限り2カ年は繰り越せないので、工期内に完成しなければ「打ち切り竣工」となってしまう。監理技術者にとってはプレッシャーだったかもしれない。

菱川副所長によると、共同溝工事に慣れた技術者は、「既設埋設物は想定どおりではないのが当たり前」と考え、常に協議や設計変更を念頭に置いて仕事をしている。また、今回の工事のように急を要する協議の場合、発注者に提出するのは仮の資料で構わないとしている。

「変更の内容が明確に分かるものであれば、手描きの簡単な資料でも協議を受け付けるはずだ。正式な資料は後でもいい」（菱川副所長）。

共同溝工事は主に夜間に実施し、翌朝には埋め戻す。そのため、実際にどのように施工したのかを発注者の監督員が確認することは難しい。

横浜国道事務所は今回のトラブルを契機に、監督員に対して、できる限り現場に足を運んで状況把握に努めるよう指示した。「監督基準に定められた項目のほか、中間検査や竣工検査時には特殊部の位置や高さ、管路に問題なくケーブルが通るかなどを確認する」（菱川副所長）。

コミュニケーションにも留意

そのほか、コミュニケーションの取り方にも留意する。今回の工事では、担当の出張所が大きな工事を抱えていたこともあり、施工者との対話が希薄になりがちだった。今後は、できるだけ施工者が相談しやすいような雰囲気づくりを心掛ける。

一方、東亜道路工業もコミュニケーションの促進に力を入れる。この現場では、管路位置の無断変更などについて、現場代理人が把握していなかった。「焦り」に駆られてルールを逸脱した監理技術者に対して、ほかの社員が忠告やサポートをすることができなかった点も、今後の大きな課題として残された。

今回の不具合で、東亜道路工業は施工エリア内の9カ所（うち分岐升の不具合は8カ所）で補修工事を実施（上の図）。掘り返した延長は約70mに及ぶ。補修工事の費用約4000万円は、全額同社が負担した。

共同溝 架空線などの損傷

基本を守らず安全管理が不徹底

東京電力管内で工事現場周辺の541世帯が数時間にわたって停電する事態を引き起こした架空線切断事故は、2011年2月10日午後2時52分ごろに発生した。

この東品川電線共同溝工事は、国道357号沿いに電線共同溝を整備するもので、当日は50t吊りクレーンでボックスカルバートの共同溝特殊部を設置していた。3分割されたブロック(高さ2m×幅1.5m)を順に所定の位置に吊り下ろし、最後の一つを吊り下ろした際に、近接していた高圧線を切断。「高圧線にクレーンが接触したためにショートして溶断したと考えられる」(国土交通省関東地方整備局企画部技術調査課)。

溶断した架空線は6600Vの高圧線。国交省の「土木工事安全施工技術指針」では、ブームなどは高圧線から1.2m以上の離隔距離を確保して

■ 架空線切断時の状況

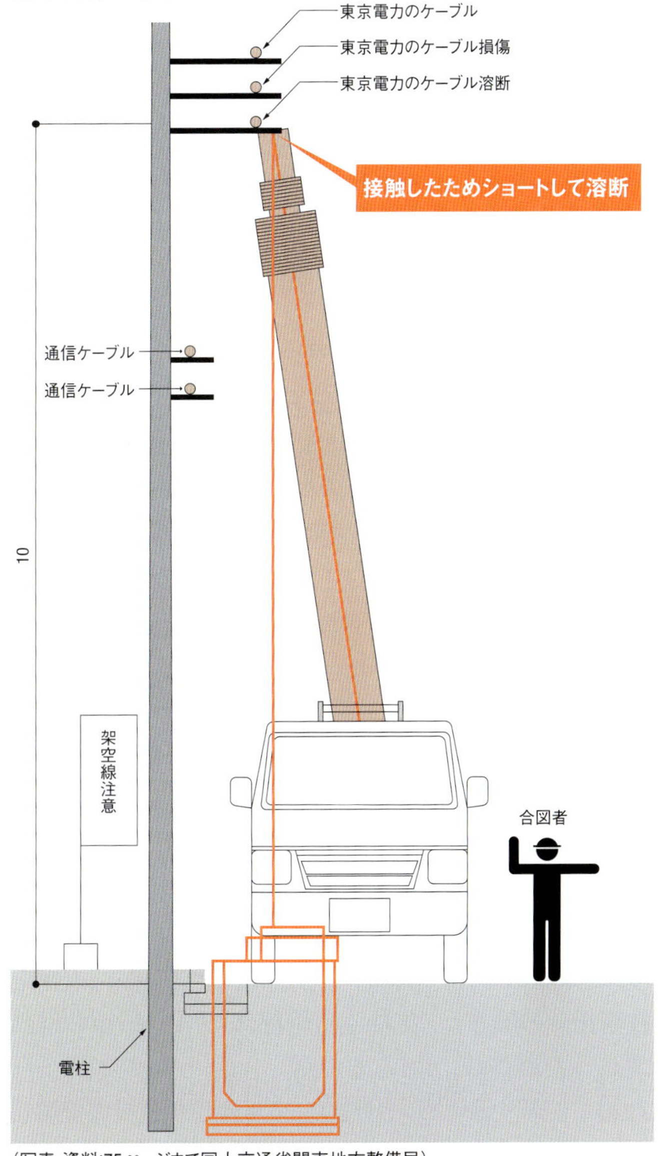

クレーンの操作ミスで架空線が切断された現場。3本ある架空線のうち、下の高圧線にクレーンが接触して溶断し、その上の高圧線も損傷した

[平面図]

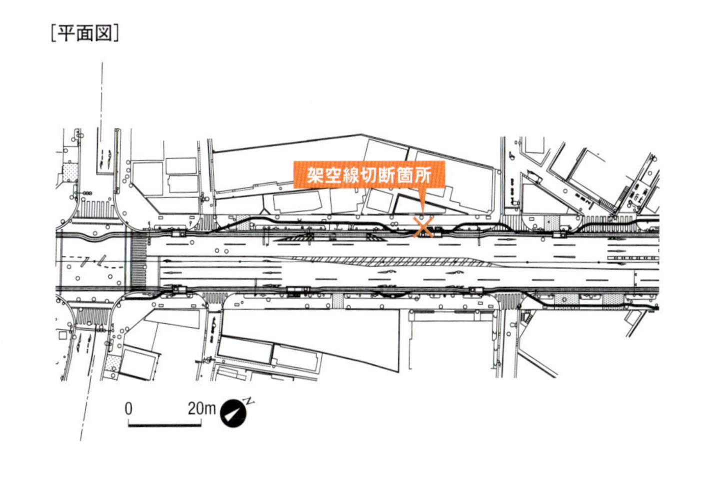

(写真・資料:75ページまで国土交通省関東地方整備局)

2010年度の関東地整管内の事故発生状況

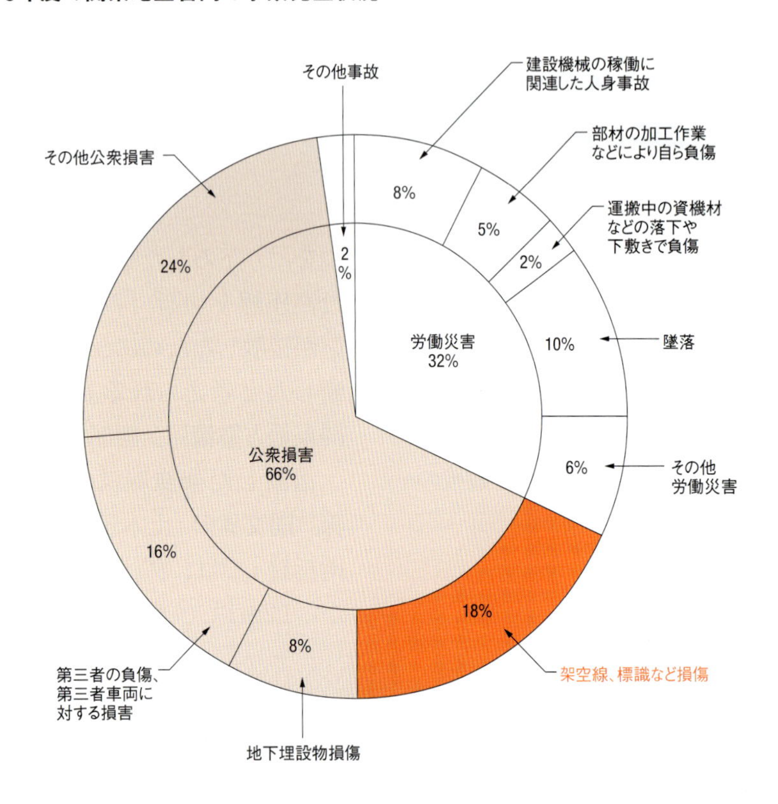

[2008～10年度の事故の発生件数]

事故区分	発生形態	2008（年度）	2009	2010
労働災害	建設機械の稼働に関連した人身事故	10	12	6
	部材の加工作業などにより自ら負傷	8	5	4
	運搬中の資機材などの落下や下敷きで負傷	6	5	2
	墜落	13	6	8
	準備作業、測量調査業務などにおける人身事故	0	1	0
	その他労働災害	10	5	5
公衆損害	架空線、標識など損傷	17	20	14
	地下埋設物損傷	8	7	6
	第三者の負傷、第三者車両に対する損害	21	11	13
	その他公衆損害	7	23	19
その他事故		5	1	2
計		105	96	79

操作することと規定している。しかし、事故現場では、接触の恐れのある高圧線から1.2m以上を確保しておらず、高圧線に対する防護措置も講じていなかった。関東地整が施工者の日本道路に対して事故原因などの説明を求めたところ、東京電力との事前協議は主に地下埋設物に関して実施し、架空線に対しての協議・検討が不十分であったことも判明した。

これらの不作為は、施工計画書で事前にチェックすることは難しい。「土木工事安全施工技術指針の順守は土木工事共通仕様書にうたわれており、施工計画書に改めて記載する必要はない」（関東地整企画部技術調査課）からだ。日本道路は日経コンストラクションの取材に応じていないので、規定を守らなかった理由は不明だ。

関東地整企画部技術調査課の足立賢一課長は「着工前に現場をきちんと確認し、架空線管理者と協議のうえ適切な保安措置を取り、危険性や施工方法についてオペレーターや作業員に周知徹底できていれば、十分に防げた事故だ」と話す。

この事故を受け、関東地整は日本道路を2カ月間の指名停止とした。

予定外の作業や指示不足も

2010年度に関東地整管内で発生した工事中の事故79件を事故発生形態別に分類すると、「架空線・標識など損傷」が14件で最も多く、全体の約2割を占めている。架空線などの損傷事故は、08年度17件、09年度20件と、過去3年でみても多い（左のグラフと表参照）。

10年11月6日には、拡幅歩道内の電線共同溝工事で、分岐升を吊って移動中のバックホーのブームが架空線に接触する事故が発生した。当初予定していたバックホーではなく、別の用途に使用するものを用いていた。

11年2月14日に発生した事故は、オペレーターへの十分な作業指示がなく、単独で作業していたことなどが原因だ。小屋の設置に当たり、周辺をバックホーで除雪していたところ、上部の架空線にブームが接触。3本のうち2本の架空線が、電線を支持する絶縁体（がいし）から外れてしまった。

5月19日に重機が歩道橋に接触した事故も、注意不足などが原因だ。

事故は、バックホーによる表層改良作業の完了後に起こった。現場では、バックホーが注意喚起旗より歩道橋側ではアームを下げた状態で作業することになっていた。歩道橋下での作業の後、オペレーターがバックホーを後退させた際に、アームを上げた。その後、監視員が声を掛けたところ、オペレーターがその声に驚いてバックホーをそのまま前進させてしまい、アームが歩道橋に接触して外装板が破損した。

いずれの事故にも共通するのは、架空線や上空にある施設への注意喚起が不十分であったり、現場に応じた安全管理を周知徹底させることができなかったりしたことだ。

重点的安全対策の対象に

関東地整は01年度から、発生件数の多い事故の再発を防ぐために「重点的安全対策」を掲げている。架空線などの損傷事故については当初から安全対策に努め、11年度も、労働災害における墜落事故とともに重点的安全対策の対象だ。

「現場内の架空線などに注意が向くように目印表示などを設置し、工事関係者に対して位置や高さなどを周知徹底する」、「架空線などの周辺での建設機械などの作業に際しては、誘導員を配置し、確実に合図が伝わる方法で誘導する」、「バックホーやダンプトラックなどを移動するときは、アームや荷台を下げる」といった対策で再発防止に努める。

11年度発注工事からは、土木工事特記仕様書に「工事中の安全確保」としてクレーンのオペレーターなどの再教育に関する記述を盛り込んだ。受注者は、クレーンなどの資格を取得して一定期間を経過した者に対し、操作方法や点検・整備の方法、災害事例や安全対策などに関するカリキュラムを受講させるように努めなければならない。これらの対策で、安全への意識を向上させたい考えだ。

バックホーによる事故事例

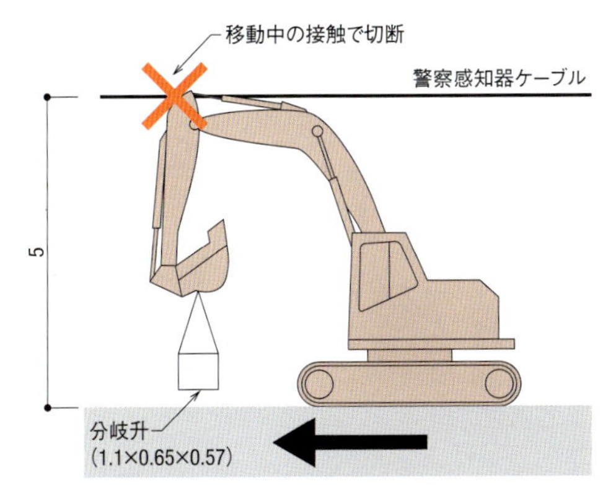

電線共同溝工事で、分岐升を吊って移動中のバックホーのブームが架空線に接触。作業に使用する予定のなかった重機を使用したことなどが原因だ

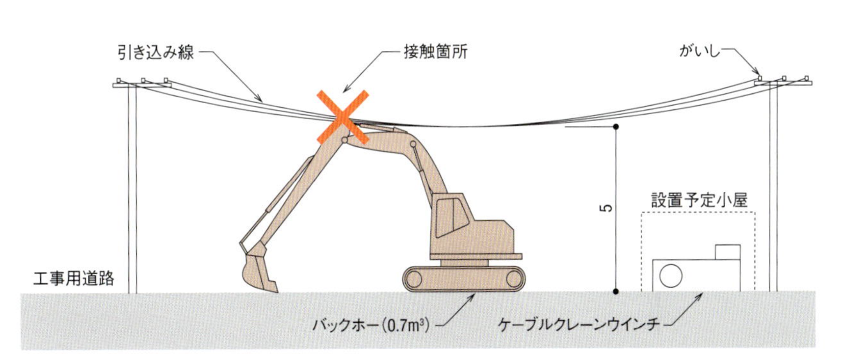

バックホーで除雪作業に当たっていたところ、上部の架空線にブームが接触。3本のうち2本の架空線が、電線を支持する絶縁体(がいし)から外れてしまった。オペレーターに対する指示が十分でなく、単独で作業していたことなどが原因だ

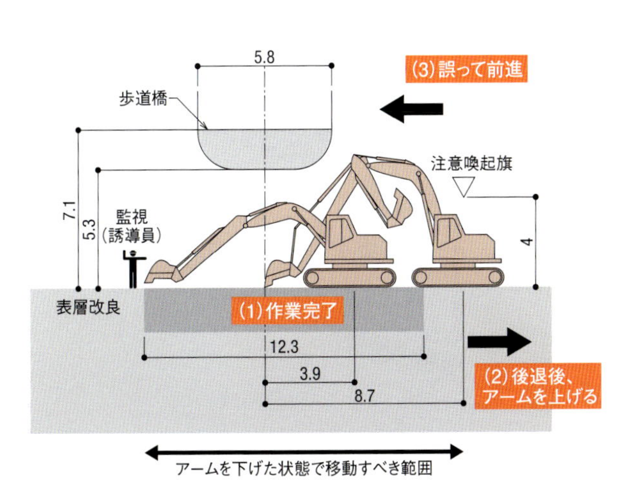

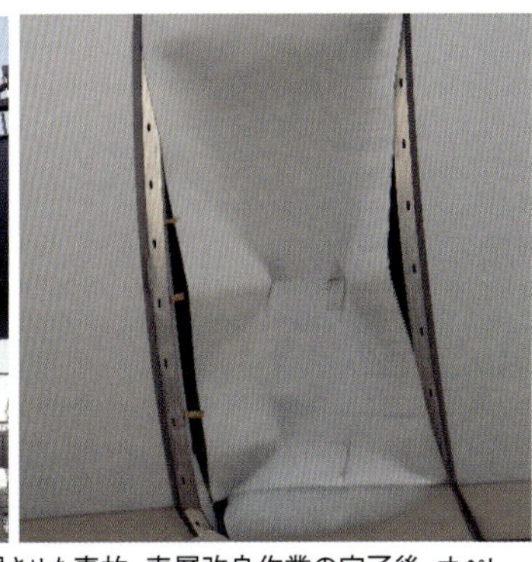

バックホーのアームで歩道橋の外装板を破損させた事故。表層改良作業の完了後、オペレーターがバックホーを後退させた際に、アームを上げた。その後、監視員が声を掛けたところ、オペレーターがその声に驚いてバックホーをそのまま前進させ、歩道橋に接触。現場では、注意喚起旗より歩道橋側では、アームを下げた状態で作業することになっていた

数値ミス一つで1億円の損害

設計上のたった一つの数値の間違いが、受注額の10倍を超える損害賠償に発展——。

高知県いの町に建設している竹崎橋で、設計者の復建調査設計（広島市）が犯したミスによって下部工に変状が生じた。これに対処するため、杭を増し打ちするなど1億円をかけて補修工事を実施。同社は、その工費全額の負担を求められることになった。

竹崎橋の設計は、国土交通省四国地方整備局がほかの業務と合わせて約1700万円で発注した。竹崎橋関係の業務は、そのうちの半分程度。

2015年8月に撮影した竹崎橋の補修工事の様子。奥に見えるのがA1橋台。増し打ちするフーチングの鉄筋を組んでいる（写真:日経コンストラクション）

■ 補修工事の概要（橋梁側面図）

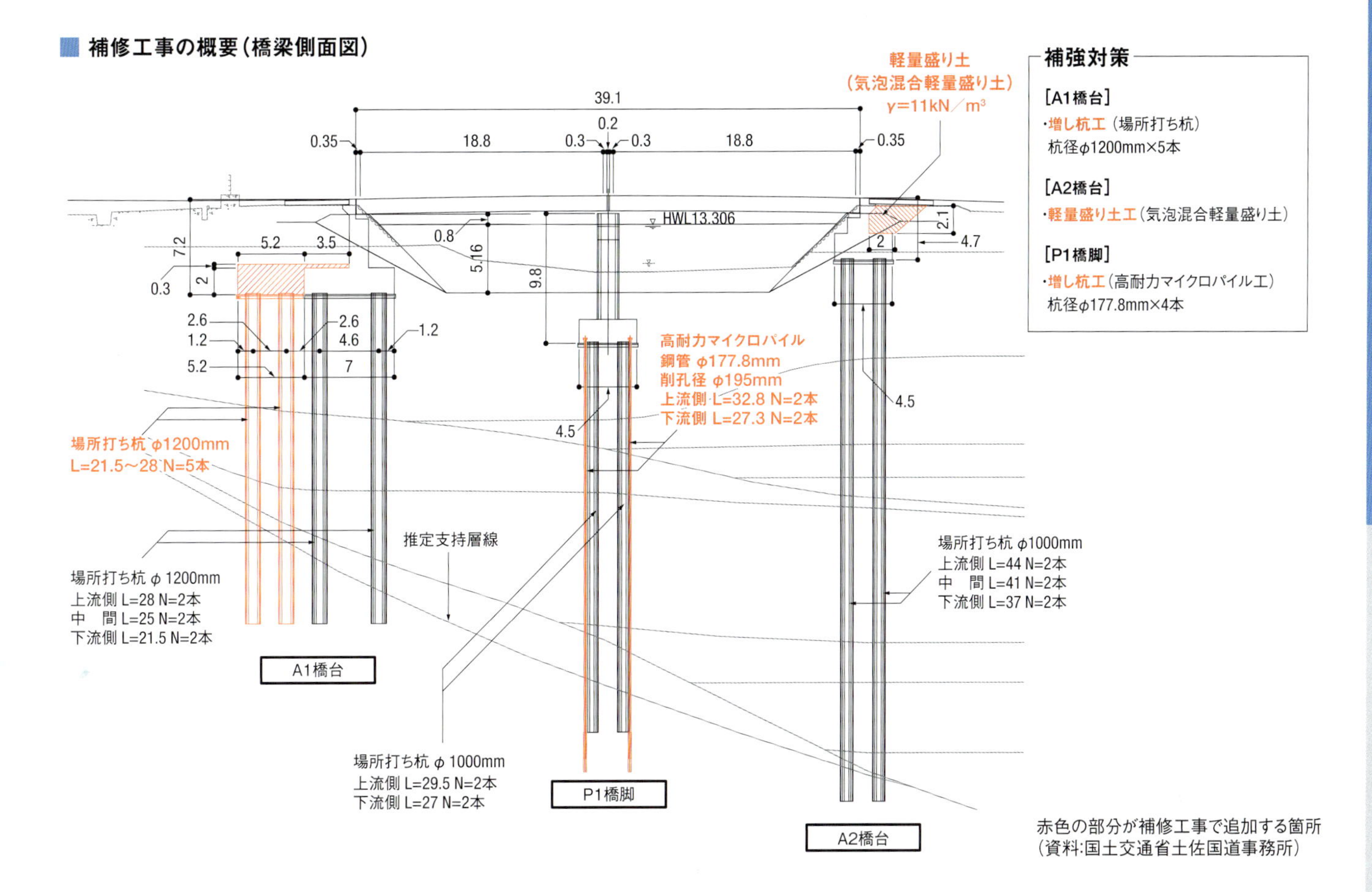

赤色の部分が補修工事で追加する箇所
（資料:国土交通省土佐国道事務所）

設計業務は工事と比べて受注金額が小さいだけに、ミスに伴う補修工事費の賠償は、影響が大きい。

竹崎橋は、国道33号高知西バイパスへの接続道路となる橋長39.1mのPC（プレストレスト・コンクリート）2径間連結プレテンション方式T桁橋だ。橋台と橋脚の発注は別で、2010年7月に橋台、12年5月に橋脚が完成した。

橋台間に78mmの変位

橋台完成時の計測で、既に両橋台の間に31mmの変位を確認していた。2年後の橋脚完成時に再度、計測したところ橋台間の変位は78mmに拡大。A1橋台が47mm、A2橋台が31mmそれぞれ橋軸方向で川側に動いていた。背面の土圧に耐えられず、内側に倒れ込んだ形だ。

ある程度大きな数値だが、工事を発注した四国地整土佐国道事務所は、通常の変位の範囲内と捉えていた。翌年の13年2月に計測したところ、橋台間の変位は71mm。若干、減っていたが、この時点で「大きな変位であることから異常と認識し、13年3月に関係者に調査を指示した」（土佐国道事務所の沖上茂人副所長）。当初は設計ミスと分からなかったので、施工ミスの可能性も視野に入れて調査した。

設計ミスの可能性を指摘したのは、当事者ではなく、第三者の建設コンサルタント会社だった。土佐国道事務所が13年6月ごろ、別の橋梁設計を委託していた会社に、「竹崎橋で変状があるので、チェックしてもらえないか」と相談。この会社から、変形係数が設計書と地質調査報告書で合っていないとの指摘があった。

指摘を受けて詳しく調べたところ、復建調査設計が変形係数の数値を間違えていたことが分かった。実際よりも硬い地盤として設計したために、杭の支持力が不足していた。

調査結果を受け、補修工事としてA1橋台では直径1.2mの杭を5本増し打ちし、フーチングを拡大することにした。A2橋台では背面に軽量盛り土を施工。P1橋脚には直径約18cmの高耐力マイクロパイルを打設することにした。

補修工事に着手する前の15年1月に計測した橋台間の変位は69mmで、特に進行はしていなかった。橋脚に変位は生じていない。

地質調査報告書のデータに誤り

実は、竹崎橋に関して、これまで問題として表面化していない重要な論点がある。費用負担の問題だ。

100％設計者のミスならば、設計者が費用を全額負担するのはやむを得ない。では、設計ミス発生の一因が、発注者から提供された調査データの誤りにあったとしたらどうか。

竹崎橋の設計ミスは、発注者から受け取った地質調査報告書の変形係数を、間違えて使用したことが原因だ。1.35MN/m^{2}の値を採用すべきところ、誤って2.457MN/m^{2}を使ってしまった。

「2.457」と間違えたことには、理由がある。報告書の付属データのページに、変形係数（弾性係数）として「2.457」と記載されていたのだ。一方、報告書の本編に載っている値は「1.35」。報告書の内容に不整合があった。

竹崎橋を含む高知西バイパスの地質調査は、基礎地盤コンサルタンツが担当し、03年3月に報告書を納品している。土佐国道事務所によると、報告書をまとめる途中でデータの修正があったらしい。本編のデータは正しく直したものの、付属データは修正し忘れたとみられる。

本編の中で3カ所ほど出てくる変形係数は、いずれも正しい値が記載されている。間違っているのは付属データの1カ所だけだ。本編のデータが全て正しいのだから、設計の途中で不整合に気付く機会はあったはずだ。

復建調査設計は日経コンストラクションに対し、「一般には、報告書本文とその根拠データの双方を確認すべきで、不整合があった場合には、発注者に報告して、確認すべきものだ」とコメント。照査担当者も、数値の不整合を見落としたとして、同社のミスであることを認めた。補修工事の費用ついても、同社が全額負担することで同意している。

設計者の負担受け入れで決着

ただ、復建調査設計は責任を免れないとしても、100％同社の落ち度かどうかは議論の余地があるだろう。

土佐国道事務所の沖上副所長は、

補修工事で、A1橋台に場所打ち杭を施工している様子。当初は揺動式の杭打ち機を予定していたが、振動が大きいことから全周回転式に変更した。それに伴い、補修工事の契約金額は当初の9600万円から1億100万円に増えた。なお、補修前の工事費は、橋台と橋脚合わせて2億2000万円だった（写真：国土交通省土佐国道事務所）

補修工事が終わったP1橋脚（手前）とA2橋台（奥）。橋脚には、特に変状は生じていなかった。竹崎橋は、高知西バイパス是友インターチェンジへの接続道路の一部として建設している（写真：日経コンストラクション）

■ 発注者が設計者に貸与した地質調査のデータ

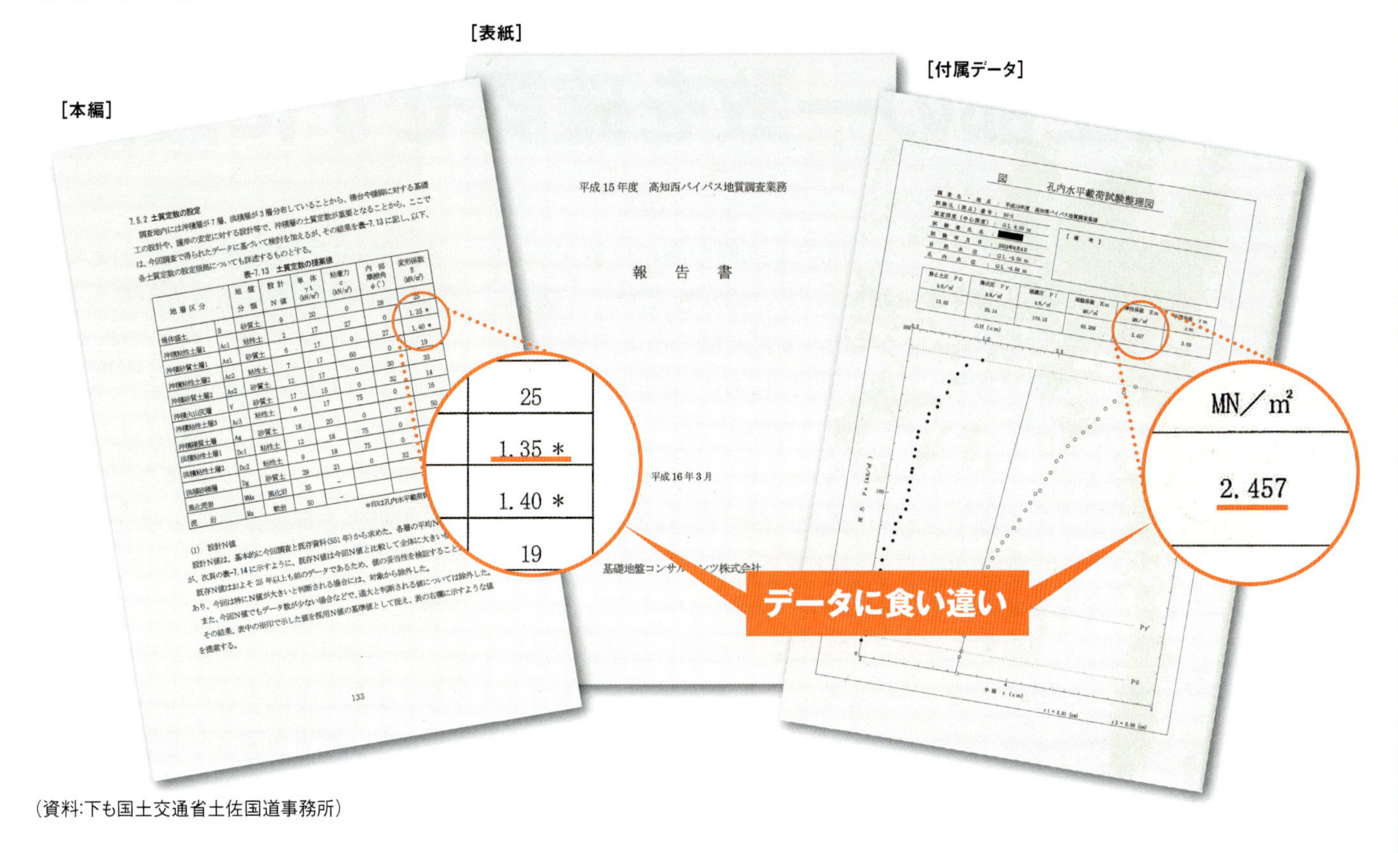

（資料:下も国土交通省土佐国道事務所）

■ 竹崎橋の地質縦断図

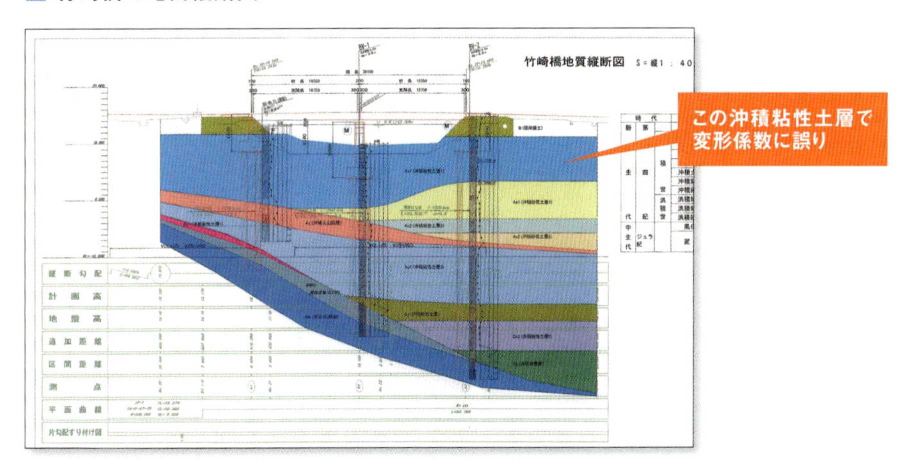

「仮に、復建調査設計が『100%当社の落ち度ではない』と主張して、地質調査会社や発注者にいくらか負担を求めてくれば、負担割合などの議論は出ていたかもしれない」と話す。

しかし、同社は今回の件で特に不満は表明していない。土佐国道事務所では、「復建調査設計が、作業を進めるなかでチェックし、気づくべきものだったと自ら認めているので、それ以上の議論にはならなかった」（沖上副所長）としている。報告書の数値を間違えた基礎地盤コンサルタンツに対しても、特にペナルティーは科していない。

本来の設計業務に、発注者提供のデータをチェックする作業が含まれているわけではない。提供されたデータに誤りはないという前提で業務を進める。竹崎橋の設計担当者も、不整合があるとは思いもせず、付属データだけを見て設計を進めていたという。

発注者のデータに誤りがあった場合、それに起因するミスの責任はどこにあるのか。ミスに伴う補修費用は、誰が負うべきなのか。そういった肝心な議論が一切なされず、明確なルールも作られないまま、設計者が費用を100%負担するという前例だけができてしまった。

橋 ▶ 橋梁の支承位置の間違い

下部と上部の一致を確認せずに設計

橋脚の位置を50cmほど間違えて設計し、途中まで施工した段階でやっと誤りに気づく——。詳細設計を担当したオリエンタルコンサルタンツは、鳥取市内の野坂川橋で、こんな失態を演じてしまった。

問題の案件は、国土交通省中国地方整備局鳥取河川国道事務所が2007年度に発注した野坂川橋の詳細設計業務だ。この橋は、鳥取西道路の上り線となるが、まずは暫定2車線の供用を予定している。

不慣れなソフトがミスを誘発

誤りに気づいたのは下部工事の最中の10年4月。施工者が図面の不整合を指摘した。

ミスの発端は、道路中心と支承との位置関係の取り違えだった。ミスがあった橋脚には支承が4カ所あり、川の上流側の端に位置するG1支承だけが、ほかの支承とは道路中心を挟んで反対側にある。それをすべて同じ側にあると勘違いした。

本来は道路中心から25cm上流側に置くべきG1支承を、25cm下流側に配置。誤ったG1の位置を基準に、ほかの支承などの位置を割り出した結果、橋脚全体がずれた。

下部工事の設計担当者が、上部の担当者から支承位置などに関するデータを受け取ったときに読み間違えた。下部の担当者が使い慣れたソフトウエアでは、データを位置の順に並び替えて出力する。ところが、上部の担当者が使ったソフトにはその機能がない。四つの支承のデータが一緒に並んでいたので、下部の担当者はすべて同じ側だと勘違いした。

もちろん、勘違いは誰にでもある。問題は、担当者本人に加えて管理技術者や照査技術者らが誰もミスに気づかなかったことだ。「まさか、このような間違いをするとは思っていなかったのだろう」とオリエンタルコンサルタンツの崎本繁治SC事業本部副本部長は話す。照査技術者も、座標の位置までは細かくチェックしていなかった。

崎本副本部長はミス防止策として、上部と下部それぞれの座標を算出して、両方の図面を重ねる方法を挙げる。「照査技術者や管理技術者が、担当者に対して重ね合わせのチェックをしたか確認していれば、ミスを発見できた可能性がある」。

同社では過去にも似たようなミスが発生したことがある。その際、再発防止策を社内に通知したものの、次第に伝達されなくなってきた。

■ P1 橋脚の横断図

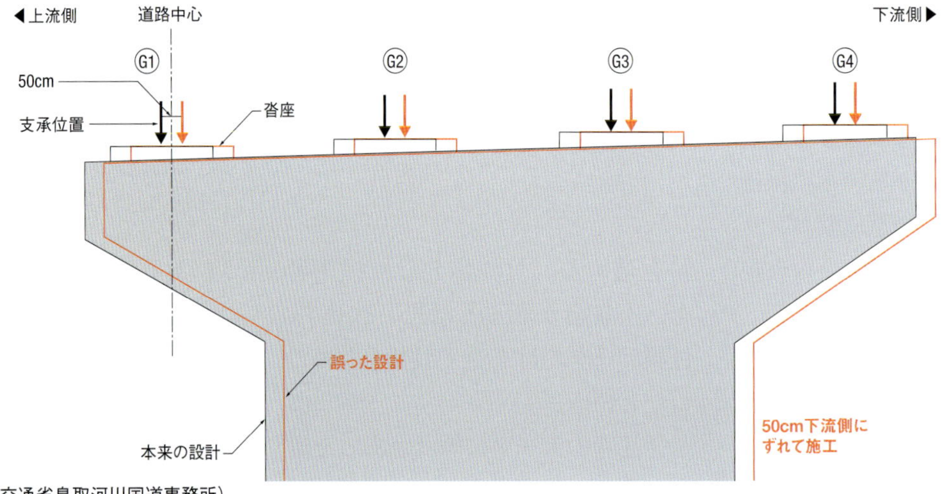

（資料:右ページも国土交通省鳥取河川国道事務所）

この設計ミスを機に、同社では上部と下部の重ね合わせチェックなどの再発防止策を社内規定に新たに追加した。社内規定で明文化することで、教訓が風化するのを防ぐ。

思い込みが発見の機会を逃す

実は、工事に入る前にもミスに気づく機会はあった。しかし、自分の設計が正しいとの設計担当者の思い込みで、発見の機会を逃していた。

施工者が着工前に設計内容をチェックしていたとき、橋脚の隣に設置する仮設桟橋の図面と下部工事の図面とで、橋脚の位置が違っていることが分かったのだ。

ただし、桟橋の図面に描かれた橋脚の位置は、正確に座標を算出したものではない。そのため、施工者からの問い合わせに対して、設計担当者は下部工事の図面の方が正しいと回答。支承の位置などを改めてチェックすることはなかった。

やはり位置がおかしいと、施工者が再び疑問に思ったときには、既に杭やフーチングの施工が済んでいた。この段階で、既設部分を造り直すのは現実的ではない。結局、橋脚上部の梁を正しい位置に移動させる方法で対応した。

鳥取河川国道事務所によると、変更に伴う工費の増額は約300万円。さらに、設計変更と照査を合わせて、余分にかかった合計約450万円は、すべてオリエンタルコンサルタンツが負担した。

■ 不慣れなソフトの使用による思い違い

[担当者が使い慣れているソフトの出力]

曲線名	追加幅
ZL1	2.0510
ZL2	1.6054
FHL	0.7531
G1	0.2510
CL	0.0000
FHR	-0.7531
DZCL	-1.3983
G2	-4.0735
G3	-8.3979
G4	-12.7233
R1	-14.0756
R2	-14.5223

値の大きい順に並び替えて出力

(資料:オリエンタルコンサルタンツ)

[この業務で使用したソフトの出力]

曲線名	追加幅
ZL1	2.0510
ZL2	1.6054
DZCL	-1.3983
FHL	0.7531
CL	0.0000
FHR	-0.7531
G1	0.2510
G2	-4.0735
G3	-8.3979
G4	-12.7233
R1	-14.0756
R2	-14.5223

当初に設定した順番のまま出力

道路中心を挟んで、ほかの支承と反対側に位置することが一目で分かる

道路中心

この支承の値だけがプラスになるので、反対側に位置することが分かるはずだった

■ 上部と下部の整合確認

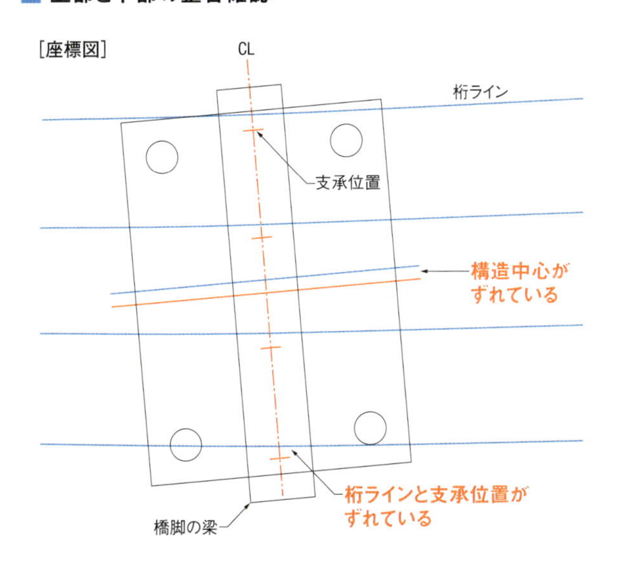

2010年6月に完成した野坂川橋下部工事。誤った柱の位置をそのままにして、支承の位置が正しくなるように梁を調整した。右に見えるのが仮設桟橋(写真:国土交通省鳥取河川国道事務所)

橋 桁下高さの不足

道路面高さの誤認を見落とす

新設した架道橋で、実測すると桁下高さが足りない——。北海道新幹線の整備事業で、鉄道建設・運輸施設整備支援機構が2012年10月に公表したトラブルだ。この橋は、北海道北斗市に築いた「開発架道橋」。道道大野大中山線をまたぐPC(プレストレスト・コンクリート)橋だ。12年8月の架設直後に計測した桁下高さは4.135mで、事前協議で定めた「4.7m」に約60cm足りなかった。

同橋は調査設計を復建調査設計が、詳細設計を復建エンジニヤリングがそれぞれ担当。施工は、下部工事を東亜建設工業・株木建設・堀松建設工業・吉本組JV、上部工事をオリエンタル白石が手掛けた。

同機構が確認したところ、桁下高さ不足の直接の原因は、調査設計の履行期間中に行われた大野大中山線のかさ上げ工事に伴う道路面の上昇を、設計で正しく反映していなかったことだった。さらに、関係者それぞれのミスや見落としが重なっていたことも分かった。

2012年8月に架設を終えた開発架道橋。左は架設完了後。桁下高さが所定の基準を満たしていなかった(写真:下も鉄道建設・運輸施設整備支援機構)

建設中の開発架道橋。誤った「道路面高さ」で設計が進み、この誤りは工事でも見落とされた。架設後の桁下高さ不足につながった

誤った数値を設計者に提供

そもそもの発端は、同機構が道路のかさ上げ後の高さを誤認したことだ。大野大中山線のかさ上げ工事中に道路管理者の北海道庁は、同機構に当該地点の道路計画高さ(かさ上げ後の標高)を「12.475m」と提示。

同機構は、道庁が示した道路計画高さを架道橋の設計に反映する際、道庁との測量値の差を勘定に入れる必要があった。基準にしたのは、現場近くの水準点A(84ページの左上図)。

一般に、同一の水準点でも測量者が異なれば、測量値に多少の差が生じることは珍しくない。水準点Aの標高は道庁測量値が「10.684m」、同機構は「10.515m」で、両者の差は0.169mだった。

■ 開発架道橋の概要

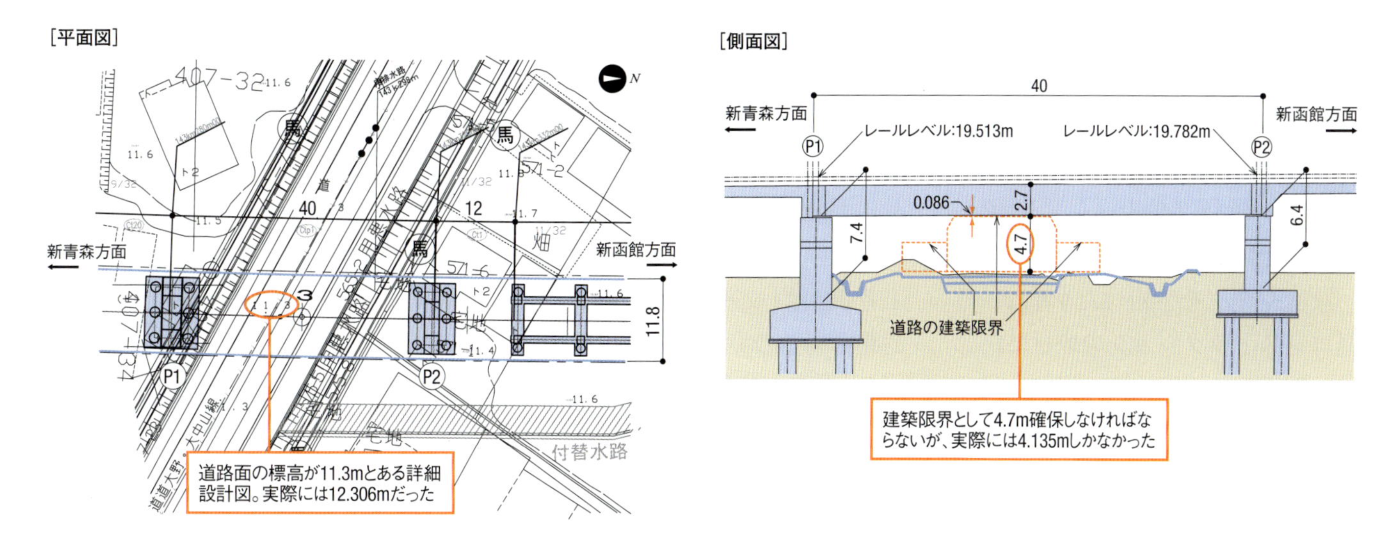

■ 開発架道橋の桁下高さ不足のイメージ

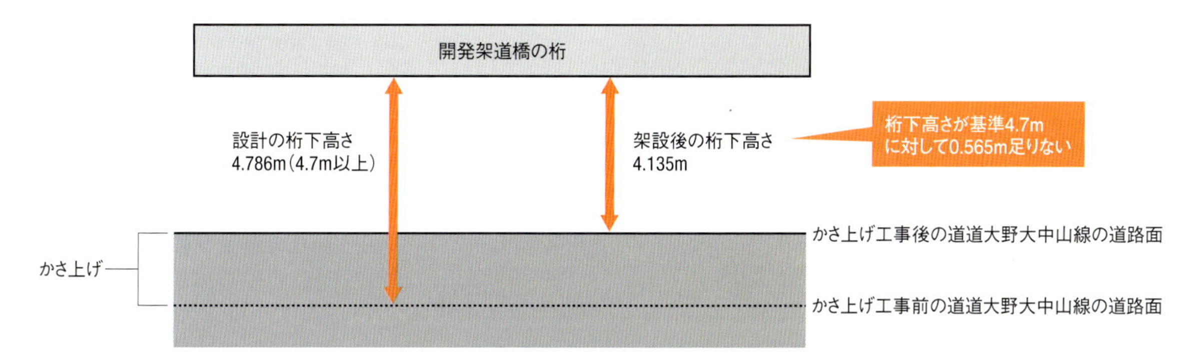

(3点とも鉄道建設・運輸施設整備支援機構の資料に日経コンストラクションが加筆)

本来なら、この差を道庁が提示した道路計画高さから差し引いた「12.306m」が、架道橋設計上の道路計画高さとなるはずだ。

しかし同機構の担当者はなぜか、対象とすべき水準点をAの近くにあった道路工事用の仮水準点Bと誤認。しかも、AとBそれぞれの道庁測量値の差「1.404m」を差し引いて、設計上の道路計画高さを「標高11.071m」としてしまった。

調査設計を手掛けた復建調査設計は、同機構が示した道路計画高さ「11.071m」に基づいて成果物をまとめて、06年6月に納めた。この過程で、現況確認は行っていなかった。

詳細設計を手掛けた復建エンジニヤリングの担当者は作業の過程で、社内にあった別の資料に当該地点の道路面高さが「11.3m」とあるのを見つけた。この数値はかさ上げ工事前の道路面高さだったが、同社の担当者は気付かなかった。

そして、やはり現況確認を行わず、「高い方を採用すれば、桁下高さは確実に確保できるはず」と判断。11.3mを道路計画高さとして、詳細設計をまとめた。そのまま工事へと進み、橋は架設された。

結局、架設後に実施した桁下高さの実測によって初めて、設計ミスが発覚した。

確かに発端は、同機構側の誤認。しかしそのミスが、設計から施工の過程でも見過ごされ続けた。同機構鉄道建設本部北海道新幹線建設局計画課の弘中知之課長は、次のように振り返る。「私たちが示した道路計画高さには、算出方法も添えていた。設計者にも算出手順を確認する必要があったのではないか」。

修正工事は4者で工費負担

大野大中山線のかさ上げ工事は、道庁が04～08年に実施している。少なくとも架道橋の調査設計の時点では、この工事が進行中だった(84ページ下の図)。この時点で設計者が現況を確認していれば、工事前にミスを防げた可能性は高い。

「道路に橋を架ける以上は、施工者も道路面高さの実測は照査の範囲として必須のはず」。弘中課長は、施工時の確認プロセスにも問題があったと指摘する。

設計や施工を手掛けた4者は、日経コンストラクションの取材に応じていないため、同機構の指摘に対する考えは不明だ。同機構に対しては、いずれも再発防止策を提出している。

同機構によると、設計者2者の再発防止策は「第三者チェックなどによる設計照査の強化」、「『基準点高さ』は根拠まで明確化するなど、現場確認の徹底」といった対策だ。施工者2者は「交差道路がある場合は、道路面高さの実測値を発注者に報告する」などの策を示した。

同機構は、4者には文書での警告処分を、一方で機構内部の担当職員10人に対しては管理・監督の不行き届きとして厳重注意処分を、それぞれ科した。

今後は、契約時に添付する書類に「交差道路の確認」などの項目を加え、受注者とともに見落としを防ぐための手順の導入も検討する。問題の架道橋は、直下の道路を延長200mにわたって掘り下げることにした。工費は4者が負担する。

■ 誤った道路面高さが設定された経緯

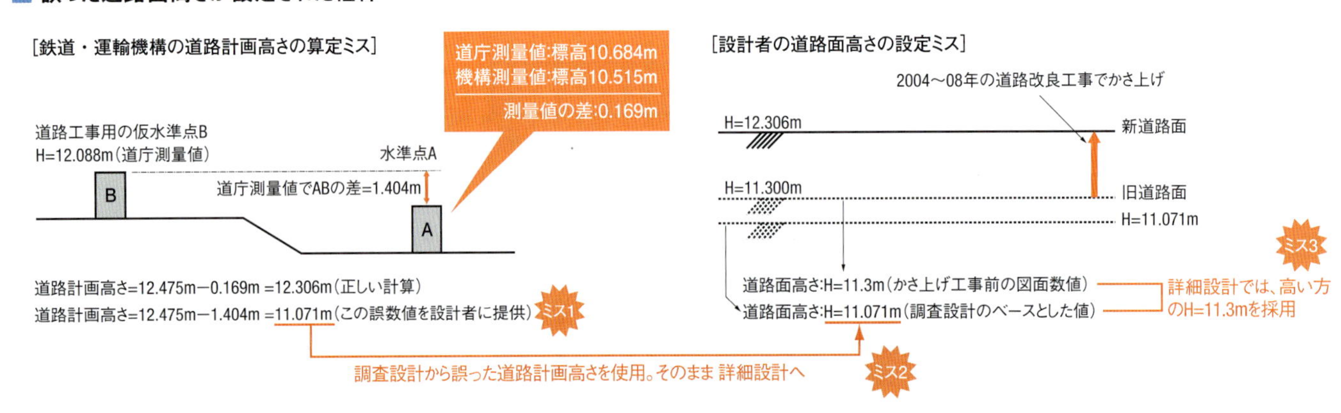

■鉄道・運輸機構が北海道庁(道路管理者)から提供された道路計画高さは、標高12.475m。同機構は架道橋の設計で、道庁の測量値との差を勘定に入れる必要があった。そこで、現場近くの水準点Aについて2者の測量値の差を求めて、道庁が提供した道路計画高さを修正して設計に反映するはずだった。しかし同機構の担当者はなぜか、Aおよびその近隣の水準点Bそれぞれの道庁測量値の差をもとに、道路計画高さを算出した。

■調査設計の担当者は現況を確認しなかった。詳細設計の担当者は、入手した別の図に記載された道路面高さを使用した。その数値は、当該道路のかさ上げ前の道路面高さで、かさ上げを終えた詳細設計時の現況よりも約1m低かった。さらに現況の確認も怠った。

(鉄道建設・運輸施設整備支援機構の資料に加筆)

■ 開発架道橋に関連する設計業務や工事の実施時期

[北海道新幹線・鶴野高架橋建設工事*の経時的な流れ]

工事名、業務名	2006年	2007年	2008年	2009年	2010年	2011年	2012年	2013年
道幹、139k8〜149k3調査設計他								
北海道新幹線、鶴野(東・西)高架橋詳細設計								
北海道新幹線、鶴野高架橋								
北海道新幹線、第2新川排水路橋りょう外9箇所(PCけた)								

*2013年6月時点で工事が継続中。「開発架道橋」はこの一部

桁の架設後の検査で桁下高さ不足が判明

[北海道道969号大野大中山線かさ上げ工事の実施時期]

工事名	2006年	2007年	2008年	2009年	2010年	2011年	2012年	2013年
大野大中山線改良工事(北海道発注)								

(取材をもとに作成)

作図ミスから鉄筋量が半分に

完成済みのボックスカルバートで設計ミスが発覚し、頂版と底版の鉄筋量不足が判明——。このトラブルがあったのは、国土交通省中国地方整備局の倉吉河川国道事務所が、鳥取県大山町に設置したカルバートだ。同事務所は2013年7月、設計した建設コンサルタント会社を1カ月間の指名停止とし、同年7月～10月に補修工事を実施した。

問題のカルバートは、国道9号のバイパスとなる中山・名和道路の建設（同年12月に開通）で、既存道をアンダーパスで通すために構築したもの。延長は約20mで、断面は高さ6.9m、幅7.9mだ。

設計したのは、鳥取県米子市のシンワ技研コンサルタント（以下、シンワ技研）。同社は、中山・名和道路の建設に関わる10基のカルバートなどの設計を受託し、問題があったカルバートはこのうちの1基だった。これらの設計期間は09年6月から10年2月までで、設計し終えた案件から成果物を納品した。

問題のカルバートは10年3月に完成。鉄筋量の不足が判明したのは、完成後のカルバートの周囲で行った盛り土施工の最中だった。12年12月、施工者がカルバートの頂版下面にひび割れを発見。倉吉河川国道事務所がシンワ技研に現地調査と設計の再確認を指示すると、設計図に示された頂版下面と底版上面の配筋間隔が、設計計算書の指示内容と異なっていることが分かった。

計算書では、頂版下面に直径22mmの鉄筋を125mm間隔で、底版上面に直径25mmを125mm間隔で、それぞれ配するように指示していた。しかし設計図では、配筋間隔の数値がいずれも倍の250mmになっていた。施工者は、設計図に従ってカルバートを構築していた。

同事務所が改めて応力計算をやり直すと、設計図の配筋間隔では、鉄筋に掛かる引張応力度が頂版上面で

国土交通省中国地方整備局が、中山・名和道路の整備事業の一環として鳥取県大山町に構築したボックスカルバート。施工完了後、盛り土工事の施工中に鉄筋量不足が判明した
（写真・資料:87ページまで国土交通省倉吉河川国道事務所）

鉄筋量不足が判明したボックスカルバート本体の断面図

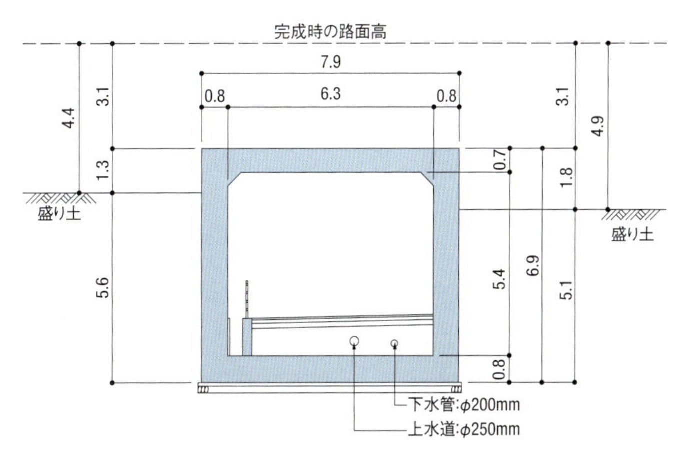

■ 配筋量不足の概要（断面図）

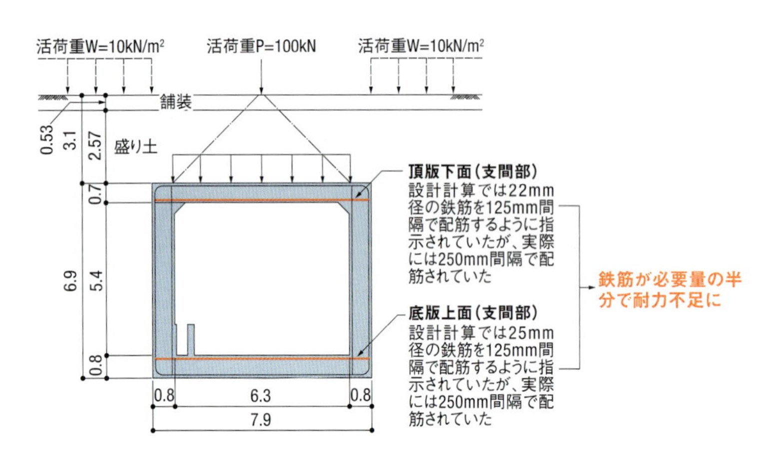

■ 誤りがあった実際の配筋図

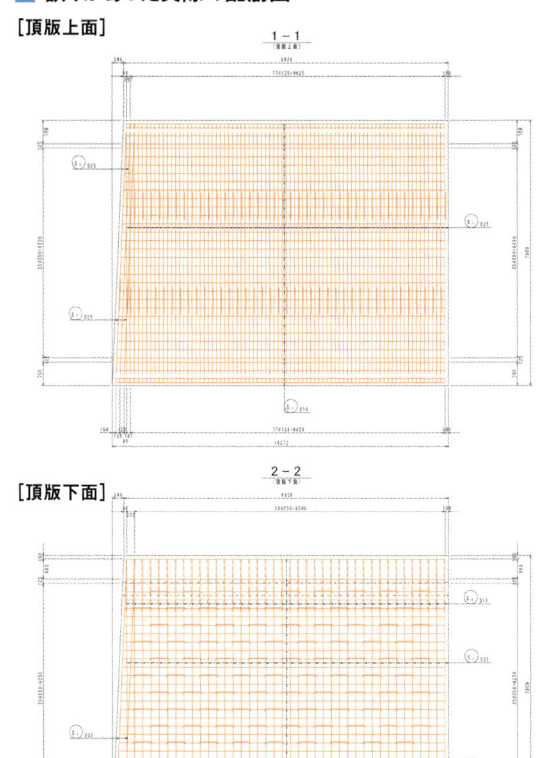

頂版では下面（下の配筋図）に掛かるモーメントの方が大きい。本来なら鉄筋量も下面の方が多くなるはずだが、図面作成時に下面の配筋量を誤って半分にしてしまった。上面と下面を比較すると、明らかに下面の配筋の方が少なくなっていることが分かる

■ 不具合が生じた鉄筋量と応力度（完成時の荷重による）

部材位置	項目		設計計算（正）	設計図面（誤）
頂版支間部（内側引っ張り）	使用鉄筋		22mm径、125mm間隔	22mm径、250mm間隔
	応力度（N/mm²）	コンクリート	5.5<8.0 実応力度<許容応力度	7.0<8.0 実応力度<許容応力度
		鉄筋	143.7<180.0 実応力度<許容応力度	274.8>180.0 実応力度>許容応力度
底版支間部（内側引っ張り）	使用鉄筋		25mm径、125mm間隔	25mm径、250mm間隔
	応力度（N/mm²）	コンクリート	5.4<8.0 実応力度<許容応力度	6.8<8.0 実応力度<許容応力度
		鉄筋	122.3<180.0 実応力度<許容応力度	232.0>180.0 実応力度>許容応力度

着色部分は応力超過を表す

274.8N/mm²、底版下面で232N/mm²だった。いずれも許容引張応力度の180 N/mm²を大幅に上回り、完成時に掛かる荷重に耐えられないことが分かった。

一方、ひび割れについても同事務所は専門家に調査を依頼。こちらは乾燥収縮が原因で鉄筋量不足とは直接関係はないが、本体の補強やひび割れの成長を抑える対策が必要との結論を得た。

施工者も鉄筋量不足に気付かず

シンワ技研によると、設計ミスの原因は設計担当者の「思い込み」。配筋図を作成する際、このカルバートの側壁内側の鉄筋間隔が250mmだったことや、並行して設計していた別のカルバート3基の鉄筋間隔が250mmだったことから、同じ間隔と思い込んでしまった。このミスを設計者に加えて、発注者も施工者も、工事完成まで見逃していた。

成果物の納品時や施工時などの段階で、気付けなかったのか——。倉吉河川国道事務所によれば、こうした誤りに発注担当者が気付くのは難しいという。分業制が確立しているなかで、契約上、設計図の照査は設計者の責任。発注者は成果物の受領時に、提出物がそろっているかは確認するが、技術的に踏み込んだ内容のチェックまでは、実態として及ばないからだ。

同事務所は、施工者にも聞き取りを実施。図面に関して施工者が工事前に行ったのは、設計図書の数量や記載漏れの確認にとどまっていた。また施工中も、鉄筋量への疑念を伝える報告はなかった。「設計図は照査済み」が事実上の前提となっている状況では、施工者の“嗅覚”や“勘”も働きにくい実態があると言える。

軽量盛り土で荷重を減らして対応

カルバートの耐力不足に対し、倉吉河川国道事務所は、有識者の助言を踏まえて補修工法を検討。カル

■ 補修工事の概要（側面図）

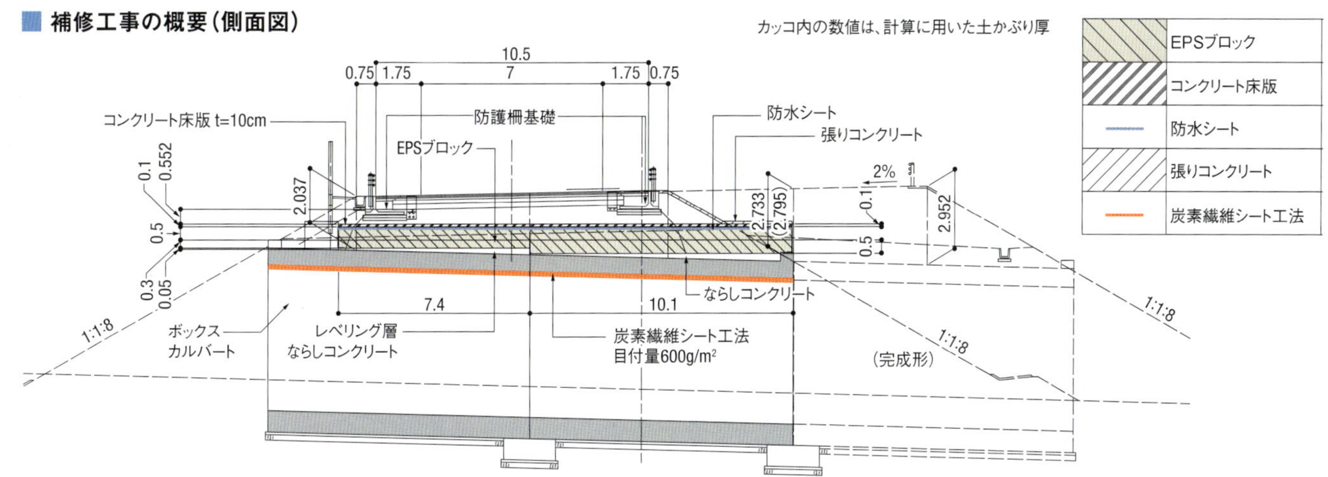

ボックスカルバートの上に築く中山・名和道路の盛り土に発泡スチロール製の軽量盛り土（EPS工法）を採用し、荷重を軽減する。さらに、頂版下面全体に炭素繊維シートを貼り付けて補強する

バート上に施す盛り土の一部を発泡スチロール製の軽量盛り土（EPS工法）に変更し、荷重を減らすことにした。さらに頂版下面に炭素繊維シートを貼り付けて、本体の補強とひび割れの成長抑制を兼ねる工法も併せて採用。これらの設計費や工費は、シンワ技研が負担した。

同社は、再発防止策として次の3点を示した。(1) 仕上がった配筋図は基本案を手掛けた担当技術者が確認。(2) 設計を担当したグループ内での二次チェックと第三者照査を徹底。(3) 短期間で提出した成果物は、提出直後に照査技術者がチェック資料を再確認。

これらに加えて、技術教育の充実による技術力の底上げや照査体制の強化など、技術者一人ひとりと組織の両面からミス防止に向けた企業体質の醸成に取り組むことも、対策に挙げている。

他方、倉吉河川国道事務所も独自に、成果物の納品前に照査の実施状況などを設計者とともに照査リストに基づいて確認するミスの見逃し防止策を導入し、運用し始めた。

■ 補修工事の様子

軽量盛り土工事の様子。ボックスカルバート上部の盛り土を軽量化するためにEPSブロックを設置している

炭素繊維シートによる補強状況。ボックスカルバートの頂版下面全体に含浸樹脂接着材を塗布し、その後、炭素繊維シートを貼り付ける

カルバート ▸ 鉄筋量の不足

設計者の思い込みで鉄筋不足に

設計ミスが生じたのは、東日本高速道路会社東北支社発注の「常磐自動車道山元工事」に含まれるアンダーパス用のボックスカルバート。

この設計業務は、常磐自動車道の山元インターチェンジ(IC)―相馬IC間をつなぐ約23kmの道路建設工事の一環。設計業務の名称は「山元北地区道路詳細設計」だ。三井共同建設コンサルタントが6665万円で受注し、2008年2月から09年8月の期間に設計した。

設計ミスが発覚したのは、山元IC から南に延びる約5.5kmの区間に設置する鉄筋コンクリート(RC)製ボックスカルバートの配筋仕様。設計者がボックスカルバート上方を通る高速道路の路盤仕様を誤解し、実際より上載荷重を小さく見積もって構造計算したことが原因だ。

この設計業務を発注した東日本高速は当初、ボックスカルバート上層の高速道路に関して「舗装厚を35cmとする」という指示を受注者に伝えていた。この指示について発注者は、35cmを「アスファルト舗装自体の厚さ」と意図していた。

「舗装厚」の誤解がきっかけ

しかし受注した三井共同建設コンサルタントの設計担当者は、35cmを「舗装に路盤を加えた厚さ」と誤解。厚さ10cmのアスファルト舗装と25cmの盛り土路盤で構成すると解釈し、その前提でボックスカルバートの構造計算を行ってしまった。

単純に材料の単位体積重量で比較すると、アスファルト舗装は22.5kN/m^3、盛り土は19kN/m^3で、

常磐自動車道の山元北地区で、ミス発覚による変更後の設計に基づいて進むボックスカルバートの構築。山元インターチェンジから南方に延びる約5.5kmの区間に設置するアンダーパス用ボックスカルバートだ(写真:東日本高速道路会社)

その差は3.5kN/m³。ボックスカルバートの構造計算で、結果に影響する差と言っていいだろう。

このミスは、発注者が設計の照査などのために別途契約していた技術者の指摘で発覚。結果として、ボックスカルバートの外周部を中心に、鉄筋の種類や寸法を変更しなければならなくなった。

右下に示した変更後の配筋図は、設計ミスが生じたボックスカルバートのうち、鉄筋量が比較的多かったタイプだ。1基の延長は32.09mで、このタイプでは設計変更によって、当初より鉄筋量が約10t増加した。

「一般道ではアスファルト舗装の厚さが10cmという例もあるかもしれないが、当社の高速道路では、首都圏を除いて、舗装厚35cmは標準的な仕様だ。三井共同建設コンサルタントからの提出図書に『舗装厚35cm』と明記されている以上、無条件でアスファルト舗装の厚さと捉えてしまう。さらに踏み込んだ確認が必要と思い付きにくい」。

東日本高速道路建設事業本部建設部建設課の神田豊課長代理は、図書の受領当初に社内でミスに気付かなかった背景をこう説明する。三井共同建設コンサルタントはミスの指摘を受けた後、再発防止策として、設計担当者とは異なる部署の照査技術者による設計内容の確認を社内で義務付けるようにした。

担当者の思い込みで生じるこの種のミスは、何重にも構築したはずのチェック体制の盲点を突いて生じやすいところに、本当の怖さがある。同様のミスとして、東日本高速では

■ 対象の設計範囲

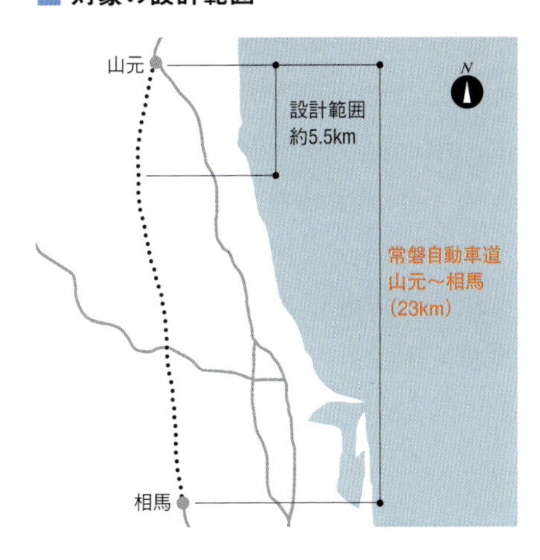

■ 設計ミスの対象となったボックスカルバートの例

［断面図］

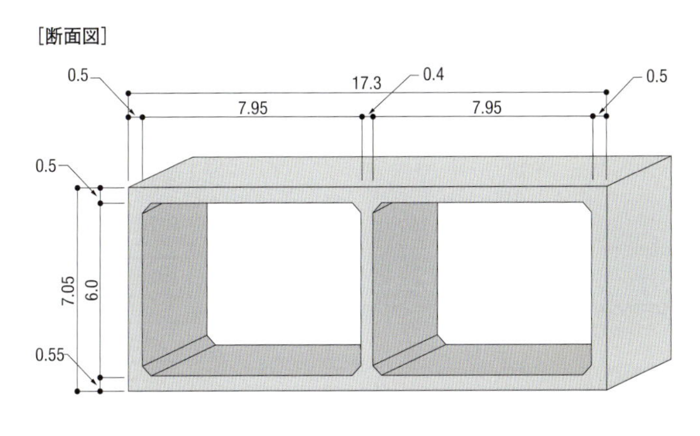

［外周配筋図（グレーは変更前、赤字は変更後）］

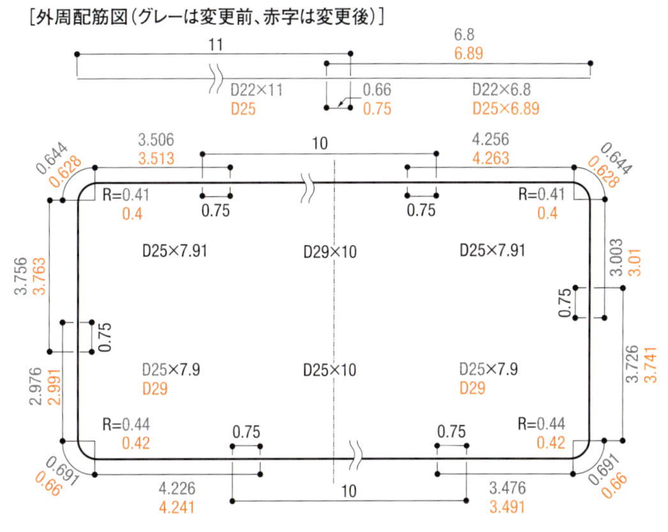

［配置図］

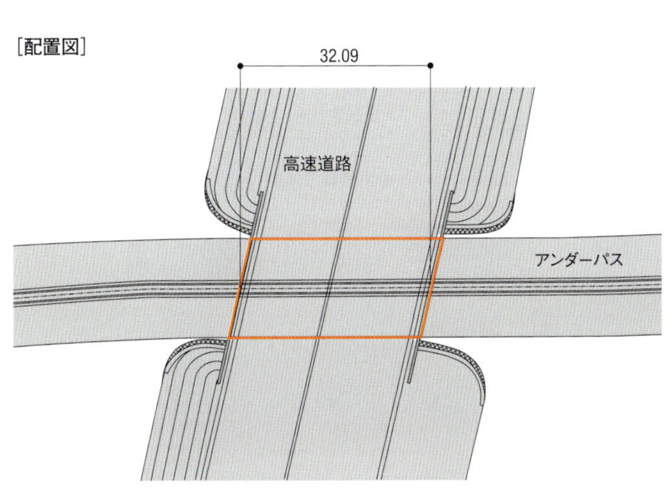

［材料の単位体積重量］

盛り土 19kN/m³
アスファルト舗装 22.5kN/m³
3.5kN/m³の差

［鉄筋径変更による重量増］

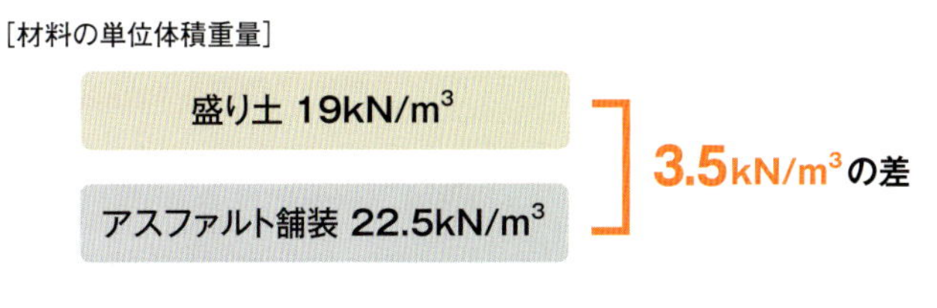

次のような例もある。

近接下水管の深さを誤認した例も

東京外環自動車道の「三郷ジャンクションG'ランプ橋(下部工)工事」で、同社関東支社がオリエンタルコンサルタンツに発注した設計業務だ。設計期間は10年3月～11年11月。ミスの原因は、ランプ橋の橋脚に近接する既設の幹線下水管の深さを誤認したことだ。

工事対象のうち7基の橋脚で基礎フーチングを構築するのに際して、仮設土留めとして鋼矢板の打設とともに、下水管上層の一定の深さなどを地盤改良する計画を立てていた。地盤改良は、ボイリングなどへの対策が目的だった。

この改良範囲に関して設計者は、下水管の実際の深さ約12mを「約10m」と誤認。その前提で改良範囲の深さを設定した。後の検証過程で、設計者が誤認した深さ「約10m」とは、設計の初期段階で仮に当て込んでいた数値だったことが判明した。

「このケースでは、橋脚基礎と下水管の離隔に注意することが仮設土留めの設計上、重要なポイントだった。それもあってか、『深さは後で確認すればいい』と考えて後回しにしているうちに作業漏れしたのではないか」(前出の神田課長代理)。

この設計ミスでは、工事の入札に参加した建設会社が、事前に下水道台帳を確認して誤認に気づき、発注者に指摘。対象の仮設土留めは再設計することになった。

オリエンタルコンサルタンツは、社内にこの事例を周知するとともに、地下埋設物の位置確認の徹底を改めて担当者に注意喚起することで、再発防止を図っている。「こうしたミス防止では、注意喚起を積み重ねて担当者の意識を高めることが不可欠だ」と神田課長代理は話す。

■ 既設下水管の深さを誤った例

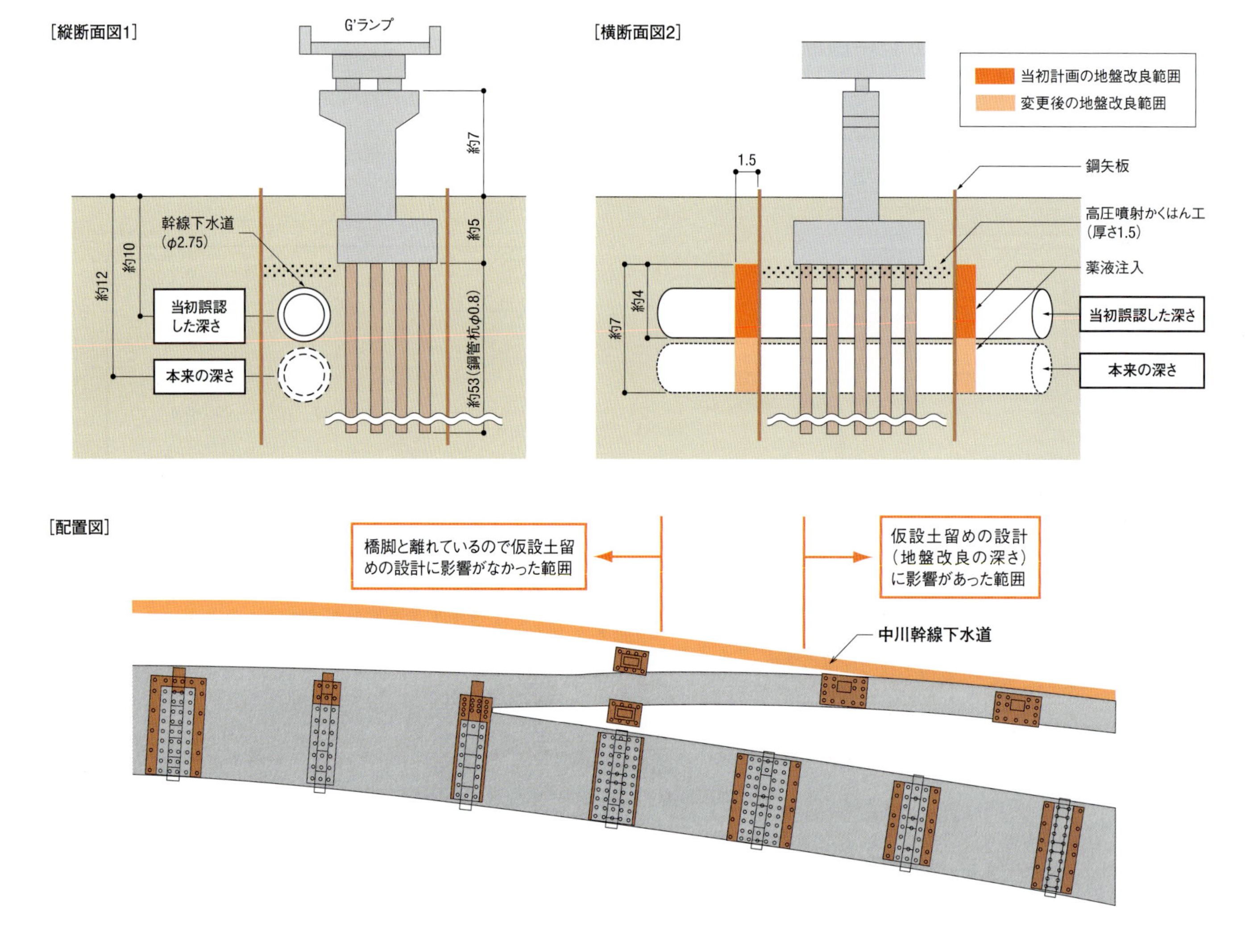

地下水位を誤認し工事中止に

地下水がたまった掘削箇所の様子。地下水位が当初の想定を大幅に上回り、2012年4月から始めた雨水貯留施設の設置工事は継続不可能となった（写真：長岡京市）

京都府長岡京市が進めていた雨水貯留施設の設置工事で2012年4月、掘削中に地下水が湧出して工事が中断。市は設計変更などによる工事の継続を検討したが、費用の大幅増や隣接した鉄道への影響を考慮し、同年10月までに中止を決めた。

この工事は、豪雨時の河川増水による局地的な浸水被害を解消するため、約1700m^{3}の水を一時的に貯留するプラスチック製の貯留槽を市内の公園地下に埋設する内容だ。同年4月に着工し、地表から深さ約3.5mまで掘削したところで地下水が湧出。その水位は徐々に上昇し、出水の翌日には深さ1.8mまで水がたまった（左下の写真）。

透水試験の平衡水位を見落とす

市は一旦、工事を中断し、薬液注入による地盤改良や、貯留槽の規模を縮小して既存の水路の一部を拡幅するといった対策案を検討し、工事継続の方法を模索した。だが、費用が大幅に増えることや、隣接する私鉄幹線への影響などが懸念されたことから、工事の中止を決定。当初の計画を大幅に変更して、既存水路を全面的に拡幅することにした。

トラブルの原因究明に当たったのは、市が同年7月に設置した「長岡京市風呂川排水区雨水貯留施設設置工事の中止に関する調査委員会」（委員長：三村衛・京都大学大学院工学研究科教授）だ。

その調査の結果、工事に先立って実施した「風呂川排水区公共下水道事業測量設計委託」で、受注者の極東技工コンサルタント（大阪府吹田市、以下極東技工）が調査データを取り違えていたことが分かった。この業務は09年7月から10年3月までの期間で行われたもので、同社は現場の地下水位を地表から3.85mと判断して設計していた。

同社が判断のよりどころとしたのは、地質調査会社に再委託したボーリング調査に基づく孔内水位だ。掘削初日の09年12月21日に観測した値「GL-3.85m」を現場の安定地下水位とした（次ページの柱状図）。しかし地質調査会社は、報告書に同月22日に実施した現場透水試験の結果も添えており、そのデータでは安定地下水位は「GL-1.9m」となっていた（次ページの表）。この透水試験の結果を極東技工側は見落としていた。

調査委員会委員長の三村教授は、「この工事では、軽いものを地下に埋めるのだから、地下水は重要なポイントになる。それが念頭にあれば、孔内水位だけでなく透水試験で得た情報も併せて確認し、トータルで判断したはずだ」と指摘する。

ボーリング調査に際して極東技工は、地質調査会社に「工事内容に照らして地下水位は非常に重要」と伝えていたが、自社の主任技術者は調査に立ち会わず、直接確認していなかったことも分かった。

極東技工は、日経コンストラクションの取材依頼に対して「長岡京市と協議をしていないため、応じられない」としている。透水試験の結果をなぜ見落としたか、主任技術者が調査に立ち会わなかったのはなぜか、いずれも理由は不明だ。

地下にプラスチック製の雨水貯留槽を整備するはずだった長岡京市内の野添公園。2012年11月19日に撮影
（写真:下も奥野 慶四郎）

現場の西側をかすめるように阪急電鉄京都線が走る。地盤改良したうえで工事を続行する案も検討されたが、地下水脈が変化して軌道下の地盤が崩落するリスクが増大する恐れがあると指摘された

成果品受領時に市も気付かず

この業務に関しては発注した市側も、成果品の受領時に地下水位に関する疑義や指摘を表明していなかった。同市上下水道部の上村茂部長は次のように説明する。

「我々が現場の地質や地下水位の手掛かりとするのは通常、主にボーリング柱状図で、現場透水試験の結果は柱状図を作成するための補足的なデータという位置付けだ」。通常

■「長岡京市風呂川排水区雨水貯留施設設置工事」の概要(平面図)

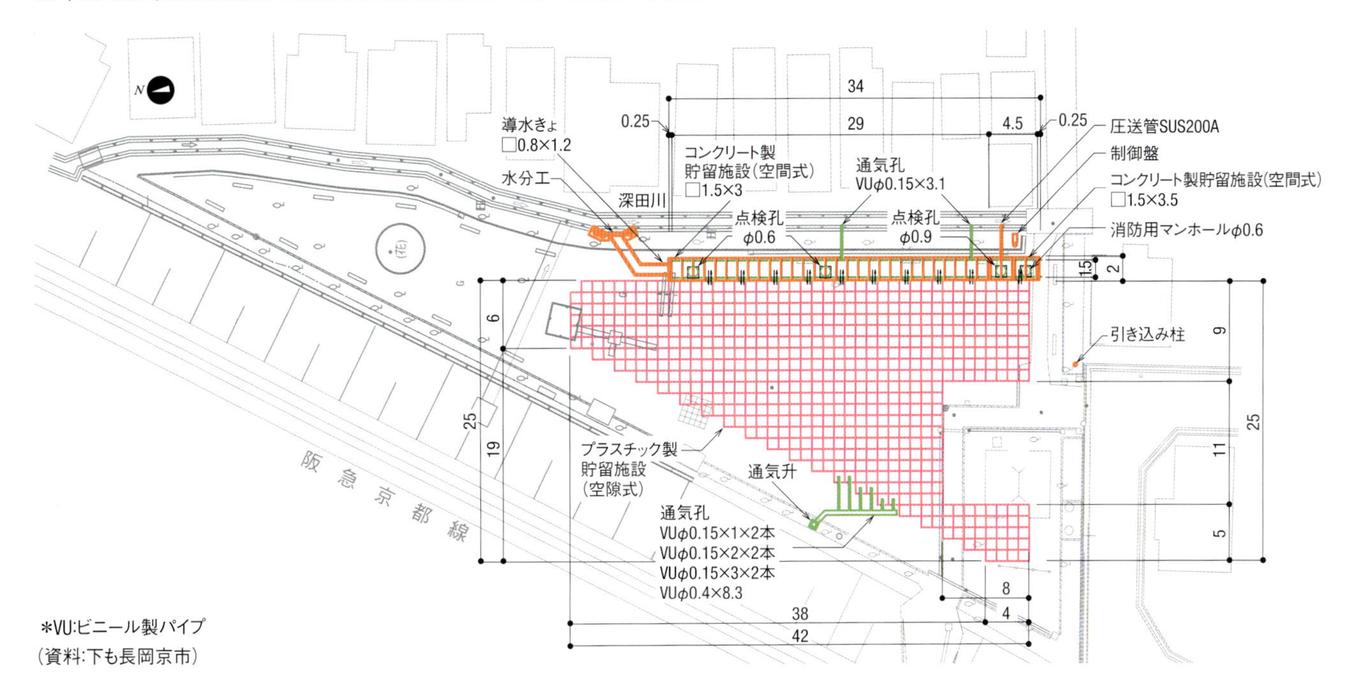

*VU:ビニール製パイプ
(資料:下も長岡京市)

■ボーリング柱状図(抜粋)

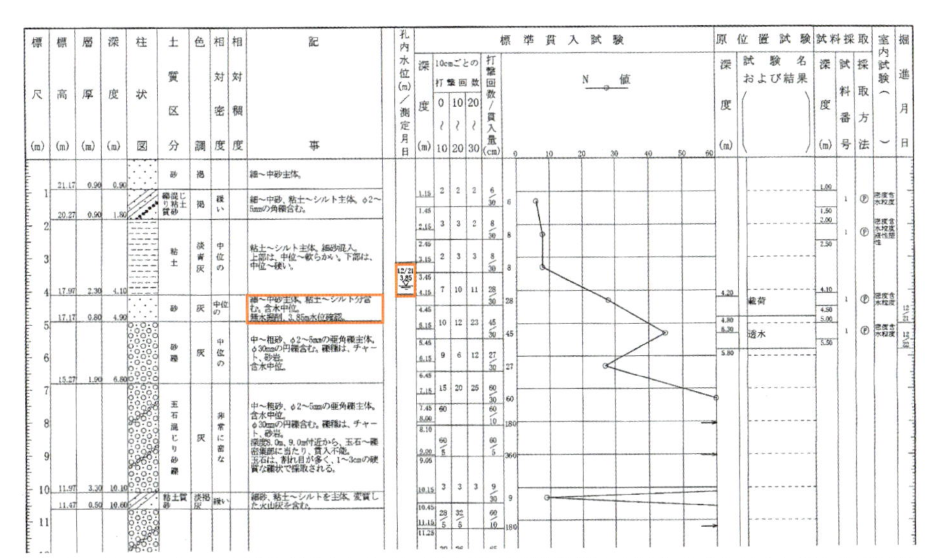

2009年12月21日から25日の期間で実施したボーリングの結果。設計業務を行った建設コンサルタント会社は、無水掘削で深度3.85mまで掘り進んだ時点(21日)で得られた地下水計測値を現地の安定水位として認識し(赤枠の部分)、これを前提に設計した

■現場透水試験(非定常法)の結果

経過時間 t(秒)	孔内水位 (PT m)	孔内水位 (GL m)	平衡水位との水位差 h (cm)
0	-3.23	-2.53	63
10	-2.82	-2.12	22
20	-2.69	-1.99	9
30	-2.67	-1.97	7
40	-2.66	-1.96	6
50	-2.66	-1.96	6
60	-2.66	-1.96	6
90	-2.65	-1.95	5
120	-2.64	-1.94	4
300	-2.63	-1.93	3
600	-2.62	-1.92	2
1800	-2.61	-1.91	1
3600	-2.6	-1.9	0

*試験区間の上端:GL-5.3m、試験区間の下端:GL-5.8m、測定用パイプの内径:5.8cm、試験区間(孔)の直径:6cm、試験区間長:50cm、試験方法:回復法

2009年12月22日に実施した回復法による現場透水試験の結果では、安定地下水位はGL-1.9mとなっていた(枠で囲んだ部分)

■ボーリング実施箇所の特異な地質状況(イメージ)

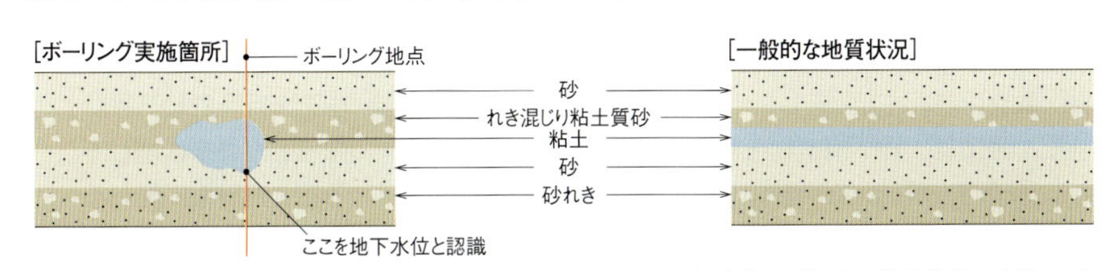

現場の地下は、断面形状が楕円状の粘土層が点在していた。ボーリングを実施した箇所は、比較的深い位置まで粘土が存在する場所だったため、掘削によって地下水が出始める位置が深くなり、地下水位の判断を誤る要因の一つになった(取材をもとに作成)

は、「透水試験の平衡水位とボーリング調査で得られた孔内水位は同じ値」という前提で捉えてしまいがちだという。

同部下水道施設課整備係の日高正人係長も次のように補足する。「調査設計業務の成果物は書類で約3000枚に及び、全てを網羅的に確認するのは困難。『イコール』が前提の2種類の値が異なることに気付くのは難しかったと思う。極東技工から透水試験に関する説明もなかった」。

粘土層がスポット的に存在

調査委員会は報告の中で、現場周辺の特異な地質構造にも触れている。現場周辺では河川が繰り返し氾濫していたため、さまざまな土質の層が複雑に堆積している。こうした状況では、ボーリング箇所が周辺地盤の構成や条件の典型例か否か、判断することが難しい。

ボーリング地点には、たまたま比較的厚い粘土層がスポット的に存在していた。地下水はそれに遮蔽された格好で、相対的に周囲の地盤より深層に地下水位を観測する結果となったとみられる。調査委員会は、こうした特殊性が設計時のミスを誘発したという見解を示している。

「調査の実施時期が年末だったことにも着目すべきだ。担当技術者の忙しさもミスの背景にあるのではないか」。調査委員会委員長の三村教授は、こう付け加える。

ボーリングなどのデータ共有を

さらにこの現場周辺では近年、地下水の取水量が減り、地下水位が回復傾向にあったため、地下水によるトラブルが起きやすい状況だったことも調査委員会は指摘。これらを踏まえて、同様のトラブル防止に向けて、12年10月にまとめた報告書の中で、改善策と課題を示している。

調査委員会が最も強く主張しているのは、地質や地下水に対する意識の向上とともに、地盤情報の共有化だ。市が保有するボーリングデータや地下水の観測値をデータベース化して全部署での情報共有を図り、計画時や設計時に有効に活用する体制を構築すべきだとしている。

また調査委員会は、成果品を受領する発注者側の確認方法についても言及。市の成果品チェックが不十分で地下水位の取り違いに気付かなかったことを指摘したうえで、提出資料の詳細チェックを改めて徹底するようにすべきだとしている。その一環として、例えば照査報告書は、請負会社ごとの書式ではなく、市があらかじめ定めた仕様書のチェック項目に対応した書式に統一するなどの対策を提案している。

[調査委員会委員長に聞く] 地下水位の回復がリスク招く

長岡京市のトラブルと似たトラブルは近年、特に都市部で顕在化する傾向が高まりつつあるようだ。今回のケースで調査委員会委員長を務めた三村教授によると、トラブル発生の背景には都市部の地下水位が回復傾向にあることが関係しているという。経済活動の縮小などによって取水量が減少していることが、地下水位の回復を促している。

三村教授は、特に都市部での地下水位回復に伴って高まるリスクについて、次のように整理する。

まず一つ目は、液状化を誘発するリスクだ。地下水位が回復する分、それだけ水を含む土の層が増えており、地震発生時に液状化被害が発生する恐れがある場所が増えている。

二つ目は、地下工事でトラブルが発生するリスク。地下水位が回復し、想定以上に高い位置に地下水が存在すると、周囲との水位差が高まり、様々なトラブルを引き起こす原因となる。

例えば、地下構造物を構築する工事では一般に、掘削時にドライアップするなど、水位を下げて作業をする。地下水位が想定以上に回復していると、掘削箇所とその周囲で高い水位差が生じ、掘削箇所に周囲から高い水圧が掛かる。そのため掘削箇所の底面に、「盤ぶくれ」が生じることがある。

三つ目のリスクとして三村教授が指摘するのは、地下に構築した構造物が浮力を受けて押し上げられる恐れだ。「体積が大きいが、中は空洞で比重が小さい」といった構造物でリスクがより高く、雨水貯留施設や地下駐車場のような構造物を挙げることができる。

これらのリスクを回避するために、取水量の減少とバランスを取りながら一定量の地下水を継続的にくみ上げる方法もあり得る。「しかし、くみ上げによって地下水は流動する。地下水の一部が有害物質などで汚染されていた場合、流動によって拡散するといった別の"副作用"を招く。悩ましい問題だ」(三村教授)。

三村教授は、「現時点で最も大切なのは、現場の地盤特性や地下水位などの状況を精緻に把握したうえで、的確な方法で設計・施工を行うこと。設計前段階の仕事の精密さが従来に増して重要になっていることを計画に関わる全ての技術者が肝に銘じておくべきだ」と説く。

第2章

会計検査にみる現場のミス

第2章は日経コンストラクション2012年2月13日号から16年2月28日号までに掲載した会計検査院「決算検査報告」（10〜14年度）の記事をベースに加筆・修正して編集し直した。文中の数値や名称などは取材、掲載当時のもの。図は検査院の資料をもとに日経コンストラクションが作成

2014年度

橋 水平せん断力の検討が甘く安全度不足

橋梁の耐震補強で設けた変位制限構造と落橋防止構造に関して不当事項と指摘されたのは、国土交通省東京国道事務所が実施した「H26志村橋耐震補強工事」だ。東京都板橋区内の鋼鈑桁橋(橋長57.8m)の橋台と桁に、変位制限・落橋防止の各構造を追加する内容で、設計は建設コンサルタント会社が日本道路協会の「道路橋示方書・同解説」に基づいて行った。変位制限構造を橋台1基当たり6カ所、落橋防止構造を8カ所に設ける設計内容だった。

変位制限・落橋防止の各構造はいずれも、桁の底部にボルトで取り付けた鋼板と、橋座部に垂直に打ち込んだアンカーバーとで構成。橋座部上面に突き出たアンカーバー端部が鋼板の穴に収まるように設置する。

変位制限構造は、アンカーバーの断面に対して鋼板の穴が橋軸方向にやや大きく、橋軸方向に掛かる一定の水平力を逃がしつつ変位を抑える仕組みだ。落橋防止構造も同様の構造だが、鋼板の穴がアンカーバーの断面周囲に接触しない形状になっている。

曲げモーメントの作用を考慮せず

実地検査などを経て会計検査院が指摘したのは2点。一つは変位制限構造の設計ミスだ。アンカーバーと鋼板取り付けボルトの位置が離れているので、橋軸直角方向の水平力を受けた際、鋼板に曲げモーメントが作用する。取り付けボルトにも曲げモーメントでせん断力が掛かるわけだが、設計上は水平力によるせん断力のみしか考慮していなかった。

もう一つは落橋防止構造のミス。鋼板の穴の形状は本来、構造別に異なるのに、全て変位制限構造用だった。また落橋防止構造にも、取り付けボルトに曲げモーメントでせん断力が掛かる。せん断応力度を再度計算すると、変位制限構造12カ所の取り付けボルトに掛かるせん断応力度は1505～4481N/mm^{2}で、許容せん断応力度の300 N/mm^{2}を大幅に超過。落橋防止構造の全16カ所でも15カ所が許容せん断応力度を大きく超えていた。安全度が足りず、検査院は工費約1億103万円のうち2036万円を不当とした。

■ 変位制限・落橋防止構造の設置イメージ(橋台橋座部正面図)

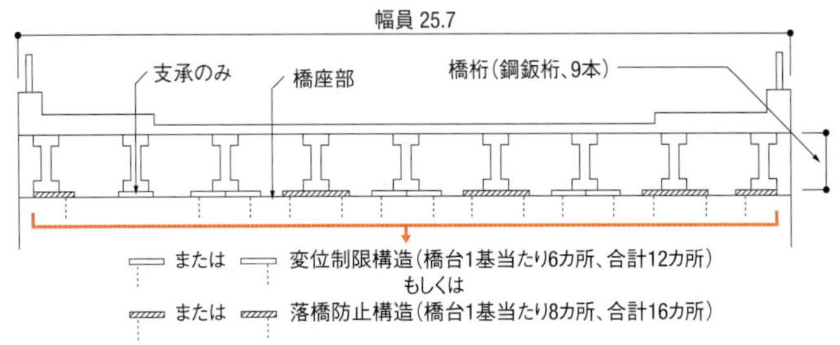

■ 橋台に設置した両構造の概要

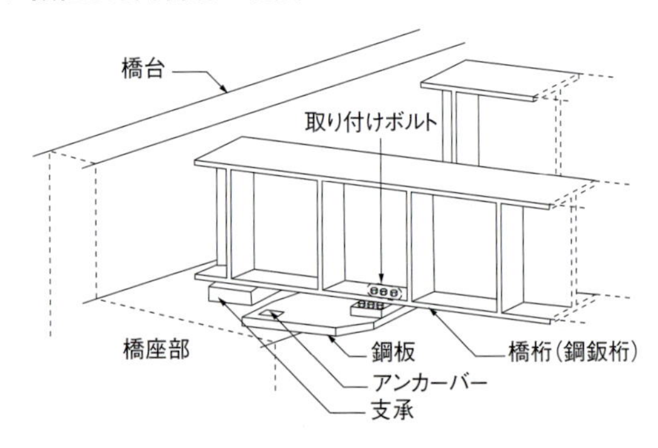

■ 会計検査院が指摘した両構造の問題点(平面図)

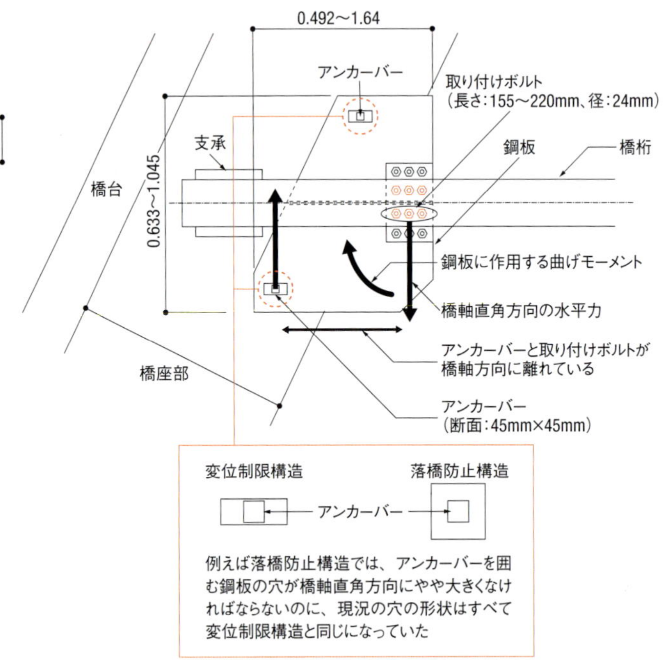

橋 地震時の想定で引張応力度を過小算定

橋梁の耐震補強で、前ページの類似例もあった。国交省相武国道事務所が実施した「H25 16号管内橋梁耐震補強補修他工事」では、橋梁の耐震補強で設置した変位制限構造でアンカーボルトに掛かる引張応力度を過小算定。同構造が不安定な状態になっているとして、不当事項とされた。

設計ミスがあったのは、同工事の対象のうち、相模原市内のPC橋（橋長274.6m）に設けた橋軸方向用の変位制限構造。同事務所は日本道路協会の「道路橋示方書・同解説」を指針に、建設コンサルタント会社に設計業務を委託していた。

この変位制限構造は、右上の図のように、橋台前面と上部構造（PC桁）の下面それぞれにアンカーボルトで固定する2種類1組の鋼製ブラケットで構成される。地震時はそれぞれのブラケットが拘束し合って、橋軸方向の変位を抑える。橋台1基当たり10組設置した。

このうち橋台用の鋼製ブラケットは、支承の破損時に上部構造を支える段差防止構造としての役割も担っている。

水平力と桁の自重が同時に作用

設計者は変位制限構造の安全度について、次のように考えていた。「地震動の水平力から橋台の鋼製ブラケットを固定するアンカーボルトに生じる引張応力度は285～290N/mm²。また段差防止構造として、上部構造の自重からアンカーボルトに加わる引張応力度は88.2～179.9N/mm²。それぞれアンカーボルトの許容引張応力度300N/mm²を下回っているので安全だ」。

しかし会計検査院は、設計者が変位制限・段差防止の各構造それぞれで安全度を検討している点に注目した。地震時に支承が壊れた場合は水平力と上部構造の自重とが同時にブラケットに掛かるはずとして、安全度を再計算。その結果、この場合にアンカーボルトに生じる引張応力度は351～499N/mm²となり、許容引張応力度を大幅に超えることが分かった。問題の鋼製ブラケットは所要の安全度を満たしておらず、工費約1126万円を不当と判断した。

■ 橋軸方向の変位制限構造の概要

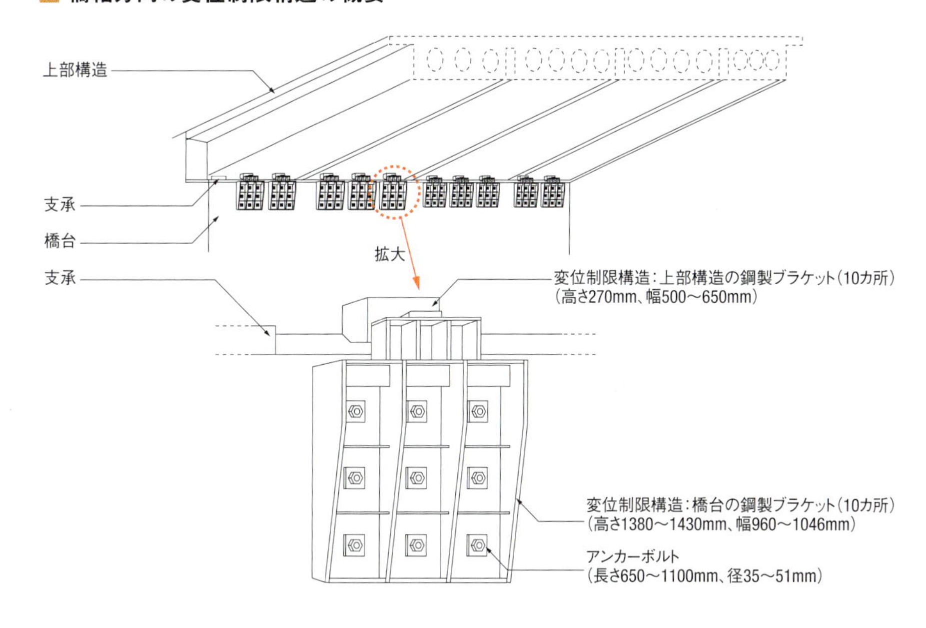

■ 橋軸方向の変位制限構造の概要（側面図）

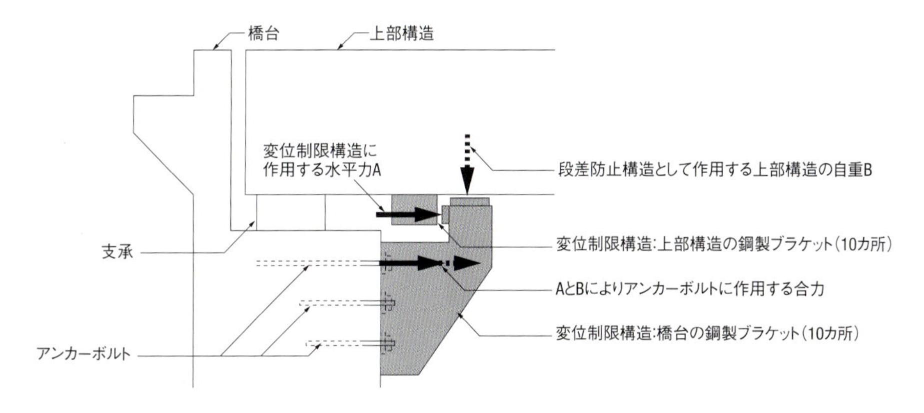

橋 橋台幅の誤認などで配筋量が不十分

橋梁新設で橋台などが所定の安全度を満たしていなかったのは、札幌市と鹿児島市のケースだ。

札幌市の場合は、国交省の国庫補助金を受けて、2011年度から13年度に南区で築造した鋼橋（橋長85.7m）が指摘対象。ポイントは、胸壁の斜め引張鉄筋の量だった。

設計者は、A1橋台とA2橋台それぞれの胸壁の配筋設計で、地震時に落橋防止構造を介して掛かる水平力を考慮。各胸壁に、径13mmの斜め引張鉄筋を横方向に50cm間隔で1列当たり40本、配することにした。応力計算上、斜め引張鉄筋の許容せん断力が地震時のせん断力を上回り、安全と考えたからだ。

しかし会計検査院の検査で、設計者はA2橋台の幅を誤認していたことが分かった。正しくは13.4mなのに、A1橋台と同じ20.4mと誤認していた。A1より幅寸法が小さいのに、横1列の配筋間隔がA1と同じなら、当然、鉄筋量は少なくなる。実際にA2では、1列当たり26本しか配置していなかった。

■ 胸壁と落橋防止構造の概要

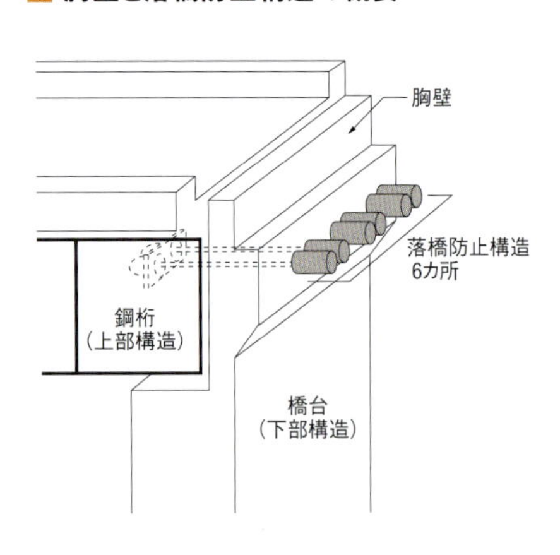

■ A2橋台の幅と斜め引張鉄筋の配置状況

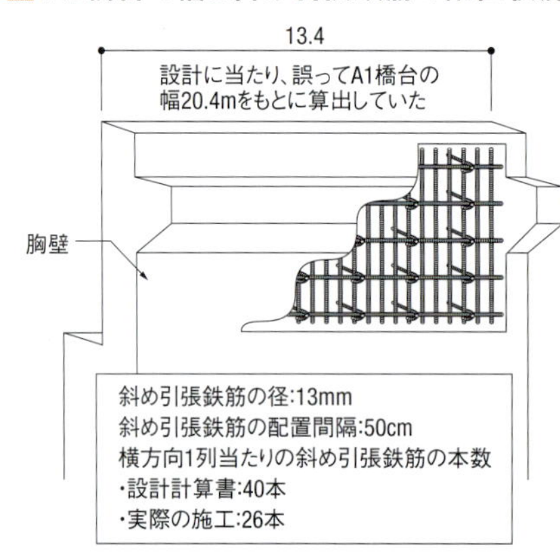

橋 基準の理解が浅く桁掛かり長が不足

「桁掛かり長が短く、落橋防止システムが十分に機能しない」と会計検査院から指摘されたのは、鉄道建設・運輸施設整備支援機構建設本部大阪支社が築造した橋長10mのプレストレストコンクリート（PC）橋。「北陸新幹線、白山総合車両基地路盤他工事」の一環で工事用道路の橋梁として整備した。

設計は建設コンサルタント会社が担当。同支社の方針で日本道路協会の「道路橋示方書・同解説」に準拠して設計した。検査院が着目したのは落橋防止システム。実地検査などの結果から、設計者が示方書の指示を理解していない疑いが生じた。

落橋防止システムについて、示方書は次のように定めている。「橋梁形式や地盤条件などに応じて『(1)システムが機能するために必要な桁掛かり長の最小値を算出し、その値以上を確保』、『(2)落橋防止構造を採用』、『(3)変位制限構造を採用』の中から選択して設計する。ただし、橋軸方向の変位が生じにくい橋梁は落橋防止構造を省略できる」。

■ 工事用道路の橋梁に設置した落橋防止システムの概要

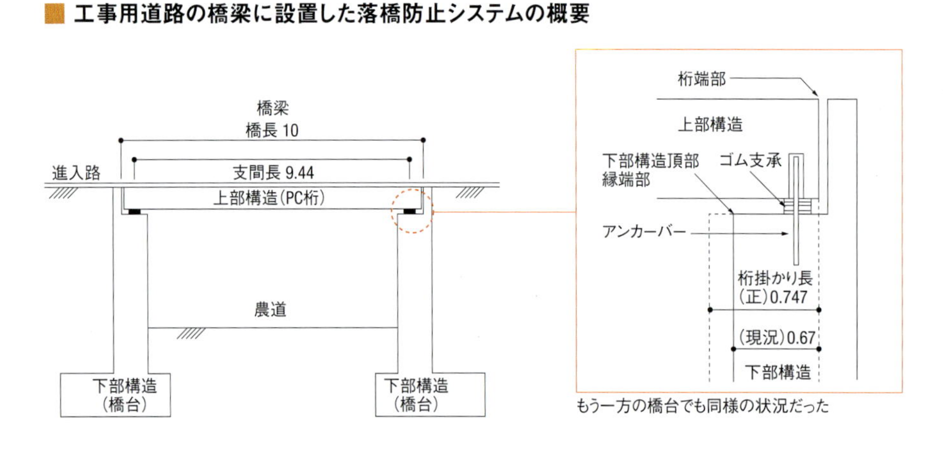

もう一方の橋台でも同様の状況だった

検査院は、A2橋台の胸壁の応力計算を改めて実施。斜め引張鉄筋の許容せん断力は2171.1kNで、地震発生時に生じるせん断力の3040.4kNを大きく下回っており、胸壁や桁の所要の安全度が確保されていなかった。検査院は、成果品の検査が不十分と断定。工事費のうち交付金に相当する約2億5311万円を不当とした。

他方、鹿児島市の事案では、胸壁の斜め引張鉄筋の設計で、計算書と異なる間隔で配置。これが鉄筋不足を招き、橋台などが安全度不足になった。検査院は交付金相当額の約4618万円を不当とした。

設計者は、橋台の剛性が高いので橋軸方向の変位は生じにくいと考え、落橋防止構造を省略することにした。その際、示方書の(1)の指示までも省略した。すなわち、桁掛かり長の必要最小値を算出しないで、橋梁を設計。検査院が算出した桁掛かり長の必要最小値は74.7cm。しかし実際の桁掛かり長は67cmと、必要最小値よりも短いことが判明した。

検査院は、橋梁の上部構造が所要の安全度を満たしていないとして、同支社の成果品に対する検査不足や示方書の理解不足を指摘。工費約2035万円分が不当とした。

河川 無意味な大型土のう設置で工費が増大

島根県が12年度から13年度に実施した地すべり対策事業が不当事項と指摘された。建設中の第二浜田ダムで、貯水池内にある地すべり土塊の対策として護岸工事や押さえ盛り土工事などを実施する内容で、会計検査院が問題視した護岸工事では、ブロックマットの敷設(施工面積5948m²)などを行った。

県はブロックマットの敷設に当たり、まずは河川断面の最下段部分で設計流量や設計流速を検討。過去の実績などから前者を4m³/s、後者を2.73 m/sと算定した。県が参照した全国防災協会の「美しい山河を守る災害復旧基本方針」は、河川の流水作用に対してブロックマットが設計上安全と言える条件(設計対応流速)を「流速が4m/s以下の場合」としている。県は算定結果から、設計上安全と考えた。

工期中に県は設計流量の誤りに気付いた。「上流にある浜田ダムの放流水も考慮する必要がある」として、設計流量4m³/sを50 m³/sに改めた。この見直しで設計流速も4m/sを超えると予想した県は、設計を変更してブロックマットの最下段部分に補強用の大型土のう488個を設置することにした。

会計検査院は、土木研究センターの「『耐候性大型土のう積層工法』設計・施工マニュアル」に基づき、土のうの設計対応流速がブロックマットと同じ4m/s以下であることを確認。設計変更後の河川の設計流速を4.8m/sと試算したうえで、問題の土のうは流水に対して安全な構造ではなかったと判断した。実際にこの土のうは、大雨による増水(流速4.46m/s)で大半が流出。県はその後、最下段部分の設計流速を3.83m/sに下げる狙いで河道の拡幅工事を実施していた。

設計流量の誤りに気付いて設計変更した際、県が初めから河道拡幅など適切な方法を採用すれば、大型土のうの設置は不要だったことになる。そう判断した検査院は設計検討が不十分だったとして、土のう設置の工費のうち、補助金相当額の約334万円を過大な交付だったとした。

■ 設計変更後の施工状況

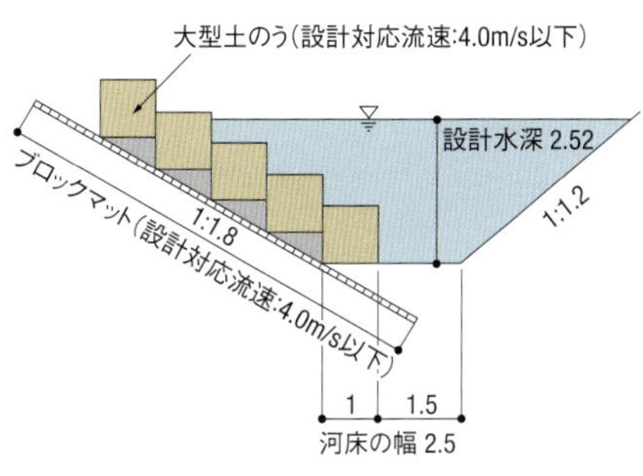

設計流量:50m³/s流下時、設計流速:4.80m/s

■ 掘削工事後の状況

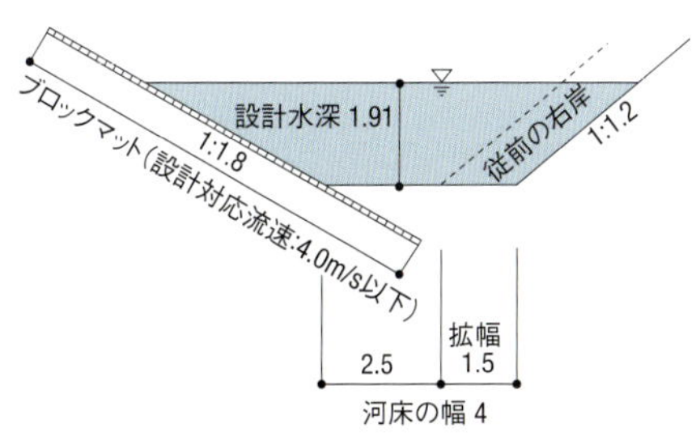

設計流量:50m³/s流下時、設計流速:3.83m/s

水路 地盤改良箇所で設計変更後の対処誤る

設計変更による状況変化に適切に対応していなかったアーチカルバート工事2件が不当事項とされた。

1件目は鳥取県が11～14年度に実施した工事で、新設バイパスの盛り土の下に用排水路を通すために実施。カルバートの内空断面は幅2m、高さ2.5m、延長106.7m。設計は日本道路協会の「道路土工 カルバート工指針」(以下、指針)に従った。

県は土質調査などから、基礎地盤を「表層は軟弱地層で、その下は支持地盤となり得る良質な砂れき層。砂れき層は下流側の一部が下方に傾斜し、下流側は軟弱地層が厚い」と推定。指針に基づき、(1)下流側の軟弱地層を砕石に置き換え、(2)支持地盤の傾斜区間は砂れき層の一部をかきほぐして1対4の勾配の緩和区間を設けることにした。

会計検査院が現地を確認したところ、カルバート下流側の延長45.4mの区間で不同沈下(20～109mm)や目地部の段差(最大18mm)、鉄筋の露出などが見られた。

県が良質な砂れき層とみた地盤の一部が実際は岩盤層で、県は設計を変更し、(2)の処置を実施しなかった。結果、急な勾配(最大1対2.7)が残り、不同沈下の原因となった。

検査院は、県の指針に対する理解不足や設計変更後の施工方法の検討不足などを指摘。国庫補助金相当額約3052万円を不当とした。

鉛直土圧係数の補正を忘れる

2件目は13～14年度実施の福岡県の工事。新設市道の盛り土区間の下に水路用のアーチカルバート(内空断面は幅1.5m、高さ1.5mで延長44m)を敷設した。

県は指針などに基づき設計。カル

■ 鳥取県が実際の施工で講じた軟弱地盤対策(縦断図)

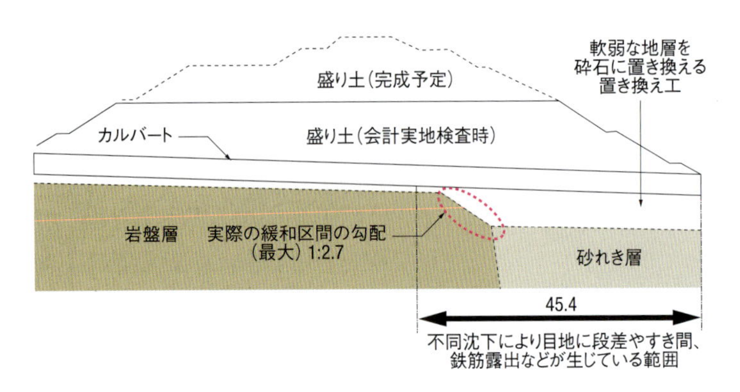

■ 福岡県が構築したカルバートの概要

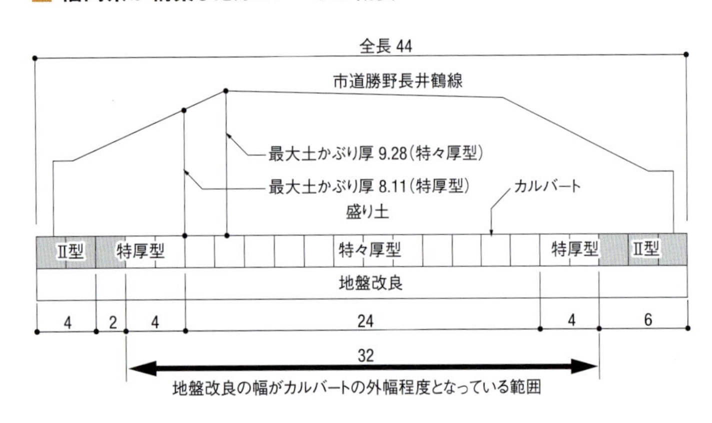

■ 特厚型カルバートの断面図

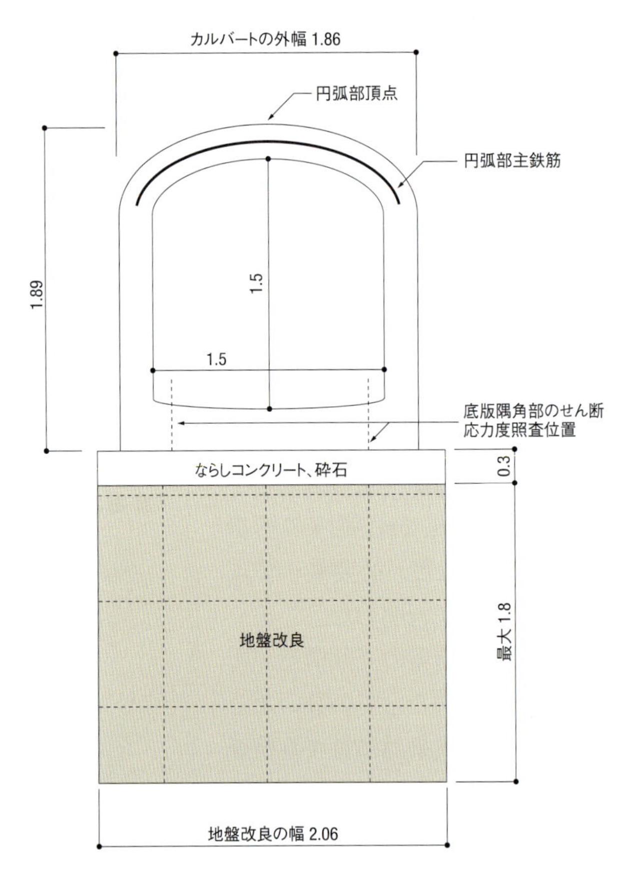

バートは厚みが異なる3タイプ（Ⅱ型、特厚型、特々厚型）を土かぶり厚に合わせて使い分けるほか、軟弱地盤を砕石に置き換える地盤改良を行った。ただし湧水の影響で、「砕石への置き換え」は「セメント安定処理（幅2.06m、深さ0.8～1.8m）」に変更した。

県は特厚型と特々厚型の最大土かぶり厚を8.11m、9.28m、鉛直土圧係数1.0として鉛直土圧を算出。主鉄筋への引張応力度も、コンクリートに生じるせん断応力度も、各許容応力度を下回るので安全としていた。

だが、指針では「セメント安定処理などの地盤改良をカルバートの外幅程度で行う」、かつ「土かぶり厚をカルバートの外幅で除した値が1以上」の場合、鉛直土圧係数を割り増して鉛直土圧を求めるとしている。外幅が1.86mの特厚型と特々厚型は、同係数を1.6にする必要があった。

検査院が鉛直土圧係数を1.6として安全度を確かめたところ、特々厚型では円弧部頂点の主鉄筋に生じる引張応力度が209.7N/mm²で、許容引張応力度160N/mm²を超過。底版隅角部のコンクリートに生じるせん断応力度は0.884N/mm²で、許容せん断応力度0.591N/mm²を超えていた。特厚型でも同様で、両方とも安全とは言えない状況。国庫補助金相当額約573万円が不当とされた。

水路 指針を誤解して不安全な貯留施設に

函きょなどの鉛直荷重が基礎地盤の支持力を上回り不安全に——。会計検査院がこう指摘し、工費約3億5686万円のうち約1億7843万円を不当としたのは、大阪府東大阪市が整備した雨水貯留施設だ。

この施設は、同市が12～14年度に実施した下水道事業の一環で構築。市道下に敷設した延長165mの函きょ（内空断面の幅2.5m、高さ2.6mまたは2.9m）2連から成る。

工法は「開削型シールド工法」を採用。設計に当たっては、同工法を扱う協会が作成した設計指針をよりどころとした。指針によれば、同工法は、掘削による地盤の強度低下がほとんどなく、敷設した函きょや埋め戻し土などを合計した重量（A）が、工事前の原地盤重量（B）を下回っていれば、基礎地盤の支持力を検討する必要はないとしている。

一方、（A）が（B）を上回れば支持力の検討が必須。その際は、函きょに作用する裏込め注入材の周面摩擦力を考慮するとしている。

ここで会計検査院は、この「周面摩擦力」に着目した。指針では「支持力検討の際に考慮」とあるのに、設計者は重量を算出する際に考慮していたからだ。

設計者はこの誤った方法で工事の起点側と終点側それぞれの（A）と（B）を算出。（A）は起点側が668.41kN/m、終点側が672.68kN/m。（B）は起点側が683.23kN/m、終点側が680.62kN/m。いずれも（A）が（B）を下回るので計算上安全としていた。検査院が周面摩擦力を考慮しないで（A）を計算してみると、起点側は712.63kN/m、終点側は716.90kN/mで、実際は（A）が（B）を上回っていた。

検査院は、基礎地盤の支持力に対する検討も実施した。例えば起点側の基礎地盤に掛かる鉛直荷重は133.04kN/mとなり、許容鉛直支持力度48.08kN/mを大きく超えていた。終点側でも鉛直荷重が許容鉛直支持力度を上回り、所要の安全度を確保できていなかった。

雨水貯留施設整備工事の概要（断面図）

［構築した函きょの概要］

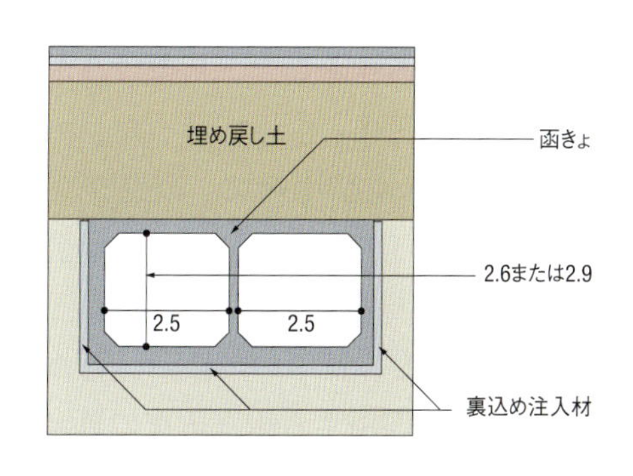

［基礎地盤の支持力に対する考え方］

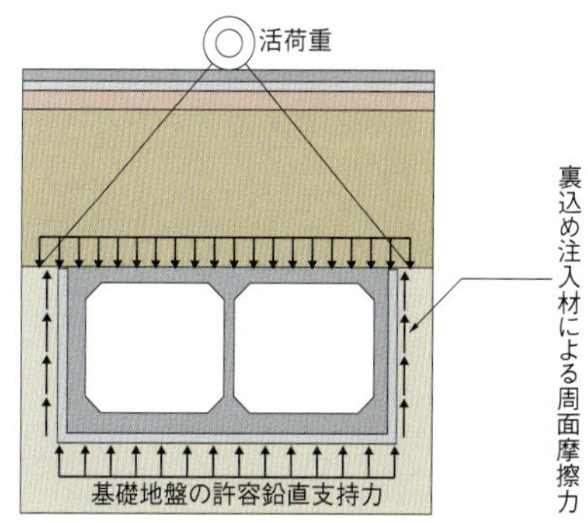

水路 張り出し鉄筋の配筋ミスで強度不足

長崎県が13年度に実施した水路工事が不当事項とされた。水路底部の配筋ミスが強度不足を招いた。

問題の水路は、同県がバイパス整備事業の一環として対馬市内に構築したものだ。工場で製作した高さ1.4m、幅0.6mのL形ブロックを左右に配置して側壁や底版の一部とし、その間を鉄筋で連結したうえで、コンクリートを打設(厚さ0.15m)して一体化。最終的に内空断面幅が1.7m、高さが1.4mのU字形水路とした。敷設延長は85.5m。

会計検査院が着目したのが、底版部の鉄筋の連結状況だ。設計で県が準拠した農林水産省農村振興局の「土地改良事業計画設計基準・設計『水路工』」では、「鉄筋端部同士の結合は極めて重要」、「端部同士を重ね合わせて接合する場合、重ね合わせる長さは鉄筋径の30倍以上を確保しなければならない」としている。

設計者は連結箇所を次のように考えていた。「設置したL形ブロックの底版に、径13mmの張り出し鉄筋を水路の横断方向に突き出すように埋め込み、双方の鉄筋の端部同士を水路の中央で重ね合わせる。水路の縦断方向に径13mmの配力鉄筋を配すれば、水路に作用する土圧な

■ L形ブロック水路の概要

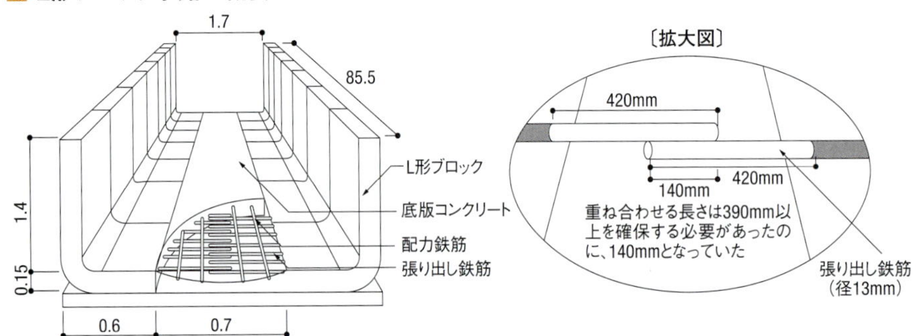

水路 設計自動車荷重の数値を独断で変更

函きょで構成した雨水管の設計ミスだ。基礎を設計する際の設計計算で、荷重に関する数値を独断で誤った値に変更。基礎だけでなく函きょの安全性も損なわれていた。

■ 設置した函きょの概要(断面図)

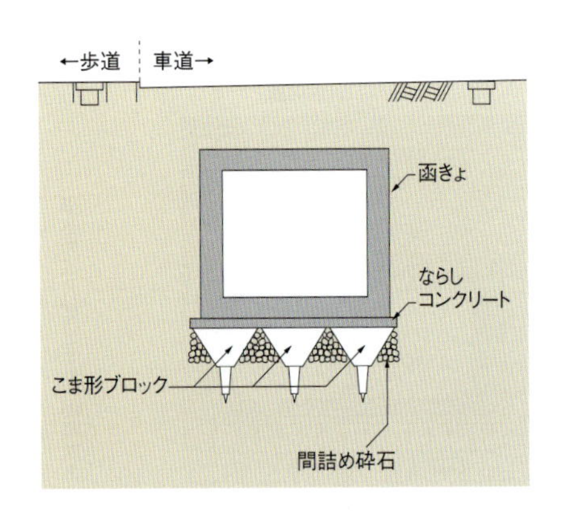

山形県酒田市が11年度から12年度に実施した下水道事業の一環で、雨水管や集水升などを整備した。指摘の対象となった雨水管は内空断面の幅と高さがそれぞれ0.8～1.4mの函きょで構成。市道の下に延長233.5mにわたって埋設した。函きょを設置する地盤が軟弱なため、こま形ブロック(1365個)や間詰め砕石を地中に敷設するなど、地盤改良を兼ねた基礎工事も併せて行った。

市は日本道路協会の「道路土工カルバート工指針」や日本材料学会土質安定材料委員会の「地盤改良工法便覧」などに基づいて設計。しかし、基礎に作用する鉛直荷重の算定に用いる「設計自動車荷重」は通常の「25t」でなく、独自に「14t」と設定して設計した。「当該市道は道路構造令に定める普通道路に当たるが、計画交通量が少なく、大型車両の通行も少ない」と考えたからだ。

設計時の計算では鉛直荷重が83.18kN/m²。市は「この値は基礎地盤の許容鉛直支持力度84.64kN/m²を下回るので安全」としていた。

だが、会計検査院が道路構造令や市の準拠した指針を確認したところ、「普通道路に函きょを埋設する場合、基礎に作用する鉛直荷重の算定には設計自動車荷重『25t』を用いる」と明確に記されていた。さらに、

どに対して安全だ」。

検査院が確認すると、突き出した張り出し鉄筋の長さは左右それぞれ420mmで、重なり合う長さは140mm。準拠した基準に従うなら、径13mmの鉄筋の場合、その30倍の390mm以上を重ね合わせる必要があるので、実態は著しく不足していたことになる。

検査院は、水路は鉄筋とコンクリートが一体となって機能せず、底版コンクリートは土圧に対応できない不安全なものと判断。県の設計業務の成果品への検査の甘さを指摘し、工費のうちの交付金相当額約595万円を不当とした。

当該市道は主要な市道間を接続する道路で、実際に大型車両の通行も見込まれた。つまり、市は設計自動車荷重の数値を変更すべきではなかったことになる。

検査院が設計自動車荷重を25tとして函きょの基礎に作用する鉛直荷重を算出すると、125.72kN/m²だった。許容鉛直支持力度である84.64kN/m²をはるかに超え、函きょや基礎は所定の安全度を確保できていなかった。

検査院は、工費約4560万円のうち、交付金に相当する約2280万円が不当と断定。市の設計自動車荷重への不理解と結論付けた。

道路 函きょの埋設位置が浅く舗装厚が不足

山形県寒河江市が実施した雨水管設置工事が、設計ミスで不当事項とされた。市道下に埋設した雨水管の位置が浅く路盤に食い込んだため、市道の一部で施工前と同じ舗装厚を確保できなかったからだ。

指摘の対象となったのは、同市が11年度と12年度に国交省の国庫補助金を受けて実施した下水道事業。市内越井坂町において、市道南町4号線の車道(幅員7.2m、舗装厚37cm)と市道新山本楯堤防線の車道(幅員7.7m、舗装厚37cm)をそれぞれ開削し、雨水管となる函きょ(内空断面の幅2.2cm、高さ1.9m)を敷設した。延長は178.9mだ。

市は、函きょの設計を日本下水道協会の「下水道施設計画・設計指針と解説」などに基づくこととし、所定の流速を確保できる勾配を付けるために、雨水管の土かぶり厚を8～23cmとした。

また、道路法が道路構造について「安全かつ円滑な交通を確保できるものでなければならない」と規定し、さらに日本道路協会の基準が舗装構造について「道路管理者は埋設工事などで路面の機能を損なわないように施工業者などを指導する必要がある」としていることなどから、市は工事完了後、開削前と同じ舗装厚37cmにして復旧する計画だった。

ところが、会計検査院の実地検査で、雨水管を埋設した全区間で雨水管が下層路盤や上層路盤に食い込み、工事前の舗装厚37cmを確保できていないことが分かった。土かぶり厚が不適当だったためで、一部では、函きょの頂版端部に沿って舗装に最大2.1mmのひび割れが生じていた。

検査院は、施工区間は路面の機能が損なわれて、安全かつ円滑な交通が確保されない恐れがあると判断。こうした事態が生じたのは、寒河江市が道路下に函きょを埋設する場合の路面機能の維持について十分理解していなかったことなどが原因とし、全工費のうち交付金に相当する約6903万円が不当とした。

■ 山形県寒河江市が指摘を受けた舗装の状況(断面図)

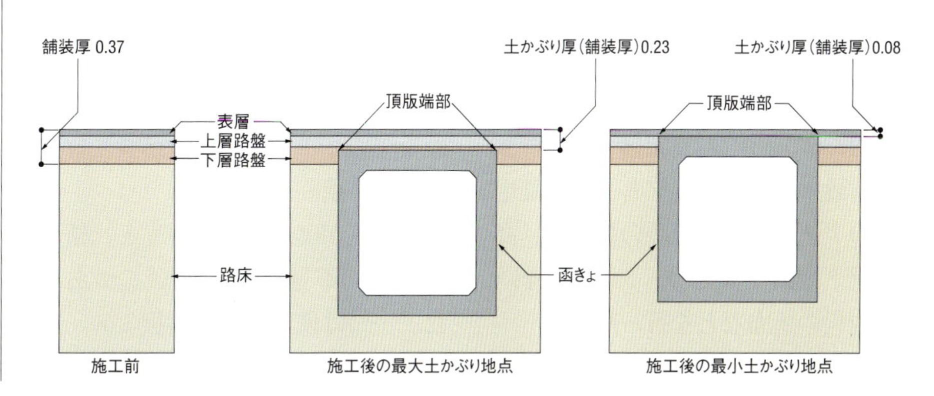

道路 鉄鋼・溶融スラグ活用認識が希薄

舗装工事での路盤材の選定において、鉄鋼スラグや溶融スラグの活用を積極的に検討するなど、環境負荷や経済性により配慮した設計を行うべきだ——。会計検査院が東日本高速道路会社、中日本高速道路会社、西日本高速道路会社の3社に対して改善処置を求めた事案だ。

3社は毎年、多数の舗装工事を実施しており、路盤に関する材料費は多額に上る。鉄鋼スラグや溶融スラグを積極的に活用すれば、3R（リデュース、リユース、リサイクル）の推進や経費節減につながるとして、3社が13年度と14年度に舗装工事で路盤を施工した契約（合計255件）について実地検査を行った。

その結果、全255件のうち240件は、路盤材選定の際、担当者が鉄鋼スラグや溶融スラグの使用経験がほとんどなく、調達可能な数量も不明であることなどから、スラグを生成するプラントの所在地や品質、価格といった事前の確認を行わず、新品の骨材を選定して使っていた。

さらに、上記の240件について現場近くのプラントや生成されるスラグの品質、調達可能性などを調べると、188件は現場近くにプラントがあり、そのうち183件は、JIS規格に適合する品質の鉄鋼スラグや溶融スラグの調達・活用が可能だった。

13年度と14年度の新品骨材、鉄鋼スラグ、溶融スラグの価格は、新品の砕石が1m^{3}当たり1700～6000円（運搬費含む）、鉄鋼スラグが同1400～4600円（同）、溶融スラグが同16～1922円（運搬費含まず）で、運搬費を考慮しても鉄鋼スラグや溶融スラグは新品骨材よりもおおむね安価だった。

検査院は、大半の契約で鉄鋼スラグや溶融スラグに関する事前確認や、新品骨材との経済比較などを行わず、漠然と新品の骨材を使用することは適切でないとした。これに対して3社は、15年9月から路盤材の選定では鉄鋼スラグや溶融スラグに関する事前確認や新品骨材との比較を実施し、環境にも配慮した経済的な設計を行うとしている。

鉄道 積算システムへの入力ミスで過大積算

重機の選択ミスや材料費の設定ミスで契約額が割高に——。会計検査院は、東京メトロが実施した基盤整備工事の積算についてこう指摘し、不当事項とした。

指摘対象となったのは、同社が13～14年度に実施した「キッド・ステイ妙典保育園（仮称）建設に伴う基盤整備その他工事」。地下鉄東西線妙典駅近くの高架橋下に保育園を建設する工事に先立ち、既存駐車場のアスファルト舗装の撤去や、高架橋下面にコンクリートの劣化を防ぐ塗料の塗布などを行った。

工事の予定価格の積算は、同社が定めた土木工事積算基準に基づき、積算システムを使って算出した。

舗装撤去については、狭あいな施工環境を踏まえて小型のバックホーを使うこととし、労務費や機械器具経費などを積み上げて算出。高架橋補修では塗料などの単価が分からず、専門会社から取り寄せた見積もりや同種工事の資料などを参考に単価を決めることとし、労務費や材料費などを積み上げた。

検査院が実地検査を行うと、積算の過程で不適切な処理が二つあった。一つは使用重機の選択ミス。舗装撤去工事の機械器具経費の計上時は小型バックホーの使用を前提としていたのに、システムの機械器具の選択を誤り、高額な大型バックホーの機械損料を計上していた。

二つ目は過大な単価設定。高架橋補修工事の材料費の単価設定では、取り寄せた資料などを参考にしたが、参考にした単価よりも高い金額を誤って入力していた。

検査院が適切な金額を入力するなどして再積算をしたところ、総額は約1億1902万円となった。他項目で積算過小があったものの、それを差し引いても、契約額は約920万円割高だった。

道路 設計変更の影響を確認せず強度不足に

アンカー付き山留め式擁壁の建設で、工事契約締結後の設計変更を反映しなかった——。熊本県山鹿市が不当事項と指摘された事例だ。

この擁壁（延長約33m）は、同市が地すべりで被災した市道星原線を復旧するために、市内の鹿北町に築いたものだ。H形鋼の杭（長さ9.5～13.5m）を20本建て込んで山留め壁を構築し、その上から背面地山の斜め下方向にアンカー10本を打設。

さらに、山留め壁からの荷重を鋼製台座を介してアンカーに伝えるために、H形鋼の腹起こし材を水平方向に2段に設置した。腹起こし材は、等辺山形鋼を三角形状に組んだブラケットを上下2段に設置して支える形とし、ブラケットはH形鋼の杭に「すみ肉溶接」で固定した。

同市は設計で、地盤工学会の「グラウンドアンカー設計・施工基準、同解説」（以下、基準）をよりどころとした。この基準では、下段のブラケットと杭との溶接部には、アンカーの張力による鉛直力や腹起こし材の自重などが掛かるため、荷重に対する安全確認が必須としている。

そこで同市は、アンカーの打設角度や張力、地山の形状などによって擁壁全体を3区間に分けて設計し、ブラケットは区間ごとに異なる応力レベルに合わせて、板厚が12mmと8mmの等辺山形鋼を使い分けた。

溶接部は、「溶接脚長をブラケットの板厚よりも短く」とする基準の指示に従い、板厚12mmは溶接脚長10mm、同じく8mmの場合は6mmとした。応力計算では、溶接部に作用するせん断応力度が許容せん断応力度を下回り、設計上は安全と判断した。

溶接部への応力が増加

しかし同市は工事契約締結後、施工担当者との協議でアンカーの打設角度を見直し、擁壁全体の区間分けを3分割から4分割に再編するなどの設計変更を行っていた。この設計変更に基づいて会計検査院が計算し直すと、全てのアンカーの張力が当初設計よりも増大し、溶接部に掛かるせん断応力度が大きくなっていた。同市は許容せん断応力度を満たしているか、未確認だった。

さらに同市は、施工者の「ブラケットの板厚を全区間で10mmに統一したい」という提案を承認。施工者は全区間の溶接部を溶接脚長6mmで施工した。板厚が当初設計より薄くなった区間では、溶接部の溶接脚長も当初より短くなる。だが同市は、その影響も未確認だった。検査院が再計算すると、溶接部に掛かるせん断応力度は72.1～159.5N/mm²で、許容せん断応力度の72N/mm²を上回っていた。

検査院は、同市が設計変更などの応力計算上の影響確認を怠ったことが、擁壁の強度不足につながったと指摘。対象工事の工費約2800万円のうち、国庫補助金に相当する約1900万円を不当とした。

■ アンカー付き山留め式擁壁の概要

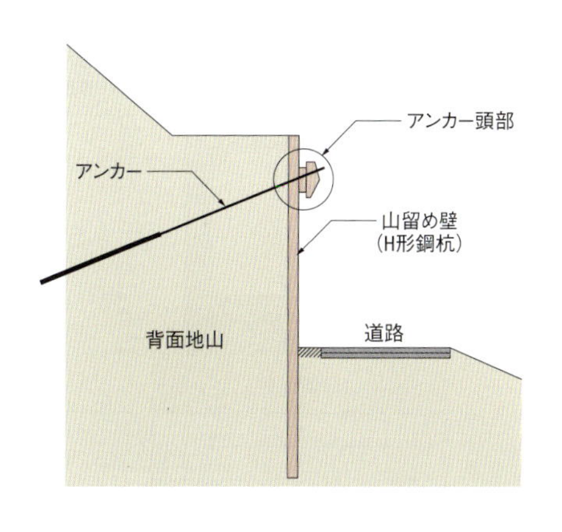

■ アンカー頭部の拡大図

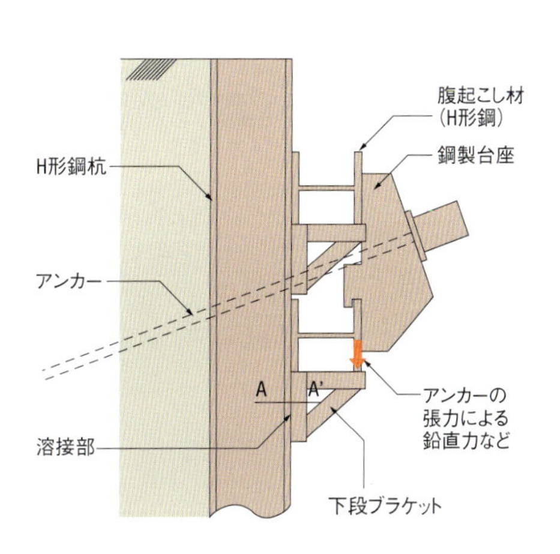

■ 溶接脚長の概念図（A—A'断面）

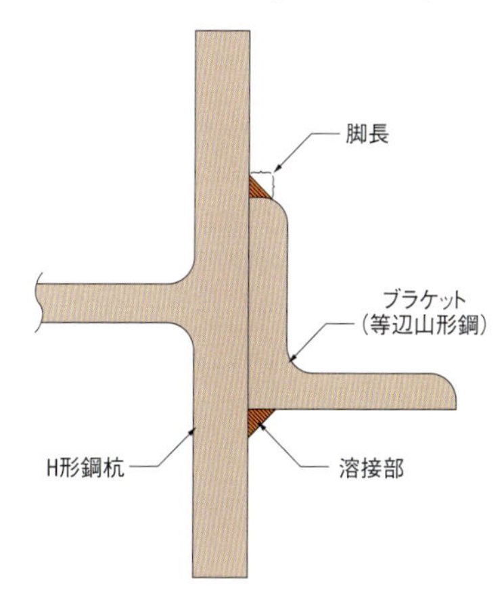

道路 「鉛直土圧係数」間違え土圧を過小算定

国交省近畿地方整備局紀南河川国道事務所が不当事項と指摘されたのは、築造したボックスカルバート(下の図)の設計ミスだ。基礎工事として実施した地盤改良の影響などを考慮しないで、カルバートに作用する鉛直土圧を過小に算定。そのまま構造物を完成させた。所要の安全度を満たしていないとして、工事費1721万3000円が不当とされた。

指摘の対象は、同事務所が2011年度から12年度に和歌山県田辺市で実施した「近畿自動車道紀勢線中万呂地区函渠他工事」。同線の盛り土区間で既存農道をアンダーパスで通すために、土工事や地盤改良、カルバートの築造などを行った。

このカルバートは現場打ちの鉄筋コンクリート製で、6ブロックに分けて構築した。基礎は、セメント安定処理による地盤改良をカルバートの全延長で施した。設計は、同事務所が建設コンサルタント会社に委託。日本道路協会の「道路土工 カルバート工指針」などに基づき、最大土かぶり厚などを考慮してブロック単位で設計した。

会計検査院が実地検査の過程で着目したのは、第5ブロックの設計。最大土かぶり厚を8.5m、鉛直土圧係数を1.0として、カルバートに作用する鉛直土圧を算出していた。成果品について同事務所は、土圧が作用する頂版と底版の安全度確保について、次のように考えていた。

「頂版下面側と底版上面側の主鉄筋は、前者は径19mm、後者は径22mmの鉄筋をそれぞれ25cm間隔で配筋すれば、主鉄筋に生じる常時の引張応力度が常時の許容引張応力度を下回る」、「コンクリート厚は頂版1.1m、底版1.3mとすれば、頂版と底版に生じる常時のせん断応力度が常時の許容せん断応力度を下回る」。

地盤改良による補正が必要だった

だが指針では、「基礎工事でセメント安定処理など剛性の高い地盤改良をカルバートの外幅と同等の範囲で行う」場合で、さらに「土かぶり厚をカルバートの外幅で除した値が1以上」となるケースでは、「鉛直土圧係数を通常の1.0に割り増しして鉛直土圧を求める」と指示していた。第5ブロックでは最大土かぶり厚が8.5m、カルバートの外幅が7mなので、鉛直土圧係数は1.2として鉛直土圧を算出する必要があった。

検査院は鉛直土圧係数1.2で鉛直土圧を求めるなどして、改めて応力計算を実施。その結果、主鉄筋に生じる常時の引張応力度は頂版下面側で242.94N/mm^2、底版上面側で239.22N/mm^{2}であり、鉄筋の常時の許容引張応力度180N/mm^{2}をそれぞれ大幅に上回ることが分かった。

またコンクリートに生じる常時のせん断応力度も頂版で0.37N/mm^2、底版で0.40N/mm^{2}となり、それぞれ許容せん断応力度(頂版で常時0.27N/mm^2、底版で同0.25N/mm^2)を大きく超えていた。

■ ボックスカルバートの側面図

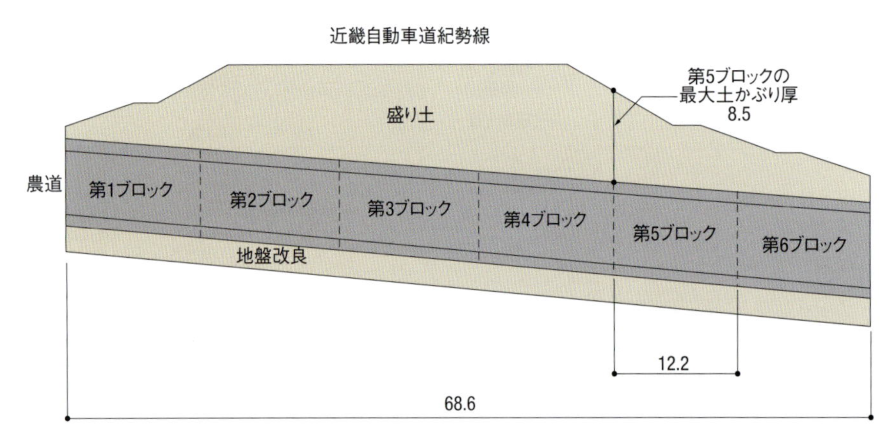

■ ボックスカルバートの断面図

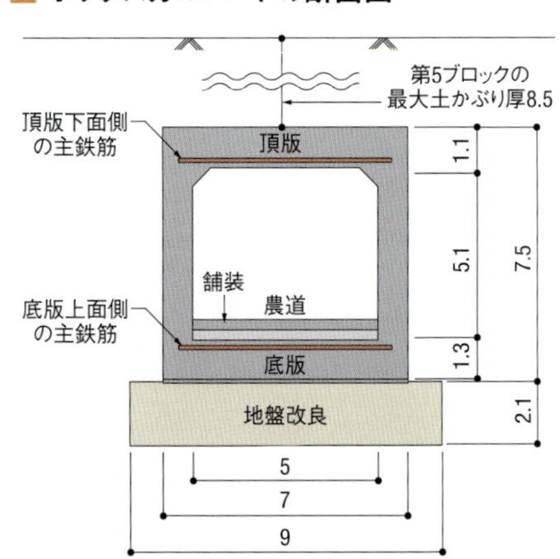

道路 埋設管の「食い込み」で舗装厚が不均一

千葉県袖ケ浦市が不当事項として指摘されたのは、市道の地下に整備した雨水管の設計ミス。雨水管の勾配により、上流側の管の一部が路盤下層に食い込み、埋め戻し後の道路の一部が所定の舗装厚に満たない状態になってしまった。

指摘対象は、袖ヶ浦市が12年度に国交省の国庫補助金で実施した下水道事業。市内奈良輪地区で雨水管などを整備した事業だ。市道今井坂戸線の車道部(幅員16m、舗装厚47cm)を開削し、雨水管として内空断面が幅600mm、高さ600mmのボックスカルバートを構築。延長は123mだ。

同市は、この雨水管を日本下水道協会の「下水道施設計画・設計指針と解説」などに基づいて設計。所定の流下能力を確保するために、土かぶり厚を上流側端部で38cm、下流側端部で77cmとした。

会計検査院が実地検査すると、施工箇所の上流側(延長28.5m)で、雨水管の上部が下層路盤に食い込んでいた(左下の図)。雨水管が下層路盤に食い込んだ区間とそれ以外の区間では、工事後の舗装構造が異なることになる。検査院はこうした場合、路面に不同沈下による不陸が生じ、道路本来の機能が損なわれる恐れがあると指摘した。

検査院は、不適切な状態となった区間は「安全かつ円滑な交通」が確保されていない状態で、この区間の工費約422万円のうち、交付金に相当する約135万円が不当と指摘。またこうした事態が生じたのは、同市が道路下に函きょを埋設する場合の道路機能の維持について、十分に理解しないまま設計したことなどが原因とした。

■ 指摘を受けた舗装の断面図

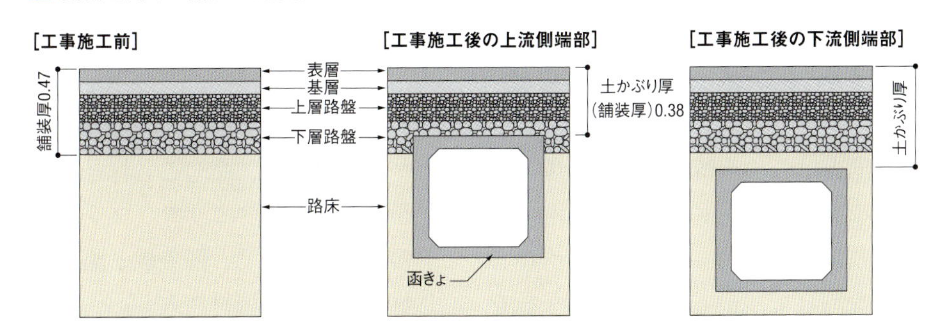

法面 法面吹き付けで粗雑工事

山梨市が国交省の国庫補助金を受けて11年度から12年度にかけて実施した法面保護工事は、市道野背坂(のせさか)線道路改良事業の一環。市内市川地区で、道路山側の切り土法面を補強するために行った。同市は、モルタル吹き付け(施工範囲は1828m²)について、設計図書などで施工者に次の四つの留意点を指示していた。

「(1)吹き付け層と地山を密着させるために、地山が岩盤の場合には、吹き付け前にごみや泥土、浮き石といった吹き付け材の付着を阻害するものを除去」、「(2)吹き付け層の補強用に金網を敷設。金網が吹き付け層断面の中央に位置するように敷設して、アンカーピンなどで固定」、「(3)吹き付け厚さは8cm(設計厚さ)。許容する最小厚さは6cm、平均吹き付け厚さは設計厚さ以上」、「(4)吹き付け箇所周辺に飛散したはね返り材は、迅速に取り除いてから施工する」。

会計検査院は実地検査で、吹き付け面全体に多数の亀裂を確認。94カ所分のコアを調べると、施工上の留意点が守られていなかった。

平均吹き付け厚さはいずれも設計厚さ以下。最小吹き付け厚さも6cmを下回るコアが50カ所分。また吹き付け層が地山に密着していないコアは59カ所分。また9割以上のコアで補強用金網の敷設位置が指示通りではなかった。検査院は粗雑工事として、工費約1253万円のうち交付金分の約710万円を不当とした。

道路 伸縮目地の見えない部分が未施工

大阪府富田林市が築造した擁壁は、伸縮目地の施工が不適切で、ひび割れが多数発生。不当事項と指摘された。問題の工事は、同市が農林水産省の国庫補助金を受け、12年度に実施した農業用施設災害復旧事業の一環。豪雨による地すべりで被災した農道沿いのコンクリートブロック積み擁壁を復旧する工事だ。

鋼管杭を建て込み、杭間の土砂の崩壊を防ぐために無筋コンクリートの擁壁を築造（右の図）。同市は、設計を日本道路協会の「道路土工擁壁工指針」に基づいて行い、次のような施工方法を示していた。

「(1)鋼管杭の建て込み後、擁壁築造箇所の土砂を掘削。鋼管杭の前面側に型枠を設置」、「(2)乾燥収縮などによるひび割れ防止で、伸縮目地を擁壁断面の全面に設置。目地は規格品（縦1m、横1m、厚さ1cm）をカットして組み合わせ、擁壁断面の形状に合わせて使用。設置箇所は設計図書に示した4カ所」、「(3)伸縮目地に鉄筋を貫通させるなど、設置した目地がずれないように固定してからコンクリートを打設」。

会計検査院が検査すると、外観上は伸縮目地が所定の4カ所に設けられていたが、擁壁前面には天端から底版に至るひび割れが6本発生。その最大幅は0.8mmで、擁壁背面や鋼管杭前面まで貫通していた。

検査院は、目地設置箇所の全てで深さ1.7～1.8mを削孔して調査。これらの目地は擁壁前面から奥行き

道路 アンカーの保持部材が軒並み施工不良

島根県大田市が不当事項と指摘を受けたのは、既存市道の歩道部拡幅工事。検査院が問題視したのは、路体の下部側面を支える土留め壁（延長129m）の構築に伴う矢板やアンカーの施工状況。合計215枚の鋼矢板（長さ4.5～11.5m）を建て込んで土留め壁本体とし、その上から路体直下に向けて斜め下方向に合計36本のアンカーを打設する。

同市はこの土留め壁を、地盤工学会の「グラウンドアンカー設計・施工基準、同解説」に基づき、次のような内容で設計した。「(1)鋼矢板を建て込んで、その上からアンカーを路体側に打ち込み、等辺山形鋼を三角形状に組んだブラケットを鋼矢板の上下2段に各107個ずつ、合計214個を脚長8mmの『すみ肉溶接』で固定」、「(2)鋼矢板に固定したブラケットの上に、腹起こし材としてH形鋼を上下2段に設置。ブラケットの設置全箇所で、鋼矢板と腹起こし材の隙間に充填材注入」など。

検査院が検査すると、設計時の指示どおりに施工していない箇所が見つかった。「鋼矢板と腹起こし材の隙間に充填材注入」は、ブラケットの設置箇所全てで未施工。またブラケット設置箇所の全てで、溶接部の脚長が設計値の8mmに満たない部分があり、そのうち131カ所分では脚長が設計値の半分以下しかない部分もあった。溶接が途切れていたり、ブラケット本体の端部が溶接で溶けていたりした箇所もあった。

検査院は同市の監督・検査が不適切と断定。これらの工費約6513万円のうち、交付金相当分の約4233万円を不当とした。

■ 土留め壁の断面図

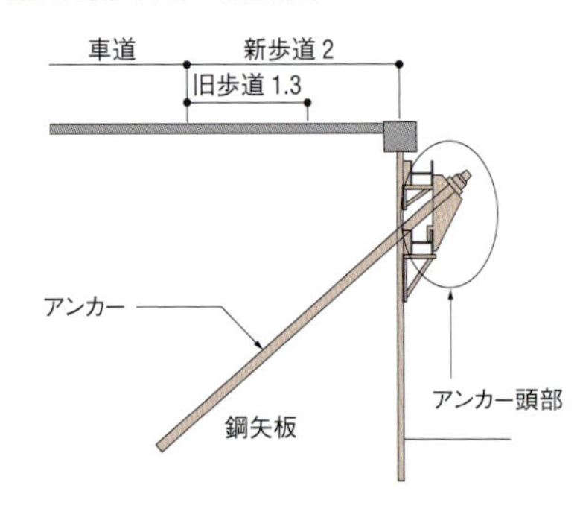

■ アンカー頭部の拡大図

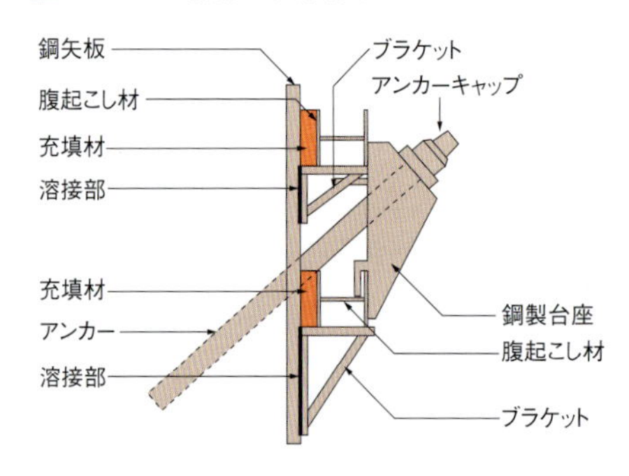

■ 擁壁の断面(左)とひび割れの発生状況(右)

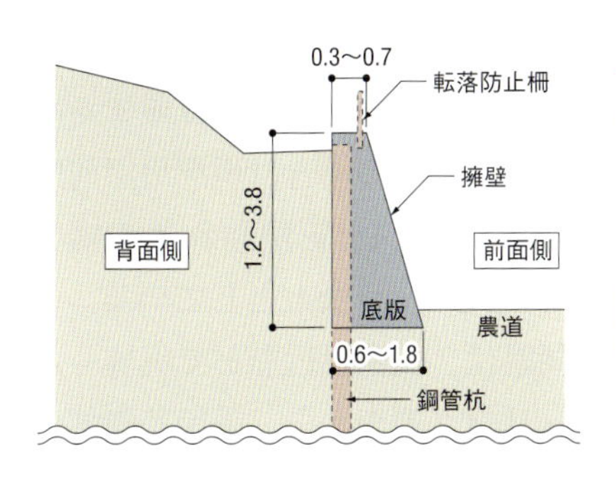

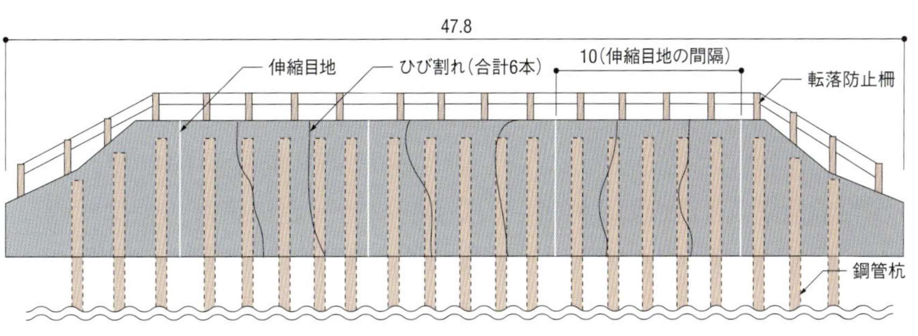

方向に最短箇所で15cm、最長箇所で50cmの深さまでしか施工されていないことが判明した。施工者は「擁壁断面の全面に設置する」という設計の指示に従っていなかった。

検査院は施工状況が著しく不適切で工事の目的を果たしていないとして、工費約897万円のうち、国庫補助金分の約583万円を不当とした。

橋 橋台の設計で応力計算ミス

大分県の橋梁工事では設計の際に、地震発生時に落橋防止構造を介して橋台の胸壁に掛かる応力を実際よりも小さく算定していた。

問題の橋梁(橋長78m、幅員9.5〜10m)は、同県が10年度から13年度に国交省の国庫補助金を受けて実施した主要地方道三重弥生線改良事業の一環で、整備するバイパスの一部として新設したもの。工事では橋台2基の築造と2径間鋼連続非合成鈑桁の製作·架設などを実施した。

この橋梁は耐震対策で、橋台の胸壁に各4カ所、合計8カ所に落橋防止構造を設置(下の図)。県が業務委託した設計者は、地震発生時の胸壁の安全性を次のように考えた。

「地震発生時に落橋防止構造を介して胸壁に作用する水平力はA1橋台で1160kN、A2橋台で1590kN。胸壁に作用する曲げモーメントはA1で148.9kN·m、A2で195.7kN·m」、「胸壁部材の終局曲げモーメントはA1が231.1kN·m、A2が232.7kN·m。水平力で作用する曲げモーメントの値は、いずれもこれ以下」。県はこの設計内容で施工した。

会計検査院が確かめると、応力計算の過程で誤りが判明。各橋台に掛かる水平力を算出する際、本来は落橋防止構造1カ所当たりの水平力にそれぞれ4を乗じるべきなのに、設計者は2を乗じて算出していた。

検査院が再計算すると、水平力はA1で2320kN、A2で3180kN、また応力計算ではA1の曲げモーメントが297.3kN·m、A2が389.9kN·mとなった。いずれも、水平力が胸壁の終局曲げモーメントを大きく上回り、安全度を満たしていなかった。

検査院は各橋台の胸壁の設計は不適切で安全度が確保されていないとし、工費約1億4041万円のうち、交付金分の約9127万円を不当とした。

■ 橋梁の概要(左)と落橋防止構造の設置状況(右)

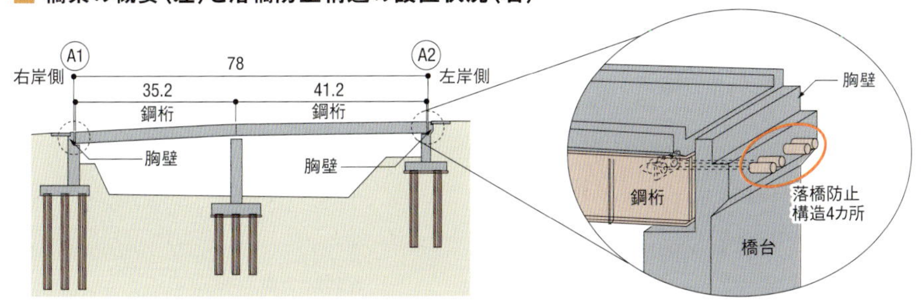

河川 根入れ深さ不足で洗掘に弱い護岸に

護岸の根入れ深さが不十分で護岸工事2件が不当事項と指摘された。1件目は、新潟県阿賀野市が12年度に行った工事。既設橋梁の架け替え時に、両岸で橋台付近が洗掘されており、橋台前面や上下流の周辺河岸に高さ2.2mと2.3mのブロック積み護岸（合計延長38.2m）を構築した。

設計者は、日本河川協会の「建設省河川砂防技術基準（案）同解説」（以下、建設省基準）に含まれる河川の基準などに基づいて設計。会計検査院が問題視したのは、右岸側護岸（延長18.6m）の根入れ深さだ。

基準は次のように示していた。「河床の洗掘に対応するため、計画河床高または現況最深河床高の低い方から0.5～1.5m程度までとするものが多い」。問題の護岸の設計では、右岸側橋台の底面レベルが現況最深河床高で、そこから深さ0.5mを根入れ深さとしていた。

検査院はまず、基準選定の誤りを指摘。施工箇所は砂防地域であり、下流の砂防堰堤の堆砂域にあった。そのため、新潟県が建設省基準に含まれる砂防の基準に準拠して定めた「砂防地すべり（計画と設計）」によるべきだったとした。

次に根入れ深さ。現場では、現況最深河床高よりも低い位置に計画河床高が設定されていた。また本来準拠すべき新潟県の基準は「基礎部の位置する層の土質が岩盤以外の場合は、計画河床高から1.0m以上」とし、現地の土質は「岩盤以外」。いずれにしても根入れ深さの設定が誤っていた、と検査院は指摘した。

基礎部の土質を誤認した例も

2件目は、三重県が10年度から12年度に行った工事だ。やはり橋梁の架け替えに伴い、橋台の前面や近接する上・下流側に、高さ2.0～3.1mのブロック積み護岸（合計延長113.3m）を造った。

設計時のよりどころは、建設省基準に準拠した同県の「砂防技術指針（案）」など。この指針は、根入れ深さについて「河床の洗掘に対応するために、護岸の基礎部が位置する層の土質が軟岩の場合は現況最深河床高から0.7m、土質が砂れきの場合は1.0mを確保」などとしている。

同県は、橋台付近などで実施したボーリング調査から、護岸基礎部の土質を軟岩と判定して根入れ深さを決定。だが検査院が実地検査すると、基礎部の土質は大半が砂れきに分類されるれき質土だった。

■ 阿賀野市の護岸の断面イメージ

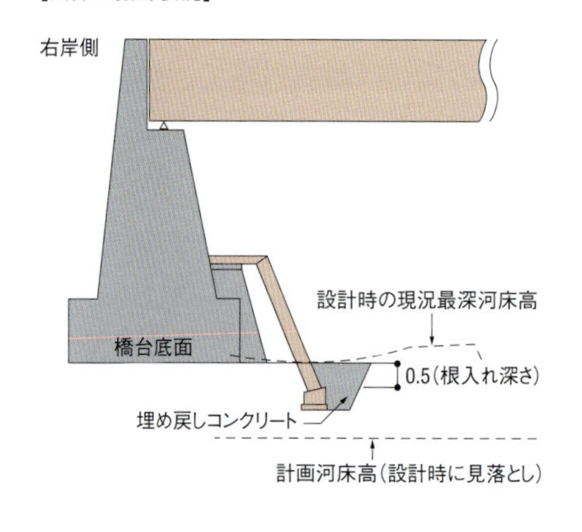

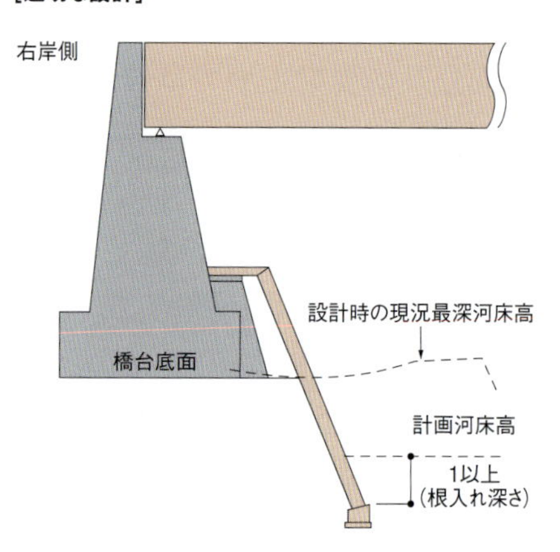

■ 三重県の護岸の断面イメージ

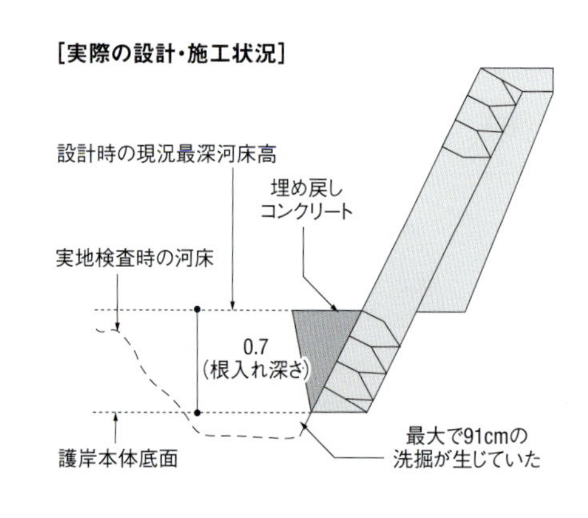

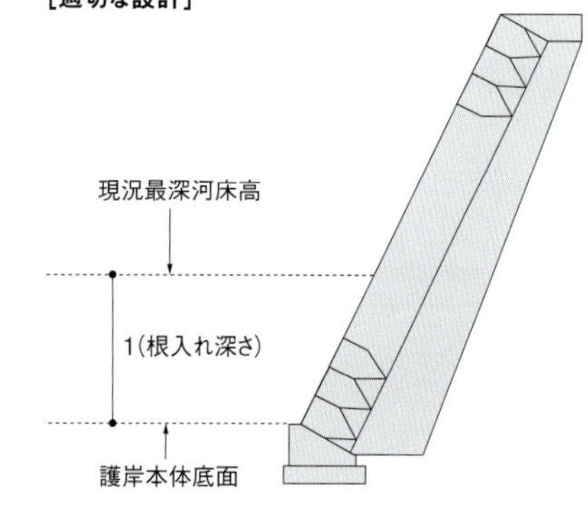

水路 「設計地下水位」の設定を誤る

長野県が実施した排水路の建設工事で設計ミスがあった。会計検査院は、L型コンクリートブロックで構築したU型水路（延長86m）の安定性不足を指摘し、不当事項とした。

同県が基準にしたのは、農水省農村振興局の「土地改良事業計画設計基準・設計『水路工』」。同設計基準は、地下水位の影響を受けても浮き上がらないように設計すべきとしている。だが同県は設計時に用いる地下水位（設計地下水位）を誤った。

設計基準は、「水路の自重と土圧で水路背面に作用する摩擦力とを合わせた鉛直方向下向きの力を、地下水による鉛直方向上向きの揚圧力で除した値が、水路の目的や規模などを考慮して定めた安全率（1.1～1.2）以上」と定め、設計地下水位は「周囲の地下水位が水路側壁の高さの2分の1より高く、かつ水路側壁の下部に水抜きを設ける場合は、側壁高さの2分の1の位置に」としている。

同県は、周囲の地下水位は過去の1カ所のボーリング結果だけを根拠に側壁高さの2分の1より低いと想定。だが過去に実施したほかのボーリング結果では、複数箇所の地下水位が側壁高さの2分の1より高い位置だった。

排水路には水抜きがあり、基準では設計地下水位は側壁高さの2分の1の位置にすべきだった。検査院が設計地下水位の位置を側壁高さの2分の1で再計算した結果、設定上の安全率1.2を大きく下回った。

U型排水路の断面図

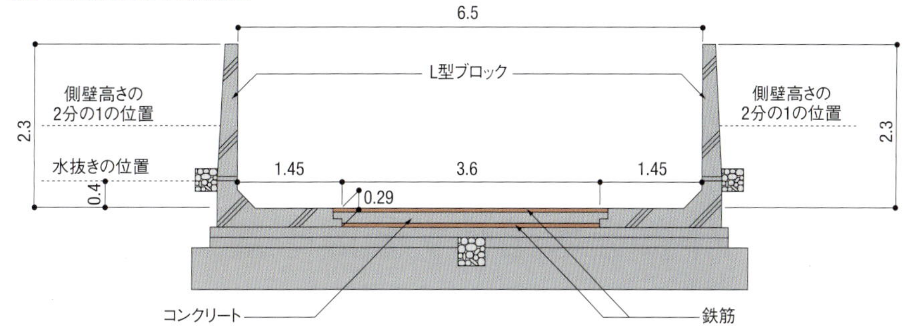

水路 沈砂池の「排水ボックス」が強度不足

長崎県では、農業基盤整備事業で築造した沈砂池の設計ミスが指摘された。沈砂池は排水路の途中に石積みブロックで築造した。降雨時に農地から流出した土砂を一時的に堆積させ、排水路下流への流出を防ぐ。

県が委託した設計者は、農水省構造改善局が監修した「土地改良事業標準設計農地造成（解説書）」（以下、解説書）などに準拠して設計した。沈砂池の容量は、農地の土砂流失量を算出して決定。堆積土砂をせき止めて水だけを流す「排水ボックス」の側壁の高さは、沈砂地内部に堆積する土砂の高さを考慮して決めた。

設計者が準拠した解説書などには、排水ボックスの標準設計に関する指示がなかったので、排水路の集水升について県が標準としていた無筋コンクリート構造に倣って設計。応力計算も行っていなかった。

しかし会計検査院は、「沈砂池内の土砂は排水ボックスの側壁天端まで堆積するので、その側壁の強度設計に土圧を考慮するのは必須の状況」と判断。土圧を考慮に入れて排水ボックス側壁の応力計算を行うと、側壁に生じる引張応力度は無筋コンクリートの許容引張応力度を大幅に上回っていることが分かった。

沈砂池の概要

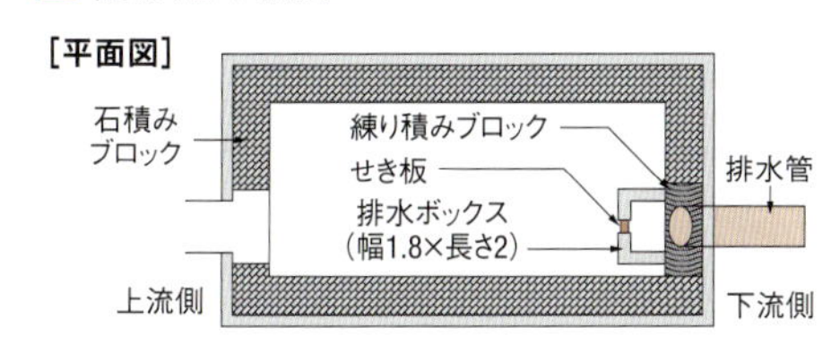

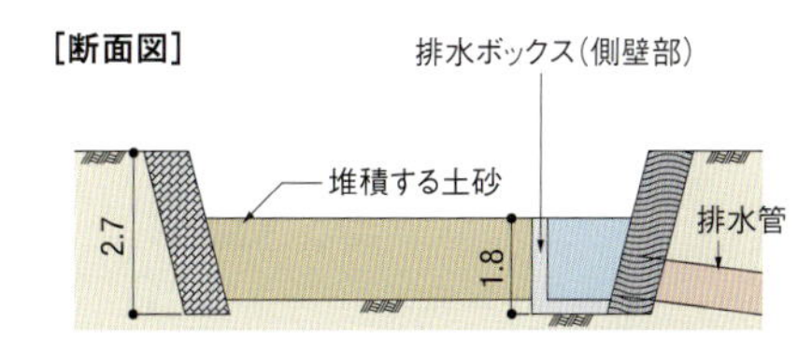

2013年度

水路 適用基準を間違えて応力計算ミス

適用すべき基準を間違えて配筋計画を誤った——。

不当事項と指摘されたのは、埼玉県が排水路工事で築造したボックスカルバート。農水省の国庫補助金を受けて、農地のたん水被害を防ぐために排水路の改修などを行った事業で整備したもの。排水路を既存市道の下に通すために設置した。鉄筋コンクリート製で、上部には厚さ5cmのアスファルト舗装を施した(右ページの図)。

埼玉県が委託した設計者は、日本道路協会の「道路土工 カルバート工指針」(以下、カルバート工指針)に基づいて、次のような内容で設計した。

「頂版は輪荷重が直接載荷することを想定。頂版下面側に径19mmの鉄筋を25cm間隔で配筋すれば、主鉄筋に生じる引張応力度は166.54N/mm^2。この値は、カルバート工指針が示す鉄筋の許容引張応力度の180N/mm^{2}を下回る」。県はこの設計成果物に従って施工した。

しかし会計検査院は、そもそも準拠すべき基準自体が違うと指摘した。 埼玉県は従来、土地改良施設である排水路の設計は、カルバート工指針ではなく、農水省農村振興局の「土地改良事業計画設計基準・設計『水路工』」(以下、水路工基準)に基づいて設計していた。問題のカルバートも土地改良施設に該当するため、本来なら水路工基準に則すべきだった。

水路工基準は、「頂版に輪荷重が直接載荷する場合の鉄筋」は許容引張応力度を137N/mm^{2}として設計

水路 ピット部を考慮せず強度不足に

静岡県が実施した農業用貯水施設の整備事業では、設計時に応力計算などを間違えて、構造物が強度不足となり、不当事項と指摘された。問題の施設は、農業用水の確保などを狙い、掘削した地盤上に構築した升状の構造物「ファームポンド」。

同県は農水省構造改善局建設部の「土地改良事業設計指針『ファームポンド』」に則して設計。しかし会計検査院が検査すると、主鉄筋に掛かる応力を実際より小さく算定しており、また設計計算書どおりの配筋図を作成していなかった。

設計者は、ファームポンドの安全性について次のように考えていた。「側壁などに作用する土圧や水圧などを考慮して応力計算を行うと、側壁や底版に配する主鉄筋には径19mmと径16mmの鉄筋を使用すべき。2種類の鉄筋を束ねて配筋すれば、主鉄筋に生じる引張応力度が許容引張応力度を下回る」。

設計者は二つのミスを犯した。一つは応力計算ミス。側壁の高さを一律に5.5mとしたが、深さ0.7mのピット部がある箇所は側壁の高さが6.2mとなり、応力の増加分を考慮して計算する必要があった。

もう一つは配筋図のミス。径19mmの鉄筋1本だけをピット部も含めて一律に配筋するとしていた。

検査院が応力計算をやり直すと、構造物の主鉄筋に生じる引張応力度(側壁内側および底板上面側)は、常時、地震時とも許容引張応力度を大きく上回っていた。

■ファームポンドの概要

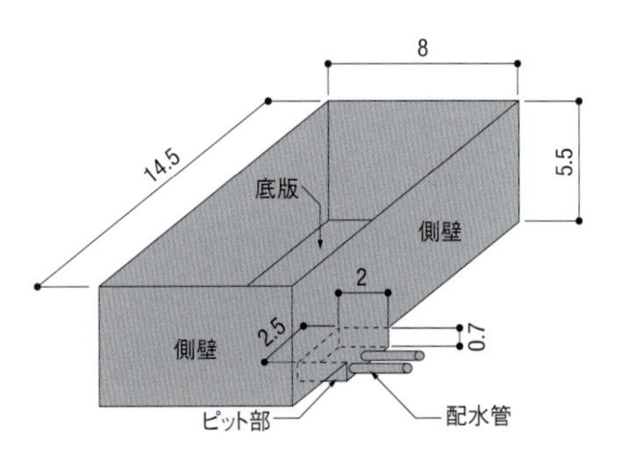

■主鉄筋の配置図(断面図)

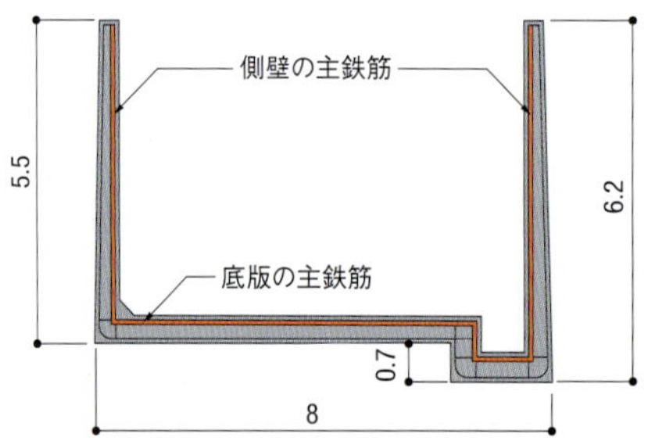

■ ボックスカルバートの主鉄筋の配置図

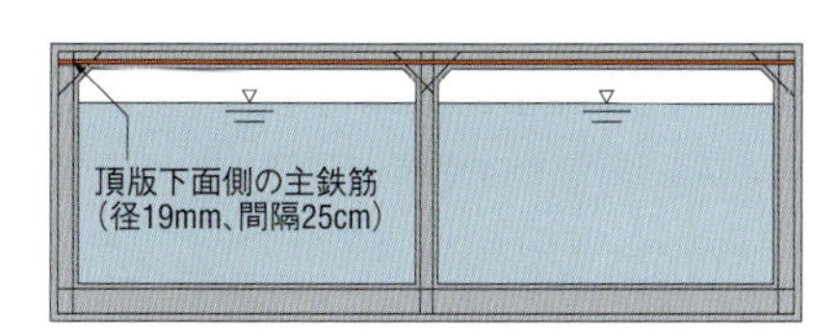

■ ボックスカルバートの概要

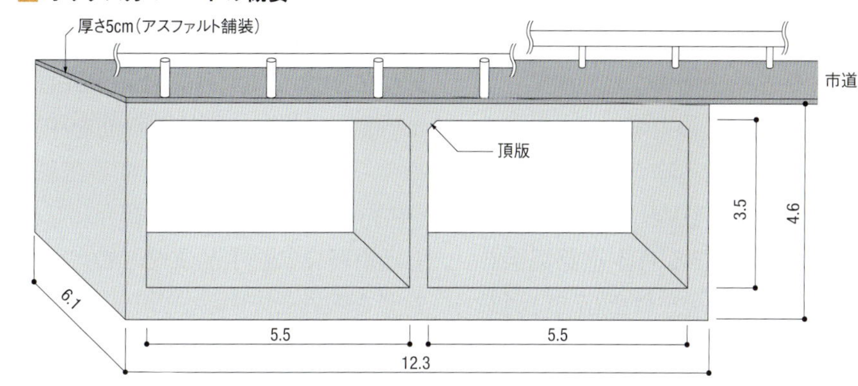

するように求めている。検査院が水路工基準に則して応力計算し直すと、頂版下面側に掛かる引張応力度は当初設計時の計算値と同じ166.54N/mm²。すなわち、137N/mm²を大きく上回っていることを確認した。

検査院は、問題のカルバートは所要の安全度を満たしていないと指摘した。工費約2044万円のうち、交付金分の約1022万円を不当と認定した。

水路 現況と異なる条件で設計

広島県福山市が築造した放水路では、複数のミスが発生。ため池の改修事業に伴う工事で、問題があったのは「移行部水路」。中央部(延長9m)、上流側区間(同3.45m)、下流側区間(同4.55m)から成り、中央部はボックスカルバート、上流側・下流側区間は現場打ち鉄筋コンクリート構造の開水路だ。

設計者は、農水省農村振興局の「土地改良事業計画設計基準・設計『水路工』」に基づき、次のように考えて設計した。「側壁や底版に掛かる土圧は、側壁背後の地面の勾配や自動車荷重などから算定。各主鉄筋に作用する引張応力度は許容引張応力度を下回る」。

しかし会計検査院が調べると、設計の内容と現地の状況が複数食い違っていた。 設計計算書で上流側の左岸側壁背後では地面の勾配を1：50としていたが、実際は1：19.7。また上流側・下流側とも盛り土があったが、計算上は未考慮。自動車荷重は、下流側では全く設定していなかった。主鉄筋の配筋図にも転記ミスを犯していた。検査院が再計算すると、上流側・下流側の複数箇所で主鉄筋に生じる引張応力度が許容引張応力度を大きく超えていた(不具合箇所の合計延長は8m)。

■ 移行部水路の当初設計と現況

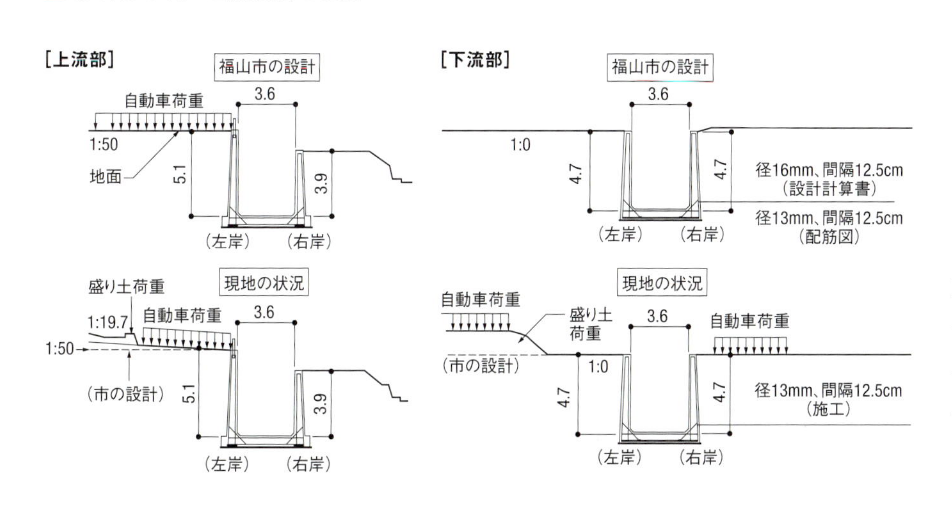

2013年度

下水道 耐震対策の設計基準改訂を未反映

下水道施設が耐震対策の基準改訂を設計に未反映——。会計検査院が、国交省や自治体などの事業主体に改善処置を求めた事案だ。問題となったのは、構造物の基礎杭と躯体底版との結合方法だ。

設計基準となる日本道路協会の「杭基礎設計便覧」は2007年1月に改訂し、基礎杭と躯体底版との結合方法に対する指示が変わった。検査院は、35事業主体が12年度から13年度にかけて築造した合計74の下水道施設を検査した。

改訂前の同便覧は、「杭頭部の外周に杭頭補強鉄筋を配し、溶接で結合する工法」(杭外周溶接鉄筋工法)と「杭頭内部に杭頭補強鉄筋を中詰めする形に配して結合する工法」(中詰め補強鉄筋工法)を紹介。しかし改訂時に、施工品質などの点から前者を除外している。

検査院の調べでは対象の事業主体の全てが、問題の結合部について、日本下水道協会の「下水道施設の耐震対策指針と解説」に基づいて安全度の照査を行っていた。しかしこの指針は、同便覧の改訂内容を反映させていなかった。48施設が杭外周溶接鉄筋工法を採用・併用して、結合部の安全度に問題が確認された。

■ 杭基礎設計便覧が示す杭頭補強工法

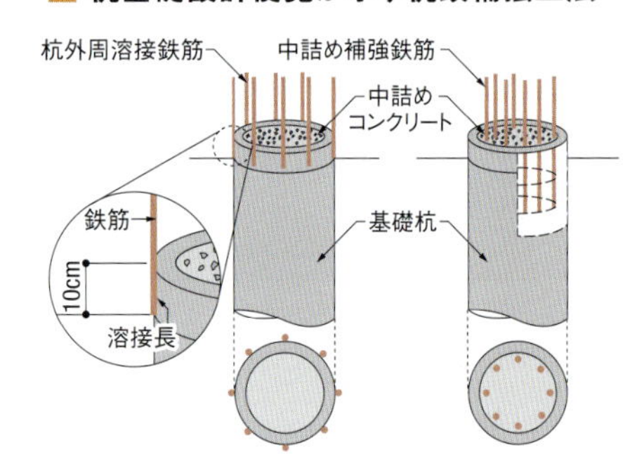

港湾 工法変更を積算に反映せず割高に

施工方法を変えたのに積算を見直さず、最終的な工費は割高に——。会計検査院は、千葉県が実施した直立消波ブロックの補修工事でこう指摘し、不当事項とした。使用済みとなったブロック272個を別の港湾で再利用するため、運搬用の吊り金具を取り付けた工事だ。

この工事では、ブロックに削孔して円筒状の固着剤を挿入し、直径25mmのアンカー鉄筋を差し込んで固定。アンカー鉄筋に吊り金具となる一般構造用圧延鋼材のプレートを溶接した。このような吊り金具をブロック1個当たり4カ所に取り付けた。

この鋼材プレートについて同県は当初、事前にアンカー鉄筋の形状に合わせた切り欠きをあらかじめ設けておき、プレート両面で切り欠き部とアンカーが接する箇所を溶接するとしていた。

しかし同県は、施工者から、施工性向上のため「切り欠き無しのプレートをアンカー鉄筋に添えて、プレートの片面だけを溶接する工法」への変更提案(構造計算書添付)を受けて了承。

溶接の施工方法を変えたのならば、本来、県は設計図書を変更し、工費の積算も見直さなければならない。ところが、同県はこうした措置を怠っていた。検査院は実際の施工内容に照らして再積算。一部では当初の段階で積算過小だったものもあったが、その分を差し引いても、ブロック1個当たりの積算単価は同県の当初積算単価より1万235円安いことが分かった。

■ 消波ブロックの吊り金具

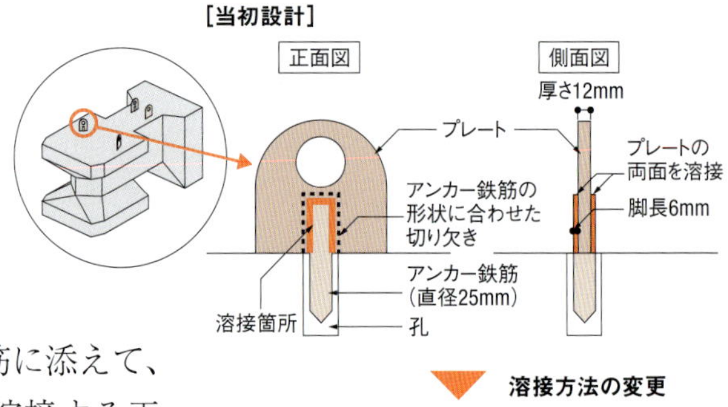

2012年度

道路 配筋設計を誤りカルバートが強度不足

配筋設計が不適切で、必要な安全性が保たれていない――。こう指摘を受けたのは、石川県が整備したボックスカルバート。白山市新保町と金沢市福増町に、北陸自動車道のインターチェンジ整備に伴って既存の市道や農道を立体交差で通すために築造したもので、国の交付金事業で造った3基のうちの2基だ。

指摘を受けた2基のうち、1基は高速道路本線への流入路と市道とが交差する箇所に設けたもので、延長が22.4m、内空断面の幅が8m、高さが4.1m（以下、市道カルバート）。もう1基は本線からの流出路と農道とが交差する箇所に設置したもので、延長が18m、内空断面の幅が5.5m、高さが4.2m（以下、農道カルバート）。いずれも現場打ちの鉄筋コンクリート製だ。

これらの設計はいずれも、県が委託した同じ建設コンサルタント会社が手掛けた。会計検査院が検査したところ、その設計のもとになった設計計算書では、頂版や底版などの主鉄筋の径や配置は応力計算上の安全を確保するために、次のようにすべきとしていた。

（1）市道カルバートの頂版下面側と底版上面側には径が32mmの鉄筋を、左翼壁と右翼壁の隅角部には径が19mmの鉄筋を、それぞれ15cm間隔に配置する。（2）農道カルバートの左翼壁隅角部には径が22mmの鉄筋を15cm間隔に配置する。

ところが建設コンサルタント会社は、配筋図を作成する際、使用する主鉄筋の径や配置間隔を設計計算書どおりにしていなかった。

配筋径やピッチを部分的に誤る

市道カルバートは、出入り口から11.2mを境に2分割して配筋図を作成。出入り口側の半分に当たる部分の配筋図を誤り、頂版下面側と底版上面側の主鉄筋の配筋ピッチを「30cm」としたり、左翼壁と右翼壁の隅角部の主鉄筋の径を「16mm」としたりしていた。また農道カルバートでも、左翼壁の隅角部で主鉄筋の径をやはり「16mm」としていた。 施工者は、これらの誤った配筋図に基づいて施工していた。

会計検査院は、問題の2基のカルバートについて独自に応力計算を実施。その結果、主鉄筋で通常時に生じる引張応力度は市道カルバートの頂版下面側で253.29N/mm^2、底版上面側で251.52N/mm^2、左翼壁隅角部で207.45N/mm^2、右翼壁隅角部で197.86N/mm^{2}であることが分かった。また、農道カルバートの左翼壁隅角部では214.41N/mm^{2}と、いずれも通常時の許容引張応力度の数値（180N/mm^2）を大幅に上回っていた。

検査院は「応力計算上、安全とされる範囲を超えている」として、2基のカルバートは設計が適切でなく所定の安全性が確保されていないと判断した。

そのうえで、こうした事態が生じたのは、設計業務の成果品に誤りがあったのに、県の検査が不十分で見極めることができなかったからと結論付けた。市道カルバートと農道カルバートの問題箇所に関する工事費約2660万円のうち、交付金相当額の合計約1463万円を不当な支出と認定した。

■ 設計ミスがあったボックスカルバートの断面図

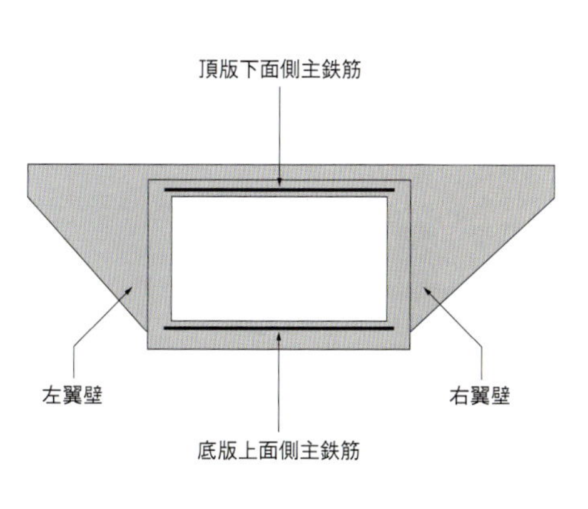

■ 市道カルバートの平面図

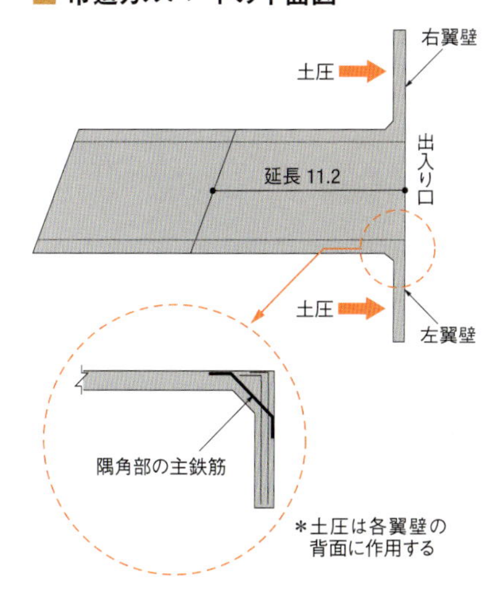

2012年度

道路 粗雑工事で打ち継ぎ箇所から水漏れ

粗雑工事が原因で、コンクリート構造物の打ち継ぎ箇所から漏水——。この事案も、2012年度会計検査報告で不当事項と指摘されたケースだ。問題の事案は、静岡県が10年度に国庫補助を受けて河津町で実施した農道整備事業。事業の一環として、新設する農道と既存の町道とを立体交差化するために、下の図のようにボックスカルバート（以下、カルバート）を構築してアンダーパスを築いた。

このカルバートの寸法は延長14.5m、高さ7m、幅8m。上部は盛り土して新設農道を設けた。アンダーパスの出入り口では、上部に設ける農道の盛り土を支えるために、カルバート頂版上部に打ち継ぎで鉄筋コンクリート構造の土留め壁（延長8m、高さ1.4～2.1m、幅0.3m）を設置していた。

会計検査院の調査官が実地検査で現地を確認すると、完成から間もないにもかかわらず、打ち継ぎ目から漏水が発生していた。検査院が、県が発注時に示した設計図書などを調べると、土留め壁の施工手順を次のように指示していた。

（1）カルバートの頂版の配筋をした後、土留め壁の配筋を行う。（2）カルバート頂版のコンクリートを打設後、土留め壁との打ち継ぎ目となる箇所を洗浄したうえで型枠を設置し、土留め壁を打設する。（3）コンクリートの打設や締め固めでは、セメントや細骨材、粗骨材などの材料が著しく分離しないように打設し、速やかに十分締め固める。

コンクリートに豆板や空隙

検査院の調査官は、現地で土留め壁を詳しく調べた際に、カルバートとの打ち継ぎ目付近で豆板も発見していた。豆板が生じていたのは、幅が300～1000mm、高さが平均約50mm（最大で約100mm）の範囲。さらに、発生箇所の一部では内部に空隙が生じていることも確認した。この空隙が漏水経路だった。

「施工者は、県が発注時に示した手順（1）～（3）を踏んでいない」。このようにみた検査院は最終的に、土留め壁を構築した際にコンクリート打設作業の施工品質が著しく不適切だったと判断。漏水の発生で構造物としての耐久性を著しく低下させたとして、「工事の目的を果たしていない」と結論付けた。

そのうえで検査院は、「こうした事態が生じたのは、管理者である県の監理や検査が不十分で施工者の粗雑工事を見過ごした点に原因がある」とした。土留め壁の構築と農道の盛り土に掛かった工費約244万円のうち、交付金に相当する122万円を不当とした。

■ 構築した立体交差の概要

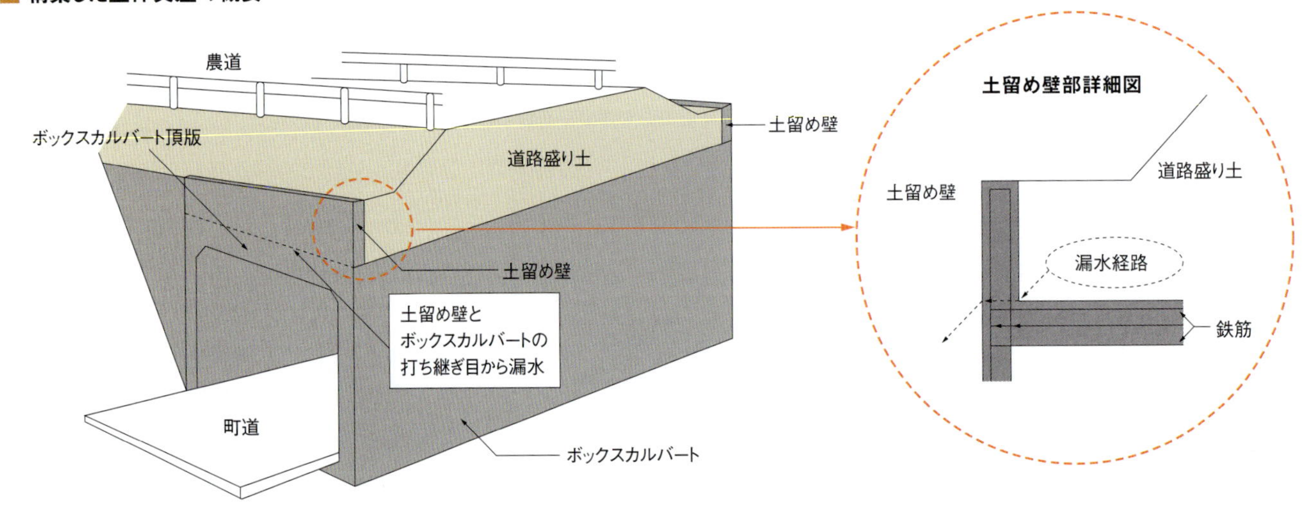

道路 道路改修後の路面に大きな段差

国土交通省北陸地方整備局新潟国道事務所が新潟県関川村で実施した道路改修工事では、完成後、路面に数センチメートルの段差が生じた。

同工事では、上下各1車線の本線と、下り車線の外側に設けた県道への連絡車線（以下、付加車線）で、クラックを補修したうえで、路面に平均厚さ5cmでオーバーレイ工法を実施した。同工区の施工延長は本線が369.5m、付加車線が87.7m。

会計検査院が検査したところ、幅50cmのすり付け部が付加車線の中央付近にあり、その箇所では高さ4.3～5.4cmの高低差が施工延長分の87.7mにわたって生じていた。

冬期の積雪が多い現場では高低差が路面凍結時にスリップを誘発する。そう判断したうえで、検査院は、日本道路協会の「道路維持修繕要綱」が示すすり付け部の適切な施工態様や道路法が規定する道路構造などにも反すると認定した。

検査院によると、発端は新潟国道事務所が施工者に作成させた施工図。この施工図では、本線部分は全幅員分をオーバーレイ工法による改修範囲としていたが、付加車線部分は幅員3mのうち本線側の幅1.25mの部分だけを対象にしていた。

会計検査院は、新潟国道事務所が施工者に指示したオーバーレイ工法の適用範囲が不適切だったことが原因とし、オーバーレイ工法に掛かった費用300万円を不当とした。

■ オーバーレイ工法による改修を実施した箇所の状況

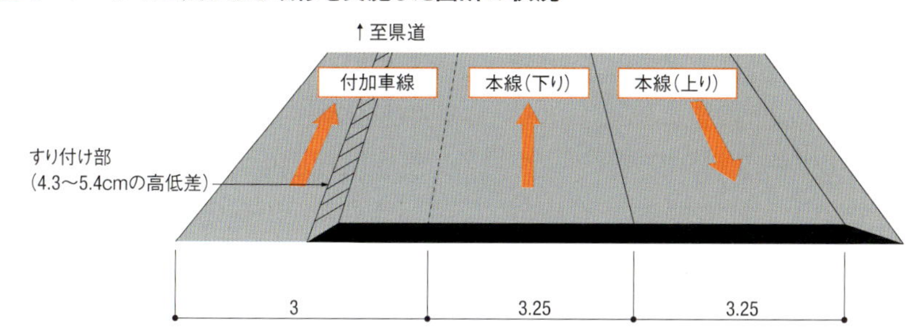

水路 車両の横断を計算に入れずに強度不足

山口県が実施した用水路の改修工事（施工延長717.8m）では、設計時の現況把握が甘く、完成した管水路の一部が強度不足となっていた。

会計検査院が問題視した開水路区間では、水路内に高密度ポリエチレン管（直径630mm、管厚30mm）を敷設し、既存の水路とポリエチレン管との間に土砂やコンクリートを側壁の天端の高さまで充填した。

設計者は「管は市道の幅員外にあり、自動車荷重は作用しない」と考え、応力計算なしで設計。しかし同院の検査では、現況が想定と異なっていた。同区間の一部で、市道に隣接する民地に出入りする車が管水路の上を横断する箇所が複数あった。

検査院は、下水道用ポリエチレン管・継手協会が監修した「下水道用ポリエチレン管技術資料」を確認。ポリエチレン管を自動車荷重が掛かる場所に敷設する際には、「管に生じる曲げモーメントで発生する曲げ応力度が、管材の許容曲げ応力度を下回ること」と明記されていた。

自動車荷重を考慮に入れると、ポリエチレン管の頂部に生じる曲げ応力度は9.1N/mm²。管の許容曲げ応力度6.4N/mm²を上回っていた。

検査院は、「管水路の一部は安全度が確保されていない」と判断。原因は（1）県の現況把握が不十分だったこと、（2）委託した設計の成果品に生じた誤りを県が検査で見極められなかったことなどにあるとした。強度が足りない範囲の改修に掛かった工費約426万円のうち、交付金に相当する約234万円を不当とした。

■ 開水路区間に構築した管水路の断面図

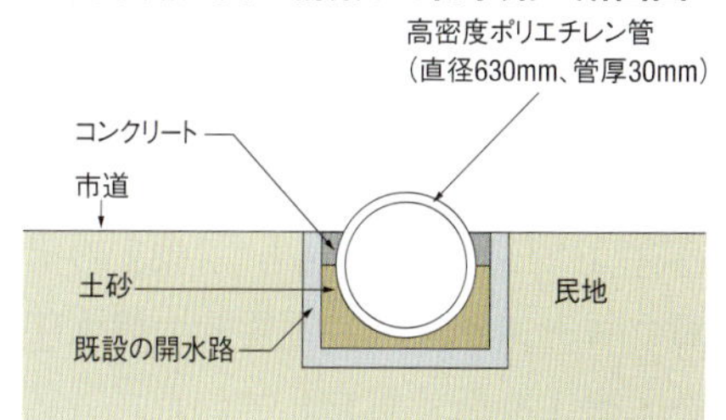

法面 モルタルの吹き付け厚さが不足

沖縄気象台が発注した法面保護工事では、モルタル吹き付け工事がずさんで、平均吹き付け厚さが不足。層間の剥離も生じていた。この工事は、宮古島地方気象台の敷地内法面の落石防止のために実施したもの。内容は土工事やモルタル吹き付けで、工費は1813万3500円だった。

会計検査院は実地検査で、モルタルを吹き付けた法面全体に多数の亀裂を発見。「土木工事共通仕様書」(以下、仕様書)に基づく出来形検査で採取したコアを調べようとしたが、沖縄気象台は規定のコア抜き検査を行っていなかった。

検査院が法面38カ所でコアを採取すると、29カ所の吹き付け厚さが設計で指示した10cmを下回っていた。全38カ所の平均吹き付け厚さも8.3cmと、仕様書が定めた「設計厚さ以上」(10cm以上)に達して

河川 設計ミスで落差工の安全度が低下

設計ミスを指摘されたのは、石川県が整備した河川落差工。同県が能登町で進めていた主要地方道内浦柳田線の改良事業に伴う河川の付け替え工事で築造したものだ。

河川の延長291mの範囲に落差工を4基整備。寸法はそれぞれ幅2m、延長6.7mまたは7m、落差高1.5mまたは2m、水たたきの厚さ1.3mまたは1.4mで、鉄筋コンクリートで造った。設計は日本河川協会の「建設省河川砂防技術基準(案)同解説」(以下、基準書)に準じた。

会計検査院が調べたところ、設計で2点の誤りがあった。一つは、静水圧の計算ミス。基準書では地震時静水圧の計算で、上流側静水圧は落差高に水たたきの厚さを加えた値を、下流側静水圧は水たたきの厚さをそれぞれ「2乗」した値に、水の単位体積重量および2分の1を乗じて算出するとしている。だが問題の落差工では、いずれも「2乗」の計算プロセスが抜け、地震時の静水圧を本来より低く算定していた。

もう一つの誤りは、遮水工を設計図に入れ忘れ、そのまま施工したことだ。当初の安定計算で前提とした「遮水工あり」よりも浸透経路長が短くなり、揚圧力も当初の安定計算結果を上回ることになった。

検査院が独自に安定計算を行うと、滑動に対する通常時の安全率は1.4または1.41、地震時は0.83または0.84。これらは、基準書が示す安全率の許容値である通常時1.5、地震時1.2をいずれも下回っていた。

検査院は調査を踏まえ、4基の落差工は設計が不適切で安全度が確保されていないと判断。原因は、県が成果品を十分に検査せず、誤りを見落としたからだと指摘した。4基の落差工の整備に掛かった工費約529万円のうち、国庫補助金に相当する約291万円を不当とした。

■ 落差工に作用する静水圧と揚圧力のイメージ

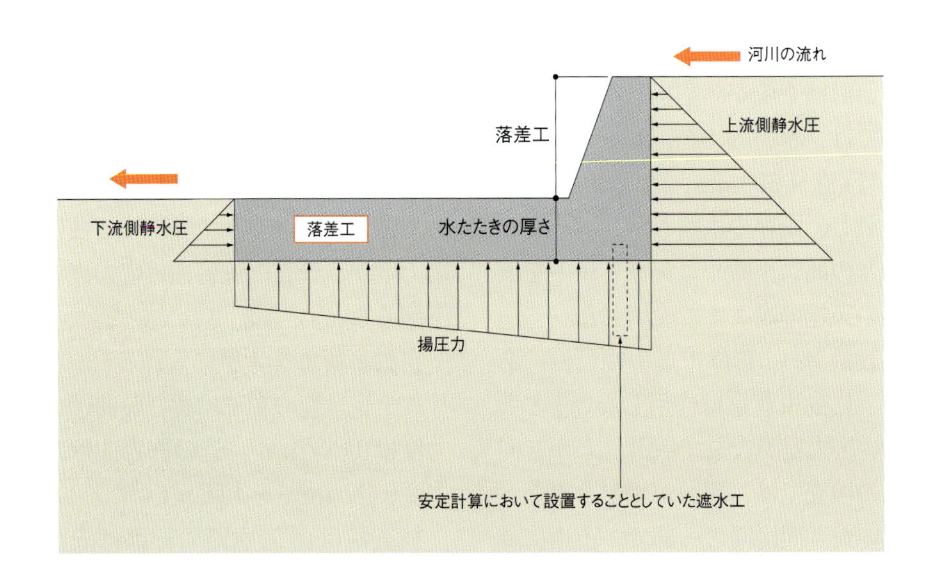

いなかった。仕様書が「設計厚さの50%以上」(5cm以上)とする許容最小吹き付け厚さも4カ所で下回り、1.5cmしかない箇所もあった。

施工にも問題があった。モルタルを2層以上に分けて吹き付ける際には、層間の剥離を防ぐため、1層目の吹き付け後に、ごみなどを除去しなければならない。しかし、8カ所の採取コアにはごみなどが残存。残存量が多く、3層に分離しているものもあった。

会計検査院は、施工者の粗雑工事でモルタル吹き付けが設計と著しく相違しており、法面保護の目的を達していないと指摘した。さらに、この事態が生じたのは、沖縄気象台の監督や検査が不適切で、施工者の粗雑工事を正せなかったためと断定。モルタル吹き付け工事の工費1077万1000円は不当と結論付けた。

河川 基準書の理解不足で樋管を設計ミス

島根県が整備した樋管3基も、設計ミスの指摘を受けた。問題の樋管は、堤内地から午頭川(こずがわ)への通水を確保するために設置。ゲートには河川の水位や流量に応じて水圧で自動開閉するフラップゲートを採用した。

県は設計時に、旧建設省の課長通達「河川管理施設等構造令及び同令施行規則の運用について」などを参照していた。この通達では「樋管のゲートをフラップゲートにする場合は、必要に応じて角落としを設ける。角落としを設ける場合は函きょ端部などに角落としのための戸溝を設ける」と明記している。

県は同通達を踏まえて角落しの必要性を検討。「河川の水が堤内地へ浸入しても著しい支障はない」と考えて不要と判断し、角落し用の戸溝がない構造で設計・施工した。

この設計を検査院は不適切とした。一つ目の理由は、河川管理施設などの基準書である国土技術研究センターの「改定解説・河川管理施設等構造令」の指示。「フラップゲートは障害物が挟まって不完全閉塞が起こりやすい。採用は、樋門の構造が角落としなどで外水を容易かつ確実に遮断できる場合に限られる」としている。

二つ目の理由は、建設箇所周辺の現況だ。検査院の調査で、堤内地の一部は、河川の水位が計画高水位を超えると浸水被害の恐れがあった。

検査院は、「洪水時などに外水の浸入を確実に遮断できない構造なので、工事の目的を達成していない」と結論付け、こうした事態は県の基準書などへの理解不足で角落としの必要性の判断を誤ったために起きたと指摘。樋管3基の整備に要した工費960万円のうち、国庫補助金相当額の480万円を不当とした。

■フラップゲート式樋管の概念図と「角落とし」を設けた場合のイメージ

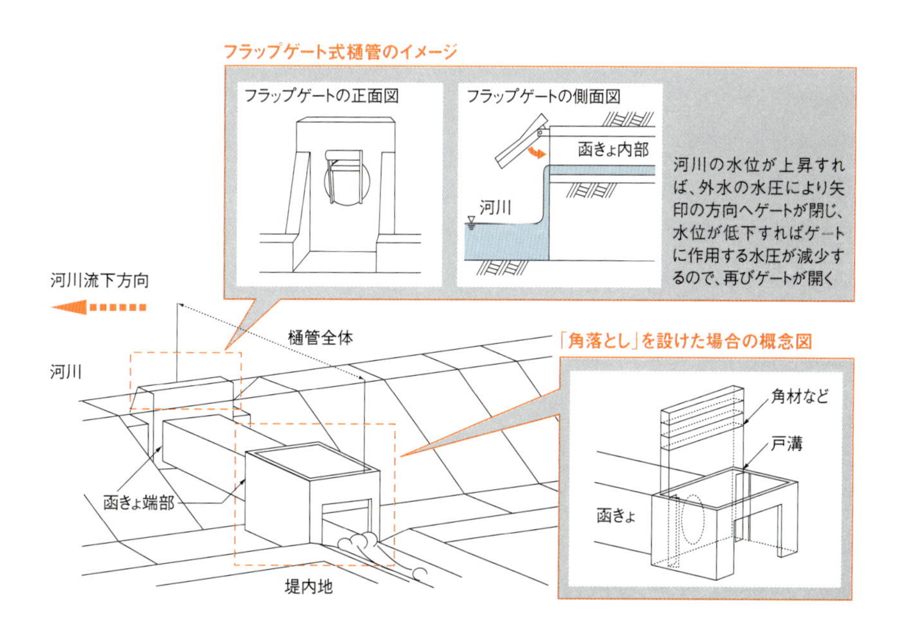

道路 農家には迷惑だった農道整備

和歌山県が2010年度に田辺市日向地区で実施した水路兼用農道の整備事業が、周辺田畑の農作業を阻害しているとして不当事項とされた。

この事業で同県は、ほ場用の造成地に農道などを整備するために、8本の支線道路工事や横断水路工事を実施。このうち、会計検査院の指摘を受けたのは、支線道路（路線数8本、総延長2164m）の工事だ。

問題の支線道路は造成地内で排水路と農道の役割を果たすもので、幅員3m、コンクリート舗装厚さ12cm、路盤厚さ15cm。幅員両端に水路壁（高さ15cmのコンクリート壁）を設けた。

県は設計に際して、農林水産省農村振興局の「土地改良事業計画設計基準・設計『農道』」や、和歌山県の「土木工事共通仕様書」などに準拠して検討していた。同仕様書は、造成地内に農道を整備する場合は、車両や農機が農道とほ場とを行き来しやすくするスロープ状の出入り口「進入路」を要所要所に設けなければならない、と指示していた。

しかし県は、「15cmの水路壁を乗り越えれば行き来は可能」と考えて、進入路を設けないで設計。進入路がない水路兼用農道が出来上がった。

供用後間もなく、この造成地で農作業に従事していた農家は、県から紹介された建設会社に依頼して水路壁の合計36カ所をコンクリートカッターなどで撤去した。車両で水路兼用農道に出入りする際、水路壁が障害となっていたからだ。その結果、撤去箇所では田畑の耕作土が水路兼用農道に流出して舗装部分を覆

水路 コンクリート蓋の荷重を忘れて強度不足

滋賀県の農業用水路改修工事では、設計時の条件設定などを誤り、構造物が耐力不足になったミスが指摘された。県が農林水産省の補助事業として10年度に甲賀市で行った工事で、老朽化した幹線分水工を排水路を兼ねた幹線分水工に構築し直す内容だ。施工延長は31.6m。

設計ミスが判明したのは、施工延長11.4mの下流側の水路部だ。断面形状がU字形（高さ1.6m、幅5.3m）の鉄筋コンクリート製水路で、その上部にプレキャストコンクリート製の蓋（長さ5.1m、厚さ10cm）を設ける内容だ。

設計者は、農林水産省農村振興局がまとめた「土地改良事業計画設計基準・設計『水路工』」（以下、設計基準）を参照。設計基準が「排水路」を想定した鉄筋の許容引張応力度176N/mm^{2}を下回るように、水路底版の配筋計画は径13mmの鉄筋を25cm間隔とした。この場合、主鉄筋に掛かる引張応力度は163.84N/mm^{2}となるからだ。

会計検査院が調べると、この設計には条件設定で2点の誤りがあった。一つは荷重条件。設計者は、蓋となるコンクリート板の荷重を考慮せずに応力計算をしていた。

もう一つは水路の種別設定。設計基準によれば、用水路と排水路を兼ねた幹線分水工は、より高い水密性を求められる「用水路」として設計しなければならない。この場合、鉄筋の許容引張応力度は、用水路を想定した157N/mm^{2}を下回る必要があった。しかし応力計算をやり直すと、水路底版の主鉄筋に生じる引張応力度は191.18N/mm^{2}と、許容引張応力度（157N/mm^2）を大幅に上回っていた。

この結果から検査院は、「不適切な設計で、幹線分水工の水路部は所定の安全度を確保できていない」と判断。原因は設計業務に対する県の検査が不十分だったとして、水路部の工費の約303万円のうち、交付金に相当する約166万円が不当とした。

■ 水路部の断面図と底版の主鉄筋の配筋イメージ

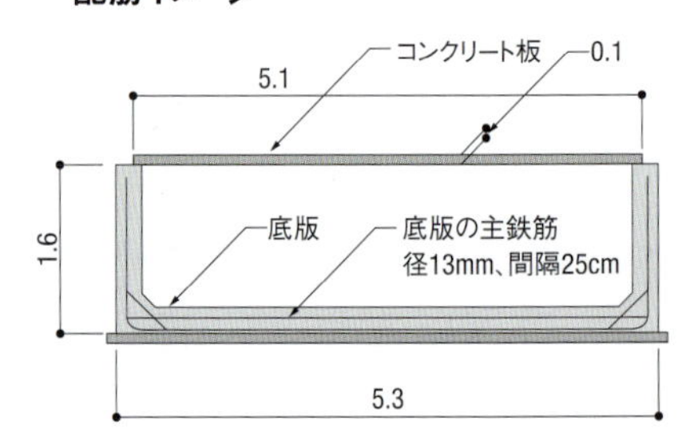

■ 水路兼農道の断面イメージ

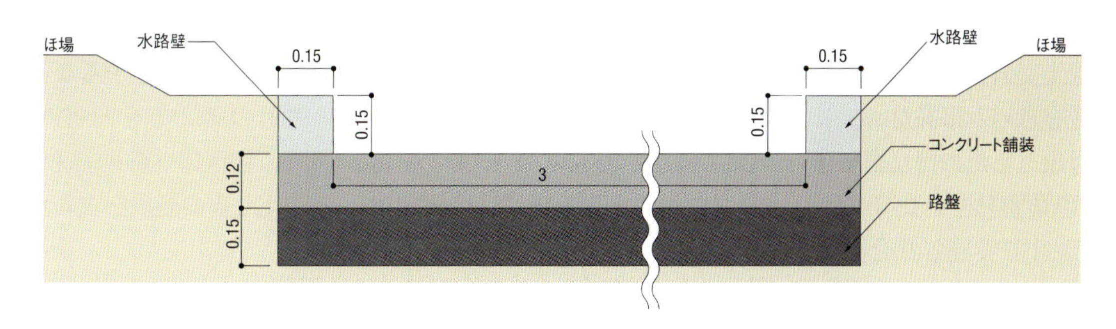

い、排水機能が低下。耕作土の流出自体も田畑に悪影響を及ぼした。

会計検査院は、問題の水路兼用農道は、排水路としての機能を十分に果たせない状態であり、工事の目的が達成されていないと判断。こうした事態は、県が進入路の必要性を十分検討しないで不適切な設計をしたためと指摘した。水路兼用農道の整備に掛かった工事費約5047万円のうち、国庫補助金に相当する約2776万円は不当な支出とした。

法面 植生が無策と放置で台無し

法面保護用の植生が、野生動物の食害を考慮しない設計と完成後の「放置」で台無しになった事案だ。問題の工事は、大分県が宇佐市安心院町で実施した農道新設事業の一環として行ったもの。切り土した法面を保護するための植生工事やモルタル吹き付けなどの工事内容だ。

植生工事は、生チップに種子などを混合した植生基材を法面に吹き付ける工法を採用。吹き付け断面の中間付近に敷設した金網を地山に固定し、植生面の安定化を図った。施工面積は約3723m²だ。

会計検査院の実地検査では、植生範囲のうちの約3340m²が食害を受けたり踏み荒らされたりして、植物が十分育っていないことが判明。

検査院によると、県は植生箇所の設計や施工後の管理を日本道路協会の「道路土工 切土工・斜面安定工指針」(以下、指針)に基づいて行っていた。この指針は、植生工事の設計について、次のような点を考慮して進める必要があるとしている。

(1)周辺環境や維持管理を考慮して植物や工法を選定。(2)施工後は植物の繁茂や生育基盤の流出に着目して点検。(3)生育不良に対しては、原因を調べて適切に処置。

この現場付近は野生の鹿が多く生息する地域で、近隣では食害被害も発生していた。しかし県は、防護ネットを設置するなど、植生を食害から守る対策を講じなかった。しかも県は、施工範囲に鹿が侵入しているのを把握していながら、適切に対処しなかった。

検査院は、植生が十分育たなかった原因は県の判断や対応が不適切だったからと判断。植生工事の工費約2170万円のうち、交付金に相当する約1085万円を不当とした。

■ 植生工事の断面イメージ

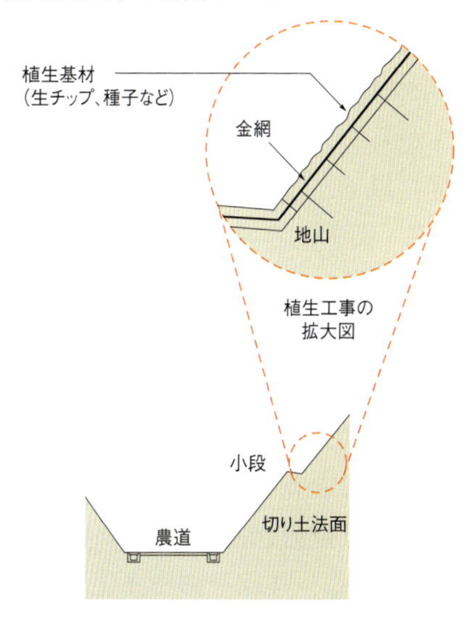

橋 橋脚の巻き立て補強で基礎の耐震性が低下

橋の耐震補強工事の結果、橋脚基礎部の耐震性が損なわれた——。会計検査院が国土交通省に対して、是正改善の処置を求めた事案だ。

検査院が対象としたのは、国や自治体など16事業主体が、10年度から12年度にかけて実施した合計52件の橋梁耐震補強工事。いずれも、基礎杭を用いた基礎部で支持する橋脚の柱部分に、鉄筋コンクリートを巻き立てて補強する工事だ。設計の妥当性や安全性に着目して調べた結果、冒頭のようなケースがあることが分かった。

問題があったケースで共通する原因は、巻き立てによる橋脚の重量増加が橋脚基礎部へ及ぼす影響を考慮していなかったことだ。

同種のケースは、中部地方整備局岐阜国道事務所や京都府など、5事業主体が実施した18工事で発覚。このうちの8工事の対象橋梁では、基礎杭の鉄筋に生じる曲げ引張応力度が274.29N/mm²から562N/mm²までの範囲を示し、レベル1地震動に対する許容値である270N/mm²を超えていた。

検査院は国交省に、18工事の対象橋梁について、橋全体としての耐震性能の再確認やさらなる耐震補強の必要性の検討を要請。また今後、橋の耐震補強工事の設計を適切に行うために、基礎部への影響を考慮したうえで橋全体が耐震性能を確保できる工法を選定するなど、耐震補強設計の考え方を同省内で周知徹底し、自治体への助言も行うように、是正改善の処置を求めた。

■ 橋脚の構造と耐震補強のイメージ

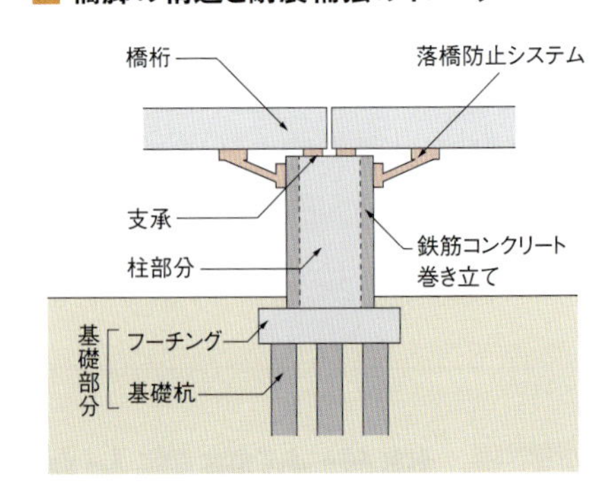

港湾 陸閘の改良工事で生じた凡ミス

三重県が実施した陸閘（りっこう）の電動化工事が不当事項と指摘された。必要な器具の取り付け位置が不適切だったことが理由だ。

電動化では、操作スイッチを胸壁の陸側に設け、動力用の電力を施設外から引き込む「引き込み開閉器盤」（以下、器盤）は、胸壁海側に設ける「引き込み柱」に取り付けることにしていた。

会計検査院の検査で、整備した16基のうちの13基で、器盤の取り付け位置が陸閘の天端より低くなっていることが発覚。12基は図面の取り付け位置が陸閘天端より25～57cm低く、県はそのまま工事発注していた。残る1基は、図面は正しかったが、施工者が陸閘天端より30cm低く器盤を取り付けていた。

検査院は、問題の13基は水位が上昇した場合、浸水が天端高以下でも陸閘を開閉できなくなる恐れがあると判断。設計・施工段階における県の検査・監督が不十分だったことに起因するとし、13基の電動化工事の費用約3億1547万円のうち、国庫補助金相当額の約1億5442万円を不当とした。

■ 不備があった陸閘のイメージ図

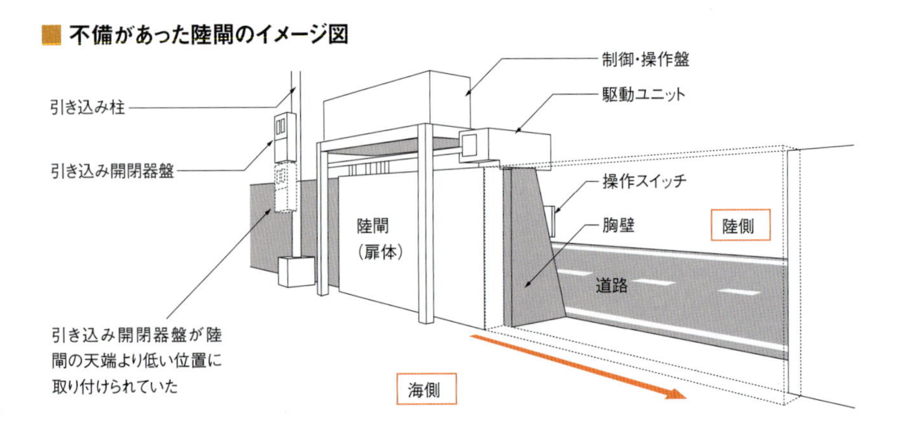

2011年度

河川 護岸の土質を見誤り設計ミス

林野庁が国庫補助金を支出した護岸工事2件で、同様の設計ミスがあった。埼玉県と山梨県甲斐市のケースで、いずれも施工位置の土質を誤って判定していたことが原因だ。

埼玉県のケースは、崩壊した山腹法面の復旧で簡易法枠や護岸を造る工事。護岸は高さが4mで長さが85m。流水による浸食を防止するため、割り栗石を詰めた鋼製のかご枠を採用した。高さが50cmで長さが1～2m、奥行きが1mのかご枠を8段、沢の法尻部に積み重ねた。

流水に対して透過性がある構造物では一般に、土砂の流出に備える必要がある。「河川災害復旧護岸工法技術指針（案）」（全国防災協会編）は、護岸の下面と背面に不織布など吸い出し防止材の設置を標準としている。同県が採用した材料メーカーの設計・施工マニュアルでも、同様の措置を求めていた。

だが同県は、設計前に現地の表土を調べた際、粒径が大きい転石が主だったことから、護岸下面や背面の土質も同様と判断。「流水による吸い出しを考慮する必要はない」と考え、吸い出し防止材を設置しない形で設計した。

会計検査院は現地調査を踏まえ、護岸下面と背面の土質を「れき質土」と判定。流水で割り栗石の隙間から流出する恐れのある「土砂」に分類される土質だった。検査院は、吸い出し防止材を設置すべきだったと指摘。工事費に充てた580万円の国庫補助金を不当な支出とした。

■ 埼玉県の事例の現場概要図

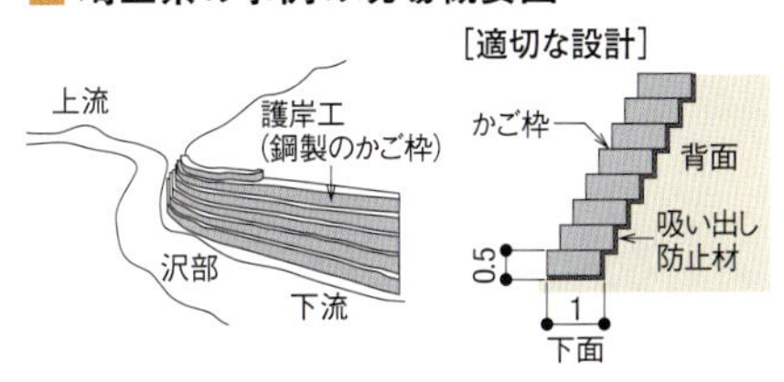

事前調査で「軟岩」のはずが…

甲斐市の場合は、橋の架け替えに伴って整備した護岸が指摘の対象となった。2基の橋台構築に併せて橋台前面と上下流側に築いたブロック積み護岸で、高さは4.5～7.6m。長さは左右両岸の合計で85.7m。

この護岸は、山梨県が作成した「河川ハンドブック」と「土木工事設計マニュアル砂防編」に基づいて設計。これらは「建設省河川砂防技術基準（案）同解説」（日本河川協会編）に準拠したもので、河床の洗掘を想定して護岸基礎の根入れ深さを明示している。基礎底面の土質が「岩盤」なら根入れ深さは計画河床より50cm程度、「土砂」なら河床の勾配によって1mまたは1.5m程度を確保するとしている。

同市は、橋台の施工位置で実施したボーリング調査に基づき、護岸の基礎底面の土質を「軟岩」と判定。根入れ深さを50cm程度として設計した。施工では基礎の底面から計画河床まで、護岸の前面に埋め戻しコンクリートを打設し、河床の岩盤と護岸との一体化を図った。

会計検査院は、同市が調査時に採取した地盤コアなどを改めて確認。護岸の基礎の底面に位置する地層は「れき質土」と判定した。「土砂」に分類されるので、本来なら護岸の基礎の根入れを1m程度は確保しなければならなかったことになる。

さらに現場で、護岸前面の河床に多数の洗掘を確認。護岸の基礎の根入れ深さは、現況で66～73cmだったが、洗掘は最大で65cmも生じていた。 検査院は、洗掘の進行で護岸が損傷する恐れを指摘し、工事費に充てられた国庫補助金の約1279万円を不当な支出とした。

■ 甲斐市の事例の現場概要図

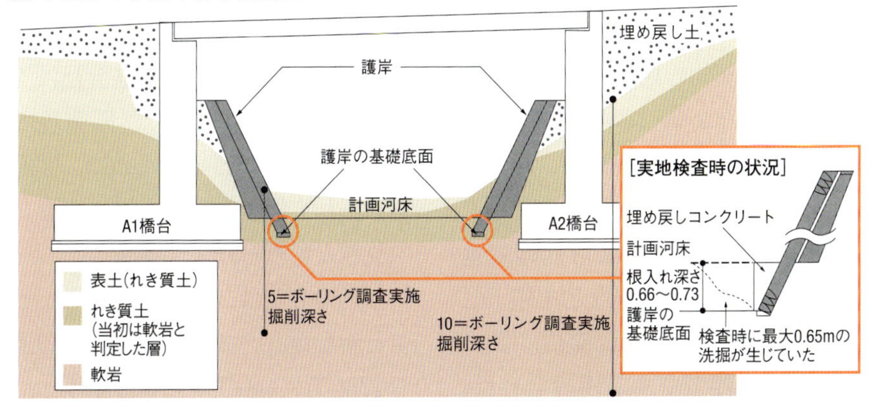

道路 カルバート基礎で配筋間隔を2倍に設計

設計ミスを指摘されたのは、群馬県が国庫補助事業で沼田市に築いた暗きょのカルバート基礎。国道120号の椎坂バイパスの建設に伴って、交差する河川の約50mを道路の下に埋設するために築いた。

現場打ちの鉄筋コンクリート製で、長さ41mの基礎を9ブロックに分けて構築。上部にアーチ形のコルゲートパイプを設けて暗きょとした(次ページの右図)。側壁の高さは1.7～2.3mで、底版の幅は5.7m。

設計は「道路土工－カルバート工指針」(日本道路協会編)などに基づいて実施。同指針は、荷重がカルバートの安定性に最も不利となる状態を考慮して設計するよう求めている。そこで設計では、自動車などの荷重(活荷重)の影響を受ける範囲を第3～第6ブロックの全長19.2mの区間とした。盛り土や法面の下に位置する第1と第2ブロック、第7～第9ブロックの合計21.8mの区間は活荷重の影響を受けないものとして考えた(次ページの左図)。

いずれの区間も、土かぶりの厚さと側壁の高さがともに最大となる区間で、カルバートに最も荷重がかかると判断。道路下の土かぶり7.4mで側壁の高さが2.3mの箇所と、法面などの下の土かぶり5.6mで側壁の高さが2.3mの箇所を想定して、カルバートに生じる応力をそれぞれ算出した。

この計算値に基づいて、カルバートの鉄筋仕様や配筋計画をまとめた。しかし、配筋図を作成する際に、配筋間隔を誤認。12.5cm間隔にすべきところを25cm間隔にしていた。さらに、カルバートの底版上面側に配置する主鉄筋に作用する荷重を過小に計算していた。

側壁高が最小の箇所は最も不利に

設計では「土かぶりの厚さと側壁の高さがともに最大となる箇所でカルバートに最も不利な荷重が作用する」と判断したが、実際は各ブロックのカルバートは上流端と下流端で側壁の高さが異なる構造だった。

土かぶりの厚さが同じでも、側壁の高さが最大となる2.3mの部分と最小となる1.7mの部分では応力度が異なってくる。道路下の区間なら土かぶりの厚さが7.4mと最大の箇所、側壁の高さが1.7mと最小になる箇所で、荷重は最も不利に作用すること

道路 架空の下請け契約を受注者に要請

新東名高速道路の建設の一環で中日本高速道路会社が発注した工事では、建設会社に架空の下請け契約を要請していた。同社豊川工事事務所が2007年7月から09年7月までに実施した工事だ。2本の工事用道路および3カ所の迂回路(合計で長さ1832m)の建設と、資機材保管用のヤード(9530m²)の造成で、工事費は合計6億6423万円だ。

これらのうち、迂回路の一部の建設とヤードの造成で必要な掘削作業は、工事の当初契約には含まれていなかった。同事務所は08年12月、建設会社に追加工事として指示。09年7月に変更契約を結んだ。

しかし、会計検査院が調べると実際には、ヤードなどの追加工事の一部は、変更契約の締結前に、工事の受注者ではない第三者である会社が実施していた。この会社は、用地の地権者だった開発会社。08年1月ごろから、その時点では自社の敷地だった用地内で迂回路などを施工し始め、同年11月ごろに完成。元々の工事の受注者である建設会社は、全く関与していなかった。

この開発会社は施工完了後、同事務所に対して、工事費を請求。同事務所は、建設会社に、この開発会社と下請け契約を締結するように依頼。建設会社を介して開発会社に工事費を支払った。さらに同事務所は、要求額に合わせるために、図面を修正して掘削の数量を増やすなどの改ざんも行った。

会計検査院はこうした状況を不適切と断じたうえで、追加工事費のうち4756万8388円分を不当とした。

■ 道路下に築いた暗きょの概要

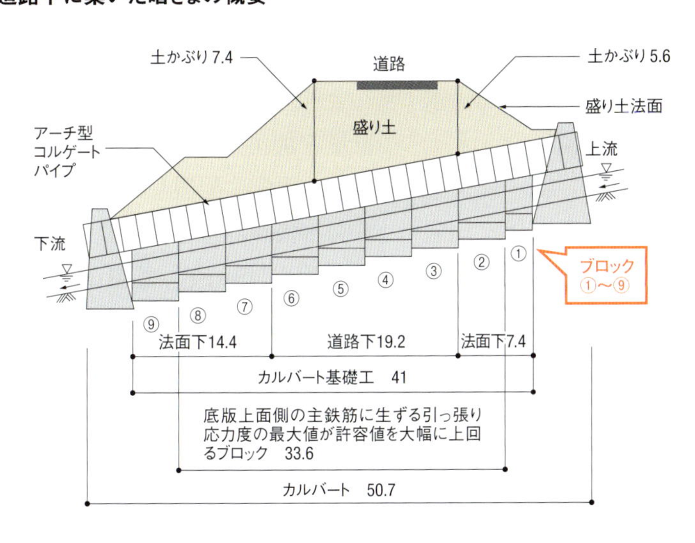

■ カルバート基礎の断面図と側面図

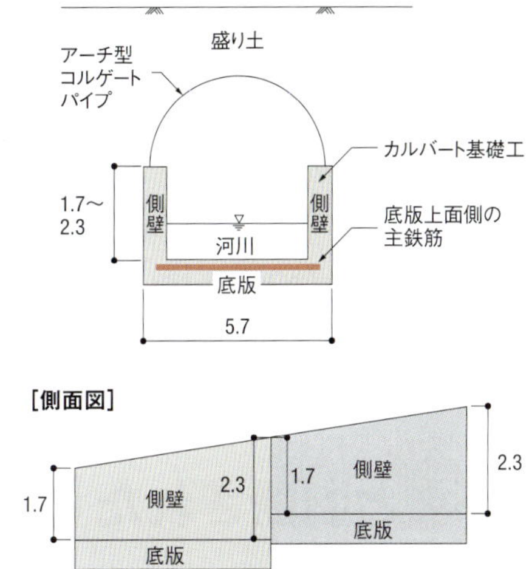

になる。指針の解釈上は、それぞれの応力度を比較し、大きい値を基に設計しなければならなかった。

会計検査院が再計算したところ、底版の上面側の主鉄筋に生じる引っ張り応力度の最大値は第2～第8ブロックの区間で194～368N/mm²。許容引っ張り応力度の160N/mm²を大幅に上回り、許容範囲に収まっていなかった。

検査院は、同区間の長さ33.6mのカルバートは所定の安全度が確保されていないと指摘。同区間の工事費約5166万円に対する約2841万円の交付金を不当な支出とした。

河川 予算繰りに窮して契約先を偽る

国土交通省九州地方整備局の武雄河川事務所が発注した2件の築堤護岸工事では、会計処理が不適正と指摘された。2010年度から11年度に佐賀県唐津市の久里・双水両地区で実施した松浦川の堤防補強工事だ。

同事務所は11年3月に、2地区の施工を担当する建設会社とそれぞれ契約。その後、工事の詳細設計費も含めて、12年1月に両工事の契約を増額変更した。変更後の契約額は久里地区の工事が9660万円、双水地区が8358万円。いずれも同事務所の完成検査を経て、同地整がそれぞれの建設会社に代金を支払った。

会計検査院の検査では、工事発注前の10年10月ごろに、2件の詳細設計を建設コンサルタントに口頭で委託していたことが判明。さらに2件の詳細設計は、いずれも工事の契約を増額変更する前の11年1月と同年7月に完了していた。

検査院によると、同事務所はこれらの詳細設計の委託費用を10年度予算で確保できなかったことから、11年度の工事費に紛れ込ませて支払おうとしたとみられる。

同事務所は、建設会社が詳細設計を行うとする虚偽の書類を作成し、2件の工事の契約を変更。完成検査を担当する職員も、詳細設計はそれぞれの建設会社が実施したとする検査調書を作成していた。

詳細設計の委託費用は2件合計で約650万円。検査院は、建設会社から詳細設計費の相当額が建設コンサルタントに支払われたことも確認している。建設会社への合計支出1億8018万円全額を不当と指摘した。

2011年度

汚水処理施設 自重考慮しないで強度不足に

石川県志賀町が造った汚水処理施設では、設計ミスが指摘された。同施設は、地中の2列の基礎杭と鉄筋コンクリート製の底版を築造し、その上にガラス繊維強化プラスチック製の浄化槽を設置。その後、土砂で埋め戻した。底版は42.8m×4.1mで、厚さが35cm。設計者は、底版がじかに地盤に接するので、埋め戻し土と底版の重量は地盤の反力で相殺されると判断。合併浄化槽と汚水の重量だけを考えて設計した。

杭基礎の採用に関して、「農業集落排水施設設計指針」などは、地盤沈下で基礎底版と地盤との間に隙間が生じる恐れがあるとして、埋め戻し土と底版自体の重量を荷重として考えて設計するよう求めている。

会計検査院が、埋め戻し土などの重量を加えて応力を再計算すると、底版下面側に配置した主鉄筋に生じる引っ張り応力度は、原水ポンプ槽で336.0N/mm²、流量調整槽で273.9N/mm²、沈殿層で同349.1N/

道路 不要と判断された「試験舗装」

東日本、中日本、西日本の各高速道路会社に対しては、「維持管理に伴う道路の舗装工事と維持修繕作業で、必要のない試験舗装を行っている」として改善を求めた。

3社は従来、「舗装施工管理要領」や「土木工事共通仕様書」などの社内基準で、舗装工事向けとして「高機能舗装Ⅰ型」「同Ⅱ型」、維持修繕作業向けとして「密粒度舗装」と呼ぶ舗装工法を定めている。そのうえで各社は、これらの工法を実際に採用する際には原則として、本番施工と同じ方法による試験舗装も実施するようにしていた。

3社が10年度と11年度に完了した工事の件数は、舗装の打ち替えなどで実施する舗装工事が合計158件で、契約金額の合計は約687億円。舗装の一部を応急的に補修する維持修繕作業は合計211件で、契約金額の合計は約1951億円だった。

会計検査院の調べでは、舗装工事のうち、試験舗装の費用は138件。これらの大半は、施工実績が豊富で技術データが十分にある舗装工法だった。逆に言えば、施工の難易度が高く試験舗装が本当に必要と認められた工法を採用したのは、全体の一部だけだったということになる。

138件のうち、検査院が「試験舗装なしで施工できたはず」とした工事は100件で、試験舗装の直接工事費の合計は積算額で約2億2867万円。他方、試験舗装の必要性が認められる難易度が高い舗装は約8663万円。この差額から、約1億4190万円を低減できたとした。

維持修繕作業では合計211件のうち、39件で試験舗装を実施。いずれも施工が容易で実績も多く、施工会社のほとんどが毎回、同じ人員と機械で手掛けていた。同院はこれらも不要とみなし、その積算合計額の約4536万円を無駄と判断した。

検査院の指摘を受け、東日本、中日本、西日本の各高速道路会社は12年8月から9月に「舗装施工管理要領」を改訂。施工難易度が高い舗装を除いて、原則として試験舗装を実施しない方針に加えて、維持修繕作業では試験施工の廃止を定めた。

■ 試験舗装を実施した維持修繕作業

道路会社	作業件数（件）	試験舗装費用（万円）
東日本	18	2974
中日本	19	1431
西日本	2	131
計	39	4536

■ 試験舗装なしで実施できたと考えられる舗装工事

道路会社	工事件数（件）	試験舗装にかかる直接工事費の積算額（万円）	必要性が認められた分（万円）	低減できた直接工事費（万円）
東日本	42	1億794	4298	約6490
中日本	34	7356	2433	約4920
西日本	24	4717	1935	約2780
計	100	2億2867	8663	約1億4190

*金額は1万円未満を切り捨て
（資料：会計検査院の資料をもとに作成）

mm^2。いずれも、許容値の157N/mm^{2}を大幅に上回っていた。

会計検査院は、基礎の底版が強度不足として、底版上に設置した合併浄化槽とともに所定の安全度が確保できていないと指摘。これらの工事に対する国庫補助金の約3471万円を不当な支出とした。

■ 汚水処理施設の側面図と横断図

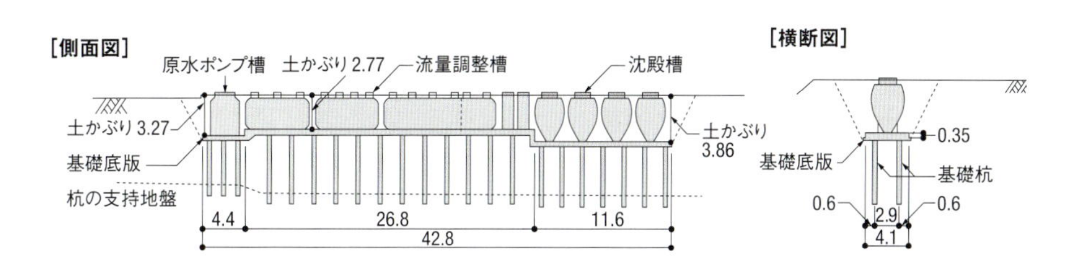

落石防止柵 落石の衝撃荷重を考慮しない設計

海上保安庁が設置した落石防止柵などの設計でも、ミスが指摘された。同庁は、兵庫県香美町で灯台管理用の巡回道路(幅80cm)が落石や雨水の浸食の影響で破損したことから、落石防止柵や雨水排水設備などを設置。工事費は約3434万円だ。

落石防止柵は、高さ20cmで幅2m、厚さが最大8cmのプラスチック板を3段で支柱上部にビス止めした構造(右下の図)。支柱の高さは地面から60cmで、巡回道路の山側に長さ170mにわたって設けた。

排水設備として柵の山側に設置したポリエチレン製の有孔波状管(内径10cm)は、遮水シート上に露出した状態で敷設した。

設計者は現地調査で、現場付近の転石の直径を平均20cm、主な落石発生箇所を防止柵から86.33m上方の付近と判断。柵は、落石の跳ね返りを考慮して地上高を決めたが、石の衝撃荷重は考慮しなかった。

落石防止柵の基準を定めた「落石対策便覧」(日本道路協会編)では、現場の調査結果に加え、過去のデータなどから落石の質量を推定して設計すべきだとしている。

山側の斜面では直径50cmの転石もあった。会計検査院がその大きさの落石を想定して再計算すると、衝撃時に柵の板と支柱とを固定するビスに1本当たり3.01kNの引き抜き力が発生して許容値(2.35kN/本)を上回るという結果が出た。

検査院は、落石防止柵の一部で落石による破損を確認。石が柵を越え、土留め擁壁や谷側のチェーン柵でも一部で破損箇所があった。

雨水排水用の有孔波状管は、設計時に、カタログなどが示す圧縮強度の許容値から直径20cm前後の落石の衝撃に耐えられると判断していた。しかし、衝撃荷重は考慮していなかった。

このカタログが示す数値は、埋め戻しによって管に加わる外力が管全周に分散する前提だった。検査院の再計算では、実際の衝撃荷重は管の圧縮強度を大幅に上回った。実地検査でも、実際に管の一部が落石で押しつぶされた箇所が見つかった。

■ 巡回道路と落石防止柵の概要図

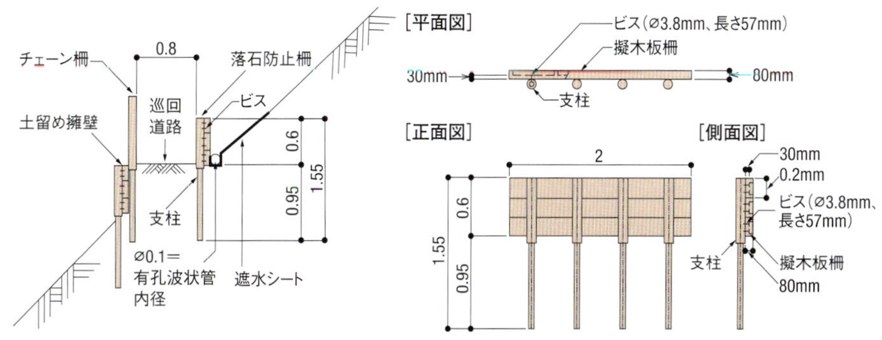

橋 同一の高架橋で耐震設計を重複実施

国交省関東地方整備局では、首都国道事務所が耐震設計を終えた高架橋を、東京国道事務所が重複して耐震対策の一環で照査・設計を実施していた。この高架橋は、国道357号に架かる「荒川河口橋右岸高架橋(海側)」。長さは193.9mで、幅員は7.5～9.5m。建設は1995年。修繕関連は東京国道事務所が、新設工事は首都国道事務所が担当していた。

東京国道事務所は2008年9月、国道357号に架かる橋の耐震対策の一環で、同高架橋を含む7カ所の既設橋を対象に耐震補強の設計業務などを発注し、オリエンタルコンサルタンツが5418万円で受注。荒川河口橋右岸高架橋(海側)は橋脚5基の耐震性能を照査し、そのうち2基は補強のための詳細設計も行った。

さらに同事務所は10年7月、同高架橋を含む4橋について、落橋防

ダム 最終処分場の構造に瑕疵

国交省関東地方整備局の品木ダム水質管理所では、群馬県内の国有地に建設した最終処分場の運用について、法令上の瑕疵を指摘された。

最終処分場は2005年に完成。06年度から11年度までに支出金額で7億5285万円の浚渫(しゅんせつ)工事を実施した。処分場に12年3月までに埋め立てた土砂は、約5万m^3に及ぶ。

汚泥の最終処分は「廃棄物の処理及び清掃に関する法律」(廃棄物処理法)などに準拠する必要がある。ダムの浚渫土は、同法で産業廃棄物に当たる汚泥に分類されており、埋め立て処分は「管理型」の処分場で行う必要がある。

管理型の最終処分場に関して環境省は、埋め立て地の周囲に開きょを設置することを省令で義務付けている。水が地表から埋め立て地に流入するのを防ぐためだ。

この規定に対して、品木ダム水質管理所が建設した最終処分場は、開きょを設置していなかった。会計検査院の検査によると、同水質管理所は、群馬県知事に最終処分場の設置許可を「管理型」として申請。しかし申請書に記載した処分場の構造は、プラスチックなどを対象とした「安定型」の内容だった。

同県は12年7月、最終処分場で立ち入り調査を実施。埋め立て地の周囲に開きょが設置されていなかったことを確認したため、廃棄物処理法に抵触しているとして、品木ダム水質管理所に改善指示書を出した。

会計検査院は、管理型の最終処分が義務付けられている廃棄物を安定型の処分場で埋め立て処理していた実態を「廃棄物処理法に違反する」と指摘。06年度から11年度までの間に実施した埋め立て処分について、法令上で瑕疵のある施設を使用しており、埋め立てに要した2億8945万円の支出を不当と判断した。

■「管理型」は周囲に開きょが必要

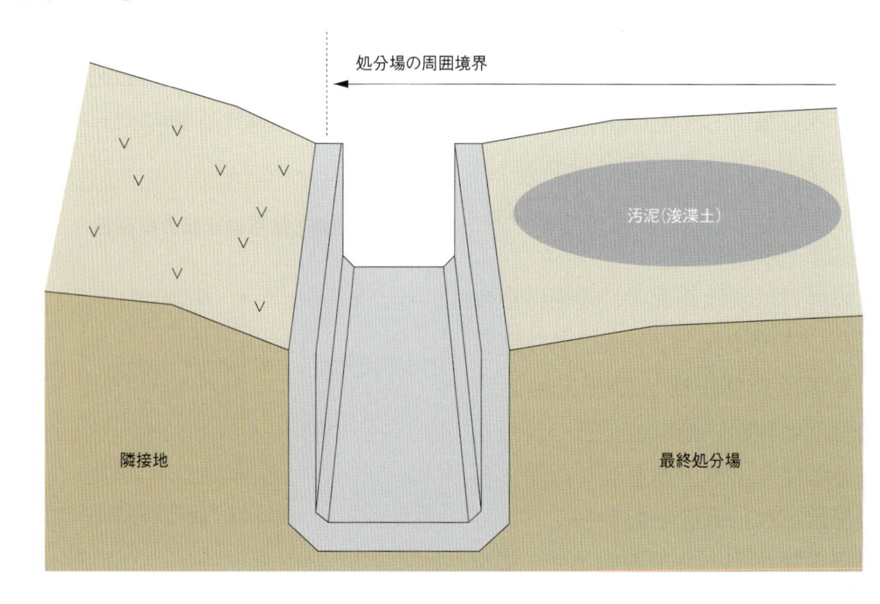

止装置の設計業務を発注。八千代エンジニヤリングが6174万円で受注して、設計業務を実施した。

会計検査院が検査すると、東京国道事務所が発注した一連の業務は、首都国道事務所が別途発注していた業務との重複が判明。後者は、連続立体交差化事業の一環で同橋を拡幅する計画に基づき、首都国道事務所が06年度から07年度にかけて設計業務を発注。耐震性能を照査したうえで、耐震補強と落橋防止装置の設計を先んじて行っていた。

首都国道事務所はこの業務で、事前に東京国道事務所とも協議し、設計図などを添付した書類も08年2月に提出。東京国道事務所が設計業務を契約した08年9月には、首都国道事務所の拡幅工事が既に着工していた。検査院は支出額の合計のうち、634万5136円を不当とした。

空港 重要空港複数で耐震対策が未実施

国内の重要空港のほぼすべてで、耐震性を確保するための方策が講じられていない——。11年度の会計検査報告では、こんな指摘も盛り込まれた。

「重要空港」とは、国土交通省が管理している東京国際(羽田)、新千歳、仙台、新潟、大阪国際(伊丹)、広島、高松、福岡、鹿児島、那覇の10空港と、空港会社3社が管理している成田、中部、関西の各国際空港だ。

これら13カ所の空港は、国の方針で、地震発生から3日以内に救急・救命活動の拠点として、緊急物資や人員の受け入れ機能を発揮することが求められている。

会計検査院は、これら重要空港の施設が計画的に耐震化を図っているか否かなどを検査。全空港の土木施設や建築施設など、合計912カ所の施設を検査の対象にした。

このうち土木施設は413カ所。国交省管理の10空港では、04年度以降に液状化調査を実施し、6空港の滑走路8カ所と4空港の誘導路10カ所、2空港のエプロン2カ所が「耐震対策が必要」と判定されていた。しかし、いずれも対策が完了していなかった。8カ所の施設では、本来なら必要な液状化調査すら未完了だった。

例えば、10年10月からD滑走路の供用を開始した羽田空港。同空港では04年度、06年度、07年度に液状化調査を行い、D滑走路とエプロンとを結ぶ誘導路で、「液状化対策が必要」とする調査結果が出ていた。しかし会計検査院の検査では、12年3月時点で対策が実施されていなかった。

建築施設は499カ所。2空港の空港事務所2カ所で耐震改修を未実施だった。いずれも、08年度の耐震診断で「改修が必要」と判定されていた。10空港の空港事務所や消防施設、電源施設など合計20カ所では、耐震診断を未実施だった。

羽田空港の場合は、1992年に空港内で完成した消防庁舎で耐震診断を未実施。大規模な地震災害時に消防車両が使用できなくなり、空港の機能維持に支障を来す恐れがあることが指摘された。

こうした施設などのハード面に加えて会計検査院は、重要空港が取り組むソフト面の耐震対策も検査対象にした。

具体的には、国交省航空局が重要空港の減災や地震発生後の対応に関して07年4月に提示した13項目を目安にしている。同省が管理する10空港では、13項目の対策がすべて完了した空港はなかった。

例えば、項目の一つである「地震災害時における空港の役割等の周知」に関しては、国交省自体が、対策の具体的な指示を対象の空港に出していなかった。対象空港のほとんどで、立地する自治体との連携や情報提供の方法なども十分に取り決められていなかった。

これらの結果から検査院は、速やかに必要な方策を講じるべきと国交相宛てに意見を示した。

貯水池 変更後の条件を反映せずに強度不足

沖縄県が農林水産省の補助事業で造った農業用貯水池では、設計ミスが指摘された。問題の貯水池は、外周を構成する逆T字形の擁壁を設置して、底版を構築する構造（左下の図）。擁壁の背後は、当初状態の地表面が一定でなかったので、盛り土は3種類のかぶり厚で施工する計画だった。貯水池本体の擁壁は、背後の盛り土厚の違いに応じて、許容応力度を計算したうえで設計した。

着工直後、貯水池内に維持管理用の通路を追加するために設計を変更。その際、通路の進入口に隣接する擁壁（長さ8.5mの区間）で背後の盛り土厚も変えた。

盛り土厚が増えれば擁壁にかかる土圧も増加する。だが設計変更では、擁壁は仕様を見直さないで、当初設計のままで施工していた。

会計検査院が設計変更後の盛り土厚で再計算すると、問題の区間の擁壁では、背面側の主鉄筋に生じる引っ張り応力度が許容範囲を逸脱していることが分かった。

当初設計では、擁壁背面側の主鉄筋に生じる引っ張り応力度の許容値は、常時が157N/mm^{2}で、地震時が264N/mm^2。設計変更後の条件では、擁壁の縦壁とかかと板とも、常時・地震時それぞれに生じる応力度が、いずれも許容値を上回った。

検査院は、問題の区間の擁壁の安全度が確保されていないと指摘。同区間の工事に支出した約201万円の国庫補助金の支出を不当とした。

■ 貯水池の概要図

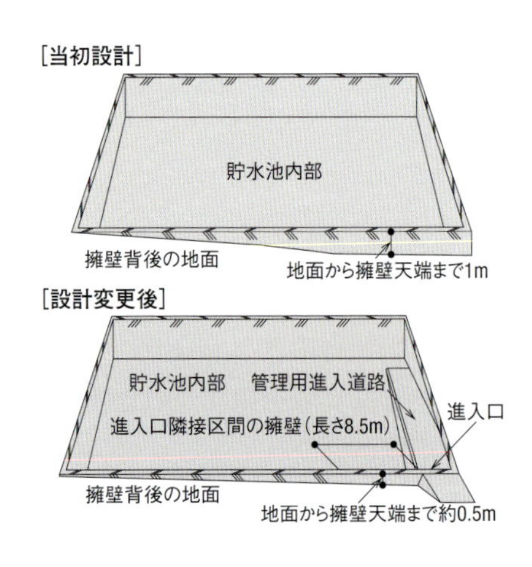

水路 現地の地形を考慮しないで強度不足に

沖縄県南城市ではU字形水路を設計する際、側壁の背後の地形を全て水平として応力を計算したが、実際には一部に傾斜地があったことで強度不足が生じた。

設計ミスを指摘されたのは、同市が農林水産省から国庫補助金を受けて造った農業用排水路。既存の土水路を鉄筋コンクリート製のU字形水路に改修した。

この水路は、「土地改良事業計画設計基準・設計『水路工』」（農林水産省農村振興局編）などに沿って設計。長さ134.4mの「標準部」、同20mの「落差部」に分けて、いずれも側壁の背後を水平な地形として土圧などを算定していた。

会計検査院が確認すると、実際の地形は一部の区間で、側壁の背後から登り勾配で傾斜地になっていることが判明（左の図）。実況に即した土圧で計算すると、合計24.6mの区間で、主鉄筋などに生じる応力度が許容値を上回っていた。

例えば、標準部の16.6mの区間では、当初設計に基づく主鉄筋の許容値は176N/mm^2。実際の土圧では、側壁の引っ張り応力度は178.3～212N/mm^2。この区間では一部で、底版も実際に生じる引っ張り応力度が許容値を上回る箇所があった。落差部でも、8mの区間で同様の計算結果が判明し、同院はいずれも強度不足と判断。これらの区間の工事に費やした国庫補助金の約426万円について、不当とした。

■ 南城市が整備したU字形水路の概要

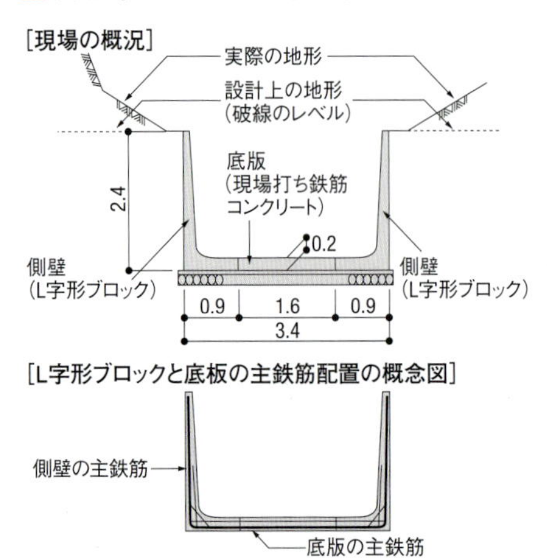

2010年度

橋 設計変更せずに杭の無防食部分が露出

海上保安庁第五管区海上保安本部が2基の浮き桟橋を係留するために施工した鋼管杭で、無防食部分の一部が海中に露出していた。

杭は外径1m、厚さ12mmで、長さ31.6mの6本と32.6mの2本の計8本。「港湾の施設の技術上の基準・同解説」(国土交通省港湾局監修)に基づいて設計した。朔望平均干潮位(LWL)を基準に、杭を打設する海底面をLWL－6m、支持層を同－23m以下と想定して、同－26mまで打設すれば3mの根入れ長さを確保できるとして設計した。

杭の耐用年数は50年間と設定。海水による鋼材の腐食を防止するために、海底面より1m深いLWL－7mから同＋3.5mまでを厚さ2.5mmのポリウレタン樹脂で被覆する。同－7mより深い部分は海中に比べて腐食量が少ないことから、防食処置を講じないことにした。

50年間の杭の腐食量は、被覆した箇所がゼロ、海底土中に貫入される部分は1.5mmと提案。船舶の接岸時や暴風時に杭の内部に発生する応力度比を算出したところ、杭頭や海中、土中のいずれも応力度比が許容値の1.0を下回ったことから安全だとして設計・施工していた。

ところが実際には支持層が想定の位置より浅かったので、8本の杭はいずれも設計どおりの深さまで打設できず、打設した杭の先端の位置は設計より0.7～1.9m高くなっていた。海底面の位置も設計より0.74～2.26m深かった。

この結果、土中に貫入するものとして防食処置を講じていなかった部分が海中に露出することになった。各杭の露出部分の長さは0.44～2.94mで、平均では1.85m。この部分に対して第五管区海上保安本部は、防食処置を講じるような設計変更をしなかった。

■ 係留のために施工した鋼管杭の概要

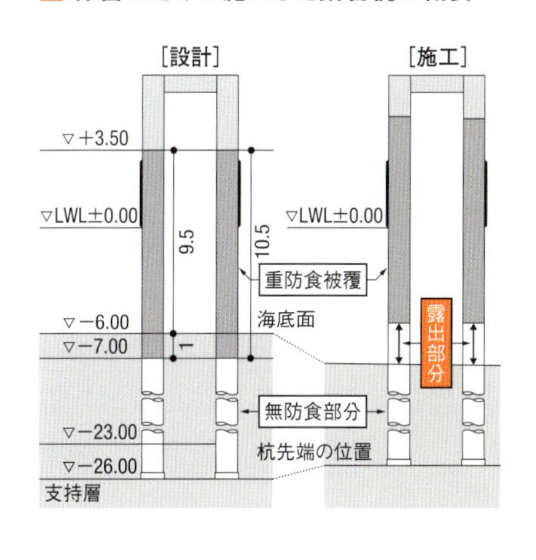

法面 モルタル吹き付け法面の9割に亀裂

岡山県が国庫補助を受けて実施した法面保護工事で、モルタル吹き付け面の9割以上に亀裂が発生。会計検査院の調査で、吹き付け厚さの不足などの粗雑施工が判明した。

設計で定めたモルタルの厚さは10cmで、現場では平均厚さが10cm以上になるように吹き付けなければならない。モルタル層を補強するための金網は、地山から、モルタル吹き付け層の2分の1から3分の1までの間に位置するように固定することになっていた。

吹き付けに際しては、モルタルと地山が密着するように、地山が岩盤の場合にはごみや泥土、浮き石など、モルタルの付着を阻害するものを除去。吹き付け箇所に付着しないで飛び散った跳ね返り材を速やかに取り除くよう求めていた。

しかし、検査院が現地を確認すると、モルタルを吹き付けた541m²の法面のうち、9割以上の508.5m²に多数の亀裂が生じていた。

亀裂が生じた法面を対象に24カ所を削孔して調べると、モルタルの厚さは24カ所の平均で8.4cmと、許容される平均吹き付け厚さを下回っていた。さらに、吹き付けたモルタルと地山の岩盤との間に跳ね返り材や土砂が残っているなどして、10カ所でモルタルが地山に密着していなかった。16カ所では、金網が設計で指定した位置より地山側に大きくずれていた。

検査院は、施工不良が生じたのは、施工者が粗雑な施工をしていたのに岡山県の監督と検査が十分でなかったことが原因だと指摘した。

港湾 岸壁だけの整備で大型船舶入港できず

会計検査院は、重要港湾に指定されている126港のうち20都道府県に整備した57港で、大型の船舶が接岸できる水深7.5m以上の486岸壁を対象に実地検査を実施。4港の8岸壁で、効果的な港湾整備事業を実施していないために利用が低調になっていることが分かった。

石川県の七尾港大田3号岸壁では、船舶の大型化に伴って、4万t級の船舶に対応する水深13m、長さ260mの岸壁を国土交通省の直轄事業で整備した。この岸壁は原木などを年間36万5000t扱う計画だ。

ところが、2008年の貨物量の実績は約7万9700tで、計画の21.8%にとどまっていた。会計検査院は、岸壁は水深13mで整備したが、航路や泊地が同10mまでしか整備できていないので、想定していた4万t級の船舶の入港に支障が生じているのが原因と判断した。

これに対して国交省は、水深13mを確保するために航路や泊地を段階的に浚渫(しゅんせつ)する計画だが、浚渫した土砂の受け入れ先が、石川県との間で十分な調整ができていない状況になっている。

那覇港では岸壁前面の泊地で静穏度が確保されていなかった。同港の

橋 設置が必要な落橋防止装置を省略

大阪府が国の補助を受けて茨木市に建設した道路橋で、橋の落橋防止装置を省略する設計ミスがあった。

片側2車線の橋桁を上下線にそれぞれ架けて造る。橋長は上下線を合わせた道路の中心線で46m、4車線が完成した後の幅員は22.8～24.5mになる。

工事では、下り線の桁を先行して架設し、この桁を上りと下りで1車線ずつ使用する計画だった。また、この下り線の道路中心における橋長は50.3mで、橋軸と支承の中心線が交わる角度が49.5度の斜橋となっていた。

設計のよりどころとした「道路橋示方書・同解説」(日本道路協会編)では、地震動に対して上部構造の落下を防止できるように、落橋防止装置や変位制限装置などの設置を求めている。

同示方書ではまた、両端の橋台が良好なⅠ種地盤に支持され、上部構造の長さが50m以下の場合は落橋防止装置を省略できるとしている。ただし、斜角の小さい斜橋と判定された場合には省略できない。さらに、落橋防止装置と変位制限装置では機能が異なるので、原則として両装置の兼用を認めていない。

大阪府は、上下線完成後の道路中心の橋長46mから、両端の橋台がⅠ種地盤に支持された長さ50m以下の橋に該当すると判断した。さらに、終点側の橋台に設置した変位制限装置が落橋防止装置の役割を兼ねるなどと考えて、落橋防止装置を省略して、下り線の橋を設計し、施工した。

ところが、先行して架設した下り線だけでみると、前述のように橋長は50.3m。落橋防止装置を省略できる50mを超えていた。さらに、下り線は斜角の小さい斜橋と判定される構造で、落橋防止装置を省略できない橋だった。

■ 橋梁の概要

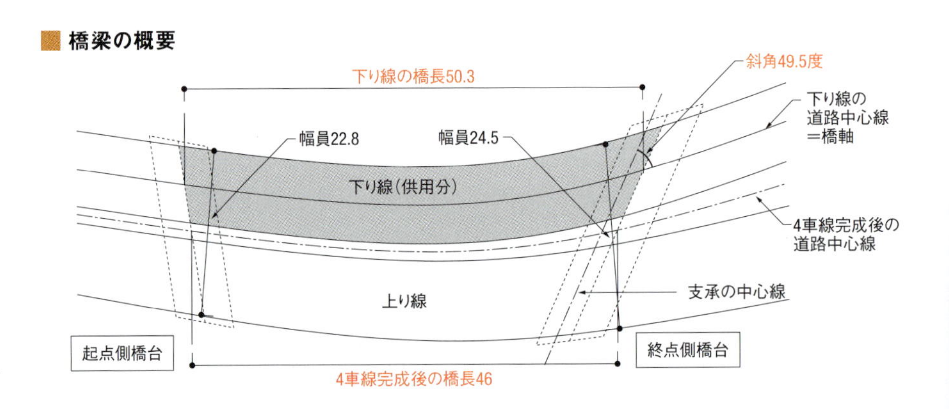

浦添ふ頭地区に、国の補助事業で整備した1号から7号までの岸壁の前面にある泊地の静穏度は87.3～94.1%。告示で規定された97.5%を確保できず、効率的な荷役ができない状態だった。これらのうち荷役への障害が比較的少ない1号と2号の岸壁に荷役が集中。3号から7号までの岸壁で取り扱った貨物量は、06～08年の実績で計画の0.6～29%だった。

連続するバースから成る岸壁を一括して整備したため、貨物需要の変化に対応できないものもあった。

大阪府の阪南港新貝塚2号岸壁は六つのバースから成る。ケーソンの据え付けやエプロン部分の舗装など、国の補助を受けて一括で整備し、利用していた。しかし、取り扱いを予定していた金属や機械などの需要が減少。大阪府は04年に阪南―宮崎間を結ぶフェリー航路を誘致したが、燃料費の高騰から06年に運航が休止となった。結果、貨物量が計画の5.8%にとどまっていた。

会計検査院は、整備した岸壁の利用が低調となっている事態を問題視。岸壁を有効活用し、需要の動向に対応した整備方法を採用するよう国土交通大臣に意見を表示した。

河川 目地を設けずひび割れがスラブを貫通

沈砂池の側壁に生じるひび割れの影響を考慮せずに斜路を設計。この結果、斜路にひび割れが発生し、そのうちの7本はスラブを貫通した。

ひび割れが生じたのは、手稲土功（ていねどこう）川の改修事業の一環で2009年度に札幌市が沈砂池と併せて造った斜路。沈砂池に堆積する土砂を搬出するためのものだ。沈砂池と斜路はともに鉄筋コンクリート造。斜路の長さは40.1m、幅は3.2m、スラブの厚さは0.5mとなっている。

沈砂池は「コンクリート標準示方書」（土木学会編）などに基づいて設計した。沈砂池の側壁は底版と一体になった構造で、高さ4～6.1m、厚さ0.8m。コンクリートの収縮などによるひび割れを考慮する必要があるので、側壁にはひび割れ誘発目地を設けることとした。

しかし、斜路の設計ではひび割れ対策を講じていなかった。斜路も沈砂池の側壁と一体で造るので、誘発目地を設けるなどのひび割れ対策が必要だった。

会計検査院が現地を確認したところ、沈砂池の側壁に設けたひび割れ誘発目地と接する部分を中心に、斜路のスラブ上面に13本のひび割れが生じていた。このうち、7本はスラブを貫通していた。

斜路の鉄筋コンクリートの内部に雨水などが浸透する状況となっており、会計検査院は構造物としての耐久性が著しく低くなっていると指摘した。

■ 沈砂池の概要

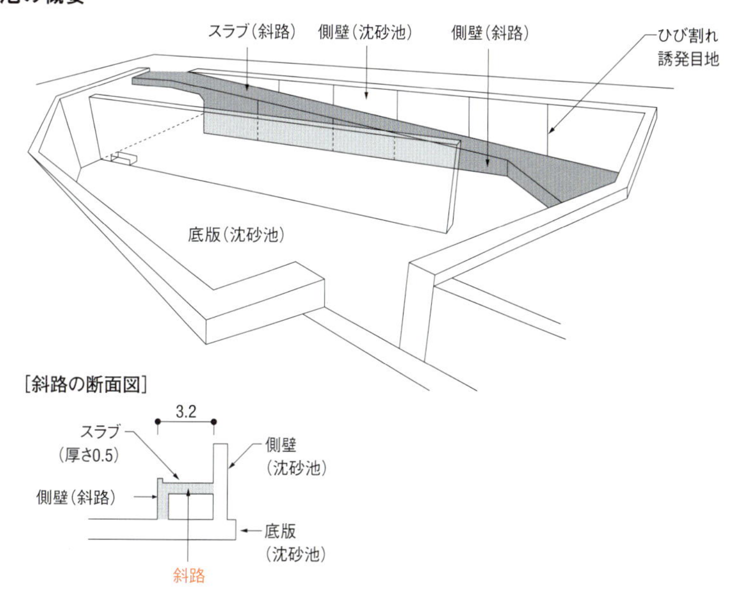

擁壁 ガードレールの衝突荷重を考えず設計

佐賀県玄海町は、頂部に設けるガードレールの衝突荷重を考えずに擁壁を設計。会計検査院は、車両がガードレールに衝突した際の安全性が確保されていないと指摘した。

擁壁は、農道の改良事業に伴って盛り土などと併せて施工した。農道の路体の安定を図るために高さ0.6～5.4mのブロック積み擁壁を長さ102mにわたって築造。車両の路外への逸脱を防ぐために、盛り土や擁壁の上にガードレールを設置した。

「土地改良事業計画設計基準・設計『農道』」(農林水産省農村振興局制定)などに基づいて設計し、擁壁の転倒などに対する安全性は確かめていた。ガードレールは、車道が盛り土の部分に当たる区間では盛り土の上に、擁壁の天端に近接した区間では天端に、それぞれ設けた。

擁壁の頂部にガードレールを設ける場合、基準ではガードレールに車両が衝突した際の荷重を考慮して擁壁の安定計算をする必要がある。

検査院が衝突荷重を考慮して安定計算をすると、擁壁の重量と土圧に衝突荷重を加えた合力の線が安全とされる範囲に収まっていなかった。

■ ガードレールを設置した擁壁の概要

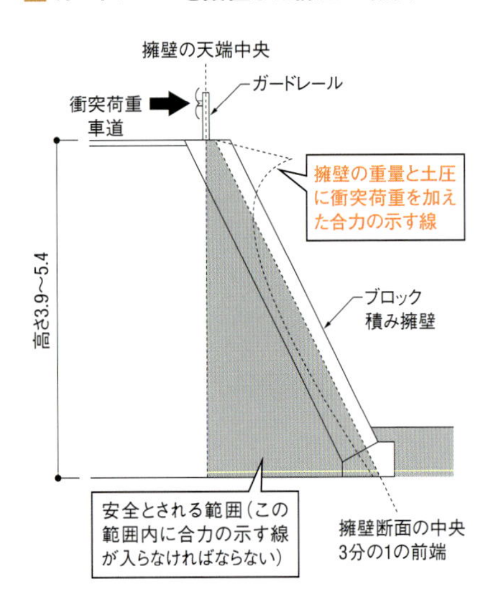

擁壁 30mmの記載ミスで強度不足に

静岡県が熱海市に整備した擁壁の設計図面に誤った数値を記載した。

擁壁は、長さ10～14.5mのH形鋼の杭を2m間隔で32本建て込んで土留め壁を構築し、その上から地山の斜め下方にアンカーを34本打ち込むなどして構築した。アンカーの張力を均等に伝えるために、アンカーの頭部にはH形鋼の腹起こし材などを設置した。 腹起こし材は水平方向に2段。これらを支えるブラケットとして、上段に溝形鋼を、下段には三角形に組み立てた等辺山形鋼を採用し、それぞれ杭に溶接した。

擁壁は「グラウンドアンカー設計・施工基準、同解説」(地盤工学会編)などに基づいて設計。下段のブラケットと杭の溶接部には、アンカーの張力による鉛直力と腹起こし材の自重で、せん断力と曲げモーメントが同時に作用することから、合成応力度に対する照査も必要になる。

応力計算では、下段のブラケットと杭を溶接する長さを、縦方向530mmで横方向150mmとすれば、溶接部に作用する合成応力度がいずれも許容せん断応力度を下回ると確認。これを必要な溶接長さとした。

しかし、設計図面を作成する際に縦方向の溶接長さを誤って500mmと記載。会計検査院が同数値で応力計算したところ、10本の杭のうち9本の溶接部に作用する合成応力度が許容せん断応力度を上回っていた。

■ 擁壁とアンカー頭部の概要

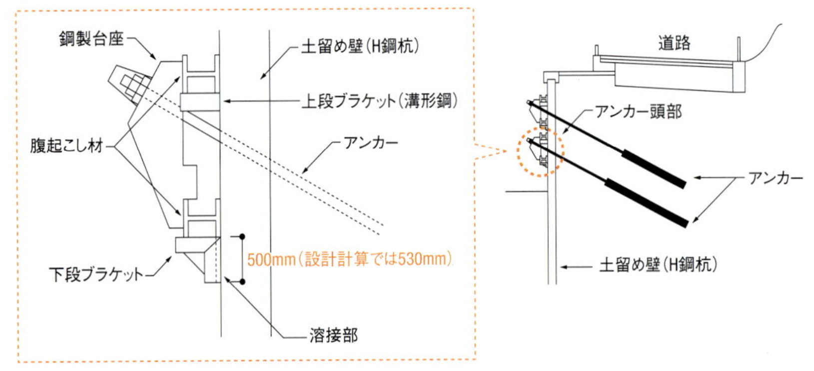

第3章

「想定外」を招く現場の盲点

第3章は日経コンストラクション2011年3月14日号から16年4月11日号までに掲載した記事をベースに加筆・修正して編集し直した。文中の数値や組織名、登場人物の肩書などは取材、掲載当時のもの

不備がなくてもトラブルは起こる

徳島市内の堤防道路で路面がひび割れた。現場では、施工計画に不備はなく、適切に工事を進めていた。ただ、自然を相手にする土木工事では、ミスがなくても不具合が発生することはある。

トラブルは2015年6月16日、吉野川の堤防の天端を通る道路で起こった。現場のすぐ横では、国土交通省徳島河川国道事務所が水門の移設工事を進めていた。施工者はアイサワ工業（岡山市）だ。

道路沿いには、根入れ長13mの土留めの鋼矢板が延長26.4mにわたって打ち込まれていた。その鋼矢板を引き抜いた直後、アスファルト舗装にひび割れが生じた。ひび割れの幅は最大2cmで、長さは約10m。ひび割れ発生のタイミングから、鋼矢板の引き抜きが影響したことは間違いない。

水締めなどの対策は実施していた

徳島河川国道事務所が舗装を撤去して調べたところ、ひび割れは路盤の上面までで、堤体には達していないことが分かった。この付近の堤体は砂質土が主体だが、表層部が粘土層になっているなど、複雑な土質分布だった。

鋼矢板を引き抜いた跡に堤体のれき質土や砂質土が引き込まれ、路盤の下にわずかな隙間が発生。路面に輪荷重が掛かったことで、表面のアスファルト舗装がひび割れたとみられる。

もともと騒音・振動対策として油圧による引き抜き機を使っていたので、周囲への影響は及びにくいはずだった。引き抜く際には土砂が一緒に出てこないように、作業員がその場で土砂を落としている。抜いた跡に砂を入れ、水で締め固める作業も欠かしていない。施工スピードも、特段、速すぎたわけではない。

このように対策を講じていても、問題は起こった。徳島河川国道事務所の福田浩副所長は、「土木工事に

路面にひび割れが生じた吉野川の堤防道路。左の写真が、鋼矢板を引き抜く前の状態。左の写真で、道路沿いに打っているのが土留め、写真右側は二重締め切りの鋼矢板
（写真・資料：次ページも国土交通省徳島河川国道事務所）

“完全”というものはない。何が起こり得るかを常に考えることが重要ではないか」と話す。

堤体に鋼矢板を打つ珍しいケース

同事務所によると、河川工事で堤体自体に鋼矢板を打つケースは珍しいという。

今回の工事では水門の移設位置の関係で、どうしても堤体の間近で作業をする必要があった。

同事務所工務第一課の松山芳士課長は、「トラブルを100%防ぐことは難しいが、今後は周囲への影響を少なくする新技術の採用も、考えなくてはいけないだろう」と語る。新技術として、例えば、矢板にパイプを差しておき、セメント系の材料を注入しながら矢板を引き抜くといった方法があるという。

道路を供用しながら堤体に鋼矢板を打つような、あまり例のない工事の場合、その影響を慎重に考える必要がある。ただし、コストをかけて対策する方が良いとは限らない。

「土の中は分かりにくいので、事前に対策をすれば絶対に問題が起こらないとは限らない。今回のトラブルのように路盤面だけ少しひび割れる程度であれば、後から直した方が経済的だ」(松山課長)。コストと効果の両方を考慮したうえで、対策を取るべきかどうかを検討する必要がある。

路盤の状態などを調査した後、アイサワ工業が舗装の補修工事を実施。15年7月6日に作業を完了した。70万円ほどの費用がかかったが、施工者のミスではないので、全て発注者が負担した。

■ ひび割れ発生のメカニズム

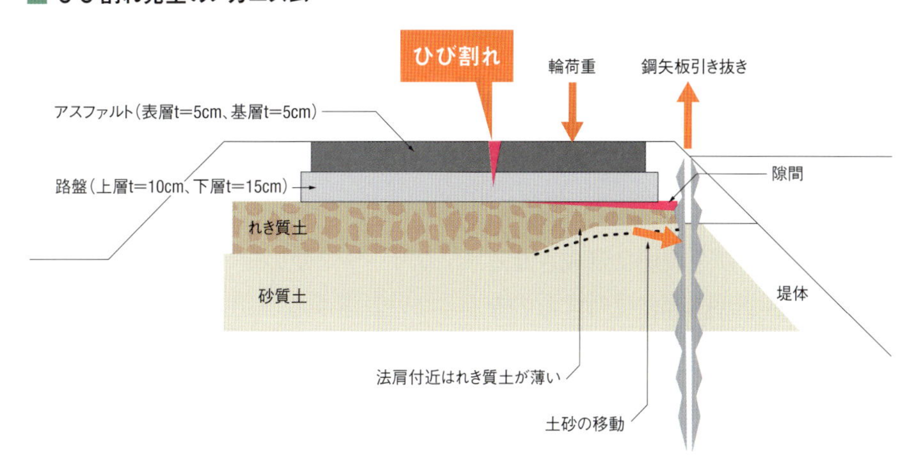

ひび割れ箇所の下の路盤上面。赤く線を引いた箇所に、わずかにひび割れが確認できる

ひび割れ箇所の下の堤体(れき質土)上面。堤体には、ひび割れは発生していなかった

鋼矢板引き抜きの際の施工状況。左は土砂落とし、右は水締めの様子。周囲への影響を防ぐ対策も実施しており、施工不良は認められなかった

路面の水跳ねで耐候性鋼材腐食

保護性のさびを表面に形成させることで、さびが内部に進行するのを防ぐ耐候性鋼材。塗装が不要で維持管理コストを削減できることから、1980年代以降、鋼橋に採用するケースが増えてきた。日本橋梁建設協会によると、近年では重量ベースで鋼橋全体の4分の1を占めている。

ただし、塗装を塗り替える必要がないからといって、「メンテナンスフリー」で使い続けられるわけではない。湿潤な状態が続く箇所では、耐候性鋼材であっても進行性のさびに侵されることがある。

完成10年後の点検で発見

建設から10年で有害なさびが表れ、補修工事を余儀なくされたのが、岐阜県下呂市の飛騨川に架かる国道41号不動橋だ。この橋は2000年に完成した橋長182m、幅員14mのニールセンアーチ橋。これまで05年と10年にそれぞれ定期点検を実施し、2回目の点検の際に有害なさびの発生が判明した。

これを受け、不動橋を管理する国土交通省中部地方整備局高山国道事務所は、さびた箇所を塗装するなどの補修工事を12年9月に発注した。しかし、施工者が足場を組んで、さ

ニールセンアーチ橋の不動橋。耐候性鋼材の補剛桁が床版の脇に露出している。写真は歩道のある下流側、右下の写真は上流側。上流側の高欄には、車道からの跳ね水が補剛桁に掛からないよう、ポリカーボネート製の水跳ね防止板を設置した(写真:日経コンストラクション)

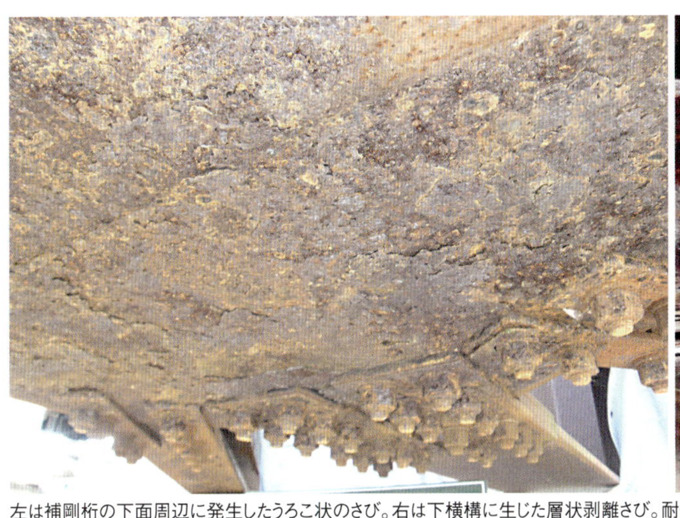

左は補剛桁の下面周辺に発生したうろこ状のさび。右は下横構に生じた層状剥離さび。耐候性鋼材を使ったものの、湿潤環境に置かれた部材には有害なさびが生じた（写真・資料：140ページまで特記以外は国土交通省高山国道事務所）

びの状況を詳しく調べたところ、思った以上に有害なさびが広がっていることが明らかになった。

高山国道事務所は同年12月に補修工事を一旦中断。13年1月に有識者を加えた施工検討委員会を組織し、さびの原因究明と補修方法の検討を始めた。「耐候性橋梁を補修した事例は全国でも少なく、補修方法が確立していない。補修方法を間違えると、さらにひどい状態にもなりかねないので、専門家に意見を聞き、適切な対処方法を検討することにした」（高山国道事務所の小幡敏幸副所長）。

調査の結果、有害なさびの発生原因がいくつも判明したが、なかでも盲点となっていたのが車道からの水跳ねだった。特に、冬季に散布された凍結防止剤が鋼材に掛かり、さびの発生が促進されていた。

鋼製の桁が床版の下に位置するような橋ならば、車が跳ね上げた水が掛かることはない。しかし、不動橋では鋼製の補剛桁が車道の両脇に平行に配置されている。路面からの水跳ねが掛かりやすい構造だった。

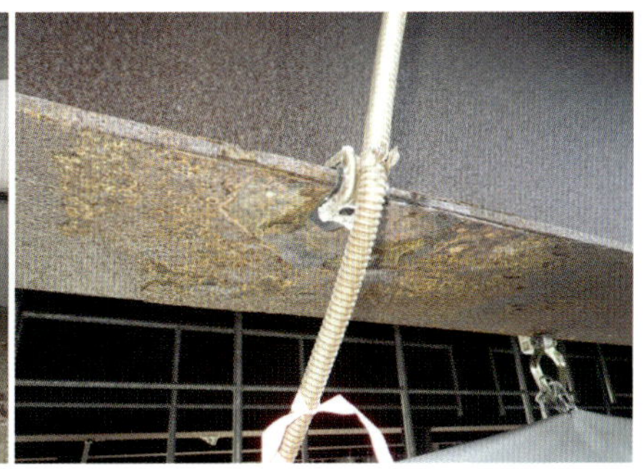

左は雨水などがたまった橋座面。湿潤環境になり、その上部の鋼材にさびが生じた。右は異種金属の接触による腐食が生じた箇所。応急措置として、ゴムシートで絶縁している

「2本の橋が並列する場合、隣の橋からの水跳ねがあるので耐候性を使ってはいけない、といった指針はある。しかし、単独橋で、その橋を走行する車からの水跳ねはノーマークだった」。施工検討委員会の委員長を務めた岐阜大学総合情報メディアセンターの村上茂之准教授はこう話す。

風通しの悪い箇所のさびがひどい

有害なさびが発生したのは、主に飛騨川の上流側の桁。一方、下流側ではほとんど問題は生じていない。下流側には歩道があるので、車道からの跳ね水が歩道の外側の補剛桁まで届かなかったものとみられる。

地形的な環境も、さびの発生に影響した。現地では下流側から風が吹きやすく、下流側に有害なさびが発生しなかったのは、風で乾燥しやすかったことも一因と考えられる。逆に、山に近接していて風通しが悪い箇所では、特にさびがひどかった。

設計上の配慮不足で、さびが発生した箇所も数多く発見された。例えば、桁と導水パイプ固定金具との接触部分。イオン化傾向が異なる金属同士の接触部分に水が付くことで、腐食が促進されていた。

導水パイプからの排水が風で巻き上げられ、鋼材を腐食させている箇所もあった。パイプを長くして排水が鋼材に掛からないように配慮して

■ さびの発生箇所と原因

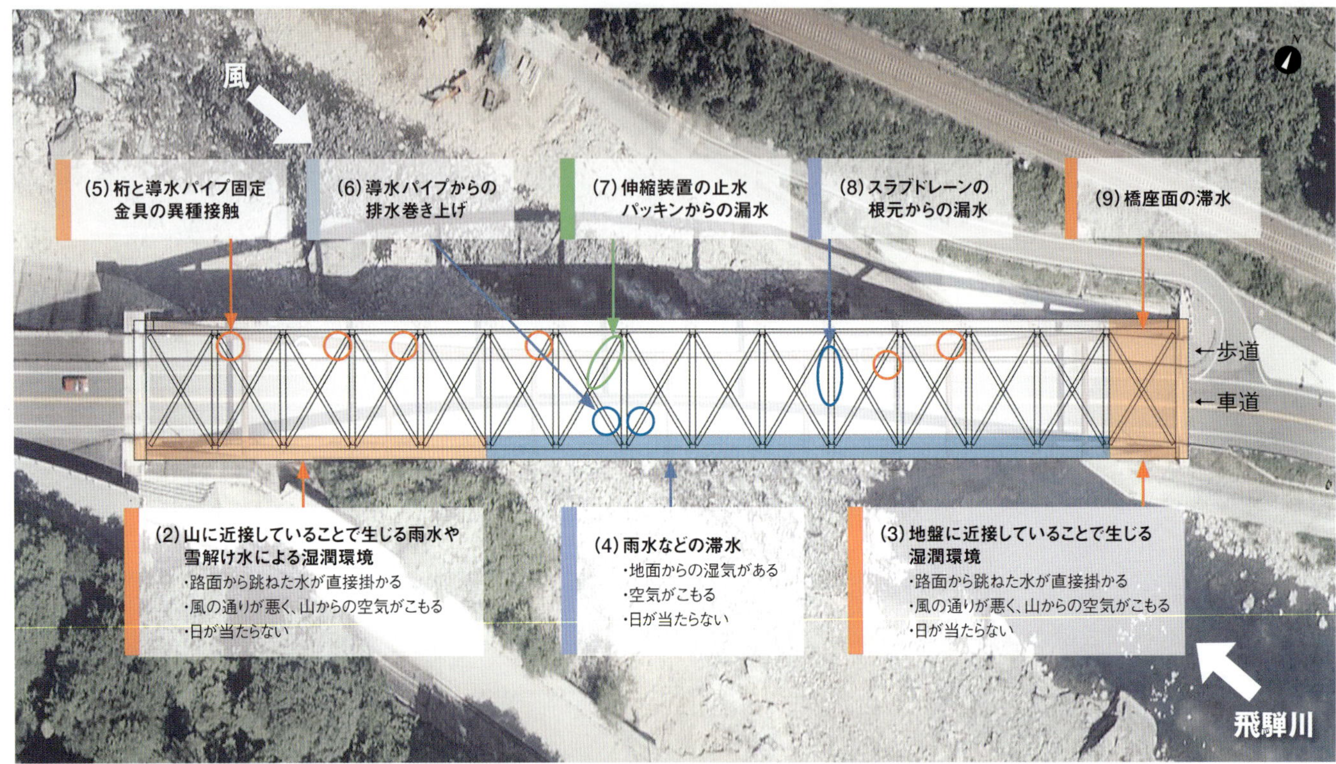

カッコの付いた数字は下の表に対応

■ 耐候性鋼材のさびの原因と対策

	さびの原因	対策
橋の構造	(1) 路面から跳ねた水が掛かりやすい構造	・水跳ね防止板を設置
地形環境	(2) 山に近接していることで生じる雨水や雪解け水による湿潤環境	・ブラスト処理のうえ塗装
	(3) 地盤に近接していることで生じる湿潤環境	・ブラスト処理のうえ塗装
	(4) 雨水などの滞水	・ブラスト処理のうえ耐候性鋼用表面処理
排水施設の配慮不足	(5) 桁と導水パイプ固定金具の異種接触	・桁と固定金具をゴムで絶縁
	(6) 導水パイプからの排水巻き上げ	・導水パイプを延長
	(7) 伸縮装置の止水パッキンからの漏水	・伸縮装置を取り換え
	(8) スラブドレーンの根元からの漏水	・スラブドレーンを穴埋め
	(9) 橋座面の滞水	・コンクリートで橋座面に勾配確保 ・伸縮装置に排水用の導水パイプを設置 ・補剛桁に雨水浸透防止措置 ・補剛桁の水抜き穴に導水パイプを設置

補修工事の様子。さびた箇所をブラスト処理し、一部を塗装した(写真:右も日経コンストラクション)

補修後の鋼桁。左側が塗装した箇所。右側は塗装せず、表面処理剤を塗布している

いれば、問題は生じなかったはずだ。橋座面に水がたまりやすい構造になっていたことも、その付近の腐食を促進した。

耐候性の橋の場合、一旦保護性のさびが形成されれば腐食に対する耐久性は高いが、新設時点ではまだ鋼材がむき出しの状態になっている。保護性のさびが安定するには5年以上かかるので、その間は特に有害なさび生じないように注意が必要だ。

保護性か有害かの判別が難しい

不動橋では完成から5年後に初回の定期点検を実施したが、有害なさびとは判別できなかった。既にさびで覆われていたが、保護性のさびなのか有害なものなのか、その時点で判定するのは難しかった。

有害なさびが発生したことは想定外だったが、10年後の点検で発見したことで、大きな問題になる前に対策を取ることができた。構造的な試験を実施した結果、強度には問題ないことが確認されている。

定期的な点検が機能していないと、手遅れになる可能性もある。例えば、耐候性鋼材を使った沖縄県国頭村(くにがみそん)の辺野喜橋(べのきばし)では、腐食が進み危険な状態になっていることが04年に偶然、発覚した(下の囲み参照)。視察に訪れていた外部の橋梁技術者から指摘を受けたからだ。既にその時点で手遅れで、直ちに橋を閉鎖せざるを得なかった。1981年の完成からわずか23年後のことだ。耐候性橋梁といっても、造りっぱなしで済むわけではない。

[対策方針] 保護性さびが形成されない原因を解消

岐阜大学総合情報メディアセンター准教授
村上 茂之
(写真:日経コンストラクション)

耐候性の橋梁で悪性のさびが発生した事例は少なくない。しかし、さびた箇所を塗装したり、欠損した箇所に当て板をしたりといった対処をしていることが多い。

設計段階で、長期的なコストを計算したうえで、耐候性鋼材の採用を決めたはずだ。さびた箇所を塗装して済ませてしまうのは本末転倒と言える。

保護性のさびが形成されなかった原因を突き止め、それを解消して良好な環境に置いてやればいい。どうしても悪い条件を回避できない箇所だけ、塗装の力を借りた。

コンクリート橋も含めて、水に対する配慮をしっかりやれば、結構長持ちするものだ。例えば、床版の水抜きの下に桁などの部材があると、そこが損傷しやすい。こういった点に気を付ける必要があることは、耐候性でない橋梁でも同様だ。(談)

ブラスト処理して一部は塗装

高山国道事務所は委員会での検討内容を反映したうえで補修計画を立て直し、13年3月に補修工事を再開した。水跳ね対策として、歩道のない上流側の高欄に水跳ね防止板を設置。特にさびやすい橋の両端部分は、ブラスト処理でさびを取り除いたうえで塗装した。

それ以外のさびた部分は、ブラスト処理の後、保護性さびの形成を促進する表面処理剤を塗布した。同事務所では、水跳ね防止板によって環境が改善されるので、今度はきちんと保護性のさびが形成されるはずだと考えている。

排水パイプを延長したり、橋座面に水がたまらないように傾斜を付けたりするなどの対策も実施。そのほか、スラブドレーンを穴埋めし、水漏れを起こしていた伸縮装置を取り換えた。補修工事は13年10月に終了した。

[辺野喜橋] 放置された耐候性橋梁が崩落

沖縄県国頭村の辺野喜橋は、橋長35mの単純鋼桁鉄筋コンクリート床版橋。耐候性鋼材を使用したが、塩害で腐食が進行し、ついには桁が折れ曲がり、崩落してしまった。

辺野喜橋が架かっていた河口にはサンゴ礁がある。その上で発生した波のしぶきが、海からの強い風で運ばれ、同橋に付着したと考えられる。現在では、このような悪条件の場所に耐候性鋼材は使用しない。しかし、この橋が建設された当時は、耐候性鋼材に関する知見がまだ十分ではなかった。

問題は、橋を管理する国頭村の道路パトロールで腐食の深刻さを判断できなかったことだ。偶然、視察に訪れた外部の橋梁技術者から危険性の指摘を受け、村は橋を通行止めにした。

その後、撤去費用を工面できないことから、橋はそのまま放置。腐食がさらに進み、2009年7月に崩落した。

崩落した辺野喜橋(写真:沖縄県国頭村)

中部地整では今後、不動橋の検討委員会で得られた知見を、ほかの耐候性橋梁の維持管理や補修に生かしていく方針だ。具体的な検討ツールとして、フローチャート(流れ図)を作成した。「板厚がどの程度、減少しているか」、「損傷原因を取り除くことができるか」といった項目に答えることで、適切な補修方法を判定できる。

床版の骨材の浮きで補強失敗

宮崎県小林市の国道268号紙屋大橋で2012年、舗装したばかりの新しい路面に相次いでひび割れが発生した。この橋では床版の補強工事を実施しており、それに伴って舗装を敷設し直したところだった。

紙屋大橋は1965年に完成した長さ236mの8径間鋼桁橋。劣化した防護柵の取り換えに伴い、床版の補強が必要になった。補強方法は、炭素繊維成形板を床版の上面に張り付けて、引張強度を高めるというもの（144ページの図参照）。既設のコンクリート床版を厚さ1cmほど削り、そこに炭素繊維成形板（幅10cm、長さ177cm、厚さ2mm）と樹脂モルタルによる補強部を形成した。

最初にひび割れが見つかったのは12年2月。橋を管理する宮崎県県土整備部道路保全課の金丸尚敏主幹は、「最初は部分的なものだと思っていたが、6月から7月ごろになるとあちこちに出てきて範囲も広くなってきた。単なる舗装の施工不良とは考えにくかった」と語る。

検討会を設置して原因究明

舗装だけの問題なのか、補強部が剥がれているのか、床版自体がひび割れているのか――。宮崎県は、原因を究明して補修方法を検討するため13年2月、専門家を加えた補修補強工法検討会を設置した。

ひび割れた舗装面を剥がして床版などの状態を調べたところ、補強部の下に剥離が生じていることが判明した。といっても、補強部の樹脂モルタルと既設床版との接着が不十分だったわけではない。剥離していたのは、その下の部分だった。

剥離の原因となっていたのは床版

補強工事完了後の紙屋大橋。2011年9月～12年3月の工期で、老朽化した防護柵を取り換えるとともに、床版を補強した

補強工事に伴って舗装したばかりの路面に発生したひび割れ
（写真・資料：144ページまで特記以外は宮崎県）

左は補強工事後の路面の断面。炭素繊維成形板を含む樹脂モルタルの層が、既設コンクリート床版の粗骨材とともに剥離している。右は既設床版に含まれていた大粒径の粗骨材

■ ひび割れ発生のメカニズム

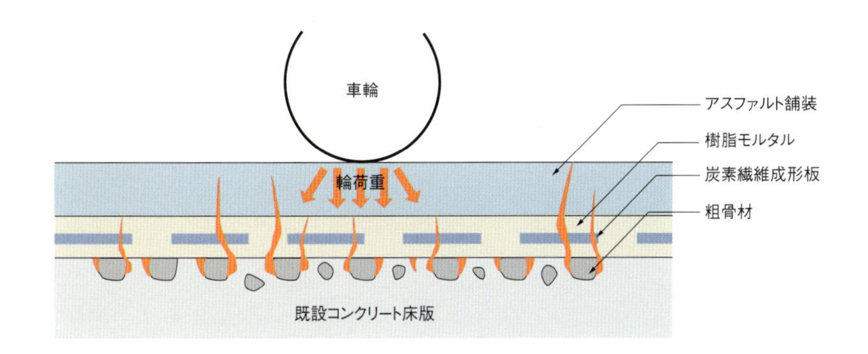

床版上面を厚さ1cm切削したことで粗骨材の表面が露出し、モルタルと剥離しやすい状態になった

↓

車両の輪荷重の作用で、既設床版と樹脂モルタルとの境界近くに水平方向の引張力が作用

↓

粗骨材と床版のモルタル部との間が剥離し、ひび割れが進行した

の粗骨材。粒径7cmもの大きな骨材が既設床版に混ざっていた。これらの骨材と床版のモルタル部分との付着力が弱かったために、補強部に骨材が張り付いた状態で、骨材ごと床版から剥がれていた。この剥離が原因となって、上部のアスファルト舗装にひび割れが生じた。

ひび割れのメカニズムは次のとおりだ。走行する車両の輪荷重で、床版と補強部との境界付近に水平方向に引張力が発生。床版の粗骨材とモルタル部との間に剥離が生じた。そこに輪荷重が繰り返しかかることで補強部にひび割れが発生。ひび割れがアスファルト舗装に達した。

宮崎県では、炭素繊維成形板自体に欠陥はなく、補強工事の施工にも不備はなかったと考えている。

不具合の原因となったのは、既設の床版だ。床版を切削した時点で粒径の大きな骨材が含まれていることは分かったが、それがモルタル部と剥離しやすいことまでは考えていなかった。

「現在はJIS工場で粗骨材の粒度分布を管理しているので、こんな大きな骨材が混ざることはあり得ないが、当時はそこまできちんと管理しないことも珍しくなかったのだろう」と、道路保全課の矢野康二課長補佐は言う。

補修補強工法検討会の会長を務めた中澤隆雄・宮崎大学名誉教授は、「床版を切削する際に、表面を傷めたことも剥離の原因となったようだ」と指摘する。床版を削り取った時に細かなひび割れができて、骨材に浮きが生じた可能性が考えられる。

補強工事をやり直し

このように補修・補強工事は新設と異なり、既存構造物の品質や傷みも考慮して施工方法を考えないと、思わぬトラブルに見舞われる。

紙屋大橋では結局、補強工事を別の方法でやり直すことになった。アスファルト舗装を剥がし、その下の炭素繊維成形板と樹脂モルタルの層を全て撤去。切削した床版は、ポリマーセメントで修復する。さらに、その上をアスファルトで舗装し直して元の状態に戻す。

補強方法として、今度はブラケッ

床版補強工事の施工

(1)コンクリート床版を切削

(2)炭素繊維成形板を敷設

(3)樹脂モルタルを敷設

(4)ケイ砂を散布

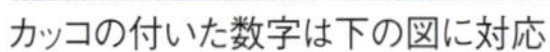
カッコの付いた数字は下の図に対応

床版上面の補強断面図

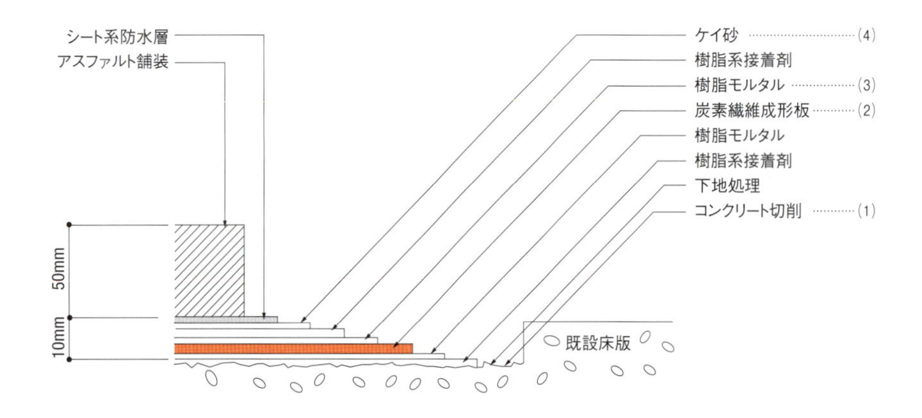

トを使う方法を採用した。床版の両側の張り出し部分を、下からブラケットで補強する。

もともと、炭素繊維成形板による補強方法を採用したのは、橋の自重を増やさずに済むからだった。上部工が重くなれば、下部工の補強も必要になる。しかし結局、ブラケットを取り付けることになったので、上部工の重量は増えてしまう。道路保全課によると、下部工を補強しなくて済む、ぎりぎりの重さだという。

現在、新たな補強工事の設計を進めているところだ。宮崎県では、今年の年末までに工事を発注したいと考えている。補強工事の完了は来年の夏ごろになる見込みだ。

炭素繊維の補強板や補強シートによる工法には自重を増やさずに済む利点があることから、宮崎県では今後も使用することは排除しない考えだ。その際、同様のトラブルを防ぐために、切削した床版と補強部との間には、粘性度が低くコンクリート内部に染み込みやすいエポキシ樹脂のような接着剤を使用する。コンクリート床版を切削した際に表面が荒れて骨材に浮きが生じても、接着剤を染み込ませることで、剥離を防ぐ効果が期待できるからだ。

[剥離の原因] 床版の切削で表面を荒した可能性

宮崎大学名誉教授
中澤 隆雄
(写真:日経コンストラクション)

炭素繊維のシートによる補強は、かなり以前からある。しかし、板状のものは比較的新しく、施工実績がそれほど多いわけではない。検証がまだ十分ではないのではないか。

紙屋大橋では幅100mmの炭素繊維成形板を300mm間隔で並べている。硬い部分と軟らかい部分が交互に並んでいたことも、剥離を引き起こした一因になったようだ。

床版を切削する際に表面を荒らしていた可能性もあるが、それは施工ミスとは言えないだろう。機械で剥ぐのだから、ある程度のひび割れはやむを得ない。ひび割れが生じたり骨材が浮いたりした床版に対しては、染み込むタイプの接着剤を使うことで解決できるだろう。

車線を規制して供用しながら施工したので、通行車両による振動が悪影響を与えたことも考えられる。固まっていない状態で揺れたことで、うまく接着しなかったのかもしれない。(談)

仕様書 スランプの低下

打ちにくいコンクリで劣化の恐れ

橋脚を厚さ十数センチの鉄筋コンクリートで巻き立て補強する工事で、仕様書に記載されている新設の橋脚のコンクリート配合を採用。これではスランプが小さすぎて施工できないと施工者が変更を協議するものの、発注者は「仕様書どおり打設してくれ」と拒否する——。

コンクリート構造物の補修・補強工事が増加するのに伴い、このようなやり取りが増えている。

仕様書では一般的に、構造物の種別で、呼び強度やスランプ、粗骨材の最大寸法を規定しているが、その数値は新設を対象としていることがほとんどだ。十数センチの狭小な箇所に、新設の橋脚の配合に使うようなスランプのコンクリートでは、充填性を考えると非常に施工しづらい。品質にも影響を及ぼす。

冒頭のような現場に立ち会ったことのある生コン会社の執行役員は、「巻き立て補強する箇所は壁部材のようなもの。せめてスランプ15cmは必要だ」とし、「指定のスランプで施工することが施工者の技能と考えている発注者が多い」と嘆く。

悪循環で生じる「上限要求」

スランプの変更を発注者が認めてくれなければどうするか。少しでも軟らかいコンクリートで打ちたい施工者は苦肉の策として、JISの規格で認めているスランプの許容誤差±2.5cmを巧みに利用する。そこで問題となるのが「上限要求」だ。

スランプの目標値が8cmでも、5.5～10.5cmまでは誤差が認められている。しかし、施工しやすい軟らかいコンクリートを求める施工者は、許容誤差のプラス側で納品を要求する。これが上限要求だ。「加水の要求ではない」と言うものの、許容誤差は8～10.5cmと半分になる(下のグラフ参照)。

全国生コンクリート品質管理監査会議による工場の立ち入り検査によると、全てのコンクリートを誤差±1cmで管理することは不可能だ。結局、10.5cmを超えるスランプが、暗黙の了解で納品されることになる。

水セメント比を保ちつつスランプを大きくするには、セメントと水の両方を増やす必要がある。契約に変更がないのなら、そのしわ寄せは生コン会社に来る。「セメント増のコストを負担したくない生コン会社が、骨材にあらかじめ水を含ませて、水の計量値よりも多めの水を含

■ コンクリートの充填性を考慮していない発注の例(橋脚の耐震補強)

[補強部の水平断面図]

RC巻き立て補強
帯鉄筋D13
軸方向鉄筋D16
150mm
既設の躯体

[施工条件]

締め固め作業高さ	3m
鋼材量	136kg/m³
鋼材の最小あき	77.8mm

[仕様書にあるコンクリートの配合]

種別	呼び強度(N/mm²)	スランプ(cm)	粗骨材の最大寸法(mm)
橋台、橋脚、函きょ類、擁壁、樋門、樋管	24	8	25

仕様書にある配合は新設の仕様。狭小な範囲などの施工条件を考慮すれば、スランプ8cmでは充填しづらい。高品質のコンクリートを打設できない可能性が高い

建設会社や生コン会社への取材をもとに作成

■ スランプの上限要求の概念図

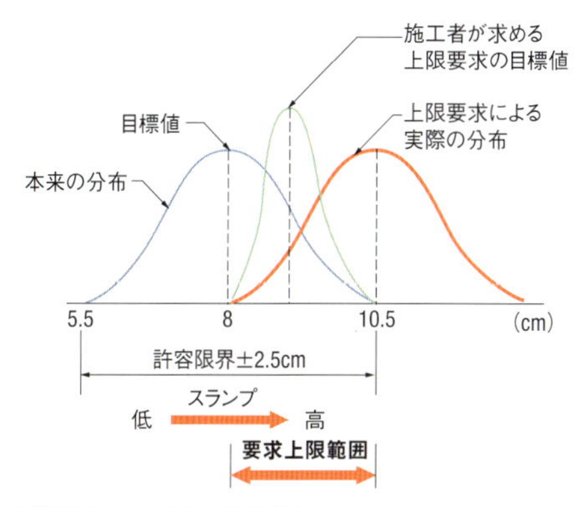

(資料:日本コンクリート工学会)

んだ生コンを納品することもあるようだ」(先の生コン会社の役員)。

発注者が適切な配合を選定しなければ、このような品質劣化の悪循環を招きかねない。上限要求は、楽に打設を済ませたいという一部の施工者の怠慢もあり、慣習化している。

「打ち込みの最小スランプ」に対する知識のない発注者も多い。仕様書で記されているスランプは一般的に、荷下ろし時の値だ。荷下ろしから打ち込みまでの間にスランプは低下(ロス)する。それを見込んでいない以前に、全く意識していない発注者が多い。

実際にこんな出来事があった。山の頂上に高圧線の鉄塔の基礎を打設する工事で、数百メートルの上り配管をポンプで圧送するにもかかわらず、発注者の指定するスランプは、ロスを全く見込んでいない8cmだった。施工者がスランプ値の変更を協議したものの認めてもらえなかった――。このように現場によっては、スランプのロスの影響を見逃せない。

スランプの低下と許容誤差を踏まえたのが、打ち込みの最小スランプに当たる(左のグラフ参照)。

2007年に制定したコンクリート標準示方書・施工編で、「打ち込みの最小スランプの標準値」が初めて定められた。ただ、「多くの発注者が把握しておらず、仕様書などにも反映していないようだ」。JCI生コンセミナー部会の一員で、岐阜県生コンクリート工業組合の高田浩夫技術部長はこう説明する。

同部会が愛知、岐阜、三重の3県の発注者にアンケート調査をした結果、大半の工事仕様書で最小スランプの内容を反映していなかった(下のグラフ参照)。

発注者がスランプの真の概念を認識して適切なスランプで発注しない限り、施工者が生コン会社に理不尽な要求をする傾向は続く。ある生コン会社の社長は、「改ざんして品質劣化につながる生コンを供給する会社もある。このままでは、いずれ不具合が顕在化する」と危惧する。

■ 打ち込みの最小スランプの概念図

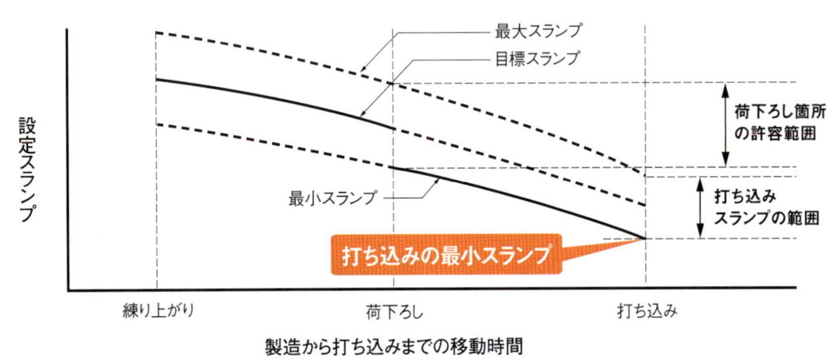

(資料:下も日本コンクリート工学会)

■ 受発注者ともに打ち込みの最小スランプに対する認識が不足

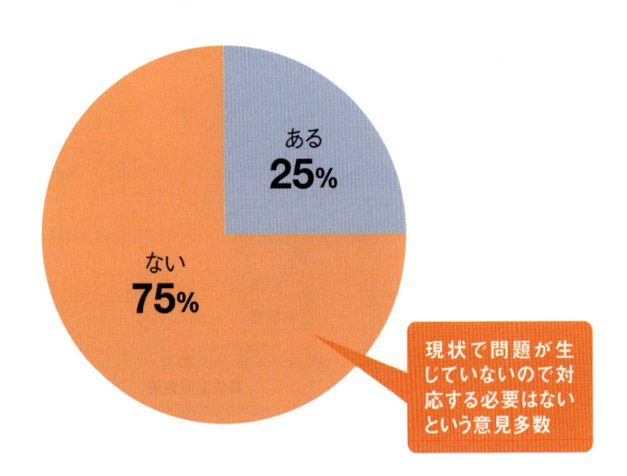

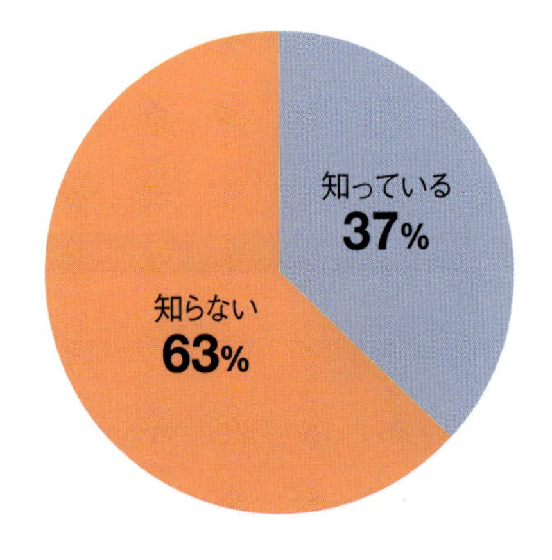

回答数は発注者が8、土木工事の施工会社が35。愛知、岐阜、三重の3県の生コンクリート品質管理監査会議を通じて、組織の構成員などからアンケート調査の協力を得た

地盤調査 ▶ 築堤工事中の円弧すべり

地盤調査の死角突く超軟弱層

京都府舞鶴市を流れる由良川の下流域で2014年11月、天端の高さまで敷きならして転圧した土堤が、大規模な円弧すべりを起こした。

事故があったのは、仁木総合建設（京都市）が約2億円で施工する「大川地区下流築堤工事」の現場だ。11月21日夕方から22日朝にかけて、堤防の長さ約70m、幅40m前後の範囲が8mほど沈下した。幸い人的被害は生じていない。周辺の道路や住宅への被害もなかった。

雨による浸食や洪水による越水で堤防が崩壊する事例はよく見聞きするが、工事中にこれほどの規模ですべるのは珍しい。

現場の下流部一帯は、厚い粘土層が堆積する軟弱地盤だ。圧密沈下を

事故前の堤防。下の写真とほぼ同じ位置。天端まで転圧していた
（写真：下も国土交通省福知山河川国道事務所）

円弧すべりを起こした由良川の土堤を上流から撮影。天端にあったバックホーが巻き込まれ、窓ガラスが割れた。380mにわたって堤防を整備する工事で、事故時点で約220m分が完成していた

■ 由良川の堤防沈下箇所の概要

[平面図]

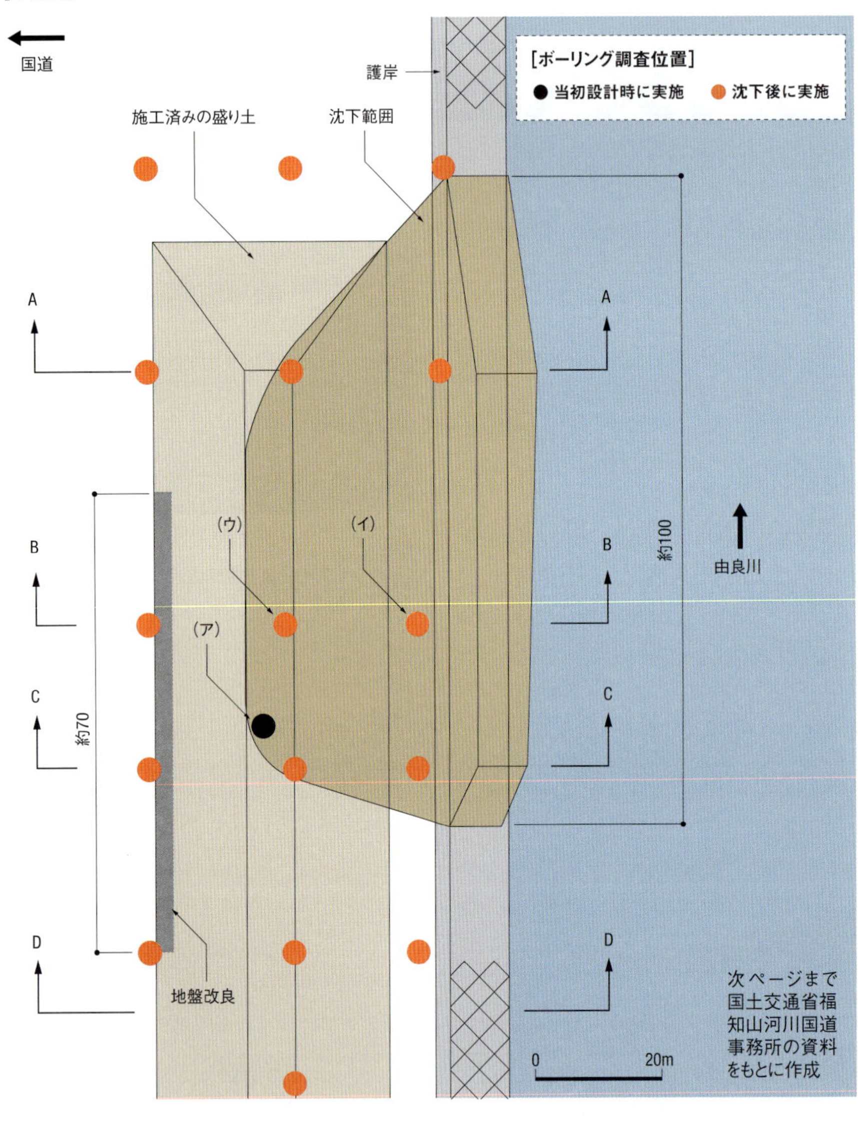

[B-B断面図]

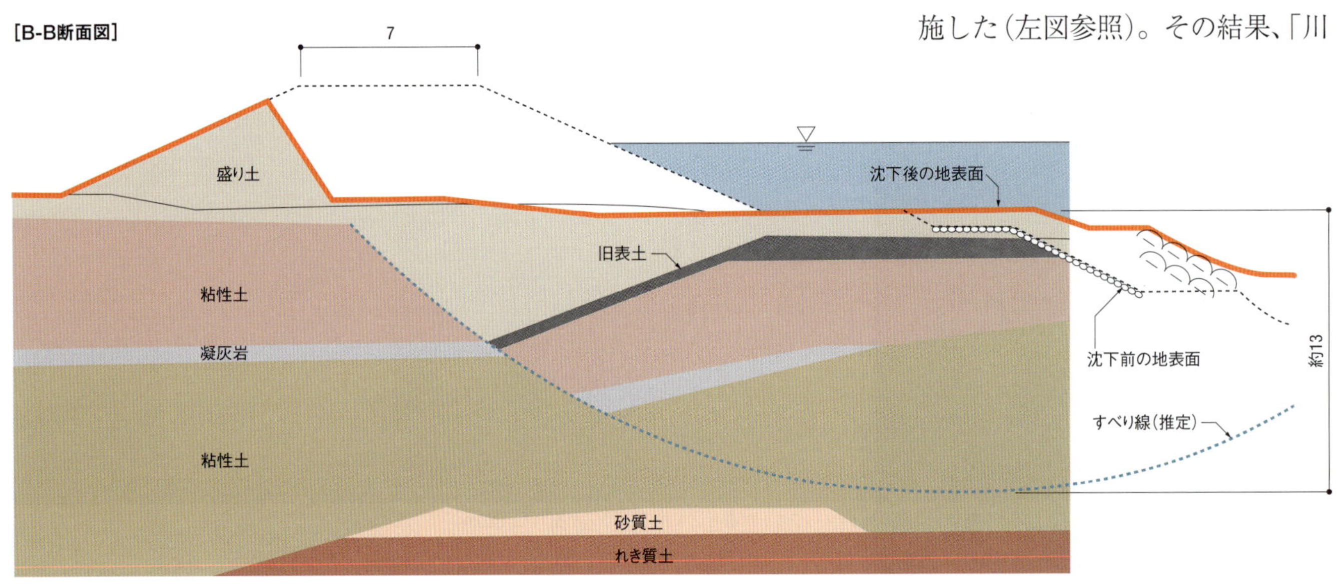

起こしやすいことで知られている。発注者の国土交通省近畿地方整備局福知山河川国道事務所は、軟弱地盤での土工事として、設計や施工に十分に注意を払っていたはずだった。

盛り土が万一、変状した際に、市街地側への被害を防ごうと、国道側の堤防の法尻を地盤改良していたのはその一例だ。それでも、円弧すべりは発生してしまった。そこには、定石どおりの調査では発見できない軟弱地盤特有の弱点が潜んでいた。

川側に局所的な粘着力の低い層

当初の調査では、国交省の河川砂防技術基準・調査編に基づいて、100〜200m間隔でボーリングを実施した。円弧すべりの安定計算には、計5カ所の調査結果を平均した土質定数を採用。安全率は1.32〜2.3と許容値の1.2を上回っており、当初設計に落ち度はなかったとみられる。

福知山河川国道事務所は事故後、同事務所の技術アドバイザーである宇野尚雄・岐阜大学名誉教授の助言を受けて、沈下した範囲を中心に追加で16カ所のボーリング調査を実施した(左図参照)。その結果、「川側の深い地盤内に、粘着力の低い層が局所的に存在することが明らかになった」(福知山河川国道事務所の田中徹副所長)。

沈下した範囲には偶然、当初設計で踏まえたボーリング調査の箇所が1カ所入っていた。ただし、その調査結果には、粘着力の低い層は存在しなかった。

一方で、その周辺を囲むように追加したボーリング調査の結果から、一様な粘土層ではないことが確認できる(右上の表を参照)。例えば、B-B断面の河川側の粘土層では、深くなるにつれて、粘着力が「16」、「36」、「4」、「16」と大きくばらついている。

さらに、当初設計のボーリング調査の位置から、河川側へわずか20mほど隔てた箇所で、粘着力に大きな差が生じている点も見逃せない。試験条件が異なり、円弧すべり後の土の乱れなどもあるため、同じ条件下での比較とまではいかないが、それらを差し引いても、川側の粘着力の低さが目立つ。

■ 沈下後の粘土層における土質調査結果(抜粋)

断面		深度(m)	粘着力(kN/m²)	内部摩擦角(度)
B-B	河川側(イ)	3〜3.8	16	12.3
		5〜5.8	36	7.9
		10〜10.8	4	8.7
		12〜12.8	16	13.4
		14〜14.8	10	16.8
		16〜16.8	10	13.1
	天端付近(ウ)	7〜8.5	24	13.1
		10〜10.8	23	12.5
		12〜13.1	13	12.4
参考:当初設計時のボーリング箇所(ア)		2.5〜3.3	25.2	2.4
		4.6〜5.3	33.7	1.3
		6.6〜7.4	36.4	1.1
		12.5〜13.3	39.7	1.4
		14.5〜15.1	42.4	1.1

すべり計算に必要な土質定数である粘着力に大きなばらつきがある

川側にわずか20mほどの距離で、粘着力に差が生じている

断面のアルファベットと記号(ア)〜(ウ)は、前ページの平面図に対応している。沈下後の土質調査試験は圧密非排水条件下で、当初設計時は非圧密非排水条件下でそれぞれ実施した

■ 沈下後の土質調査結果を使った円弧すべりの安全率

断面	国道側	川側
A-A(沈下範囲内)	1.38 ○	1.18 ×
B-B(沈下範囲内)	1.38 ○	1.14 ×
C-C(沈下範囲内)	1.63 ○	1.26 ○
D-D	2.06 ○	1.24 ○
参考:当初設計時	1.32〜2.3 ○	

断面のアルファベットは前ページの平面図に対応している。当初設計時の安定計算には、100〜200m間隔で実施した5カ所の土質調査結果の平均値を使って設定した土質定数を使用。安全率1.2以上を○、それ未満を×とした

従来どおりの調査では見抜けず

追加調査を踏まえて、すべりの安定計算を再照査したところ、沈下した範囲の川側の調査箇所で、安全率が1.2を下回ることが判明した。

安全率が1を超えていれば、盛り土の荷重よりも地盤の支持力が卓越しているわけだから、理論上はすべらないはずだ。しかし、実際には円弧すべりを起こしていることから、福知山河川国道事務所は、追加調査でも捉えられなかった範囲に局所的に強度の弱い層が存在していたと推測。そこを境に、盛り土の荷重がきっかけとなって円弧すべりが発生したとみている。

追加調査などから浮き彫りになったのは、従来のボーリング調査の密度では、円弧すべりにつながる局所的な粘着力の低さやばらつきを発見できなかったという点だ。

宇野名誉教授は、「由良川に限らず、下流部の河川付近の軟弱地盤は、乱れて堆積しているのが常識だ」と指摘する。下流域は氾濫のたびに浸食と堆積を繰り返してできた地層なので、深さ方向や水平方向で、地盤の粘着力に大きなばらつきが生じている可能性が高い。

大川地区では、円弧すべりを起こした約70mの堤防の地盤を深さ15mまで、セメント系固化材で改良する。

福知山河川国道事務所では今後、5〜10年間で、下流域に3km以上の堤防を新設する計画がある(次ページの図参照)。これから始まる現場で同じ轍を踏まないためにも、軟弱地盤での調査・設計方法の確立は喫緊の課題だ。

工務第一課の藤原克哉事業対策官は、「軟弱地盤の築堤工事では、ボーリング調査の間隔を狭めることも視野に入れている」と話す。宇野名誉教授も、「上流側のボーリング結果をもとに、上流の粗粒土砂から下流

の細粒土砂への堆積変化を見て判断する必要があるが、大体、堤体幅ほどの間隔で調査が必要だ」とみる。

粘着力にばらつきがある地盤だと想定して、「安全率の割り増しを考えるのも一つの手だ」(宇野名誉教授)との声も上がる。

そんななか、15年4月に大川地区の悪夢を想起させる第2の沈下が由良川を襲った。大川地区よりもさらに14kmほど上流で、大鉄工業(大阪市)が施工中の現場だ。1m強かさ上げした府道が、4月23日から24日にかけて、長さ120mにわたり最大で2cmほど沈下した。

福知山河川国道事務所は大川地区での前例を教訓に、すぐに全面通行止めにした。その後の経過観測で、道路の沈下は1日数ミリ程度と、圧密沈下の数値内に収まったため、5月1日には通行止めを解除した。

並行して、沈下範囲の2カ所で追加のボーリング調査を実施。その結果を踏まえた安定計算では、安全率が1.2を上回っており、円弧すべりは起こさない地盤だと結論付けた。ただし、1日で2cm沈下した理由は

■由良川の堤防整備計画と軟弱地盤を巡る対応

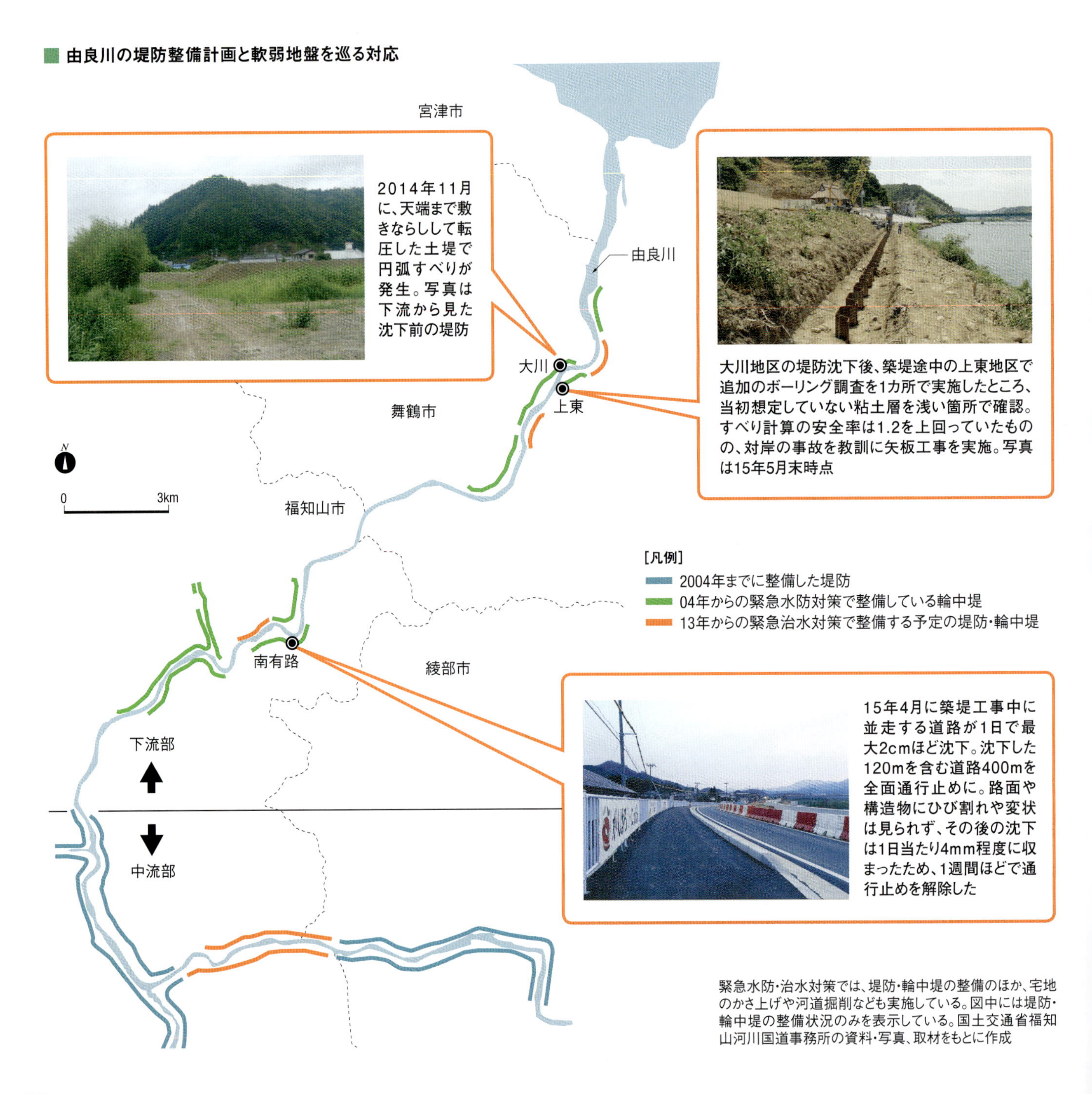

2014年11月に、天端まで敷きならしして転圧した土堤で円弧すべりが発生。写真は下流から見た沈下前の堤防

大川地区の堤防沈下後、築堤途中の上東地区で追加のボーリング調査を1カ所で実施したところ、当初想定していない粘土層を浅い箇所で確認。すべり計算の安全率は1.2を上回っていたものの、対岸の事故を教訓に矢板工事を実施。写真は15年5月末時点

15年4月に築堤工事中に並走する道路が1日で最大2cmほど沈下。沈下した120mを含む道路400mを全面通行止めに。路面や構造物にひび割れや変状は見られず、その後の沈下は1日当たり4mm程度に収まったため、1週間ほどで通行止めを解除した

緊急水防・治水対策では、堤防・輪中堤の整備のほか、宅地のかさ上げや河道掘削なども実施している。図中には堤防・輪中堤の整備状況のみを表示している。国土交通省福知山河川国道事務所の資料・写真、取材をもとに作成

明らかになっていない。

調査間隔を狭めて対策打った現場も

堤防の沈下の恐れがあるとして、先手を打って対策を講じた例もある。大川地区の対岸に位置する上東地区の現場だ。大川地区で円弧すべりが発生した時点で、上東地区には未施工の区間が130mほどあった。

上東地区でも、従来と同じように、100～200mに1カ所の割合でボーリング調査を実施していた。ただし、大川地区で事故が発生したことを受けて、福知山河川国道事務所は施工前にボーリングを新たに追加した。

「未施工区間に最も近いボーリングの位置は、山がせり出している。調査結果を見ると、地盤のほとんどの層を強固な岩盤が占めていた。それだけでは、堤防の設計に使用するデータとしては信用度が低いと考え、川側でもう1点ボーリング調査を実施した」(藤原事業対策官)。

追加調査の結果、当初の想定よりも軟弱な粘土層を発見した。円弧すべりの安定計算では安全率が1.2を上回ったものの、その値は当初よりも大きく下がった。福知山河川国道事務所は、最悪の事態も想定して、円弧すべり対策と護岸機能を兼用する矢板の打設を決めた。

由良川のように無堤の区間が多く、堤防を一から新設する現場は全国的にそれほど多くはない。一方、堤防のかさ上げ工事は、今後の主流だ。盛り土による基礎地盤への負荷は、新設と比べて少ないものの、円弧すべりに発展する恐れがないわけではない。特にそれが軟弱地盤であれば、なおさら注意が必要だ。

■ 上東地区で実施した追加ボーリング調査

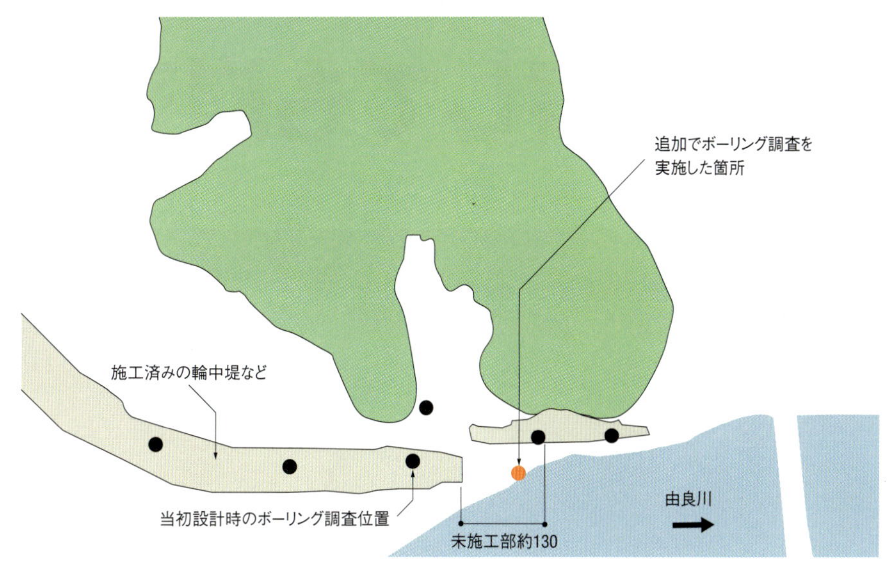

国土交通省福知山河川国道事務所の資料をもとに作成

［識者の見方］支川の合流部付近の軟弱地盤も注意

岐阜大学名誉教授
宇野 尚雄

(写真:日経コンストラクション)

大川地区のような下流域の軟弱地盤では、粘土層が一様に堆積していないため、粘着力にばらつきが生じる。下流域が洪水で乱されて堆積しているというのは常識でもある。

粘着力などの地盤定数にばらつきがある軟弱地盤で、それを堤防などの設計にどう考慮するのかは喫緊の課題と言える。現在、考え方を整理している。

支川の合流部付近での堤防工事には、さらに注意が必要だ。そこを、かつての支川が流れていた可能性があり、地盤がより乱れているかもしれないからだ。基本的に、川に近づくほど軟弱地盤は乱れていると考えるべきだろう。そのような場所での築堤には、今までよりも密な間隔での調査が必要になる。

ただし、ボーリング調査で地盤を面的に把握するには限界がある。円弧すべりの安定計算の安全率を、割り増しする方法も考える必要があるだろう。

河川堤防の構造検討ではこれまで、耐浸透性や耐震性、耐浸食性の三つの機能が求められている。ただし、それだけでは不十分で、そこに「支持力機能」を付け加える必要があると考える。

前の三つの機能は供用後に必要な機能だが、支持力は供用後だけではなく、建設時も影響する機能だ。軟弱地盤での築堤は、建設時や建設直後が危険だと言われている。時間がたつほど圧密沈下して強固になる特徴があるからだ。そのため、支持力機能を含めた総合的な評価が堤防には欠かせない。

大川地区で起こった円弧すべりが、盛り土の荷重が引き金になったことを踏まえると、堤防の新設現場だけでなく、かさ上げの現場でも同様の現象が起こる可能性はある。(談)

落石観察しても崩落予知できず

事故発生の翌日に撮影した現場。上の写真の中で、右側に見えるのが倒壊した原田橋。主塔が土砂によって倒された。下の写真は、建設中だった新橋。橋桁が落ちるなどの被害が出た（写真：次ページも浜松市）

ここまで大きな崩落を予測するのは難しい——。浜松市の原田橋で起こった斜面の崩落事故について、市の担当者や調査した専門家はこう口をそろえる。「大きな断層が近くを通る斜面なので、その影響もあるのだろうが、付近でこのような崩落が頻繁に起きていたわけではない」（静岡大学大学院の土屋智教授）。

事故が発生したのは、2015年1月31日の午後5時ごろ。原田橋が架かる天竜川の右岸側の斜面が崩落し、その影響で橋が倒壊。市職員2

人が橋から転落して亡くなった。事故の2日ほど前から現場では落石が発生しており、その数が増えてきたとの報告を受けて、市職員が斜面を観察していたところだった。

隣で建設中だった新橋も被害

原田橋は1956年に完成した長さ約140mの単径間の吊り橋だ。12年4月に老朽化で主ケーブルの一部が破断しているのが見つかり、補修工事を実施。その後は、誘導員を24時間配置し、通行車両の重量を制限して片側交互通行で供用していた。

現場では、15mほど下流側にアーチ構造の新橋を建設中だった。斜面崩落によって、新橋でも橋桁が落ちるなどの被害が生じている。

事故発生に至るまでの経緯は以下のとおりだ。発生2日前の1月29日、法面のモルタルの剥離や小規模な崩落が発生し始めた。市は、その日の夜間に橋の通行止めを実施。翌日も、夜間通行止めとしている。

31日昼ごろ、中規模の崩落が3回発生。午後2時過ぎに比較的大きな崩落が発生したことを受け、付近を通行止めにした。その後、午後5時8分ごろに大規模な崩落が発生。崩れてきた土砂が、原田橋の主塔を押し倒した。これによりケーブルが破断し、倒壊に至ったと考えられる。

原田橋では、交通規制のために誘導員を常時、配置していたので、ほかの道路法面などと比べれば監視体制は整っていた。今回の崩落でも、誘導員がすぐに異変に気付き、その日の夜から通行止めを実施している。さらに、落石の被害を防ぐため、29日と30日の2日間で、H形鋼を立てて仮設の防護壁も設置している。ここまで、市の対応に問題はなかったと言えるだろう。

事故発生翌日の空撮写真。右岸側の斜面が崩れた。崩落箇所付近はモルタル吹き付けで、落石防止のネットも設置されていた。モルタル吹き付け部よりも上の箇所から崩落した

原田橋崩落に至るまでの経緯

1月29日		既設モルタルの剥離や小崩落が発生
	午後10時～翌午前5時	夜間通行止め
1月30日	午後10時～翌午前5時	夜間通行止め
1月31日	午前	法面施工会社が法面を調査（途中で2回落石あり）
	正午～午後1時	中規模崩落が3回発生
	午後2時15分～	比較的大きな崩落が発生。付近を通行止めに
	午後5時8分ごろ	大規模な崩落が発生。旧原田橋が倒壊し、新橋にも橋桁が落ちるなどの被害

浜松市の資料をもとに作成

凍結融解で岩盤の緩みが拡大

不運だったのは、現場に駆け付けた市職員が橋の上から観察していたことだ。職員は、崩落した土砂に直接、巻き込まれたわけではない。転落した車の位置から、職員は橋の中央よりも、崩落斜面の反対側の左岸側にいたと考えられる。

市では事故発生後、静岡大学の土屋教授を座長とする技術検討会を設置し、崩落の原因などを調査した。そこで推定された崩壊発生のメカニズムは次ページの図のとおりだ。

崩落した斜面は尾根の凸部なので、重力による変形を受けやすい。もともと素因として、斜面には亀裂が入った緩みが存在していた。やがて、凍結融解などによって緩みが拡大。亀裂が連続し、弱線が形成され

崩壊発生のメカニズム

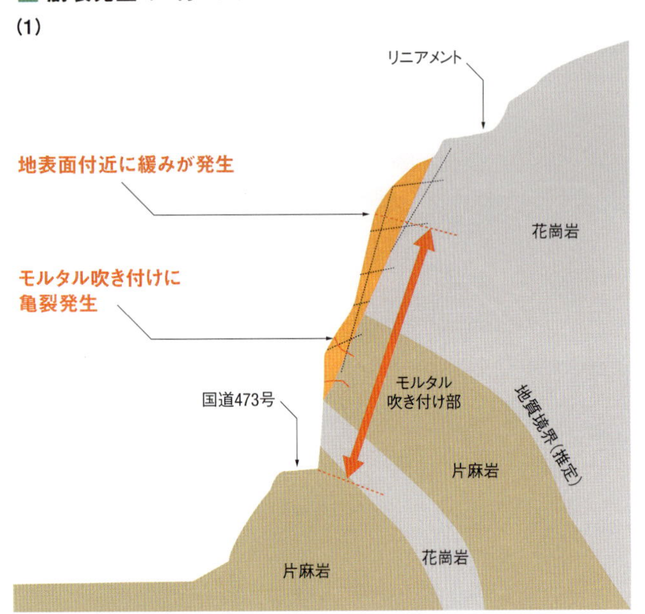

(3)
リニアメント
リニアメント沿いの
開口亀裂の拡大
重力変形の進行
亀裂が連続
→不安定岩塊の形成
崩落面の形成
弱線
花崗岩
モルタル吹き付けの
剥離の増加
落石の発生、増加
地質境界(推定)
小規模崩落
片麻岩
花崗岩
片麻岩

(1)経年変化の進行

素因として、亀裂が形成された緩みが存在。降雨や雨水浸透、凍結融解などの要因によって岩盤の緩みが進行し、モルタル吹き付け部の亀裂や染み出しなどが発生し始める

(2)緩みの進行と波及

岩盤の緩みが尾根凸部へと波及し始める。表層付近の亀裂が増加。モルタル吹き付け部の亀裂も増加する

(3)不安定岩塊への進行

重力変形が進み、尾根全体への緩みが進行。リニアメント(連続する線状構造)付近の亀裂が連続し、弱線ができる。これよにり不安定岩塊が形成。斜面中腹部(道路よりも上方)に応力が集中し始め、その付近のモルタル吹き付けが剥落し、落石が発生する

(4)崩壊発生

斜面中腹部の応力集中部から弱線に沿って、不安定岩塊が崩壊

浜松市の資料をもとに作成

原田橋と仮設道路の位置図

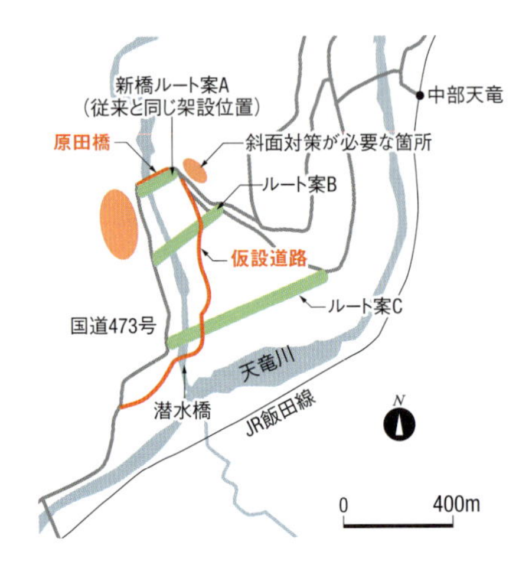

た。その後、弱線に沿って不安定岩塊が崩壊したとみられる。斜面の下部にはモルタルが吹き付けてあったが、崩落したのはその上部だった。

事故の後、市は現場の斜面でボーリング調査を実施した。その結果、「思った以上に状態が悪いことが分かった」(土屋教授)。

では、そのような地盤の状態を、なぜ事前に把握することができなかったのか。現場付近では以前から落石が起こることがあった。一部の住民からは、危険性が高い場所に新橋を建設すること自体が問題だったのではないかとの指摘も出ている。

新橋の建設に当たって、橋台を設置する箇所はボーリング調査を実施したが、橋とは直接の関係がない斜面の上部までは調べていなかった。

一方、「落石については市も承知しており、12年度に踏査を実施している」と、浜松市道路課の森下和市郎課長補佐は話す。「ただし、これは落ちそうな石がないかどうかを調べ、どう処置をするかを検討するためのもの。岩盤の緩みという観点では調査していなかった」。

土屋教授も、「落石を調べていれば、危険な場所であることは把握できる。しかし、どの程度危険かというポテンシャルまでは分からない」と語る。結局、事故後にボーリング調査を実施して初めて、内部に亀裂があることが分かり、思った以上に危険な斜面であることが判明した。

新橋の建設場所を見直し

浜松市は15年7月29日、新橋の建設場所を約200m下流に変更する方針を明らかにした。事故原因となった崩落斜面の付近をボーリング

調査した結果、予想以上に状態が悪かったことから、安全性を重視して建設場所を移すことにした。

市は、建設場所の見直しに当たって3案を提示していた（左ページの下の図参照）。従来どおりのA案、採用することになった約200m下流のB案、約500m下流のC案の三つだ。事業に要する期間は、それぞれ4年、5年、7年と見積もった。

市道路課によると、B案の採用は特に安全性が決め手となった。A案やB案と比べて、C案は事業に要する費用と時間の両面で不利。また、A案の場合、アンカーの打設など大規模な斜面対策が必要になる。また、対策を施しても、想定外の崩落が起こる可能性は排除できない。そこで、不安定な斜面の近くを避けたB案を採用することにした。

新橋が完成するまでの間、地域住民は仮設道路を使用する。市は事故直後に、盛り土で仮設道路を建設したが、川の増水によってたびたび流失していた。そこで、増水時には水面下に沈む「潜水橋」の仮設橋を新たに建設。15年6月30日に供用を開始している。

上は15年6月時点の斜面。モルタル吹き付けによる応急処置を施している。建設中だった新橋は撤去された。下は供用を開始した潜水橋の仮設道路。橋脚の上に加圧コンクリートスラブ桁を載せている
（写真:上は日経コンストラクション、下は浜松市）

［識者の見方］豪雨もなく崩壊した特異なケース

静岡大学大学院
農学研究科教授
土屋 智
（写真:日経コンストラクション）

現場付近では以前から落石があったが、大規模な崩落の判断は難しい。特異なケースではないか。周辺の山でも、豪雨もなく、急な斜面であのような崩壊を起こした場所はほかにない。

道路管理者としては、地質のマクロな構造を把握したうえで、落石がどの程度あるのかなど、斜面の状態を把握しておくことが大事だ。もし斜面が動いていれば、植生が傾斜するなどの状況が出ているはずだ。

この山では最近の落石がほとんどマーキングされている。落石調査である程度、危険な場所のスクリーニング（絞り込み）はできる。しかし、どの程度、危険なのかは分からない。（談）

定期点検 ▶ 橋台の崩落

誰も気付かなかった浸食崩壊

「そもそも、こんな崖っぷちに直接基礎で橋台を造るなんて、元の設計がおかしかったんじゃないか」。崩落した北海道洞爺湖町の伏見橋を初めて見たとき、室蘭工業大学大学院の木幡行宏教授はこう感じたという。木幡教授は、町が設置した調査委員会の委員長として崩落現場の状況を調べた。

伏見橋は1998年に完成した沢に架かる2径間の鋼鈑桁橋だ。2014年11月7日の早朝、車で通りがかった人が、橋が崩落しているのを発見した。A1橋台が斜面とともに崩れ、橋桁が落ちていた。前夜には異常がなかったことから、その後、翌朝までの間に落橋したものとみられる。

事故後に現場を調べると、A1橋台が建っていた場所は崖のような急斜面だった。橋脚とA2橋台には杭が打ってあるものの、A1橋台は直接基礎になっている（158ページの図参照）。常識的に考えて、杭がなければかなり危険な状態だ。

しかし、調査を進めると、当初の設計が決して非常識だったわけではないことが分かる。建設当時は、こんな崖地ではなかったのだ。橋台の底部付近の地盤は、N値が30以上と十分な硬さがある。

「コストを考えれば、わざわざ杭基礎にする必要はないと考えるのは当然だ」（木幡教授）。

浸食と崩壊を繰り返す

調査の結果、「浸食崩壊」と呼ぶメカニズムによって、細長い窪地が形成されていたことが分かった。湧水などによる浸食で急斜面の下部がえ

2014年11月に崩落した北海道洞爺湖町の伏見橋。橋台が斜面とともに崩れ、橋桁が落ちた
（写真:日経コンストラクション）

■ 伏見橋周辺の現状の地形

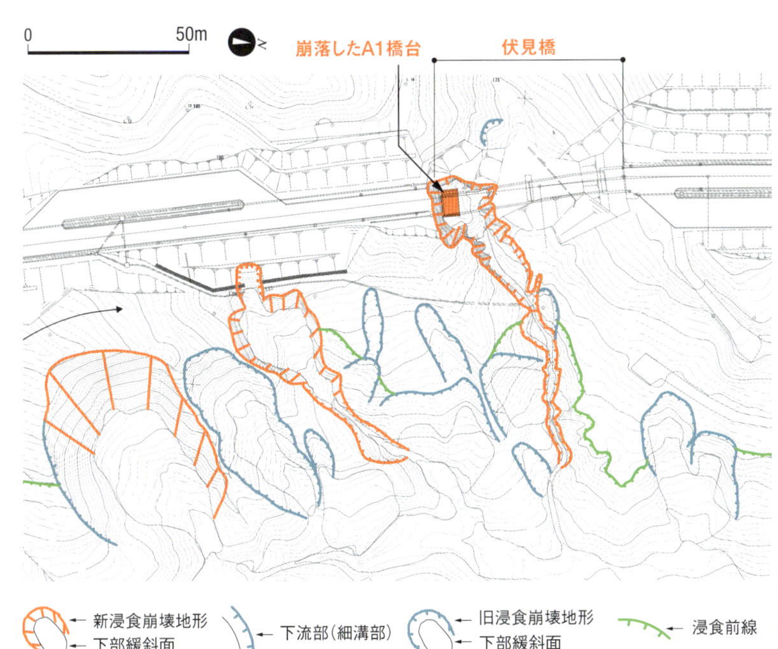

浸食崩壊で形成された窪地が細長くA1橋台まで延びている。その南側にも、別の浸食崩壊地形が確認されている
(資料・写真:このページは洞爺湖町)

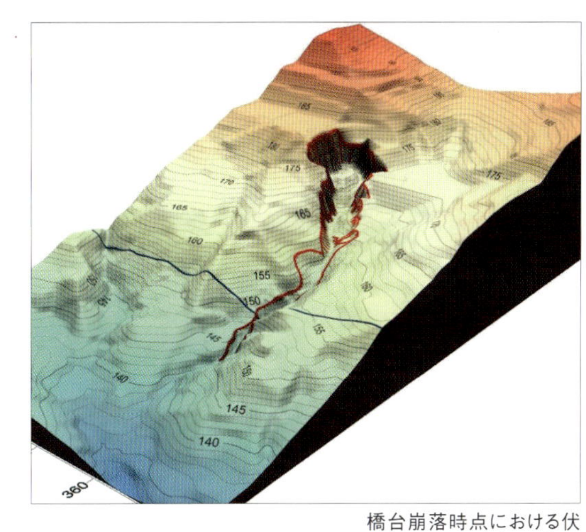

橋台崩落時点における伏見橋周辺の地盤の俯瞰図。浸食崩壊によって、細長く地盤が陥没している

ぐれ、上部が不安定になって崩れる現象だ。この浸食と崩壊の繰り返しによって、窪地が橋台まで達したと考えられる。

付近には、湧水による浸食で斜面の下部がえぐられた箇所があることも確認できた。A1橋台付近の崖のような斜面を見ると、橋台から離れた箇所では表面にコケが生えている。橋が崩れたときに形成された断面ではないことから、崩壊が段階的に進み、橋台まで迫ってきたことが分かる。

問題は、このような浸食崩壊による窪地が、いつ形成されたかだ。

洞爺湖町では、長寿命化修繕計画の作成に向けて、12年度から13年度にかけて町内の橋を一通り点検している。伏見橋では12年9月に実施した。

12年の点検時には、浸食崩壊の兆候は見られなかった。橋台を撮影した写真にも、平たんな地面に建っている様子が写っており、現在の状況とは全く異なる。

A1橋台側の浸食崩壊部の状況。崩壊によって露出した地盤には、一部でコケが生えていた。崩壊からある程度の時間がたっていることが分かる

「当時、点検した建設コンサルタント会社にも確認したが、視界に入る範囲で浸食は見られなかったと話している」(洞爺湖町建設課の吉田祐一主幹)。

つまり、崩落までのわずか2年間に、浸食崩壊が急速に進んだと考えられる。

伏見橋は、カルデラ湖である洞爺湖の北西約5kmの場所にある。周辺は、洞爺湖を起源とする火砕流台地の周縁部だ。ここに広く分布している軽石流堆積物は、粘土鉱物のスメクタイトを含み、浸水すると泥状

になる。これが湧水によってスレーキング(吸水と乾燥の繰り返しでもろくなること)を起こした。

「A1橋台側ではなく、反対側の橋台と橋脚との間が水みちになっていたようだ」と木幡教授は言う。何らかの理由によって最近、地下水の状況が変わってきたことも考えられる。

現場には排水管なども設置されており、建設当時から水の処理を考慮していたことが分かる。「当初は、排水管が悪さをしたのではないかと思ったが、排水管の出口は浸食されていなかった」(木幡教授)。

調査委員会の報告書では、恒常的な湧水が主な誘因となり、ほかに降雨や凍上、地震などの影響も作用して、浸食崩壊が下流から上流に向かって進行したと結論付けている。将来的な浸食崩壊の予見は難しいとして、建設当時の設計には問題なかったとしている。

■ 伏見橋付近の地質縦断面図

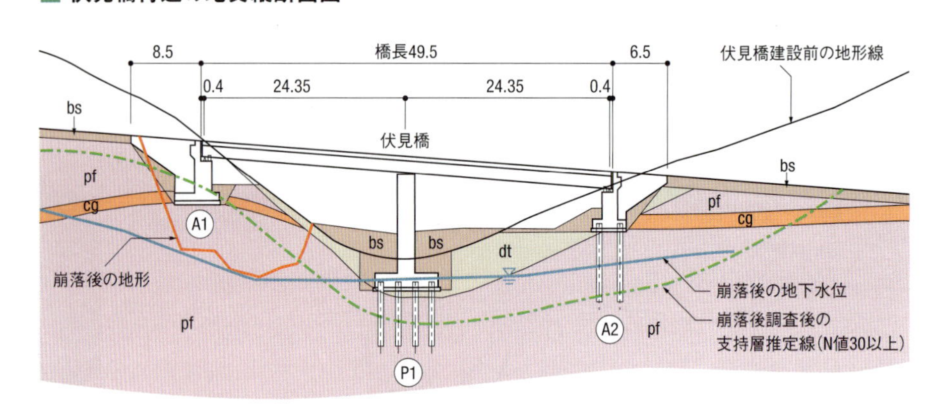

[地質構成]

記号	地層	分布と特徴	N値
bs	盛り土	橋梁の基礎周辺、道路沿いに分布。基礎周辺は火山灰質砂を主体とし、道路沿いは砂利とアスファルトから成る	—
dt	崖錐性堆積物	沢や斜面に1～5m程度の層厚で分布。主に緩い火山灰質砂から粘性土で構成し、角れきを含む	1～10程度
pf	軽石流堆積物	調査地に広く分布。火山灰質砂を主とし、径2～10mm程度の軽石と径10～30mm程度の安山岩れきを伴う。ほぼ鉛直に露頭を形成するが、硬さは指で潰れる程度。れき層cgより上部の方が、れきの混入率が高いことがある。表層付近はやや軟質でN値20程度。深度3～10mより深い箇所はN値30以上	15～45程度
cg	れき層	軽石流堆積物pfのなかに層厚0.5～2mで挟まっている。火山灰質粗砂から細砂、および安山岩れきで構成。れき径は5～50cm、最大150cm程度	30程度以上

pfやdtなど図に示した各層の記号は、表中の記号と対応(資料:洞爺湖町)

5年に1度の点検では把握できない

設計の問題でないのならば、後は維持管理のなかで、いかに異変に気付けるかだ。

国土交通省は14年7月、全国の道路管理者に、橋やトンネルに関して5年に1度の定期点検を義務付けた。しかし、5年に1度の点検では、2年間で急速に浸食崩壊が進んだ伏見橋のようなケースには対応できない。

道路管理者は定期点検とは別に、日常的に道路をパトロールしている。橋が崩落する以前から、浸食崩壊による窪地が橋台近くまで迫っていたのだから、注意深く観察していれば気付くはずだ。

洞爺湖町には町道が394路線あり、総延長は230kmに上る。月1回のペースで一通りパトロールしているが、点検の対象は主に路面の状態だ。橋梁などの構造物については車から降りて確認するが、周囲の地形までは点検の対象としない。伏見橋の周囲は草木が生い茂っていて、地形を確認しにくい状態でもあった。

仮に周囲を見ていたとしても、継続的にチェックしていないと、なかなか変化には気付かない。もともとそのような地形だと思って見過ごしてしまう可能性が高い。

結局、伏見橋が崩落するまで、誰も周囲の異常を発見できなかった。この路線は交通量が多くないので、橋の利用者も浸食崩壊の進行には気付かなかった。

今後、再発を防ぐには、日常の道路パトロールで周辺の地盤も含めてしっかりと点検していくほかない。ただ、全ての周辺地盤を念入りに点検するのは現実的ではない。伏見橋周辺のような浸食しやすい地盤を抽出して、重点的に観察する必要がある。

報告書では、伏見橋が通る町道を現地調査し、崩壊地マップを作成することを提案している。現状を整理したうえで、その進行に着目した目視確認と記録が重要だと指摘する。浸食崩壊を起こしやすい場所については、定点観測する箇所を決め、月1回の道路パトロールでその定点を目視観察して進行を確認するよう求めている。

定期点検を前倒しで実施

洞爺湖町では15年度、伏見橋と同様に火山灰質で水にもろい地質に

■ 浸食崩壊の概要形

［平面図］

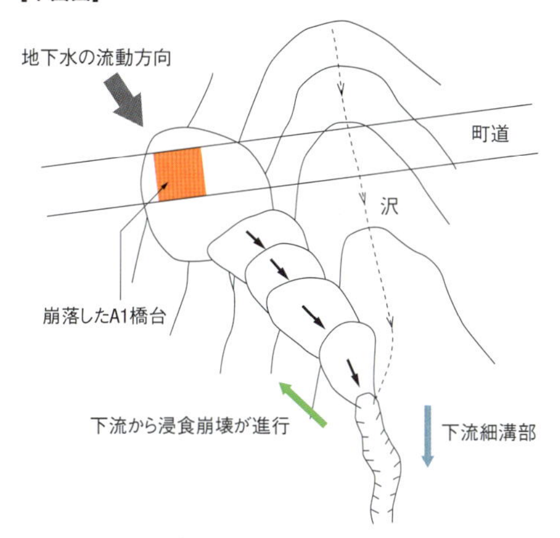

［断面図］

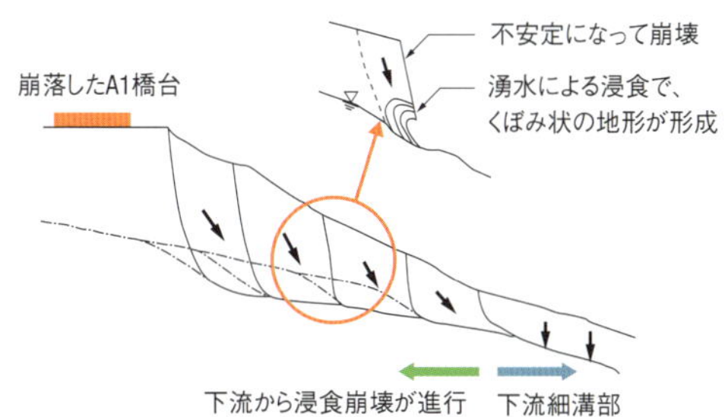

洞爺湖町の「伏見橋崩落調査委員会」の資料をもとに作成

撮影ポイント	起点へ向けて
写真番号	9
径間番号	1
撮影日	2012/09/26
部材名称	下部工
部材番号	01
損傷発生位置	
関連損傷図名	
メ モ	
A1橋台状況	

2012年9月に実施した伏見橋の点検結果。A1橋台に異常はなく、浸食崩壊の兆候も認められなかった（資料・写真：下も洞爺湖町）

事故後の調査時に撮影した浸食崩壊部。急斜面の下部が湧水による浸食でえぐられている

立地する3橋で、定期点検を実施する。14年から定期点検が義務付けられたが、同町では当初、16年度から始めることにしていた。しかし、伏見橋の崩落を受け、この3橋を前倒しで15年度に点検することにした。浸食崩壊の兆候などについても、詳しく調べる。

15年7月時点で、伏見橋はまだ崩落した状態のまま残されている。この橋を通る町道は通行止めのままだ。

橋の架け替え工事は北海道が担当し、建設後に町に移管する。北海道では、15年度から17年度までの3年間で架け替えを実施する。崩壊した斜面の対策工事も併せて進める。既存の橋脚や橋台が再利用できるかどうかも、今後、調査して検証するという。

［識者の見方］事前に地盤特性を把握することが大事

室蘭工業大学
大学院教授
木幡 行宏

（写真：日経コンストラクション）

最初は、崩落した橋台だけが直接基礎なのでアンバランスだと感じていたが、建設当時は全く状況が違っていたことが分かった。N値が30以上あるので、わざわざ杭基礎にするまでもないと考えるのは当然だ。

伏見橋のような浸食崩壊は、ほかの地域で見られないわけではないが、橋の崩落に至るような例は珍しい。

ここ数年、地球温暖化の影響か、北海道でも雨の降り方が変わってきている。そのせいで浸食が早まったのかもしれない。ただ、どちらかと言うと、雨よりも湧水の影響の方が大きい。

再発防止策としては、周辺の地盤がもともと持っている素因として、スレーキングしやすいという性質を念頭に置いて、調査を進めることだろう。全てを調査するのは難しいので、区間ごとの地盤の特性などを把握しておくことが大事だ。（談）

行政指導 ▶ 民地の土砂災害

違法造成の履歴までは暴けず

上の写真は、約20mの高低差のある崖地に盛り土された法面が、台風による記録的な豪雨で崩落した翌日の現場。2014年10月7日に撮影。下は土砂が流入して、男性1人が死亡した崖下のアパート。15年6月10日に撮影
（写真：上は横浜市、下は日経コンストラクション）

2015年6月、横浜市緑区の住宅地にそびえる高さ約20mの民間の崖地で、行政代執行による法面工事が完成を間近に控えていた。

現地では14年10月、台風による大雨で法面が崩れ、崖下で1人が犠牲となった。崩落したのは、自然斜面ではない。不動産会社のツヅキ企画（横浜市）が宅地造成等規制法に違反して造成した盛り土だ。

宅造法には、造成に伴って災害が生じる恐れのある宅地について、工事を規制できる条項がある。規制区域で一定以上の盛り土工事などをす

る際は、許可が必要だ。行政は、届け出た造成主に、排水設備などの対策を求めるか、あるいは工事を許可しない、といった判断を下す。ツヅキ企画の場合は、行政への届け出なしに盛った土が土砂崩れを起こした。

市は災害後、ツヅキ企画に法面の是正工事を命じたものの、同社が従わなかったので、15年2月に行政代執行による工事を始めた。是正に要した2億5000万円の費用は全額、同社に請求する。

危険な崖地を放置することが、著しく公益に反する――。民地に対する安全対策の行政代執行は、このような理由で市が37年ぶりに敢行した。ただし、造成主から代執行の費用を回収できなければ、その分を結局は税金で賄うことになる。

本来の行政の役割は、税金を投じて民地に対策工事を行うことではなく、事前の是正指導で危険を回避することだ。今回の土砂崩れでは、市が事前に違法造成を把握していたにもかかわらず、災害を防げなかったことが明らかになっている。そこには、行政指導の限界が垣間見える。

巻尺などで1m以上の盛り土を確認

近隣住民からツヅキ企画の盛り土行為に対する通報があったのは、09年1月だ（右の表参照）。宅造法の工事規制区域内では、高さ1mを超えて盛り土を造成する場合、行政への届け出が必要だ。市は、届け出のないツヅキ企画に対して、違反に該当する1m以上は盛らないようにと繰り返し指導していた。

翌年2月、近隣住民からの陳情で、市は現地調査に乗り出す。敷地の境界で隣地との高低差を巻尺や棒で測

違法造成地を巡る経緯

［経緯］

1997年	崖地上の位置指定道路の建設に伴って、横浜市が宅地造成等規制法（宅造法）に基づく工事を許可	(1)
2008年	ツヅキ企画が土地を購入	(1)
09年 1月22日	ツヅキ企画による盛り土行為について、近隣住民から通報	(2)
2月～3月	横浜市が、宅造法に抵触しないように造成することを十数回にわたってツヅキ企画に指導	(2)
10年 2月22日	近隣住民からの陳情で現場を調査。宅造法違反に該当する1m以上の盛り土を確認した	(2)
3月 9日	ツヅキ企画に対して緊急工事命令を発令、是正勧告書を交付	
6月29日	ツヅキ企画から提出された是正計画案を確認	
9月22日	市が現地を調査。以前よりも緩傾斜になっていたものの、排水施設の一部が未設置で、計画どおりに是正は進まず	
11年 2月25日	呼び出し通知したものの、ツヅキ企画は応じず	(3)
14年10月 6日	土砂崩れが発生。男性1人が死亡	(3)
10月10日	是正措置命令を発令（履行期限14年11月30日）	
12月17日	行政代執行に基づく文書戒告（履行期限15年1月31日）	
15年 2月 9日	代執行着手（工期7月31日まで）	
6月16日	市が神奈川県警にツヅキ企画を告発	

［現地の盛り土イメージ］

(1) 1997～2008年

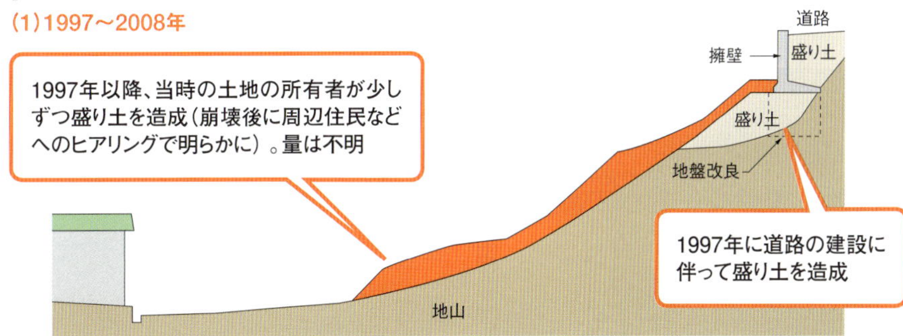

(2) 2008～2010年

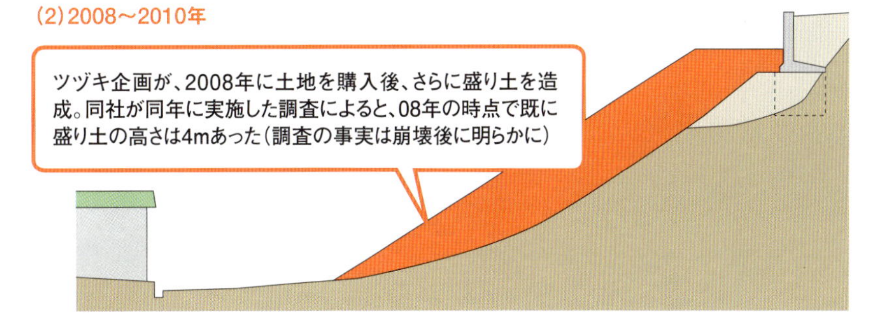

(3) 2014年10月

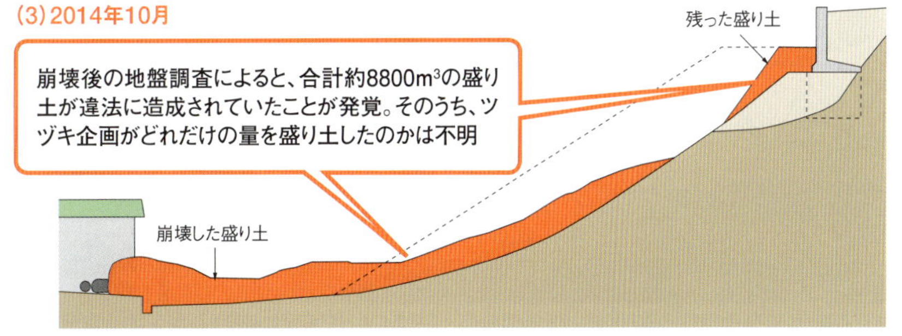

横浜市の資料と取材をもとに作成

り、盛り土の高さを確認する程度の作業だ。この時点で、1mを超える盛り土の存在を確認した。

市はすぐさま、ツヅキ企画に盛り土工事の停止を命令。同時に是正勧告書を交付した。同社はその後、是正工事に着手するものの、結局、工事を中途で終えてしまう。以前よりも緩傾斜になり安定性は増したが、排水施設の大部分は不完全だった。

それでも、一定の改善が見られたと判断した市は、より是正の緊急性の高い他の違法造成地の指導へ人員を割いてしまう。11年2月の是正指導を最後に、14年10月に土砂災害が発生するまで、違法造成地は放置されたままだった。

「1m以上」としか確認できず

3年7カ月もの間、適切な頻度で是正指導をしなかった点を、市は反省している。ただし、その改善だけでは、違法造成にまつわる根本の問題を解決したことにはならない。

例えば、ツヅキ企画がどれだけ危険な量を造成したのかを市が把握できていなかった問題だ。実は、「崩れた後に、もっと深くまで盛り土を造成していたことが分かった」と、市建築局建築監察部違反対策課の畠宏好課長は明かす。市は1m以上の盛り土の存在を確認していたものの、具体的な数値を突き止められていなかった。

違反対策課は宅造法違反の有無を確認して、違反があれば指導する。その点では、責務を全うしている。ただし、今回のような事態を防げなかったことで、限界が見えた。違法盛り土の是正勧告後に、是正計画に示された現況の盛り土高を確認するすべがないのだ。違法造成の度合いが適正に把握できれば、その後の対応も変わっていたかもしれない。

ただし、事はそれほど簡単ではない。盛り土高の測定には、元の地盤高が必要になるものの、民地ゆえに所有者が購入した時点の地盤高の情報を入手するのは難しいからだ。

前の造成主も違法盛り土を

さらに問題なのが、ツヅキ企画以

行政代執行に基づいて法面保護工事を実施している現場。土砂崩落のあった箇所に法枠を設置し、排水施設を敷設する。崖下に見えるブルーシートの掛かる建物が、土砂崩れで被災したアパート。2015年6月10日に撮影（写真：日経コンストラクション）

■ 人の手で改造された横浜市の危険な崖地

区分	箇所数	状況
(1) 宅地造成等規制法に違反する造成地で、特に危険な高さ15m以上の崖地	4カ所	緑区白山の造成地。行政代執行で対策はほぼ完了 / 事業者が是正工事に着手
(2) 都市計画法の開発許可や宅地造成等規制法の宅地造成許可などを受けて工事をしているものの、工事が中断している危険な崖地	8カ所	事業者が応急対策工事を実施。ボーリング調査をして、円弧すべりの安全率が1.5以上あることを確認した。恒久的な対策工事の実施は未定
(3) 宅地造成等規制法に違反する造成地で(1)以外の崖地	230カ所	優先して対策すべき15件について、是正指導を実施

数値は2015年4月初旬時点。横浜市の資料と取材をもとに作成

前の歴代の造成主による違法造成があり、その存在をつかめていなかった点だ。ツヅキ企画は土地を購入した08年に、独自に地盤調査を実施していたことが崩落後に分かった。調査結果によると、その時点で既に4mほどの盛り土があった。

畠課長は4mの内訳について、「年月がたち、誰がどれだけの量を盛ったのかは不明だ」と話す。昔の造成主が97年に崖上で道路を建設する際、市は宅造法に基づく造成の許可を与えた。その時点では、周辺の法面に違法な盛り土はなかった。

近隣住民などへのヒアリングによると、97年以降、歴代の造成主が少しずつ盛り土を造成していたようだ。つまり、ツヅキ企画以外も宅造法に違反していたことになる(161ページの図参照)。

どの程度の盛り土が被害を拡大させたのかは分からない。ただし、ツヅキ企画の違法造成がなくても、土砂が崩れて人的被害が発生していた

■ 違法造成行為取り締まりの推進策

(1) 担当者間での違法盛り土案件の引き継ぎを強化

→2015年度から宅地造成等規制法に違反する案件を記した台帳をデータベース化。違反対策課で情報を共有
→個人で動かずにチームで対応

(2) 人海戦術による是正指導の推進

→2015年度から違反対策課の担当を3人増加して18人に

(3) 積極的な情報公開

→是正措置命令を下した際に、ホームページ上で違反した事業者の名前や場所などを公開(崩落事故以前から実施)

横浜市の資料と取材をもとに作成

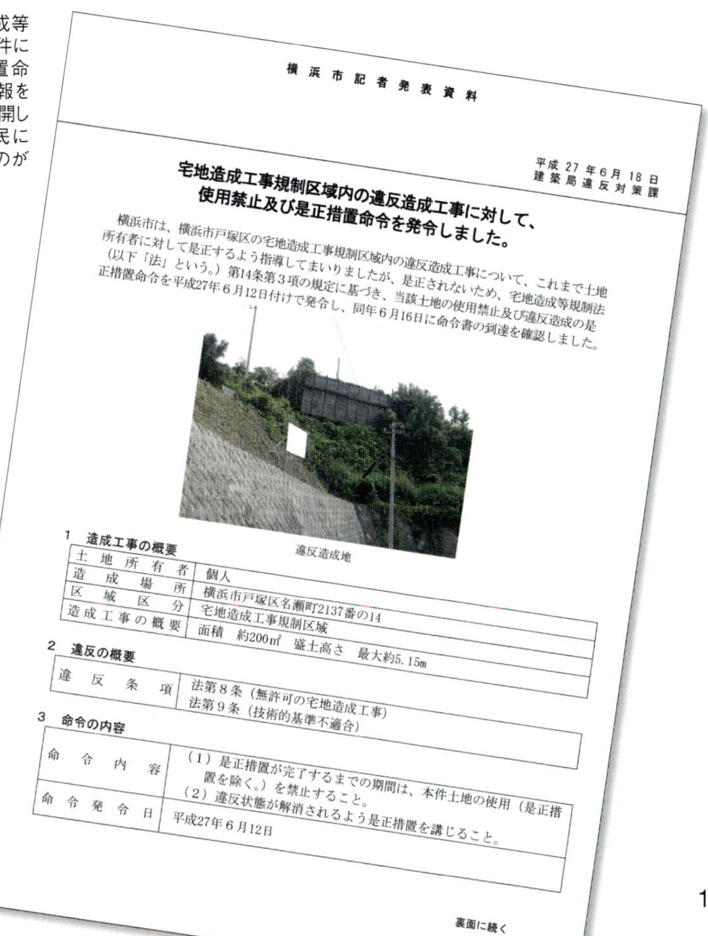

横浜市記者発表資料

平成27年6月18日
建築局違反対策課

宅地造成工事規制区域内の違反造成工事に対して、使用禁止及び是正措置命令を発令しました。

横浜市は、横浜市戸塚区の宅地造成工事規制区域内の違反造成工事について、これまで土地所有者に対して是正するよう指導してまいりましたが、是正されないため、宅地造成等規制法(以下「法」という。)第14条第3項の規定に基づき、当該土地の使用禁止及び違反造成の是正措置命令を平成27年6月12日付けで発令し、同年6月16日に命令書の到達を確認しました。

違反造成地

1　造成工事の概要

土地所有者	個人
造成場所	横浜市戸塚区名瀬町2137番の14
区域区分	宅地造成工事規制区域
造成工事の概要	面積　約200㎡　盛土高さ　最大約5.15m

2　違反の概要

違反条項	法第8条(無許可の宅地造成工事) 法第9条(技術的基準不適合)

3　命令の内容

命令内容	(1)是正措置が完了するまでの期間は、本件土地の使用(是正措置を除く。)を禁止すること。 (2)違反状態が解消されるよう是正措置を講じること。
命令発令日	平成27年6月12日

裏面に続く

横浜市は宅地造成等規制法の違反案件について、是正措置命令を発令した情報をホームページで公開している。周辺住民に危険を周知するのが第一の目的だ(資料:横浜市)

可能性もある。

宅造法違反の多くは、近隣住民などの通報で発覚する。そのため、市は全ての違反は把握できない。民間の不動産売買を追跡しない限り、違反全てを網羅するのは難しい。

宅造法違反案件をデータベース化

違法造成地の土砂災害を教訓に、市は是正指導の強化へかじを切った。

例えば、宅造法の違反案件のうち、特に危険な高さ15m以上の崖地を、最優先で是正すべき案件と位置付けた。対象は4カ所だ。行政代執行による対策中の崖はそのうちの一つ。同じ危険度を示す残り3カ所も、応急・恒久対策による是正が進んでいる。それ以外の宅造法違反地230カ所についても、優先すべき15件を決めて是正指導を加速する。

さらに、市は再発防止策も打ち出した。その一つが15年度から運用開始した台帳のデータベース化だ。畠課長は、「指導が途切れないように、どのような案件があり、どこまで是正が進んでいるのかを職員全員で共有する」と説明する。

15年度からは職員数を3人増やした。指導は人海戦術が肝だ。元々15人の規模で回していた違反対策課にとっては、異例の増員配置だ。

他方、是正指導の方針も、改革を進める。例えば、1m以上の違法盛り土を確認した場合、正確な盛り土高が分からなければ、造成主に測量図を提出するよう指導を徹底させる。

さらに、「盛り土高が分からなければ、『分からない』という判断を下すことも重要だ」と畠課長は説く。あいまいな判断が、今回の惨事を招いたとして、根拠付けに注力する。

[各地で発生する民地災害]

所有者の自己責任が原則 行政は公益に対策根拠

茶畑の崩落(高知県)

農村防災の補助事業に活路見出す

民地で土砂災害が発生しても、土地所有者の自己責任での復旧が原則で、行政側は手を出せない。ただし、災害箇所の放置によって第三者へ被害が及ぶなど、住民に配慮しなければならない事情から、行政も無視できないケースが増えている。税金を使って対策工事を実施するには、公益に関連する理由付けが必須だ。

高知県中土佐町では2014年8月、台風11号による豪雨で茶畑が大規模崩落を起こした。数万m^3の土砂が道路や河川に流れ込んだため、高知県は土砂を移動。一方、崩落した法面は放置された。

放置の一番の理由は、地権者の費用負担の問題だ。「復旧工事に最低でも億単位の費用が掛かる」(高知県須崎農業振興センター)。

高知県は、農林水産省の補助が見込める災害復旧事業の適用を検討。地権者が負担する額は一部で済むものの、それでも1千万円単位の負担が必要だ。地権者の反

2014年8月の台風による豪雨で、大規模な崩落を起こした茶畑(写真:高知県)

対を受けて、断念せざるを得なかった。

そこで活路を見出したのが、同じく農水省の補助である「農村地域防災減災事業」だ。茶畑の崩落対策は、下流の集落への二次災害を防ぐ「防護柵などの安全設備」の項目に該当するとして、国の了承を得た。地権者の負担は必要ない。

工事ではコンクリートの法枠やかご枠を設置する。15年5月末には、1億4000万円の新規事業費を計上した。

崩落進む別荘地（兵庫県）

国土保全の観点で対策も視野に

兵庫県淡路島の海岸沿いで、地盤崩壊を受けて一部の別荘が崩落の危機に陥っている地帯がある。洲本市にある「五色浜ビスターハイツ」という別荘地だ。

県県土整備部港湾課によると、1995年の阪神大震災以降、地盤に亀裂が入り、雨による浸食で崩壊が進行。さらに波浪もかぶさり、崖が後退していった。

別荘地の所有者から成る自治会は09年度、県に護岸整備を要望した。

一方、県は自治会に対して、二つの条件をクリアすれば議論のテーブルに着くとして、13年に以下の提案をした。一つが、崖前面の「水没民地」を県に寄付することだ。仮に県で護岸を整備するのなら、適切な維持管理が必須だ。そのためには、県の土地にする必要がある。

もう一つが、所有者の責任で法面を補強することだ。県土整備部港湾課の宇野文明副課長は、「崖はもろい泥質岩だ。雨水による崩壊がひどく、護岸整備では止まらない。法面を補強してもらわないと、抜本的な解決にならない」と話す。

一方、県は11年度に約800万円をかけて、崩落地の前面約200mにわたって消波ブロックを設置している。この水没民地一帯は県の海岸保全区域に指定されており、国土保全の観点から整備した。

「あくまで暫定的な措置にすぎない」（宇野副課長）。とはいえ、実際に護岸を本設するとしても、国土保全は整備の理由の候補として考えられる。

「崖崩れは所有者としての保全責任」

この問題について、井戸敏三県知事は「崖崩れについては、所有者としての所有権に基づく保全責任がある」としている。公益に関係する理由がない限り、行政が対策に打って出るのは難しそうだ。

それにしても、開発時点でこのような土地への建設規制はできなかったのだろうか。別荘の建設は今から50年ほど前と言われている。当時は都市計画法などによる開発規制の法律がなかった。

今では2000年の都計法改正による市街化調整区域での開発許可制度の導入などがある。行政による指導が入るため、このような危険な崖地に、無対策で構造物が建設される可能性は少ない。

雨などによる浸食作用で、崖が建物の近くまで後退。砂浜の部分が水没民地に当たる。崖は濡れ渇きを繰り返し、風化している

左に見えるのが、2011年度に兵庫県が設置した消波ブロック。当時、不要になったブロックがあったために、流用した。県によると、海岸沿いには崖の後退で落ちたと思われるコンクリート製の階段の残骸がある

雨による水位上昇で濁水流入

水田が陥没してできた穴。撮影したのは2010年10月20日午前7時ごろで、穴の直径は約7m、深さは約5m
（写真・資料：168ページまで国土交通省千葉国道事務所）

上の写真の現場から約20m離れた林で見つかった穴。撮影したのは上と同じ時間帯で、直径は約8m、深さは10m以上になっていた

千葉県市原市内で掘削中だった首都圏中央連絡自動車道（圏央道）笠森トンネルの切り羽の真上付近に、2カ所の陥没が発生した。

圏央道笠森トンネルの上部の地表に陥没が見つかったのは、2010年10月19日午後6時30分ごろ。施工者である飛島建設の監視員が、トンネルの切り羽付近にある水田に直径約7m、深さ約5mの陥没があるのを発見した。午後9時15分には、水田のそばの林で直径約5m、深さ約5mの陥没を確認。その後、水田の陥没は直径15mで深さ8mに、林の陥没は直径13mで深さ10m以上になった。

監視員の巡回は、NATM工法で掘削中のトンネルの切り羽で湧水量が急増したのを受けたものだった。毎分300リットル前後で推移していた湧水量が10月19日午前4時ごろ、毎分2000リットルにまで増加した。一時、湧水量は減少したものの、午前10時ごろに再び急増。毎分8000リットルになり、濁水と土砂が坑内に急激に流入した。

発注者の国土交通省関東地方整備局千葉国道事務所と飛島建設は、トンネルの上部に変状が及ぶことを警戒して、午前10時30分から地上部を監視していた。

陥没を受けて、千葉国道事務所は10月22日に、「圏央道笠森トンネル技術検討委員会」（委員長：大島洋志・首都大学東京客員教授）を設置

陥没のあった部分の断面図

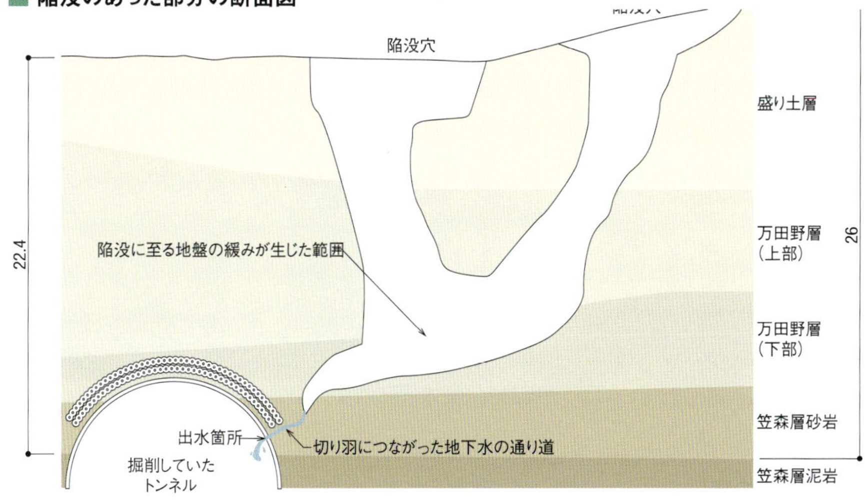

応急対策では堆積した土砂の上に土のうを積み、その上にコンクリートを吹き付けた。出水箇所には排水管を取り付けた

崩落直後の応急対策

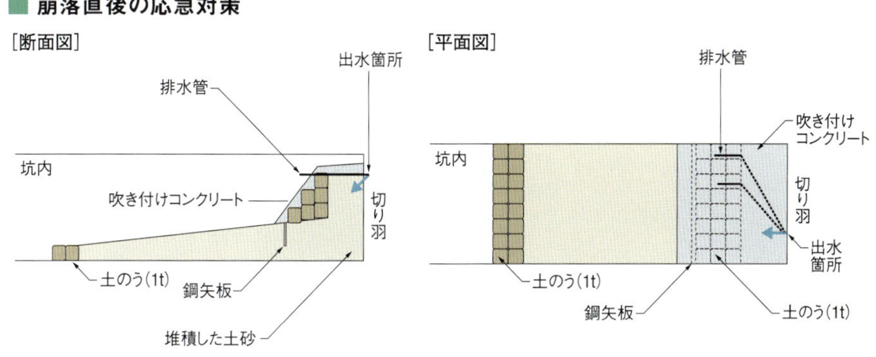

応急対策後の切り羽の様子。中央奥に見えるのがコンクリートを吹き付けた土のう。下は堆積した土砂

して、同日から現地調査などを開始した。

「公衆に被害を与えた事故として一刻も早く地域住民の不安を取り除くため、事故の原因と対策方法を検討する技術検討委員会を早急に立ち上げた」と、同事務所の窪田達也副所長は説明する。

急増した降水量や地質などが影響

技術検討委員会は笠森トンネルの設計や施工状況などを確認するとともに、合計9カ所のボーリングと表面波探査で地質や地下水の分布などを調べた。さらに航空写真などを利用して地形を確認した。

その結果、陥没した水田周辺はかつて土取り場で、埋め戻して整地した場所だったことが分かった。埋め戻した土壌の深さは最も深いところで約12mと推定した。

その下には、万田野(まんだの)層と呼ばれる砂層と、笠森層と呼ばれる砂岩と泥岩の層があり、トンネルは両地層の境を掘削している。万田野層の下部の一部には、流砂化しやすい粒度の砂が分布していた。陥没が生じた付近の地下には、水みちがあることも分かった。

地形や地質の条件に加えて、大量の降雨が陥没に影響したとするのが技術検討委員会の見解だ。10年5月から8月までの4カ月間の降水量は1カ月当たり約80mmだったのに対し、9月と10月は同約350mmと4倍以上に急増。この影響で地下水位が上昇し、切り羽が水みちに近付いたときに、万田野層の下部にあった流砂化しやすい砂が地下水とともに坑内に流入したと考えられる。

水みちから地下水が継続して供給されたので、流砂の通り道となった箇所で周囲の土砂が浸食され土砂に緩みが発生。緩みが地上付近まで及び、陥没に至ったと推測した。

技術検討委員会は、「地形や地質、降雨などの条件が合わさり、予想できない状況で発生した陥没だった。掘削時に工法を変更すべき挙動は見られなかった」としている。

飛島建設土木事業本部土木技術部トンネル技術グループの松原利之部長によれば、NATMの補助工法に先受けAGF工法を採用。改良材を注入する鋼管を打設するのに合わせて、6m掘進するごとに左右の側面に合計2カ所の水抜きボーリングを実施していた。

湧出する地下水はボーリングのたびに水量を計測。混濁の有無も確かめていた。「陥没の前日まで湧水量の急激な増加はなかったと報告を受けている。湧水の濁りもなかった」(松原部長)。

掘削再開に先立ち、陥没部を含むオレンジの線で囲んだ範囲を地盤改良した

水抜き坑を先行して掘削

掘削を再開するに当たって技術検討委員会が立てた対策の基本方針は、地下水位を低下させること。掘削に先行して、万田野層と笠森層の境界まで地下水位を確実に低下させる。同様の条件が陥没時の切り羽の位置から185m続くので、その範囲に対策を施す。

工法の選定に当たっては、効果の確実性や施工性、工期、工事費などを検討。これまでの方法に加えて、ディープウエルを設置して地表面から強制的に地下水を排水する方法など、計4種類の工法を比較した。

採用したのは、小型掘削機で笠森層に構築する水抜き坑から天端と左右の側面に施す3本の水抜きボーリングによって地下水位を低下させ、その後に所定の断面を掘削する方法。水抜きボーリングの間隔はこれまでの6mから5mに変更した。

掘削の再開に先立ち、陥没箇所周辺を地盤改良した。まず、陥没箇所の外周部に瞬結タイプの改良材を笠森層まで注入し、その内側は緩結タイプの改良材で強化。切り羽付近で湧水が発生した部分も瞬結タイプの改良材で補強した。地盤改良は11年2月12日に終えた。

■ 地盤改良の概要

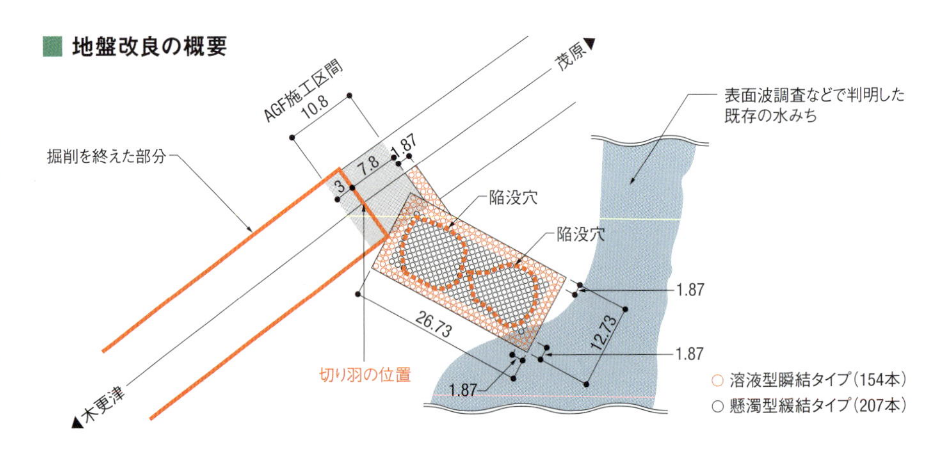

■ 事故後に変更した掘削の方法

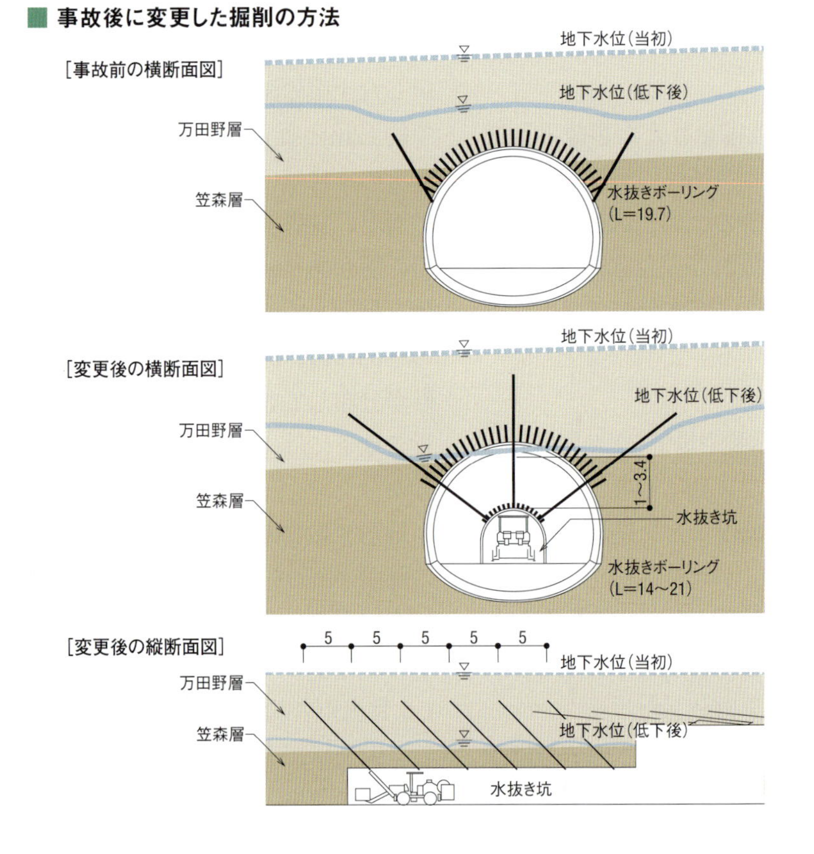

第4章

偽装・隠蔽を生む現場の闇

第4章は日経コンストラクション2011年12月26日号から16年8月8日号までに掲載した記事をベースに加筆・修正して編集し直した。文中の数値や組織名、登場人物の肩書などは取材、掲載当時のもの

東亜建設、自浄作用欠如の構図

東亜建設工業は2016年7月26日、地盤改良工事の偽装に関わった社員のうち、責任の重い2人を諭旨解雇にすると発表した。同時に、社内調査委員会の報告書を公表。一連の偽装問題に一区切りを付けた。

解雇の一人は、最も施工不良の規模が大きかった羽田空港C滑走路の工事の際に、東京支店長だった社員だ。当時は執行役員常務で、施工不良を起こした同社の「バルーングラウト工法」の受注獲得で中心的な役割を果たしていた。

しかし、施工途中に現場からトラブルの報告を受けても、「絶対に失敗はできない」とプレッシャーをかけるだけで、適切に対処しなかった。当人は、現場で不正が行われていたとの認識はなかったが、その責任は重いと判断された。

もう一人が、一連の不正で主要な役割を担ったエンジニアリング事業部の防災事業室長。バルーングラウト工法を開発したキーマンだ。ただし、室長自身は社内調査に対し、「不正の指示はしていない」と答えているという。

では、中心人物からの指示もないのに、なぜ複数の現場で同様の偽装が広まったのか。社員の誰もが自然と同じような偽装を思いつく企業風土でもあるのだろうか。以下で、同社の不正の構図を見ていく。

異常値の補正機能を悪用

東亜建設工業は、バルーングラウト工法を08年に開発し、港湾工事で多くの実績を重ねてきた。14年からは空港の液状化対策にも適用。これまで羽田、福岡、松山の3空港で5件の実績がある。

しかし、5件の空港工事は全て施工不良だった。15年に実施した千葉港の地盤改良工事でも、薬液の注入不足が明らかになっている（174ページの囲み記事参照）。

バルーングラウト工法では、改良する地盤を削孔し、その穴に注入管を挿入して薬液を地中に浸透させる。地下水を薬液に置き換えてゲル化させることで、地盤の強度を高める仕組みだ。

削孔方法には、鉛直削孔と曲がり削孔の2種類がある。曲がり削孔は、滑走路などの供用を妨げないように離れたところから斜めに削孔し、地中で進路を曲げて改良する箇所まで到達させる方法だ。鉛直削孔と比べて施工が難しい。計画通りの位置に削孔できなかった工事は、いずれも曲がり削孔だった。

さらに、薬液も計画通りに注入できなかった。計画数量の5%だったC滑走路のひどさが目立つが、それ以外の空港工事4件でも、注入率は4～5割程度にとどまる。

東亜建設工業が発表した資料をもとに、5件の空港工事に関する不正の経緯をまとめたのが、172～173ページの表だ。

バルーングラウト工法は、東亜建

■ 曲がり削孔における施工不良のイメージ

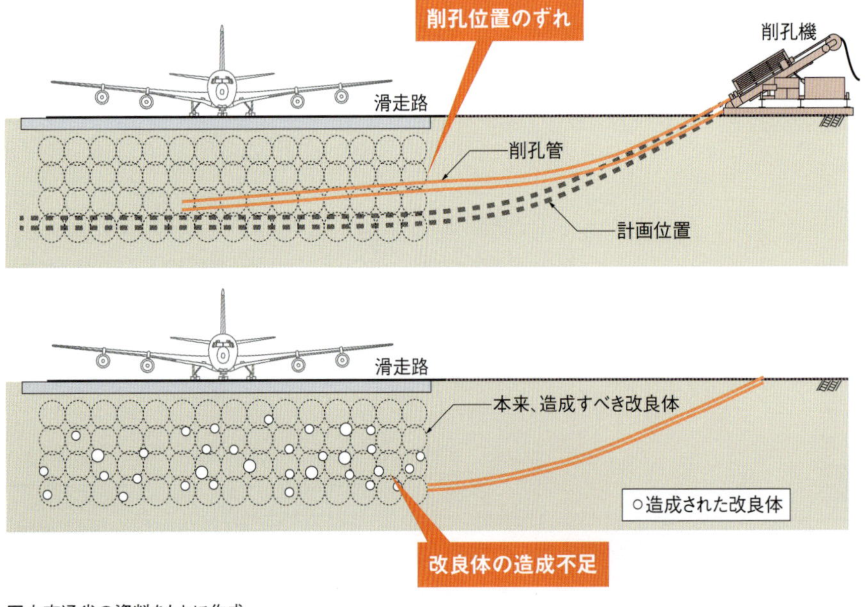

国土交通省の資料をもとに作成

設工業のエンジニアリング事業部防災事業室と機電部機械グループが開発した。

5件の不正の経緯を見ると、削孔や薬液注入を管理するシステムが、全体のカギを握っていることが分かる。プログラムの修正で追加した機能を、「偽装システム」として利用していた。

削孔位置を計測するシステムでは、機器やシステムを原因とする異常値が画面に表示された時に、データを補正できるようにプログラムを修正。薬液の流量や圧力を管理するシステムでも、異常値を補正してチャートが記録されるようにした。

各現場の作業所長は、本社や支店などから知ったこのシステムを悪用して、現場に立ち会った発注者に対し、正常に施工できているように装った。

不正目的のシステムではない?

プログラムの修正を指示したのは、同工法を開発した防災事業室長。作業所長らにこのシステムのことを教えたのも、防災事業室長だ。

「プログラムの修正は、あくまで異常値を補正するためで、データの改ざんが目的ではない」(広報室)と同社は主張する。

異常値が表示されているのを発注者の監督職員が見れば、正しく施工されていないと誤解される恐れがあると考えたという。つまり、正しく施工できていることを前提に、実態と違うデータが表示されたときに補正するのが目的だとする。

だからといって、このプログラム修正が不正目的ではないと主張するのは間違いだ。施工不良であろうとなかろうと、「補正」の名の下に改ざんしたデータを監督職員に見せていいはずはない。誤解を防ぐ行為だと

■ バルーングラウト工法の薬液注入の概要

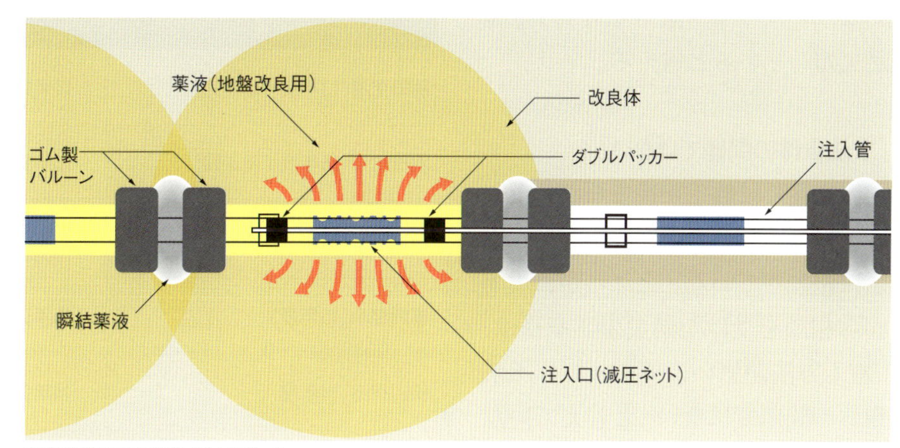

東亜建設工業の資料をもとに作成

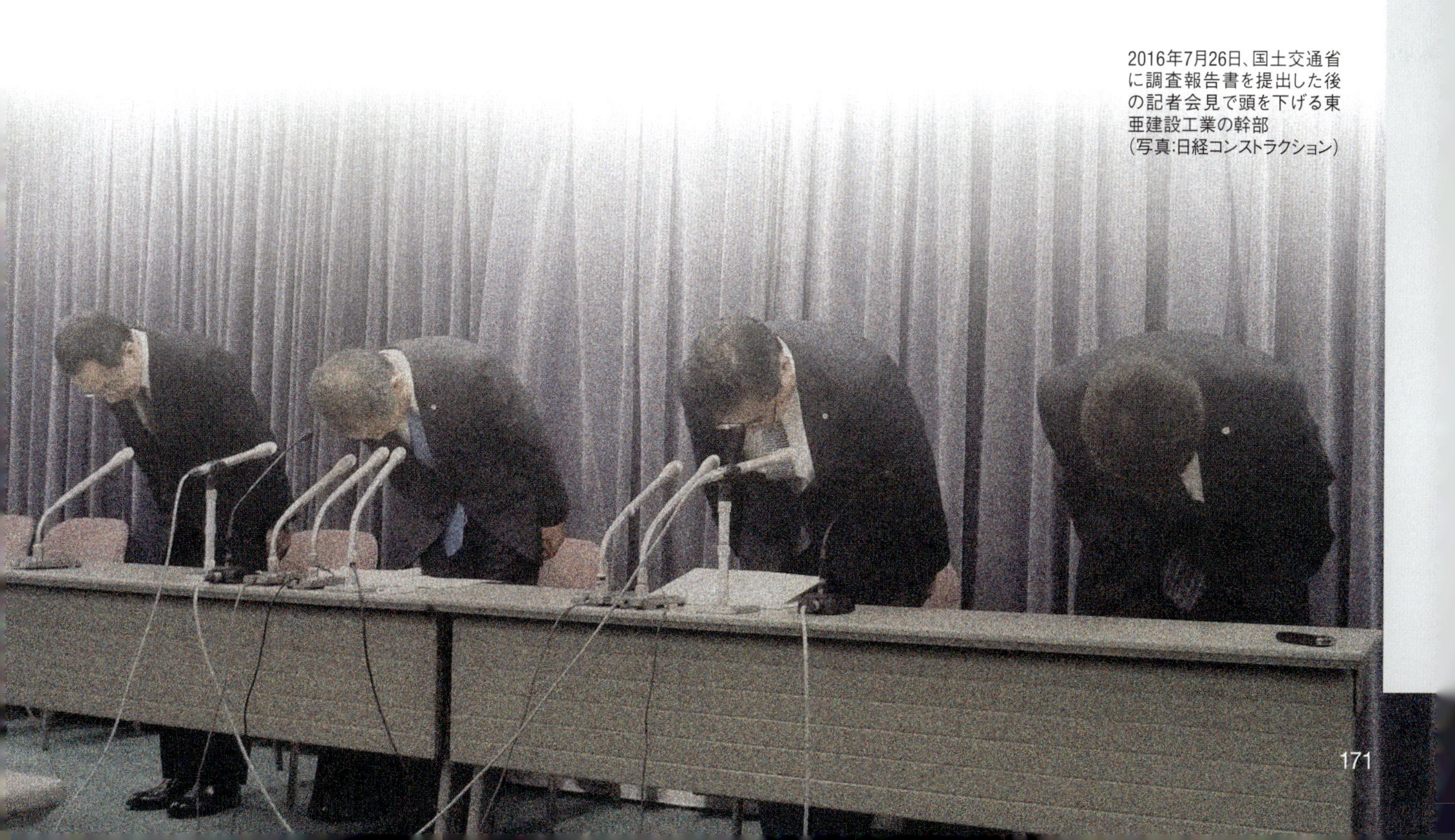

2016年7月26日、国土交通省に調査報告書を提出した後の記者会見で頭を下げる東亜建設工業の幹部
(写真:日経コンストラクション)

して不正と認識しないこと自体、コンプライアンス(法令順守)の意識が欠如していると言える。

「工法自体の問題ではない」

計画通りに施工が進まなかったとき、現場は本社の防災事業室長や支店に報告している。ところが、現場から相談を受けた防災事業室長は、「施工方法が悪いのであって、工法自体の問題ではない」と答えていたという。結局、本社や支店は改善策を示さず、不正行為を黙認した。

防災事業室長の処分理由について、同社は「直接、不正の指示はしていないが、作業所長たちが虚偽の報告をするしかないという状況にした責任は重い」としている。

施工不良があった工事は、いずれも同社の子会社である信幸建設が一次下請けとなっている。一連の不正の"共犯者"だ。東亜建設工業の調査によると、信幸建設の社員を含めて、少なくとも28人が不正に関与していた。

ただしこれは、東亜建設工業がヒアリングを実施した社員の中で判明した人数だ。二次下請けや材料メーカーなど、ヒアリングを実施してい

■ 空港工事5件で発覚した不正の概要

工事	工期	削孔方法	注入率
羽田空港(13年度・H誘導路)	14年1月〜15年3月	鉛直	45%
羽田空港(15年度・C滑走路)	15年5月〜16年3月	曲がり	5%
福岡空港(14年度)	14年6月〜15年3月	曲がり	43%
福岡空港(15年度)	15年5月〜16年5月	曲がり	38%
松山空港(14年度)	14年9月〜15年3月	鉛直 (一部で曲がり)	52%

「注入率」は、薬液注入の計画量に対して、実際に注入した量の割合。緑の文字は現場、赤は本社、青は支店の社員。不正行為の説明文の(a)と(b)は、右の表参照。東亜建設工業に資料をもとに作成

■ 薬液搬入の確認書類と立ち会い写真

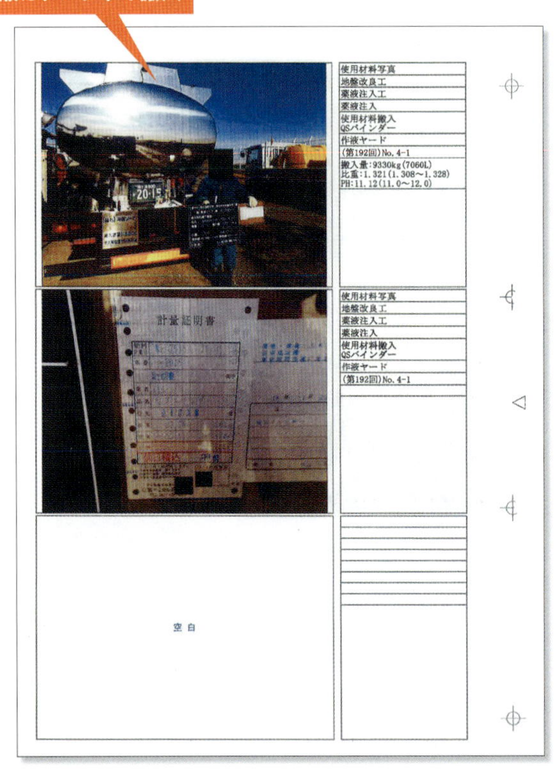

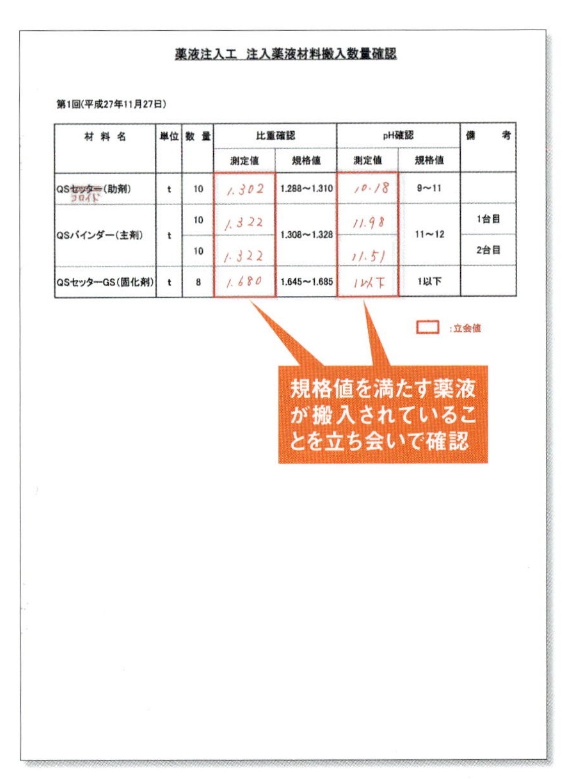

薬液注入工　注入薬液材料搬入数量確認

第1回(平成27年11月27日)

材料名	単位	数量	比重確認		pH確認		備考
			測定値	規格値	測定値	規格値	
QS~~セッター~~コロイド(助剤)	t	10	1.302	1.288〜1.310	10.18	9〜11	
QSバインダー(主剤)	t	10	1.322	1.308〜1.328	11.98	11〜12	1台目
		10	1.322		11.51		2台目
QSセッターGS(固化剤)	t	8	1.680	1.645〜1.685	1以下	1以下	

□ :立会値

(資料:国土交通省)

	不正行為	報告状況
	作業所長Aは、一次下請けの職長から(b)のシステムがあることを聞き、これを使用して虚偽報告を行った	Aは、防災事業室長と東京支店部長クラスに報告。両者は改善策を示すことができないので黙認した
	作業所長Aは、一次下請けの職長から(a)のシステムのことを聞き、(a)と(b)を使用して虚偽の報告を行った	
	作業所長B(防災事業室に所属)は、機械グループ担当者から(a)の、防災事業室長から(b)のシステムについて聞いており、これを使用して虚偽報告を行った	BとCは、それぞれ九州支店課長クラスらに報告。同課長クラスらは改善策を示すことができないので黙認し、上司には報告しなかった
	作業所長Cは、14年度の福岡空港工事の施工不良と虚偽報告のことを聞いていたので、同様の対応をした	
	作業所長のDとEは、14年度の福岡空港工事に従事した機械グループ担当者から(a)と(b)のシステムについて聞き、これを使用して虚偽報告を行った	DとEは、工事完了間際に、四国支店と大阪支店の課長クラスに報告した

[施工不良の隠蔽に使用した機能]

(a)削孔

削孔位置について、機器やシステムを原因とする異常値が画面表示されたとき、データを補正するためにプログラムを修正

(b)薬液注入

薬液の流量や圧力を管理するための機器やシステムで異常値を補正して、チャートが記録されるようにプログラムを修正

ない関係者は含まない。

これらの関係者の中には、直接、不正に関与していなくても、気付いた人が少なからずいるはずだ。実際、羽田空港の不正を通報した二次下請けの社員は知っていた。

地盤に注入する薬液は、計画数量どおりに全て現場に搬入された。発注者の監督職員が立ち会って確認したことが、写真を含めて記録に残っている。

搬入された薬液のうち、使用しなかったものは現場から搬出され、返品あるいは廃棄された。羽田空港C滑走路の場合、1200万リットル近くの薬液が返品・廃棄されたことになる。薬液のメーカーや廃棄処分を請け負った会社なども、不自然だと感じたはずだ。

しかし、ここまで事態が大きくなる前に通報する人は出てこなかった。不正を黙認する風土があったと言わざるを得ない。

他社の先行技術と何が違うのか

次に、バルーングラウト工法の技術的な問題点に目を向けてみる。

薬液注入工法としては、東亜建設工業のバルーングラウト工法のほか、五洋建設がライト工業と共同で開発した「浸透固化処理工法」がある。空港で施工実績のある薬液注入工法は、この二つだけだ。

浸透固化処理工法は、1998年に羽田空港B滑走路で、空港として初めて適用された。2014年に初めて空港に参入したバルーングラウト工法よりも、大きく先行している。今のところ、浸透固化処理工法で施工不良は見つかっていない。

両工法の最も大きな違いは、削孔した穴に沿って薬液が漏れ出さないように注入口の前後を密閉する方法だ。バルーングラウト工法では、二つのゴム製のバルーンの間に瞬結薬液を充填してバルーンを膨らませる。浸透固化処理工法では、布製の袋にセメントベントナイトを充填する。

東亜建設工業は、薬液の注入量が不足した理由として、うまく地中に浸透せず、注入圧が高まったことを挙げる。圧力を高めて無理に注入すれば、地盤に亀裂が生じて薬液が逸走したり、地盤に隆起が生じたりする恐れがある。

薬液の注入速度は、地盤への浸透のしやすさに応じて決められる。特記仕様書では、地盤の細粒分含有率が20%以下の箇所は毎分10リットル、20～40%は毎分8リットル、40%超は毎分4リットルと指定していた。しかし、東亜建設工業の場合、毎分8リットル入れるべき箇所で、実際には2リットル程度で注入圧が基準を超えてしまったという。

さらに、C滑走路でバルーンが十分に膨らまなかったことも分かっている。何らかの理由で瞬結薬液を充填できなかったため、流量計を通った瞬結薬液がタンクに戻るように充填ホースを切り替えていた。バルーンの不具合も、計画数量の薬液を注入できなかった一因とみられる。

曲がり削孔でも、精度の低さが目立った。計測数値に異常値が多く見られるなど精度が低いことに加え、故障が頻発。「計測機器の完成度が低かった」(同社)。

計測機器については、実際の施工に入る前に実施した実証実験の段階から不備があり、削孔に支障が出る

東亜建設工業が提案した補修工法

		浸透固化処理工法（曲がり削孔）	浸透固化処理工法（鉛直削孔）	静的締め固め（CPG）工法	高圧噴射かくはん工法
補修に要する期間	羽田空港（13年度・H誘導路）	曲がり削孔機を配置する場所がないため対象外	30.7カ月（1.7カ月）	地中埋設物のため施工不可	**30カ月（2.3カ月）**
	羽田空港（15年度・C滑走路）	16.8カ月（5.8カ月）	工期過大	**21.2カ月（1.1カ月）**	工期過大
	福岡空港（14年度） 福岡空港（15年度）	16カ月（6カ月）	**13カ月（2カ月）**	地盤隆起により施工不可	29カ月（2カ月）
	松山空港（14年度・側面部）	側面部のため対象外	7カ月（2カ月）	近接施工のため施工不可	**4カ月（4カ月）**
	松山空港（14年度・底面部）	7カ月（2カ月）	底面部のため対象外	近接施工のため施工不可	**3.5カ月（4カ月）**
国土交通省の評価		曲がり削孔と再注入の両面について試験施工を行う必要があると考えられるが、滑走路などの施工上の制限が厳しい現場への適用性が高いと考えられる。試験施工時には、本施工に向けた施工管理項目の抽出や管理値の設定を併せて行う必要がある	再注入について試験施工が必要となるが、施工不良地盤への適用は可能と考えられる	施工不良地盤における改良などに関して解決すべき課題が多く、今回のような施工不良地盤に対しての適用は容易ではない。しかし、他工法による改良が困難な場合には、課題に対する検討を行ったうえで適用する	補修後の完成地盤について他工法より均質性が確保しやすく適用性が高い。完成地盤の性能の担保（改良効果の確認）も通常施工時の出来形確認と同じ方法で対応可能と考えられる。ただし、残置物の影響などについて試験施工の必要がある

カッコ内は試験施工の期間。補修に要する期間には含めていない。赤字は、試験施工と合わせて最も期間が短い工法。
補修工事は、いずれの工法も夜間に実施。国土交通省の資料をもとに作成

［民間工事］千葉港でも不正発覚

バルーングラウト工法の施工不良問題は、空港だけにとどまらない。成田国際空港会社が、同社の石油ターミナルのある千葉港で発注したバース整備工事でも、地盤改良で薬液の注入不足が判明した。港湾で初、かつ民間工事でも初の施工不良発覚だ。

地盤改良は15年4月から8月にかけて実施した。削孔は鉛直だったので問題なかったが、薬液が計画数量の49％しか入っていなかった。

ただし、東亜建設工業によると、性能や機能は満足しているという。「土質によって薬液の注入量は異なる。千葉港では、設計された土質と若干異なっていたので、設計量を満足できなかった。工法というより、事前の調査不足の問題だ」（末冨龍副社長）。

バルーングラウト工法を採用した公共工事の調査は既に終わり、空港以外に施工不良はなかった。千葉港以外の民間工事も不正はなかったという。

施工不良が発覚した千葉港。バースの新設とともに地盤改良を実施した
（写真：成田国際空港会社）

同社は国が発注した空港の5ケースしか、具体的な不正の経緯を明らかにしていない。千葉港では、同社の現場代理人と下請けの社員2人が不正に関わったことが分かっている。しかし、3空港で同様の不正があったことを彼らが知っていたのかなど、詳しい事情は不明だ。

ことが分かっていた。ところが、同社は国土交通省に虚偽のデータを提出し、受注時に採用されていた浸透固化処理工法から、バルーングラウト工法への変更を認めてもらっている（次ページ囲み参照）。

7月26日に開いた記者会見で、東亜建設工業管理本部の緒方健一副本部長は次のように語った。

「開発担当者（防災事業室長）に任せきりで、きちんと検証せず、できていると思って受注してしまった。それまで、薬液注入工法でずっと他社に先行されていて、ようやく自分たちでできるようになった。施工が始まった後で、できないとは言えなかった。そこに、改ざんに使えるシステムがあったので、利用してしまった。そのようなシステムを作らせることも放置した。いろんな意味で内部統制に問題があった」。

[実証実験の偽装] 欠陥知りつつ、だまして工法変更

東亜建設工業は施工不良を隠蔽するだけでなく、自社工法の実証実験の結果さえも改ざんしていた。

不正があったのは、2015年7月30日から8月3日に、千葉県袖ケ浦市の同社の敷地で実施した実験だ。曲がり削孔に適用するために同社が開発した「ワイヤレス式位置計測システム」の精度を確認する目的で実施した。

既に受注していた羽田空港C滑走路の地盤改良工事は、特記仕様書で浸透固化処理工法を積算の前提としていた。同社のバルーングラウト工法への変更を認めてもらうには、発注者に施工の確実性を示すことが必要だった。

C滑走路の削孔長は160mだが、これほど長距離の曲がり削孔を施工した実績がない。そこで、実証実験で施工精度を確認することになった。

ところが、思うような実験結果が得られなかった。ある程度の距離を進むと、データの受信ができなくなった。さらに、ジャイロ計測でも異常値が多発した。いずれも原因は不明だ。

結局、同社は所定の精度が確保できたかのようにデータを改ざんして発注者に報告。削孔に失敗したことを知りながら、それを隠してバルーングラウト工法に変更した。

同工法を開発した防災事業室や機械グループは、C滑走路の施工開始までに原因を究明して改善すると現場に報告。作業所長は施工開始までに何とかなると考えていたとみられる。

しかし、開発グループは実際の施工開始までに計測機器を改善できなかった。その後、施工がうまくいかずに困っていた現場からの相談に対しても、改善策を示さなかった。

■ 袖ケ浦の実証実験で行った不正

[試験の概要]

ワイヤレス位置計測とジャイロ計測を行いながら延長166mの曲がり削孔を実施し、削孔出来形を確保できるかどうかを確認。到達地点をバックホーで掘り起こして先端部を露出させ、平面位置と深さを測定した

[不正の経緯]

ワイヤレス位置計測の無線伝送 → 削孔延長が100mを超えるとデータを受信できなくなった

ジャイロ計測 → 削孔延長が130mを超えると異常値が多発

残り約35mを溝掘りし、先端部が見える状態で誘導した後、掘り跡を埋め戻し

発注者には、規格値(500mm)以内の削孔精度を確保できると虚偽の報告

東亜建設工業の資料をもとに作成

■ 袖ケ浦の実証実験の報告書

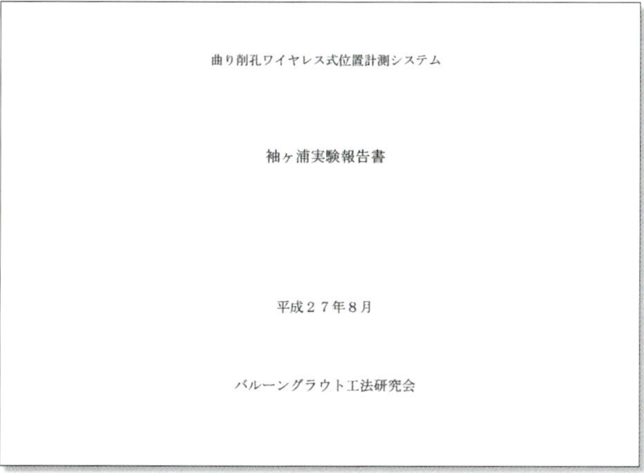

曲り削孔ワイヤレス式位置計測システム

袖ヶ浦実験報告書

平成27年8月

バルーングラウト工法研究会

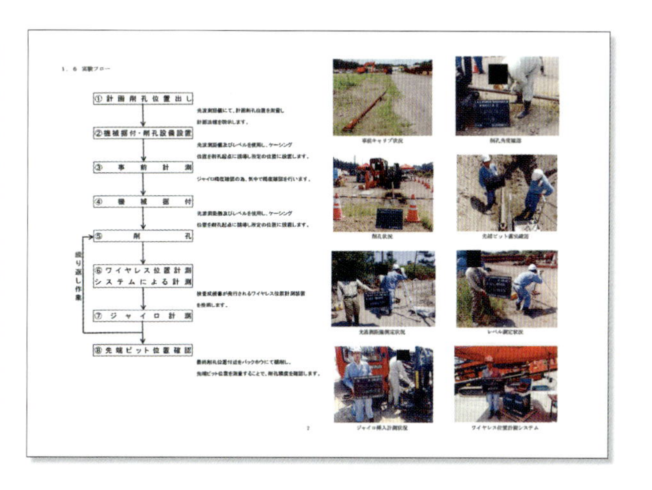

1.6 実験フロー

①計画削孔位置出し

②機械据付・削孔設備設置

③事前計測

④機械据付

⑤削孔

⑥ワイヤレス位置計測システムによる計測

⑦ジャイロ計測

⑧先端ビット位置確認

繰り返し作業

(資料:国土交通省)

［発注者の課題］大量の薬液搬出を見抜けず

これだけ大規模な施工不良なのに、なぜ発注者は見抜けなかったのか──。東亜建設工業による地盤改良の不正で、多くの人が感じる疑問だろう。特に、計画数量の5％しか薬液を注入していなかった羽田空港C滑走路では、何か不審な点を感じ取れてもよさそうなものだ。

173ページで述べたように、注入する薬液は計画数量通り全て現場に搬入されている。1200万リットル近くに上る未使用の薬液は、返品あるいは廃棄された。

通常の建設現場と異なり、空港は非常にセキュリティーが厳しい。現場に入る作業員や運転手、さらに車両なども全て事前に登録しておく必要がある。現場に入る際には厳しくチェックされる。

しかし、出ていく車両に対するチェックはそこまで厳しくない。国土交通省関東地方整備局によると、出ていく際に何を積んでいるかまでは調べていない。そのため、大量の薬液搬出に気付かなかった。

発注者の監督・検査の内容と施工者の不正行為をまとめたのが下の表だ。東亜建設工業は、モニターの表示を偽装して立ち会い時のチェックをすり抜けていたほか、提出書類を改ざんし、さらに施工完了後のボーリング調査で供試体をすり替えていた。あらゆる手段で施工不良の隠蔽を図っていたことが分かる。

これを見る限り、発注者の対応に落ち度があったとは言えないだろう。それでも、結果として偽装を見抜けなかった以上、発注者側の体制にも見直しが求められる。

今回の問題を受けて国交省が設置した有識者委員会（委員長：大森文彦・東洋大学教授）が、監督や検査の見直しについて検討している。抜き打ちで現場に立ち会うことや、材料メーカーに返品状況を確認することなどが挙がった。

なぜバルーングラウトを認めた？

空港の工事に適用したバルーングラウト工法では全てが施工不良だったことから、工法自体に欠陥があったと考えられる。そのような欠陥のある工法を、なぜ発注者が認めてしまったのかという問題もある。

国交省の入札は、原則として全て総合評価落札方式だ。総合評価では基本的に、工法を限定した技術提案のテーマは設定しない。

例えば、C滑走路のテーマは、「舗装変状に配慮した地盤改良工の確実な施工」。薬液注入に共通する配慮に関して提案を求めている。東亜建設工業が、入札時にバルーングラウト工法を提案したわけではない。

発注段階で工法は特定しないが、積算のための想定工法は決めている。羽田空港ではH誘導路とC滑走路ともに、過去の実績などから浸透固化処理工法を採用していた。しかし、いずれも東亜建設工業からの売り込みで、契約後にバルーングラウト工法に変更している。

最初に施工不良があったのはH誘導路。この工事でバルーングラウト工法を採用した時点では、まだ空港での

■ 発注者の監督・検査と施工者の不正

項目	発注者の監督・検査	施工者の不正
材料 （数量）	・材料搬入立ち会い時、数量などを確認 ・施工完了後、書類によって搬入数量などを確認	・未使用材料を**産廃処分**または**返品** ・使用数量を**改ざんして書類提出**
削孔工 （曲がり削孔）	・現場立ち会い時、モニターによって削孔到達位置などが規格値を満足することを確認 ・施工完了後、書類によって削孔到達位置などが規格値を満足することを確認	・削孔軌道が規格値を外れる箇所は、**改ざんしたデータをモニターに表示** ・削孔到達位置などを**改ざんして書類提出**
充填工 （バルーン充填）	・現場立ち会い時、流量計によって充填量が規格値を満足することを確認 ・施工完了後、書類によって充填量が規格値を満足することを確認	［羽田空港C滑走路のみ］ ・流量計を通った材料がタンクに戻るように、**充填ホースを切り替え** ・充填量を**改ざんして書類提出**
注入工 （薬液注入）	・現場立ち会い時、モニターと記録用紙によって注入速度や注入圧力などが規格値を満足することを確認 ・施工完了後、書類によって注入速度や注入圧力などが規格値を満足することを確認	・**改ざんしたデータ**を記録用紙に記録。モニターには、改ざんしたデータを**切り替えて表示** ・注入速度などを**改ざんして書類提出**
ボーリング調査 （松山空港を除く）	・供試体の採取、試験に立ち会い ・施工完了後、書類によって改良強度が規格値を満足することを確認	・採取した供試体とは**別の供試体に差し替え**

177ページまで国土交通省の資料をもとに作成

実績がなかったので、旧B滑走路を使った実証実験のデータをもとに施工の確実性を判断した。この段階では、まだ不正はなかった。

しかし、その後の工事におけるバルーングラウト工法の採用は、全て過去の偽装された実績がもとになっている。例えば、14年度の福岡空港では、コストが他工法より安いことに加えて、H誘導路で実績があることを評価し、同工法を採用した。C滑走路では、判断材料の一つとした袖ケ浦ヤードの実証実験にも、データの改ざんがあったことが判明している。

■ 監督・検査に関する見直しの方向性

- 抜き打ちで現場に立ち会い
- 偽装できないような計測機器を使用
- 施工完了後に、材料メーカーへの返品状況を確認
- 事後ボーリングを別件で発注
- ボーリング箇所や供試体採取位置を見直し

国土交通省は有識者委員会を設置し、見直しの方向性などについて検討している。右の写真は、委員長の大森文彦・東洋大学教授(写真:日経コンストラクション)

■ 工法選定の経緯

工事	発注時の工法*		採用した工法	結果
羽田空港(13年度・H誘導路)	浸透固化処理	下記の(1)の実証実験の結果を評価して変更 →	バルーングラウト	→ 施工不良
羽田空港(15年度・C滑走路)	浸透固化処理	(1)、(2)、(3)の実証実験の結果を評価して変更 →	バルーングラウト	→ 施工不良
福岡空港(14年度)	バルーングラウト	変更なし →	バルーングラウト	→ 施工不良
福岡空港(15年度)	バルーングラウト	変更なし →	バルーングラウト	→ 施工不良
松山空港(14年度)	バルーングラウト	変更なし →	バルーングラウト	→ 施工不良
【参考】羽田空港(16年度・C滑走路)	バルーングラウト	→	入札中止	

羽田空港における過去の施工実績から想定工法に採用

参加者から見積もりを徴収し、最も安価だったものを想定工法に採用

入札公告後に、15年度工事の施工不良が発覚。バルーングラウトを想定していたことから、工事内容の見直しが必要と判断

＊入札時の積算で想定した工法

[実証実験の概要]

(1)羽田空港旧B滑走路(13年11月)── 改良地盤の強度や地盤隆起の発生、曲がり削孔の精度などを確認

(2)下関ヤード(15年6月)── 新たに開発した「曲がり削孔ワイヤレス位置計測システム」の計測精度の確認

(3)袖ケ浦ヤード(15年8月)── 新たに開発した「曲がり削孔ワイヤレス位置計測システム」の計測精度の確認 → 実験結果を偽装して報告(175ページ参照)

杭 ▶ 施工データの改ざん

1件の改ざんが2万件の不信に

「データの流用に関わった現場代理人は50人以上。誠に申し訳ございません」。

2015年11月13日、旭化成が開いた記者会見で、柿沢信行執行役員は神妙な面持ちで謝罪した。子会社の旭化成建材が手掛けた杭工事で、施工データを改ざんした現場代理人が次々と判明したためだ。

構造物の安定を支える主要部材の杭で、支持層到達を確認する重要な指標となる電流計データを改ざんするとは——。過熱する報道もあいまって、杭業界の信用は失墜した。

不正行為が追及されるきっかけと

一部の杭で支持層未達が発覚した「パークシティLaLa横浜」の西棟。写真右奥に見えるのが、手すりのずれが見つかった渡り廊下。西棟は写真左側に向かうほど階数が減る構造だ。渡り廊下側の杭何本かが支持層に到達していなければ、沈下する可能性は十分にある（写真：右ページも日経コンストラクション）

旭化成が2015年11月13日に開いた記者会見の様子。子会社の旭化成建材が手掛けた杭工事で次々に判明した施工データの改ざんを謝罪した

なったのが、横浜市内の分譲マンション「パークシティLaLa横浜」だ。マンションの事業主は三井不動産と明豊エンタープライズ。設計・施工は三井住友建設が一括で請け負い、杭の施工は旭化成建材が2次下請けとして担当した。

渦中の構造物がマンションだったため、建築の杭特有の問題として見られがちだが、土木業界にとっても決して"対岸の火事"ではない。旭化成建材が手掛けた杭工事のうち、土木構造物でも9件でデータ改ざんが発覚した。

「土木では、電流計データによる支持層確認が不要な場所打ち杭を使うケースが多いので、心配ない」、「建築と比べて土木で使う杭は径が大きく本数が少ないので、施工管理しやすく問題は生じにくい」——。問題発覚当初、土木技術者からは当事者意識の低さを感じさせる声が上がっていた。

しかし、土木工事でも改ざんが判明した以上、再発防止策を真剣に検討する必要がある。そこで、まずは横浜で問題が発生した経緯について振り返っておこう。

正式な地盤調査を横浜市が指示

事の発端は14年まで遡る。マンションの住民が、西棟とほかの棟を結ぶ渡り廊下の手すりのずれを発見した。三井住友建設が外壁のレベルを測定したところ、各階で約2cmの沈下が明らかになった。西棟の長辺方向の長さ約60mに対して、渡り廊下側が2cm下がっていた。これがマンション傾斜の根拠となっている。

三井住友建設は、沈下の原因を探るために、15年6月から9月に掛けて、ボーリング調査やスウェーデン式サウンディング(SWS)調査を実施した。そこで、支持層が想定したよりも深い位置にあることが確認される。杭の支持層未達の疑いが生まれた。

再調査の結果、杭先端は支持層に1m以上根入れするという契約事項に基づくと、西棟の杭総数52本のうち8本が支持層未達、または根入れ不足だったことが分かった。そのうち1本は根固めも未達だった。横浜市建築指導部によると、問題の杭は手すりのずれが見つかった渡り廊下側に集中している。

同社がその後、当時の施工報告書を調べたところ、52本中10本で支持層到達を確認する電流計データをほかの杭から転用し、改ざんしていたことが明らかになる。問題となった杭は8本ともデータが改ざんされていた。さらに、52本中4本で、根固めのセメントミルク量のデータがほかの杭からの流用だったことも判明。結局、マンション4棟全体の杭473本のうち、70本でデータを改ざんしていた。

■ パークシティLaLa横浜の概要

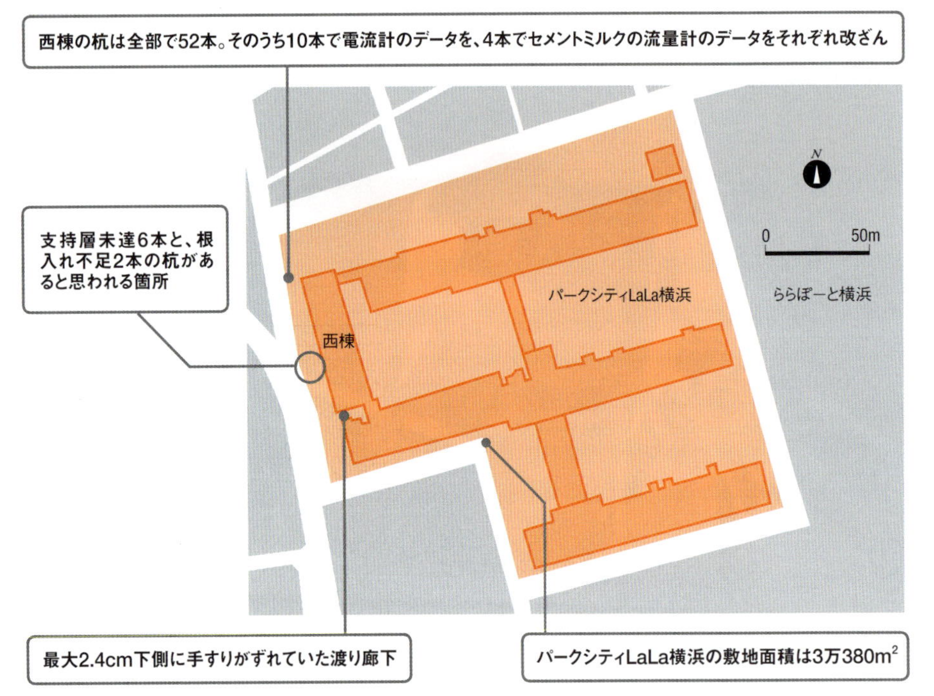

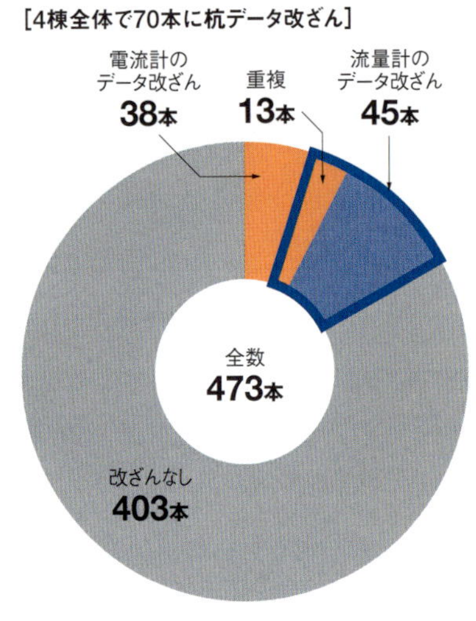

旭化成の資料や取材をもとに作成

■ 横浜のマンションの杭騒動の経緯

2005年	11月	分譲マンション「パークシティLaLa横浜」の現場着工
07年	11月	マンションが竣工
14年	9月	住民が西棟とほかの棟をつなぐ渡り廊下で、手すりのずれを発見
15年	2月～	元請け会社の三井住友建設が建物躯体のレベル調査を実施。西棟で各階一様に2cmずつの沈下を計測。躯体の健全性には問題が無いことを確認
	6月	三井住友建設が1カ所でボーリング調査、2カ所でラムサウンディング調査をそれぞれ実施。支持層が想定以上に深いことが判明し、一部の杭で支持層未達の疑いが生じる。さらに地下ピットに潜ったところ、地中梁に0.9mmのひび割れを発見
	8月～9月	三井住友建設が20カ所でスウェーデン式サウンディング（SWS）調査を実施。西棟で6本の支持層未達、2本の根入れ不足の疑いが明らかになる
	9月15日	杭が支持地盤に届いていなかったことを三井住友建設が横浜市に報告
	9月24日	三井住友建設が、杭を施工した2次下請けの旭化成建材へ電流計データの転用を指摘
	10月14日	旭化成建材が電流計データの転用・加筆を公表
	10月16日	旭化成建材が杭の根固め部のセメントミルクの量を確認する流量計データも転用・改変していたことを公表
	10月22日	旭化成建材が過去10年間に関わった杭工事3040件で、データ流用の有無について調査することを公表。そのうち、横浜のマンションでデータを流用した現場代理人が関わった現場は41件あることが判明
	11月2日	横浜のマンションでデータを流用した現場代理人が関わった41件の現場のうち、計19件でデータの流用が発覚
	11月11日	三井住友建設が決算発表の場で、横浜のマンションの問題について説明。同社による公の場での説明は初めて
	11月24日	旭化成建材が追加調査を含む全3052件のうち、データを確認できなかった188件を除く2864件で調査を完了。そのうち、データを流用したのは360件であることが判明。データを流用した杭の本数は2382本
	12月8日	横浜市が杭の支持層到達の状況を詳細に確認するため、三井住友建設にボーリング調査の実施を指示

記者会見や取材、各社の資料をもとに作成

横浜市は12月8日にようやく、杭の未達を確認するよう詳細な調査を三井住友建設に指示した。

大手の三谷セキサンも不正に関与

波紋は広がった。横浜のマンション騒動が冷めやらぬなか、国土交通省は旭化成建材に対して、ほかの物件でもデータ改ざんの有無を調査するよう指示した。国交省としては、可能性がゼロでない限り、データの改ざんと支持層未達との関係を疑わないわけにはいかなかった。

その結果、旭化成建材が10年間に手掛けた杭工事3052件のうち、1割以上の360件でデータ改ざんが明らかになった。不正に関与した現場代理人は全て、出向社員や契約社員だ。ほかの杭データを流用したり改ざんしたりする行為が罪だという認識なく、常態化していた。

さらに、不信の目は旭化成建材だけにとどまらず、コンクリート既製杭の業界全体にも向けられた。同業界の大手である三谷セキサン（福井市）やジャパンパイル（東京都中央区）でも、データ流用の不正が発覚したのだ。

旭化成建材を除くコンクリートパイル建設技術協会（COPITA）の協会員40社のうち、改ざんが見つかったのは、6社で22件。データ改ざんの有無を調査する対象は、11月27日時点で約2万件に上る。

横浜のマンション1件から生じた杭に対する品質不信は、問題発覚後わずか1カ月足らずで業界全体に波及した。データの改ざんはもはや、杭の施工を担当した現場代理人の倫理観の欠如だけで片付けられない大きな問題に発展した。

■ 旭化成建材がデータ流用した360件の都道府県別内訳

［用途別のデータ流用件数］

用途	件数
集合住宅	102
事務所	20
商業施設	12
工場・倉庫	91
医療・福祉施設	37
学校	37
公共施設	21
土木	9
その他	31

北海道53（4）
宮城県10（2）
滋賀県3（1）
山口県2（1）
愛媛県2（1）

旭化成建材が過去10年以内に杭の施工に関わった3052件を調査した結果。数字は杭の施工データを流用した件数。カッコ内は流用のあった土木工事の件数。旭化成が11月24日に公表した資料をもとに作成

■ コンクリート既製杭の出荷量割合と流用のあった件数

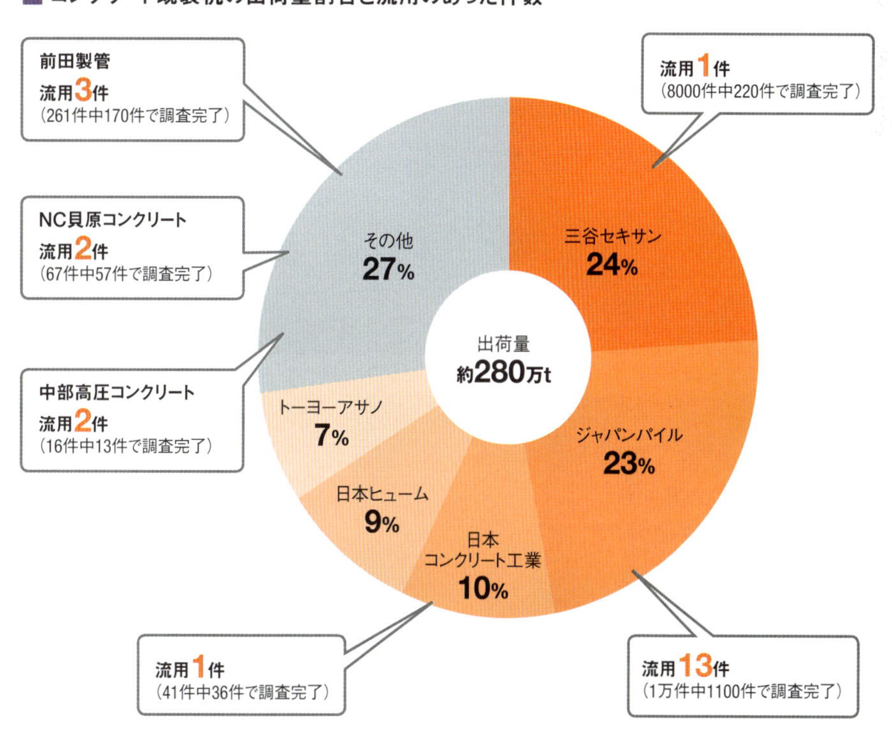

2014年度のコンクリート既製杭の出荷量。総出荷量は約280万t。コンクリートパイル建設技術協会とコンクリートポール・パイル協会の資料をもとに作成

溶接 落橋防止装置の溶接不良

手抜きの裏に不明瞭な検査基準

落橋防止装置や変位制限装置などが、完全溶け込み溶接になっていない──。

2015年の夏、1件の外部通報が京都市に寄せられた。疑われたのは、京都市が管理する京川橋と国土交通省京都国道事務所の勧進橋だ。後に全国的な騒ぎに発展する溶接不良問題の始まりだった。

市の情報提供を受けて、同事務所が8月に勧進橋で超音波探傷試験を実施したところ、調査可能な部材の実に7割で、溶接不良を確認した。同橋はショーボンド建設が7月に、落橋防止装置の製作・設置を含む耐

上は国道24号に架かる勧進橋。2013年9月～15年7月に耐震補強工事を実施。その際に取り付けた落橋防止装置や変位制限装置に、溶接不良が発覚した。左下は橋脚に設置されている落橋防止装置のブラケット。右下は変位制限装置
（写真:日経コンストラクション）

■ 完全溶け込み溶接の作業工程

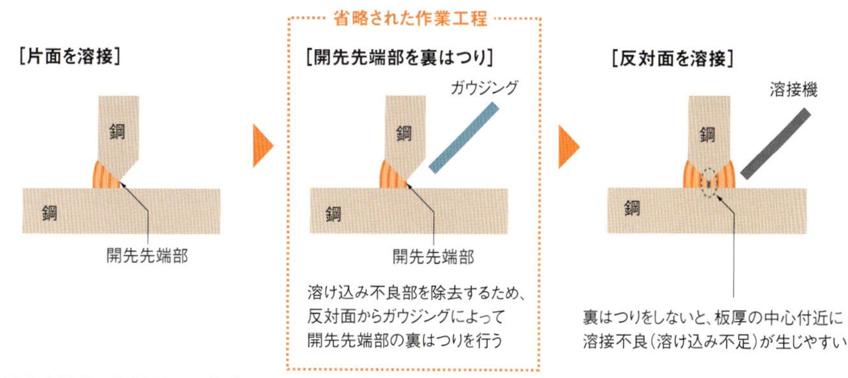

国土交通省の資料をもとに作成

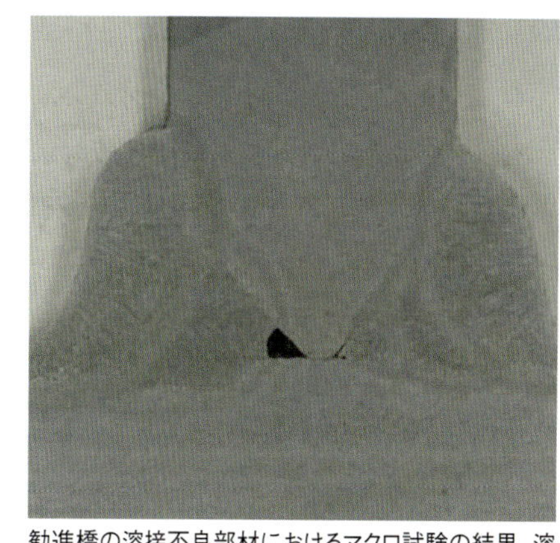

勧進橋の溶接不良部材におけるマクロ試験の結果。溶接内部に微小な空隙が見られた(写真:国土交通省)

震工事を完成させたばかりだった。

落橋防止装置などで採用した完全溶け込み溶接は、以下の工程を踏む。まず、鋼材の開先先端部を別の鋼材にT字形に当てて、片面を溶接。その後、反対面の開先先端部の溶け込み不良部を除去する「裏はつり」という作業を実施してから、反対面を溶接する。しかし、勧進橋では裏はつりの工程を省略。溶け込み不足が生じ、内部に本来あってはならない傷が生じていた。

■ 勧進橋耐震工事の関係者の構図

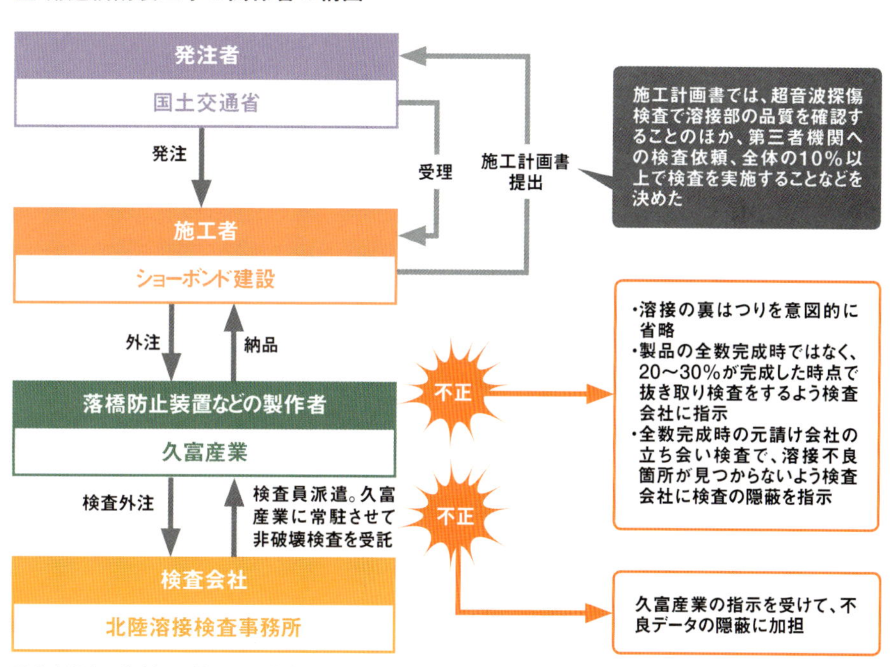

国土交通省の資料と取材をもとに作成

溶接の手抜きと検査の隠蔽

その後の調査で、勧進橋には大きく分けて二つの不正がからんでいることが判明した。一つが、落橋防止装置などを製作した久富産業(福井市)による溶接の手抜きと不適切な検査誘導。もう一つが、久富産業が検査を外注した北陸溶接検査事務所(福井市、以下北陸溶接)による検査時のデータ隠蔽だ。

施工者のショーボンド建設は、「納品全数の10%以上で、第三者機関へ超音波探傷検査を依頼する」ことを施工計画書で発注者に提出していた。しかし、久富産業は納品全数の20～30%の製作が終わった段階で、全数の10%に相当する製品を抜き取り、北陸溶接へ検査を依頼した。残り70～80%の製品で溶接を手抜きしても見つからない。

さらに、全数完成後に元請け会社の立ち会いのもとで抜き取り検査を実施する際、久富産業は「不良を発見しても指摘しないでほしい」と、北陸溶接に検査の隠蔽を要請した。一方の北陸溶接も、その隠蔽に加担。溶接不良が見つかった時は、超音波探触子の角度を変えて、検査機器の画面に不良結果を表示しなかった。

元請け会社の品質管理責任

久富産業は勧進橋だけでなく、ほかの橋でも不正を働いていた。15年11月末時点で、勧進橋を含む357橋で不正が発覚。さらに同社と同様の不正の手口で、溶接不良品を製作した企業はほかにも11社あった。

不祥事を働いた製作会社や検査会

社の倫理観の欠如が問題なのは、言うまでもない。ただし、元請け会社の品質管理の責任は免れない。国交省の落橋防止装置等の溶接不良に関する有識者委員会（委員長：森猛・法政大学教授）では、「検査を含む品質管理全体を製作会社に委ねすぎており、立ち会い検査の形骸化にもつながった」と指摘している。

上部工と下部工の境界で、大手メーカーが手を出しづらい規模感などから、落橋防止装置の製作は“隙間産業”と呼ばれることもあった。発注者や施工者による同製品の品質確保への関心は、希薄だったと言える。

社内検査か第三者検査かが不明確

溶接不良問題では、「検査」の定義のあいまいさが、不正を生む土壌につながったという声が上がっている。

「土木業界では、作り手側の検査なのか、受け取る側の検査なのか、検査の目的が明確にされていないケースが多々見られる」。日本溶接協会から非破壊検査などの認定を受けた企業から成るCIW検査業協会の柏瀬一彦事務局長はこう指摘する。

溶接検査で先を行く建築鉄骨の業界の例を参考にすると、彼らは自社の品質管理を目的とした検査を「社内検査」と定義している。柏瀬事務局長の言葉を借りると、「作り手側の検査」に当たる。製作会社と契約した検査会社が実施する。

一方、施工者などが製品を受け入れる際に、品質が一定の水準にあるか否かを抜き取って確認するのが第三者検査だ。「受け取る側の検査」で、工事監理者（発注者）または施工者と契約した検査会社が実施する。

さらに国土交通省の公共建築工事標準仕様書や建築工事監理指針では、不正防止のために、建築鉄骨の社内検査と第三者検査を同一の検査会社が兼ねることを禁止している。

これらの定義を踏まえて、改めて勧進橋を見ると、検査への考え方が関係者によって異なっていたことが分かる。例えば、ショーボンド建設は久富産業に「第三者検査」を要求していたが、久富産業から検査の外注を受けた北陸溶接は、「社内検査」の意味合いで受託。建築鉄骨の検査が主要業務の同社は、建築鉄骨の常識から、製作会社と契約を結ぶ検査は「社内検査」に当たると認識した。

久富産業は、北陸溶接による社内検査の報告書を第三者検査用として提出。ショーボンド建設が、「北陸溶接検査事務所」という社名と社印入りの表紙が付いた検査報告書に、疑問を抱く余地はなかった。

検査抽出率の定義もあいまい

定義のあいまいさは、検査の抽出率にも見られる。道路橋示方書では、完全溶け込み溶接の内部傷の検査抽出率を規定している。完全溶け込み溶接を適用する引張部材には、

■ 不正を生む環境や背景

（1）元請け会社の不十分な品質管理
元請け会社が検査を含む品質管理全体を製作会社に委ねすぎていた

（2）製作会社と検査会社との契約関係
検査会社が「製作会社は顧客」という認識を持つことにつながり、適正な検査を阻害した

（3）検査会社の検査に対する認識違い
検査会社が検査の趣旨を確認せず、製作会社の社内検査であると思い込み、抽出検査や第三者検査であることを認識していなかった

（4）不明確な検査抽出率
道路橋示方書では落橋防止装置などの附属物について検査率の記述がないため、元請け会社の判断で決まる。抽出検査の場合は、製作会社の誘導で不正しやすかった

国土交通省の資料をもとに作成

■ 建築鉄骨溶接部の第三者検査

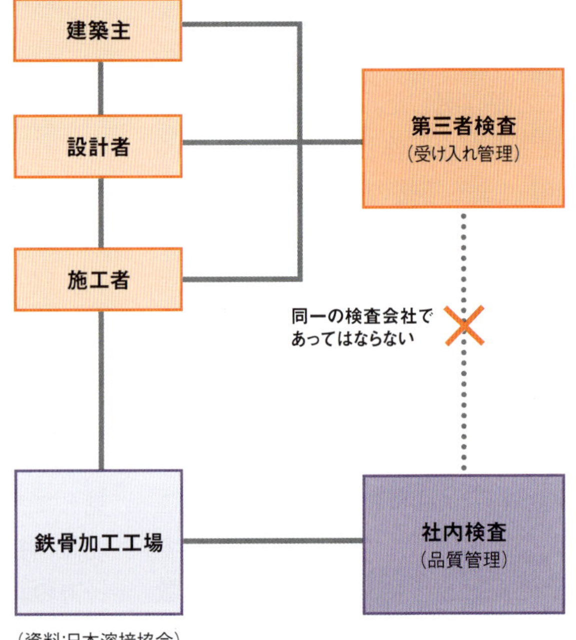

（資料:日本溶接協会）

■ 道路橋示方書のあいまいな検査規定

(1) 完全溶け込み溶接の検査規定の対象は、主要部材のみ

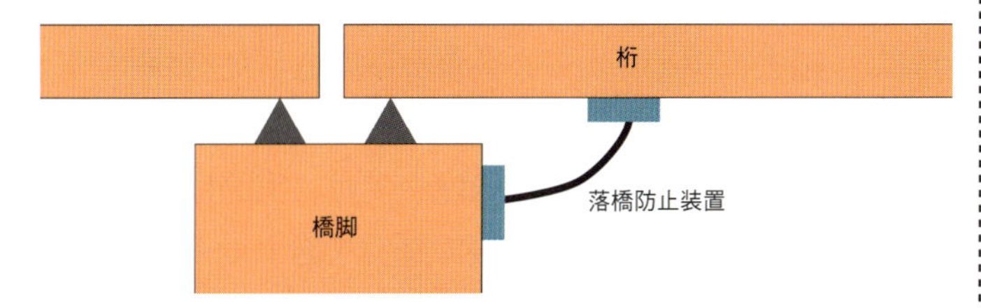

➡通常時は応力が掛からず、阪神大震災級の地震時において支承などが破壊された場合に初めて機能する落橋防止装置は主要部材か？

(2) 主要部材でも突き合わせ溶接以外の検査の規定がない

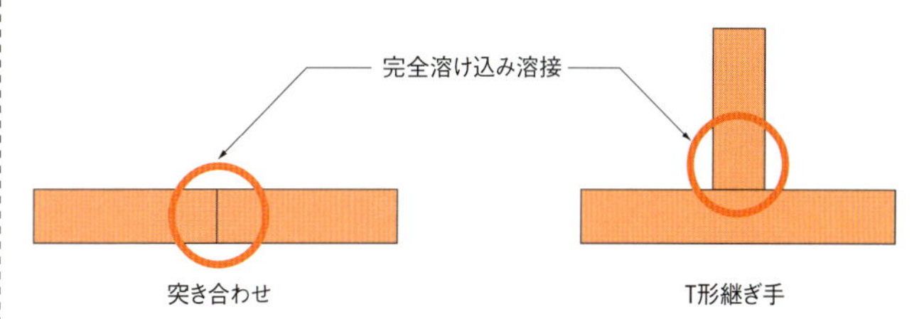

➡落橋防止装置で使われている「T形継ぎ手」などの完全溶け込み溶接の検査は、突き合わせ溶接に準じて良いのか？

取材をもとに作成

製品全数の溶接継ぎ手全長で超音波探傷試験を実施すると明記。しかし、悩ましいのはそれが「主要部材」のみの規定という点だ。

落橋防止装置は阪神大震災級の地震時に、支承などが壊れても上部構造の落下を抑止する目的で設置する。通常時や設計想定内の地震時は支承が耐えるように設計しているので、落橋防止装置に応力は働かない。これを主要部材と見るべきか。

さらに問題は続く。落橋防止装置を仮に主要部材と見なしたとしても、示方書にある検査率の規定は、突き合わせの継ぎ手が対象だ。「T形継ぎ手」に対しては規定がない。

示方書の規定があいまいなので、勧進橋の検査抽出率が適正かどうかは判断が付かない。国交省の有識者委員会は、「元請け会社の判断による抽出率で検査したことが、製作会社の誘導で良品のみ検査されるといった不適切な行為につながった」と、不正を生んだ要因の一つに挙げている。

国交省は再発防止策として、検査抽出率を見直し、落橋防止装置全数の溶接継ぎ手全長の検査を重視している。

■ 溶接不良問題の再発防止策

(1) 元請け会社による品質管理の強化

検査会社との契約主体の見直し

(2) 製作・検査における不正防止対策の強化

・検査抽出率の見直し（溶接継ぎ手全長の検査）
・ISO9001を取得した製作会社や検査会社の活用促進など
・溶接業界や非破壊検査業界などの関係者へ、自助努力や制度改善の取り組みの要請

(3) 発注者の取り組みの強化

抜き打ち検査の実施を含む発注者による検査の強化

国土交通省の資料をもとに作成

有識者委員会はそのほか、検査会社との契約主体を見直し、元請け会社が検査会社と直接契約を結ぶよう提案した。社内検査を担当する企業は不可にするなどの条件も課す。さらに、発注者も非破壊検査の専門家と一緒に抜き打ち検査することを視野に入れている。厳格な品質管理へと一気にかじを切ることになる。

ただし、ある製作会社の社長は、「納品物100％で受け入れ検査を実施するならば、その工程などを発注時に考慮してもらわなければ、しわ寄せが製作側に来る」と話す。厳格な管理は重要だが、真面目に製作している企業へ過度な負担を強いる取り組みは避けなければならない。

裏はつり省略でかなりの費用抑制に

一方、溶接の手抜きが横行していた背景にも触れておきたい。今回の不正の理由は、困難な作業を簡略化するためだったことが、当事者へのヒアリングなどで分かっている。

工程だけ見ると裏はつりを省略しただけだが、実はそれが大幅な時間短縮とコスト抑制につながる。完全溶け込み溶接の場合、超音波探傷試験で内部の傷が見つかれば、その傷の部分まで削って溶接をやり直す必

要がある。ある大手ファブリケーターの技術者は、「傷は目で見て分からないので、再溶接を1、2度繰り返すことが多い」と話す。

溶接を繰り返せば、熱で変形する鋼材の補修が必要になる。一方、裏はつりを省いた部分溶け込み溶接だと、再溶接の手間はほぼ必要ない。

ある鉄工所の常務は、「過去に落橋防止装置の製作委託を受けようと、施工者へ見積もりを出したことがある。しかし、同業他社が採算度外視の見積もりを出し続けるものだから、事業から撤退した」と明かす。

一部の製作会社が安値で施工者から製作依頼を受け、実際は部分溶け込み溶接で採算を合わせる——。こうして不正に手を染めた企業だけが生き残った可能性がある。

■ 部分溶け込み溶接と完全溶け込み溶接の手間の違い

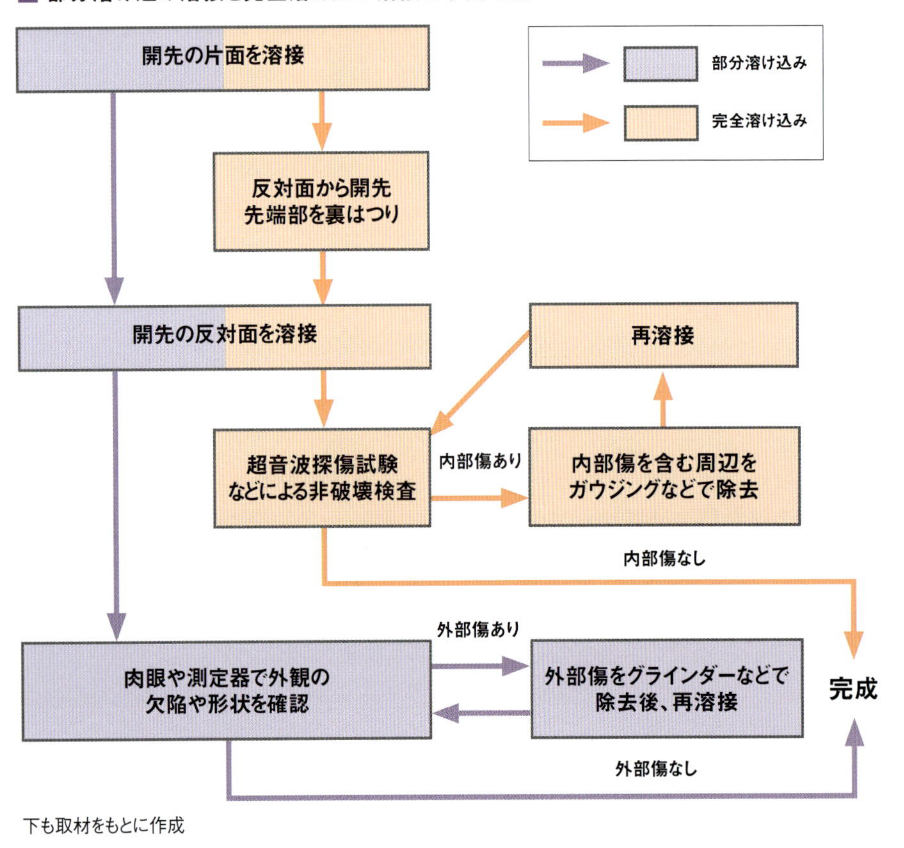

下も取材をもとに作成

■ 落橋防止装置の製作関係者の一例

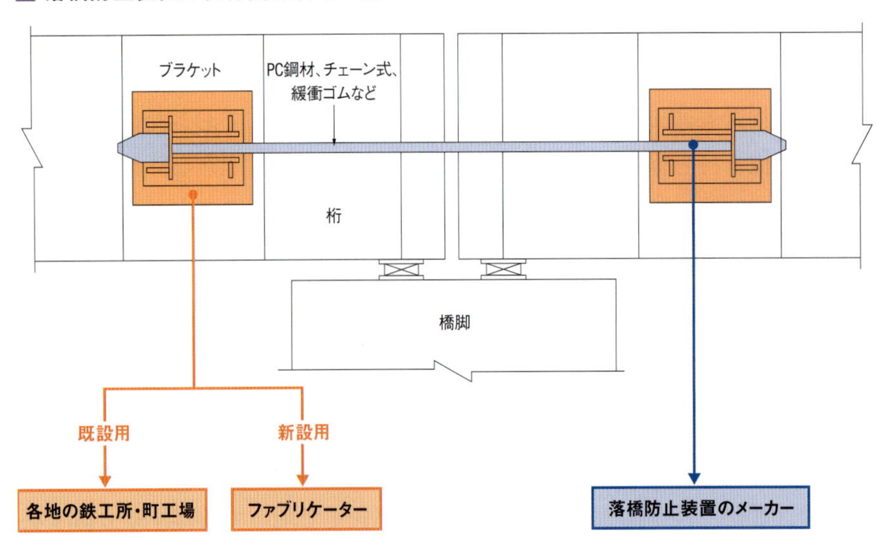

適正な会社が製作していたのか？

さらに、落橋防止装置の製作では、難易度の高い溶接が必要なのにもかかわらず、有象無象の製作会社を含め、広く門戸を開いていた。結果的に、品質確保の体制が十分でない企業が製作に関与した疑いがある。

落橋防止装置は、部材や工事の対象ごとで製作に関わる企業が異なる。溶接不良問題で話題になったのは、橋と装置をつなげるブラケットの部分だ。既存橋梁へ設置する場合、施工会社は運搬費を極力抑えようとして、現場近くの町工場や鉄工所などに製作を依頼する。

施工会社は製作会社と下請け契約を結ぶわけでないので、建設業法などによるしばりはない。極端に言えば、仕様どおりの製品を納入するならば、どんな企業も参画できる。今回の溶接問題が発生して、どんな企業が製作に関与していたかを初めて知った発注者も多いという。

完全溶け込み溶接を設計仕様で求めるならば、今後は、一定の技術水準のある製作会社に関与してもらう仕組みも考えなければならない。

一方、このような不正を生む土壌を嫌って、完全溶け込み溶接を求めなくてもよいのではないかと言う声も少なくない（右の囲み参照）。

［もう一つの疑問］**完全溶け込み溶接は必要か?**

溶接不良問題を受けて、一部の技術者の間では「落橋防止装置に完全溶け込み溶接は必要なのか。裏はつりの不要な部分溶け込みで十分だ」という議論が盛り上がっている。

道路橋示方書によると、直角方向に引張応力を受ける継ぎ手には、完全溶け込み溶接が必要だとの記述がある。落橋防止装置は地震時に引っ張られることから、この規定を採用している。

ある鋼橋の専門家は、「常時は応力がかからず、疲労も受けない。そんな部材に、わざわざ丁寧な完全溶け込み溶接を求めるのはいかがなものか」と指摘する。

完全溶け込み溶接の品質確保の大変さも、部分溶け込みの推奨に拍車を掛ける。国交省の調査で、不正をしていなくても技量不足などによる溶接不良が156橋で発覚したように、落橋防止装置の製作は難しい。狭い箇所の溶接や、溶接の熱量を加え続けることによる鋼材のひずみへの考慮など、完全溶け込み溶接は、それなりの技量を要する。

部分溶け込み溶接は管理できない

国交省の有識者委員会が実施した静的引張試験では、部分溶け込み溶接でも未溶着部が少なければ、完全溶け込み溶接とほぼ同等の引張強度が得られる結果が出ている。地震時の速度依存性は考慮されていないとはいえ、強度としてはおおむね見劣りしないことが分かる。

ただし、橋梁の溶接に詳しい東京都市大学の三木千壽学長は次のように警鐘を鳴らす。

「部分溶け込み溶接でも強度は出るだろう。ただし問題は管理の難しさにある。超音波探傷試験では未溶着部の有無しか分からない。現在の技術では、部分溶け込みの未溶着部の大きさを管理する手法は無い。慎重な議論が必要だ」。

現状では、切り取った部材を研磨して、腐食液をかけて初めて未溶着部の範囲が明らかになる（183ページの右上の写真）。今のところ適切な非破壊検査はない。部分溶け込み溶接の場合、未溶着部の空隙に応力が集中しやすく、適切な管理ができなければ、亀裂が生じやすい大きな空隙を見逃してしまう。

それでも、長い目で見て部分溶け込みを推す人がいるのも事実だ。有識者委員会の森委員長も、現状では管理方法がないことを踏まえたうえで、「将来的に部分溶け込み溶接に変わる可能性は十分にある。そうした方がよい」と述べている。

部材ごとで完全溶け込みを使い分け

他方、必ずしも落橋防止装置全ての部材を完全溶け込み溶接にする必要はないという考え方も存在する。ブラケットの用途や形状によっては、引張部材と圧縮部材に分けることができるからだ。

例えば、日本橋梁建設協会の中には、完全溶け込み溶接とほかの溶接を使い分けている会員企業もあるようだ。同協会が05年に発刊した「既設橋梁落橋防止システム設計の手引き（改訂版）」には、引張部材と圧縮部材で完全溶け込み溶接を使い分ける記述が見られる。

会員企業は高速道路会社の落橋防止装置を設計することがあり、手引を作成している。一方、国や自治体の落橋防止装置を設計する建設コンサルタント会社に、部材によって溶接を使い分けるという設計思想はほとんどないようだ。過去の図面をもとに、完全溶け込み溶接を表す「F.P」という記号をコピー・アンド・ペーストする設計者も少なくない。

■ **溶接不良が引張強度に与える影響**

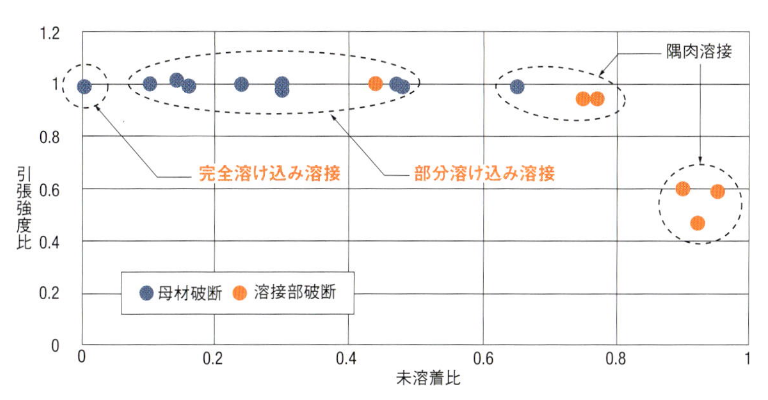

引張試験の結果。未溶着比は、未溶着長を取り付け板の板厚22mmで除した値。引張強度比は、引張強度の測定値を同強度の母材推定値で除した値。国土交通省の資料をもとに作成

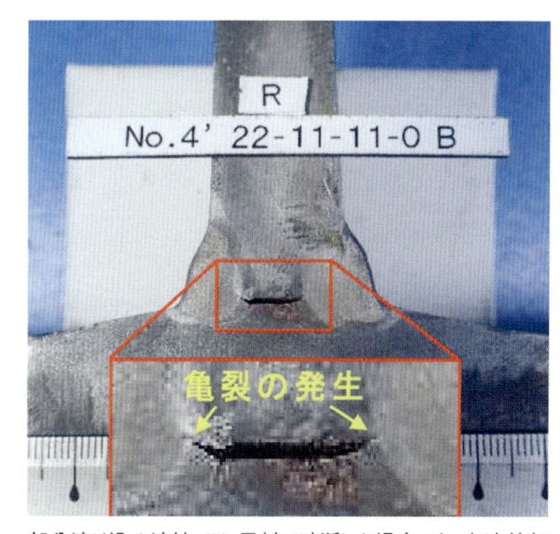

部分溶け込み溶接では、母材で破断した場合でも、未溶着部の応力集中部から亀裂が発生するケースが見られた（写真:国土交通省）

再生資材 ＞ 鉄鋼スラグの混入

盛り土に基準を超える有害物質

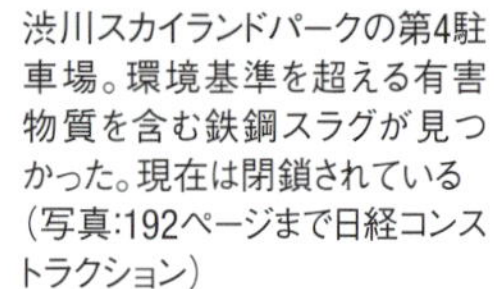

渋川スカイランドパークの第4駐車場。環境基準を超える有害物質を含む鉄鋼スラグが見つかった。現在は閉鎖されている（写真：192ページまで日経コンストラクション）

有害物質を含む鉄鋼スラグを出荷した大同特殊鋼渋川工場（左）と、天然砕石と混合して販売していた佐藤建設工業（右）

群馬県内の公共工事で、有害物質を含む鉄鋼スラグの使用が明らかになったのは2013年6月。渋川市の遊園地「渋川スカイランドパーク」の駐車場を改修する際、市が土壌汚染対策法に基づいて環境調査を実施したところ、六価クロムやフッ素が基準値を超えていた。

鉄鋼スラグは、鉄鋼を製造する際に発生する副産物。道路の路盤材などに使用される。渋川スカイランドパークで使われていたのは、大同特殊鋼の渋川工場が出荷した鉄鋼スラグ。市が、同社の鉄鋼スラグを使用したほかの工事も調べたところ、

■ **鉄鋼スラグ問題の経緯**

2013年6月	渋川スカイランドパークの駐車場で、大同特殊鋼が出荷した鉄鋼スラグに環境基準を超える有害物質が含まれることが判明
14年1月	群馬県が大同特殊鋼などを廃棄物処理法違反の疑いで立ち入り検査
14年3月	国土交通省が、鉄鋼スラグの使用記録がある直轄45工事の調査結果を公表。1工事で環境基準を超過
14年8月	毎日新聞が、使用記録のない箇所でも鉄鋼スラグが使われていることを指摘
14年10月	国交省が、鉄鋼スラグの使用記録のない箇所も調査。大同特殊鋼による出荷記録と現地調査によって鉄鋼スラグの混入が疑われる56工事を抽出し、JISに準じた調査を実施すると公表
14年11月	国交省関東地方整備局、群馬県、渋川市の3者が連絡会議を立ち上げ、第1回会合を開催
14年12月	国交省が56工事についてJISに準じた調査を実施した結果、27工事で基準を超える有害物質を検出。今後は、土壌汚染対策法に準じた調査を実施すると公表

鉄鋼スラグ。通常の砕石と見分けがつきにくい

38工事のうち35工事で基準を超える有害物質が検出された。

渋川市での問題発覚を受けて、国土交通省や群馬県も調査を実施した。関東地方整備局は鉄鋼スラグの使用記録がある45工事を対象に調査。14年3月に公表した調査結果によると、有害物質が基準を超えていたのは1工事だけだった。

事態はこのまま収束するかと思われたが、14年8月に急展開する。鉄鋼スラグの使用記録がない国道の盛り土などにも、混入していることが新聞で報じられたのだ。国交省では、盛り土材に鉄鋼スラグの使用は認めていない。

関東地整は、大同特殊鋼の出荷記録から鉄鋼スラグが無断で使われた47工事を特定。さらに、工事完成図書と現地調査によって、鉄鋼スラグが使われたとみられる26工事を抽出した。両者から重複分を除く56工事を対象に検査を実施した結果、27工事で六価クロムやフッ素が環境基準を超えた。

元請けは「知らなかった」

関東地整と群馬県、渋川市の3者は14年11月に連絡会議を設置し、対処方法などを検討した。

今回、群馬県内で明らかになった鉄鋼スラグ問題には、二つのポイントがある。一つは、大同特殊鋼が環境基準を超える有害物質を含む鉄鋼スラグを出荷していた点。もう一つは、本来は鉄鋼スラグを使ってはいけない箇所に、無断で混入していた点だ。

無断使用の疑いがある関東地整の56工事の施工者には、大手の舗装会社も含まれる。そのうち、2000年度以降に工事を手掛けたNIPPOと鹿島道路、フジタ道路、世紀東急工業の4社に尋ねたところ、日経コンストラクションの取材に応じなかった世紀東急工業を除く3社はいずれも、鉄鋼スラグの混入は把握していないと回答した。

■ **鉄鋼スラグが現場で使われるまで**

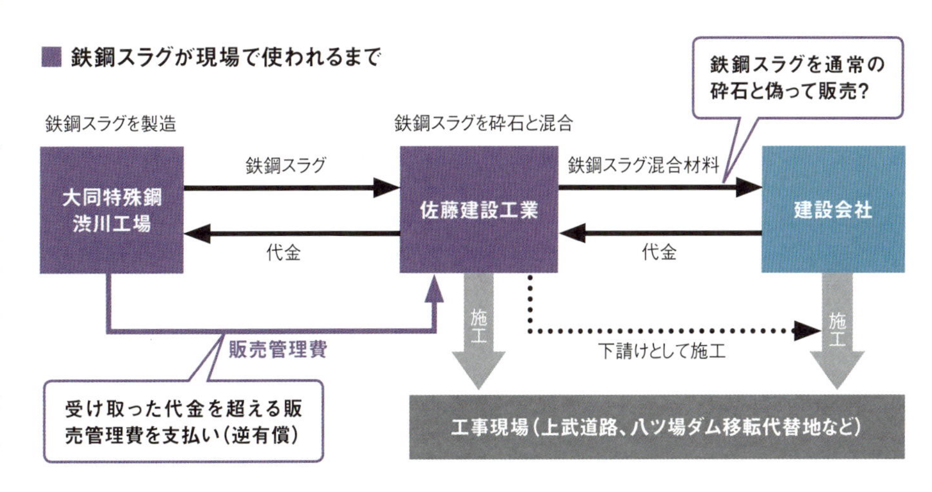

本来使われていないはずの盛り土（路床、路体）に鉄鋼スラグと見られる材料の混入が見つかった上武道路

■ 高崎河川国道事務所の発注工事で鉄鋼スラグが使われたとみられる箇所

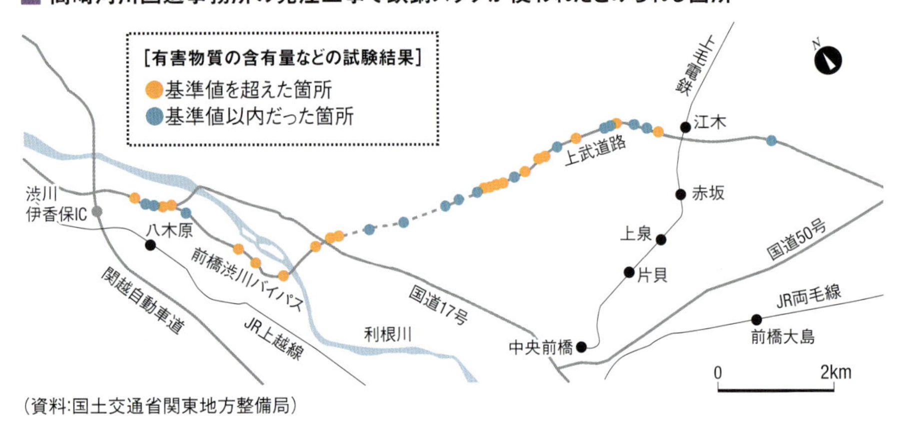

（資料：国土交通省関東地方整備局）

NIPPOと鹿島道路、フジタ道路の3社は、大同特殊鋼と業務提携している佐藤建設工業（渋川市）から路盤材や盛り土材などを購入していた。佐藤建設工業は、大同特殊鋼から仕入れた鉄鋼スラグを天然砕石と混合して販売。フジタ道路の工事では、下請けとしても関わっていた。

当該工事で現場代理人を務めた鹿島道路関東支店の河野真太郎氏は、「盛り土材の試験結果報告書には、スラグという文字は全く入っていなかった」と証言する。「山砕100～0」を使ったはずだという。

つまり、佐藤建設工業が試験結果報告書とは異なる資材を納入していた可能性が高い。なお、佐藤建設工業も大同特殊鋼も、日経コンストラクションの取材に応じていない。

材料の試験結果を信用し、鉄鋼スラグの混入を知らずに使った元請けに責任を問うのは酷な面もある。「現実問題として、現場のチェックで鉄鋼スラグ混入を見つけ出すのは極めて困難だ」（NIPPO総務部の本間洋法務課長）。

有害物質の有無にかかわらず、仕様書と違う材料の使用が明らかになれば、発注者は元請けの施工者に対して経緯などの報告を求めるのが普通だろう。だが、無断使用の発覚から半年以上過ぎても、関東地整は56工事の元請けに対して聞き取り調査は実施していない。元請けの中には、日経コンストラクションの取材で初めて盛り土への混入を知った会社もあった。

渋川スカイランドパークの第2・第6駐車場では、鉄鋼スラグの処分費用約2500万円を、当初は渋川市が負担することにしていた。しかし、費用を大同特殊鋼に請求するように求める住民訴訟の提起を受け、市は同社と協議。大同特殊鋼が費用分の金額を任意で拠出することで合意した。

鉄鋼スラグ問題に詳しい角田喜和渋川市議は、「仮に大同特殊鋼が裁判で負ければ、これから先、同社が全額を負担しなければならない。それを避けるために、『任意』という形で手を打ったのではないか」と批判する。

試験結果報告書

工事名: 上泉地区舗装その2工事

材料名 :山 砕(100~0)

株式会社 NIPPO

株式会社 佐藤建設工業

試験結果報告書

株式会社 土木管理総合試験所

盛り土材に関する試験結果報告書。鉄鋼スラグに関する記載はない
(資料:国土交通省関東地方整備局)

処理費用浮かせる目的か

有害物質を含む鉄鋼スラグを廃棄物として適正に処理しようとすると、1t当たり2万～3万円かかると言われる。再生資材として活用すれば、そうした費用を浮かすことができる。

各種の合金などを製造している大同特殊鋼の鉄鋼スラグは、「製鋼スラグ（電気炉系）」に分類される。特殊鋼のスラグは有害物質を含みやすいことから、再利用できないことが多い。

大同特殊鋼と佐藤建設工業との間で、廃棄物処理法の適用を受ける「逆有償取引」が行われていたことが明らかになっている。逆有償とは、販売代金を超える金額を、運送費や管理費などとして販売先に支払う取引のこと。それでも、廃棄物として処理するよりは安くつく。

佐藤建設工業としては、鉄鋼スラグを使えば使うほど儲けになるわけだ。そのため、発注者や施工者に無断で混入したのではないかと考えられる。

廃棄処理の費用を浮かせるために、本来使ってはいけない箇所に混入する――。再生資材の利用に当たって、常に起こり得るリスクだ。

例えば、2008年に発覚した六会（むつあい）コンクリートによる溶融スラグ混入事件がある。溶融スラグはコンク

■「鉄鋼スラグ製品の管理に関するガイドライン」改正の主なポイント

1. 鉄鋼スラグをほかの材料と混合調整して販売する場合でも、混合前の鉄鋼スラグ単体で分析検査することを義務付ける。品質基準を満たさない鉄鋼スラグは混合調整を認めない。さらに、混合調整後も、出荷前の分析検査を義務付ける
2. 「年1回以上」だった検査頻度を「月1回以上」に変更。特殊鋼電炉の会員各社については、製造段階で製品ヤードの積み付け山ごとに検査を受けることを義務付ける
3. 販売取引に関して、以下のことを明記。「販売先に対して、販売代金以上の金品を支払ってはならない。運送費や業務委託費などが代金以上となる恐れがある場合は、第三者の運送会社などを選定しなければならない」

鉄鋼スラグ協会の資料をもとに作成

■鉄鋼（電気炉系）スラグの用途別使用内訳

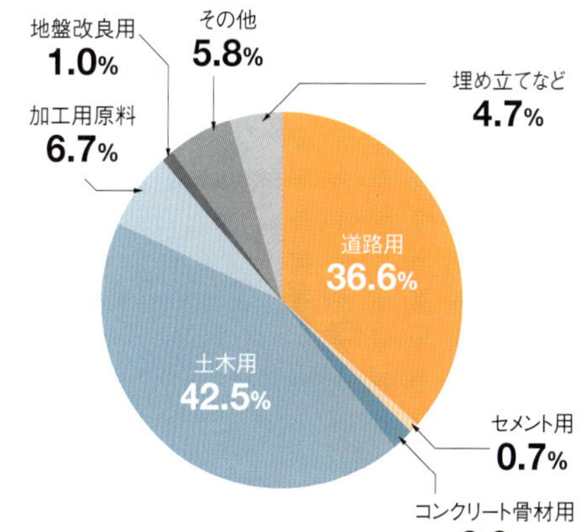

2012年度の実績（資料:鉄鋼スラグ協会）

リートの骨材などに利用されるが、品質面の問題から使える箇所が限られる。六会コンクリートは溶融スラグを生コンクリートに無断で混入して、出荷していた。

今回の鉄鋼スラグ混入問題のもう一つの大きなポイントが、製造者や販売者の責任だ。発注者に鉄鋼スラグの使用記録がある工事では、有害物質が環境基準を超えていたのは、ほとんどが09年6月以前に出荷された鉄鋼スラグだった。大同特殊鋼は09年6月まで、有害物質に関する出荷管理基準を定めていなかったからだ。

有害物質を"希釈"して販売

基準を設けていなかった理由について、同社は環境省の01年3月28日付の通知「環水土第44号」に、路盤材に使用される再生資材は土壌環境基準の範囲外であるとの記載があることを挙げる。

しかし、基準を設けなくていいという解釈は誤りだ。「何にでも土壌環境基準を適用することはない、というのが環境省の通知の趣旨。通知では、独自のガイドラインなどを早く作るよう促している。何の基準も適用しなくていいということではない」。大同特殊鋼も加盟している鉄鋼スラグ協会の東和彦技術部長はこう説明する。

同協会によると、ほかの会員企業は以前から独自の基準を設けて出荷しており、大同特殊鋼だけが基準を作るのが遅かった。

さらに、同社は基準を超える有害物質を含む鉄鋼スラグを、天然砕石と混合して出荷していた。有害物質を"希釈"して販売していたわけだ。12年6月までは、混合と販売などを佐藤建設工業に委託していた。

鉄鋼スラグを無断で混入したとみられる関東地整の56工事では、大同特殊鋼が管理基準を作成した09年7月以降の工事からも、基準を超える有害物質が検出されている。水面下での混入だったので、佐藤建設工業が希釈割合を守っていなかった可能性がある。

鉄鋼スラグ協会のガイドラインには、希釈目的の混合を禁じる項目はなかった。「粒度調整など、資材としての性能を満たすために、ほかの材料と混合すること自体は珍しくない。ただ、希釈目的で混合するというのは想定外だった」(同協会の東部長)。

希釈を認めれば、どんなに有害物質の濃度が高い材料でも販売できることになってしまう。鉄鋼スラグ協会は今回の問題を受け、15年1月14日にガイドラインを改定。希釈目的の混合禁止などを盛り込んだ。

JISの環境基準は13年3月

鉄鋼スラグに含まれる有害物質に関するJIS(日本工業規格)の基準ができたのは、実は最近のことだ。13年3月に道路用鉄鋼スラグに関する「JIS A 5015」が制定された。以前は、土壌の環境基準をスラグに援用していた。

JIS制定に向けて経済産業省が設置した検討会で委員を務めた国立環境研究所の肴倉(さかなくら)宏史主任研究員は、「リサイクルを推進するため、基準を作ってしっかり管理していこうとしていた矢先に、大同特殊鋼の問題が起きた。試験方法だけでなく、管理も大事だということを痛感した」と話している。

[環境安全品質] 適切な運用が問われる

以前はJISに環境基準がなかったので、土壌の環境基準をいわば無理やり適用していた。ただ、スラグは土ではないのに、土壌の基準を適用するのはおかしいと皆が感じていた。例えば、土壌環境基準では細かく砕いて溶出試験を行うなど、スラグの使用実態とは合わない厳しい試験方法になっている。

ただ、土壌環境基準は厳しいものの、「援用」だったので強制力がなかった。それをしっかり守るかどうかは、企業による差が大きかった。なかには、大同特殊鋼のように環境基準のことを気にせずに出荷していた会社もあった。

そこで、JISの中に「環境安全品質」と呼ぶ基準を入れることになった。まず、溶融スラグに盛り込み、次にほかのスラグにも広げていった。

環境基準や試験方法などを定めても、それだけでは意味をなさない。きちんと運用するという管理の部分が強く問われている。その端的な例が、群馬県の鉄鋼スラグ問題だと思う。(談)

国立環境研究所
資源循環・廃棄物研究センター
主任研究員
肴倉 宏史

塗装 ▶ 塗り替え工事の偽装

下塗りの塗膜厚不足を見抜けず

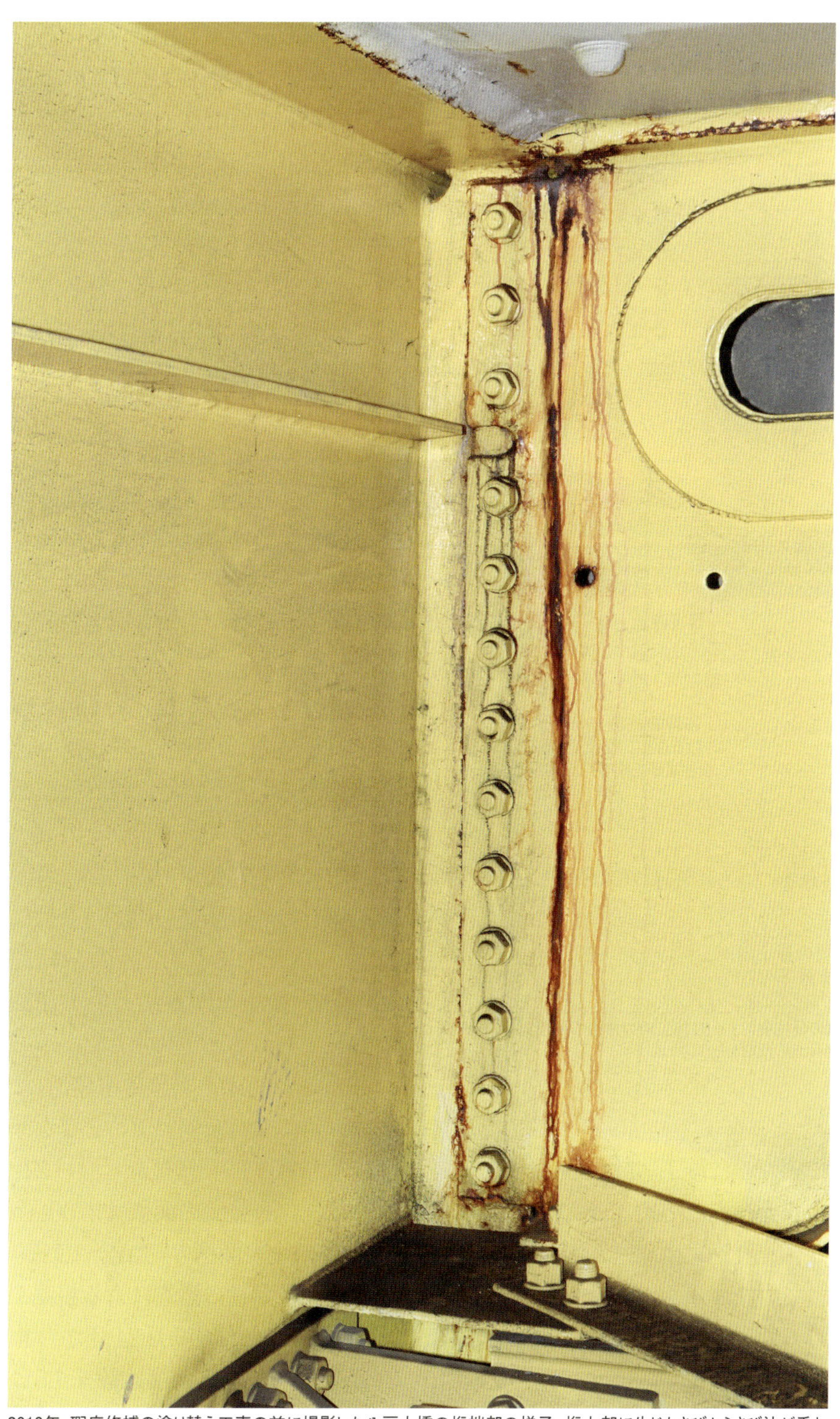

2013年、瑕疵修補の塗り替え工事の前に撮影した八戸大橋の桁端部の様子。桁上部に生じたさびからさび汁が垂れている。下塗りの塗膜厚不足との関連は明らかではないが、河口部に架かる橋であることや漏水の影響を受けやすいことを考慮しても、塗り替えからわずか数年でさびが現れるのは異常だ(写真:山本 敏夫)

2009年度末に完了した青森県の八戸大橋の塗り替え工事で、品質を揺るがす不正が行われていたことが13年6月に発覚した。

青森県によると、元請け会社や発注者の管理の目をくぐって、1次下請け会社が下塗り用塗料を設計数量よりも薄く塗ったり、設計仕様と異なる上塗り用塗料を使用していたりしたのだ。施工中にその不正行為が見抜かれることはなかった。

不正があったのは横河工事と横河工事・東復建設(青森県八戸市)JVが施工を担当した二つの工区。どちらの工区も、1次下請けに寺石商事(北海道苫小牧市)が入っていた。

鋼桁の塗装をブラスト処理した後に、ジンクリッチペイント、エポキシ樹脂、フッ素樹脂を塗り重ねるという手順の一般的な塗り替え工事だ。桁下の狭小な空間での施工だが、決して難易度が高いわけではない。

フッ素の代わりに安い塗料を使用

不正行為が明るみに出たのは、塗り替え工事完了直後だった。工事に関与した3次下請けの元作業員と親交のある市民団体から、上塗り用の塗料の仕様違反と下塗りの塗膜厚不足を指摘する声が上がった。

元請け会社が真偽を確かめたところ、1次下請け会社による数々の不正が発覚した。例えば、上塗りの塗装範囲の一部に、設計で指定するフッ素塗料ではなくウレタン系の安

八戸大橋の上部工の塗装要領図

［側面図］

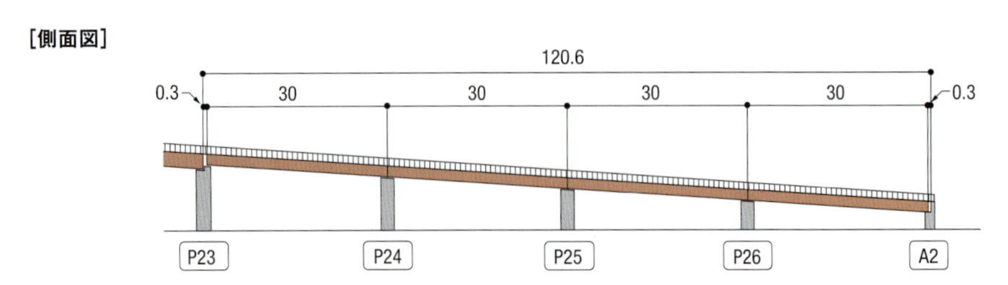

［平面図］

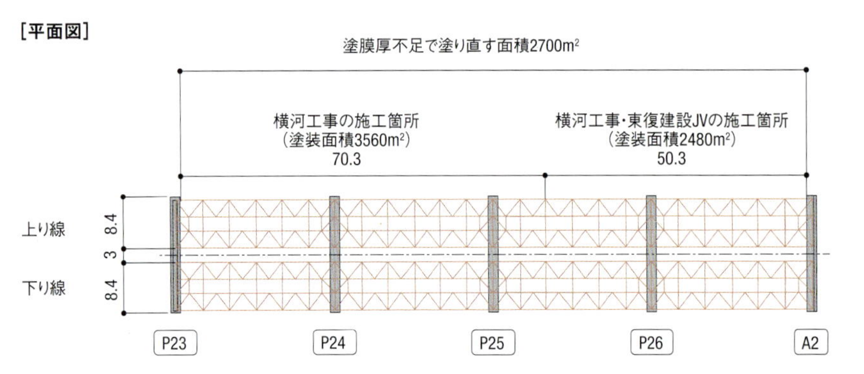

（資料：青森県三八地方漁港漁場整備事務所）

塗装の仕様と検査・管理基準

階層	仕様	設計塗膜厚（μm）	完成時の検査基準	施工時の検査基準	写真管理基準
下地処理	1種ケレン（ブラスト工法）		なし	目視確認	スパンごとに部材別で1枚
下塗り	有機ジンクリッチペイント	75		各層の塗装が終わるごとに数点で塗膜厚を検査	塗装後に各層で1スパンに1枚
下塗り	弱溶剤形変性エポキシ樹脂塗料下塗り	120			
中塗り	弱溶剤形フッ素樹脂塗料中塗り	30			
上塗り	弱溶剤形フッ素樹脂塗料上塗り	25			
全層		250	1000m²当たり25点以上を検査し、その平均値が設計塗膜厚の90％以上かつ測定値の最小値が目標塗膜厚の70％以上であることなど		

ジンクリッチペイントの塗膜厚不足を見抜くことができず

施工時の検査基準は、八戸大橋の塗装工事の場合。青森県の仕様書によると、施工時の検査の頻度は、監督職員が適宜、定めることになっている。三八地方漁港漁場整備事務所への取材をもとに作成

い塗料を使っていた。

下塗り用の塗料については、設計数量の182缶に対して、実際に151缶しか使わなかったにもかかわらず、隣の工区から空の缶を持ってきて写真に撮り、あたかも設計数量分を使用したように偽装していた。ほかにも、2次、3次下請け会社を使っていたのに施工体制台帳に記載していなかったことや、その2次下請けが国土交通大臣や県知事の許可を受けていなかったことも分かった。

八戸大橋を管理する県三八地方漁港漁場整備事務所は元請け会社の報告を受け、上塗りについては仕様通りにやり直させた。一方、下塗りに関しては31缶も余っていたにもかかわらず、厚さに不足はないと判断した。「設計数量は施工ロスを考慮した数値なので、効率よく塗装した結果、缶が余った」という1次下請け会社の説明を、元請け会社も発注者もそのまま受け入れてしまった。

県は塗装の仕様違反や写真の偽装が契約違反に当たるとして、横河工事を48日間、東復建設を12日間の指名停止とした。1次下請けの寺石商事には、建設業法第3条の規定に違反したとして、1週間の営業停止処分を下した。これでこの件は一件落着したかに思えた。

塗装面積の半分で塗膜厚不足

ところが12年3月、元作業員が今度は発注者に直談判する。下塗りの塗膜厚不足は確かにあったと告発。発注者自身が下塗り厚さの測定に乗り出した。

上層の塗料を剥ぐなどして最下層の塗膜厚を10カ所で測定したところ、そのうち5カ所で、設計塗膜厚75μm（マイクロメートル）の70％に満たない測定値だった。発注者がそれ以外の詳細調査を元請け会社に指示したところ、2工区の全範囲120.6mで塗膜厚が不足という深刻な事態であることが判明した。

三八地方漁港漁場整備事務所は、下塗り用の塗料を剥いで、必要な厚さに塗り直す瑕疵修補を元請け2社に命じた。再塗装の面積は2700m²。09年度の塗装面積の約半分に上る。県は元請け会社の過失による粗雑工事を理由に、13年7月24日から横河工事を6カ月、東復建設を1.5カ月の指名停止にした。一方、寺石商事には何の処分も下していない。

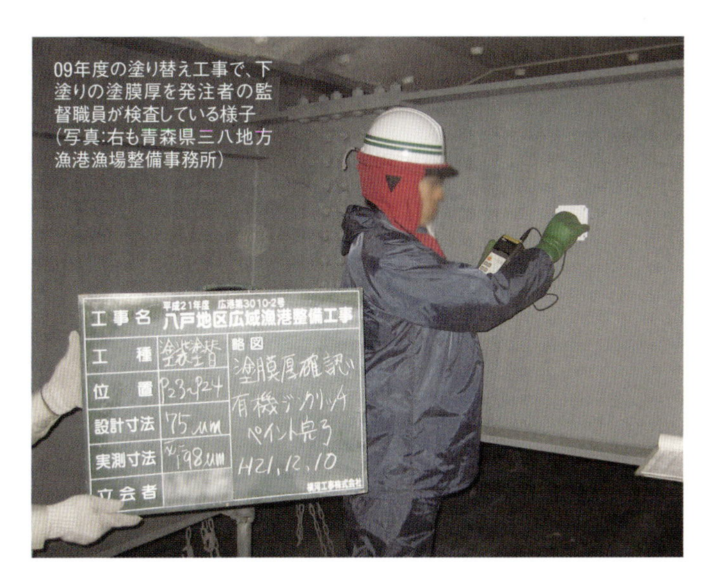
09年度の塗り替え工事で、下塗りの塗膜厚を発注者の監督職員が検査している様子（写真：右も青森県三八地方漁港漁場整備事務所）

一度、塗装すれば、下塗りの厚さだけを測るのは至難の業だ。三八地方漁港漁場整備事務所は、測定方法を検討。サンプリングして顕微鏡で測るなど三つの方法で調査した。写真はそのうちの一つで、上塗りの塗料を溶剤で溶かして下塗りの層を測っている

仕様書や検査基準に頼りきった管理

最も悪質なのは不正を働いた当事者の下請け会社であることは明らかだが、不正を見逃した元請け会社の責任も重大だ。この件について、横河工事は日経コンストラクションの取材に応じていない。

元請け会社が現場の実作業にほとんど関与せず、下請けに任せきりだったことは想像に難くない。元下間で意思疎通がなく、連携が取れていなければ、同様のトラブルは今後も見過ごされる。

告発した元作業員は「現場で塗膜厚不足を指摘し続けたが、1次下請け会社は全く聞く耳を持たなかった」と述懐する。元請け会社が作業員の声にも気を配っていれば、施工時に見抜けたかもしれない。

一方、発注者である青森県の対応に問題はなかったのか。発注者は「県の基準に従って、施工時の検査や完成検査を実施しており、落ち度はなかった」としている。しかし、それでも大規模な塗装の不正を見抜くことができなかった。これは、仕様書や検査基準のみに頼りきった品質管

■ 八戸大橋の塗膜厚不足発覚の経緯

1980年度	八戸大橋の供用開始
2008年度～11年度	八戸大橋の塗り替え工事を分割発注（初の塗り替え）
09年度	P23橋脚からA2橋台までの2工区を横河工事と横河工事・東復建設JVがそれぞれ受注し、施工完了。1次下請けはどちらも寺石商事
10年3月31日	3次下請けの元作業員と親交のある市民団体の代表者から、下塗りの厚さ不足や仕上げ塗りに使った塗料の仕様違反の疑いを指摘する質問書が元請け会社に届く
10年4月28日	元請け会社の調査で下記の報告 （1）上塗り塗装の一部で、フッ素の代わりにウレタン系の安い塗料を使用した （2）下塗りのジンクリッチを塗装した後の検査写真で、空の塗料缶を隣の工区から運んできて、設計数量分を塗装したように1次下請け会社が偽装。ただし、設計数量は余裕を見込んだ値で、効率よく塗装したために少ない塗料で済んだとして、下請け会社は「下塗り厚さの不足はなかった」とした （3）2次、3次の下請け会社が工事に関与していたにもかかわらず、施工体制台帳に会社名の記載がなかった
10年度	元請け会社が仕様違反の箇所を再塗装
12年3月	3次下請け会社の元作業員が三八地方漁港漁場整備事務所に直接、下塗りの厚さ不足を告発。同事務所が調査に乗り出す。元作業員の指摘を受けて、10カ所を調査。そのうち5カ所で、下塗りのジンクリッチの厚さが設計数量の70％を下回っていることが発覚
12年6月	元請け会社が全範囲にわたり144カ所を調査した結果、2工区の全延長で下塗り不足が発覚
13年7月～14年3月	瑕疵修補で、横河工事が全塗装面積の約3割に当たる1170m²を、横河工事・東復建設JVが同約6割に当たる1530m²を塗り替え。発注者が試算した工事費は、横河工事担当分が約2400万円、横河工事・東復建設JVが約3000万円

青森県が元請けの横河工事に48日、東復建設に12日の指名停止措置。1次下請けの寺石商事には1週間の営業停止処分

13年7月24日から横河工事に6カ月、東復建設に1.5カ月の指名停止措置。寺石商事には処分なし

所管する三八地方漁港漁場整備事務所が、施工検査に完成検査基準を適用。1000m²当たり25点以上で各層の塗膜厚を管理している

三八地方漁港漁場整備事務所への取材をもとに作成

理の「盲点」を浮き彫りにしている。

各層の塗膜厚検査は施工時のみ

青森県の場合、施工時には発注者側の監督職員が各層の塗装後に塗膜厚を検査することになっている。

「現場ごとに監督職員が施工時の検査基準を適宜、定めることになっており、八戸大橋では各層で数点を検査した」と、三八地方漁港漁場整備事務所の小野修二建設課長は説明する。ただし、八戸大橋の場合は検査する箇所を施工者が指定したとみられる。施工者が自ら選んだ箇所だけを問題なく塗装すれば、施工検査をくぐり抜けられるわけだ。

完成検査では、下塗りから中塗り、上塗りまでの全層を合わせた塗膜厚を測定する。県土木工事検査基準によれば1000m²当たり25カ所以上で検査する。施工時の検査と比べて厳しい基準だ。

さらに完成検査の箇所は、事前に施工者には知らせない。下塗りの塗膜厚が不足していれば、全層の塗膜厚も薄くなるため、完成検査であぶり出せたはずだ。

だが八戸大橋では、完成検査でも異常を発見できなかった。下塗り厚が不足している箇所では、後から別の塗料で増し厚して、全層で設計塗膜厚を確保していたと考えられる。

塗膜厚不足のあった工区に隣接する桁。三八地方漁港漁場整備事務所は同時期に塗り替え工事を実施したが、こちらにはさびが見当たらなかった(写真:下も日経コンストラクション)

現場では2013年7月から瑕疵修補で塗り替え工事を実施した。写真は13年9月末時点。桁は足場で囲われており、ブラスト作業をしていた

瑕疵修補では各層で完成検査並みに

ここで注目したいのは、各層の塗膜厚は完成検査で確認することはできず、施工時に監督職員が確認するしかないという点だ。

三八地方漁港漁場整備事務所は、再発防止策として施工検査にも完成検査の基準を適用することを決めた。つまり、各層でも1000m²につき25カ所以上を測る。さらに、抜き打ちでも塗膜厚を測る予定だ。早速、瑕疵修補の現場で試行する。

「どれほどの労力が掛かるかは分からない。施工時の検査に時間が掛かって工期が間に合わないという可能性もあるだろう。試行しながら適正な検査頻度を検討していきたい」(小野課長)。

設計ミスを報告せず不正な施工

弓削大橋に設置した変位制限装置のアンカーボルトで、不正な施工が見つかった。台座のモルタルをはつって調べると、上の写真のようにアンカーボルトがナットで加工されていた。長さの不足を補うためではなく、装置のボルト穴と合わなかったためにナットを使って調整していた（写真：200ページまで国土交通省熊本河川国道事務所）

橋の耐震補強工事で起こった不正な施工とその隠蔽は、設計ミスがきっかけの一つだった。施工者は、着工前測量や図面のチェックでもミスを見抜けず、図面どおりに施工したために生じた不具合を隠蔽した。

発注者の調査によれば、元請け会社は不正な施工の全容を下請け会社から知らされていなかったという。しかし、隠蔽が発覚して元請け会社は指名停止措置を受け、その後、自己破産した――。

不正な施工の隠蔽が見つかったのは、「国道57号弓削（ゆげ）大橋（P9～P10）耐震補強工事」。弓削大橋は14径間の鋼鈑桁橋で、1972年に架設した下り線と87年に架設した上り線の分離構造だ。

アンカーボルトに何らかの不具合

上下線のP9橋脚とP10橋脚が施

■ 不正な施工と隠蔽の内容

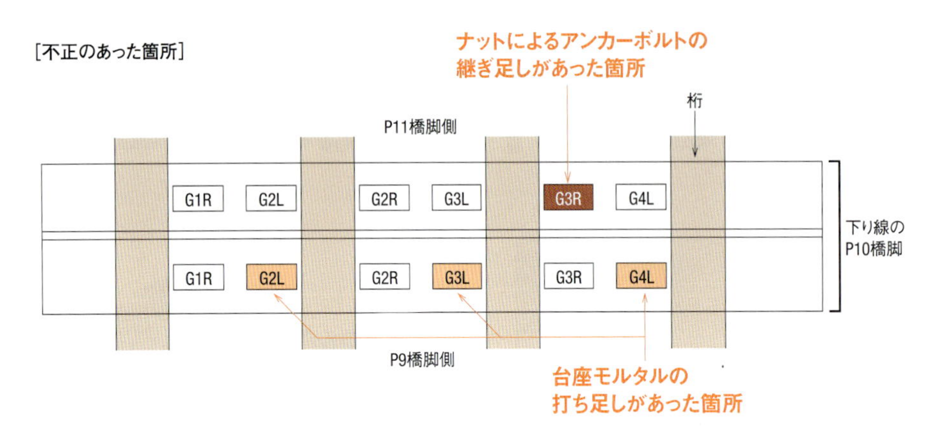

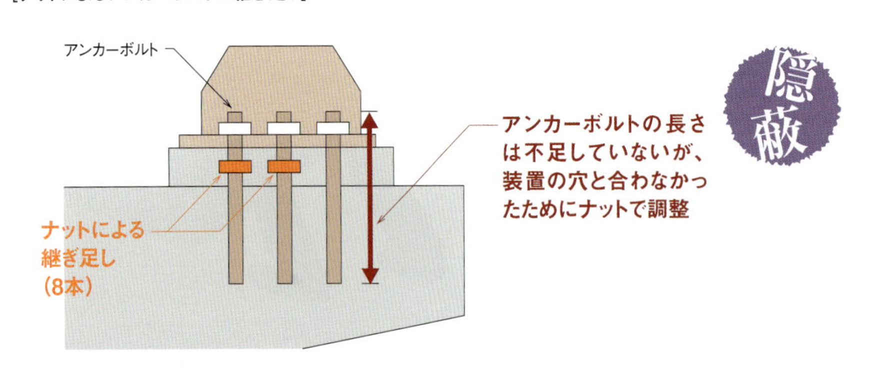

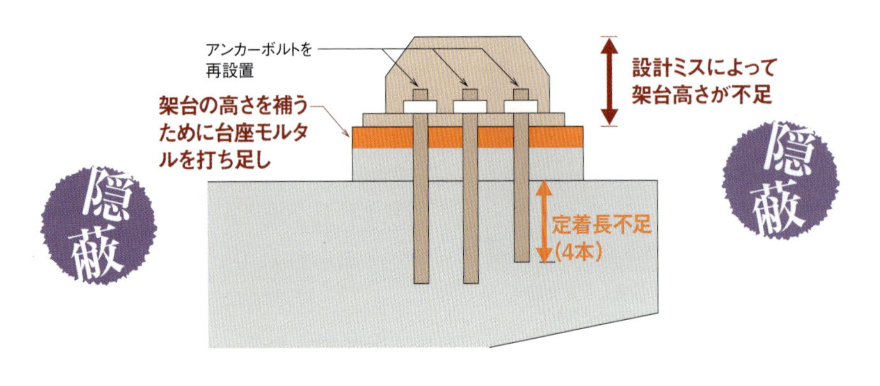

工範囲で、橋脚への鉄筋コンクリートの巻き立てや、落橋防止装置と変位制限装置を設置する工事だった。哲建設(熊本県人吉市)が約7800万円で受注し、2009年8月～10年3月に施工した。

不正な施工は、変位制限装置で見つかった。きっかけは、10年10月1日に国土交通省に寄せられた「アンカーボルトに不正があるのではないか」という情報だ。情報をもとに、国交省九州地方整備局熊本河川国道事務所が、非破壊検査で変位制限装置を固定するアンカーボルトを調査。すると、設置した48基のうち1基で、8本のアンカーボルトに不具合があることが分かった。

同事務所は詳細な調査を実施。8本のアンカーボルトは台座のモルタルをはつって調べ、ほかのアンカーボルトについても調査を続けた。

ボルト穴に合わずナットで加工

その結果、2種類の不正な施工が判明した。左の図が、不正な施工を表したものだ。

一つは、アンカーボルトをナットで継ぎ足していたもの。継ぎ足したボルトは8cm程度だった。継ぎ足しは、長さを補うためのものではない。熊本河川国道事務所は、材料検査や施工後の検査で、所定の長さが

■ 弓削大橋の平面図

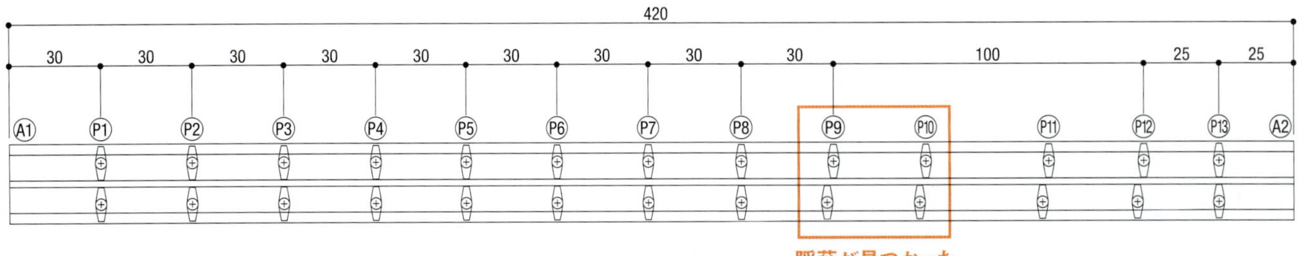

あることを確かめていた。

同事務所の桒原正純技術副所長は、次のように説明する。「装置に設けたボルト穴と、施工したアンカーボルトが合わなかったようだ。ボルトを切断してナットで加工すれば自由度が増し、穴に入るように調整できる」。それが隠蔽された。

元請け会社である哲建設の現場代理人は、下請け会社が何らかの不正を働いていることに気付いていた。「代理人はどんな不正なのか確認しなかった。工期の直前だったにせよ、必ず発注者に報告すべきだった」(桒原副所長)。

国道57号弓削大橋の全景。14径間の鋼鈑桁橋だ。2009～10年度に耐震補強を実施した

左右の値を転記ミス

別の隠蔽は、P10橋脚に設置した3基の変位制限装置で見つかった。熊本河川国道事務所が非破壊検査でアンカーボルトを確認すると、36本全てで、材料検査で確認した長さよりも長かった。はつっても、ナットで継ぎ足してはいなかった。

調査を続けると、設計ミスが影響したことが判明した。下図のように、変位制限装置の図面は複数枚に及ぶ。1枚に装置の取り付け図が描かれ、別の図面に加工表が添えられていた。取り付け図は正しいが、加工表に装置の高さを記入する際に、左右の値を入れ間違えていた。

設計を担当したのは綜合技術コンサルタント(東京都千代田区)。同社九州支店の坂口和雄支店長は「“R側”の表記が左に、“L側”の表記が

■ 取り付け図と加工表の数値が逆に

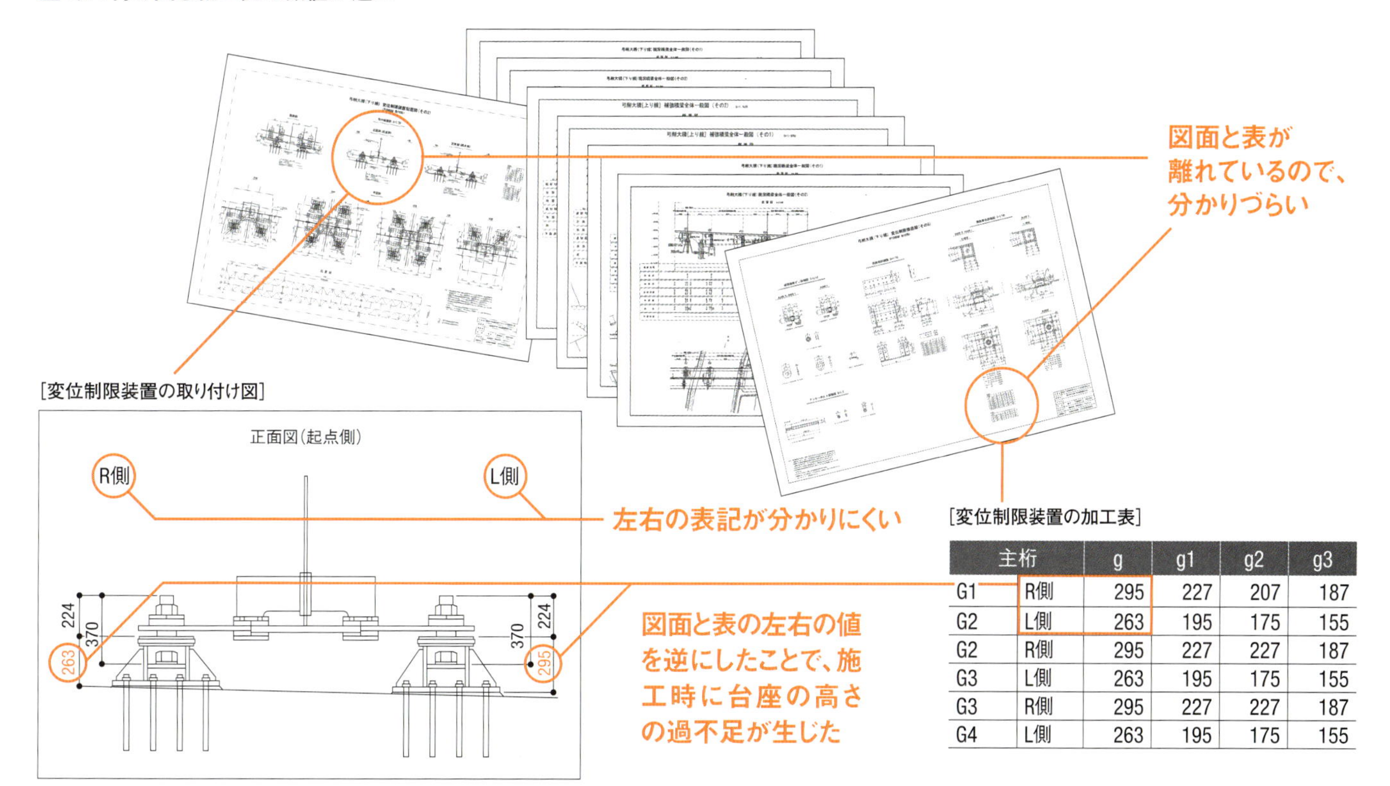

主桁		g	g1	g2	g3
G1	R側	295	227	207	187
G2	L側	263	195	175	155
G2	R側	295	227	227	187
G3	L側	263	195	175	155
G3	R側	295	227	227	187
G4	L側	263	195	175	155

次ページまで国土交通省熊本河川国道事務所の資料をもとに作成

■ 熊本河川国道事務所の再発防止策

① 施工者に着工前測量を徹底させる

② 不具合や疑問が生じた場合には受発注者協議を徹底させる

③ 設計図書に分かりやすい表現を使うように徹底させる

→三つとも仕様書に既に書いてあるので、
徹底するように個別の現場で指導する

熊本河川国道事務所への取材をもとに作成

■ 綜合技術コンサルタントの再発防止策

① 作図する部材の位置が分かりやすい図面を作成する

② 詳細図と全体図を関連付けた図面を作成する

③ 実際の配置がイメージしやすい加工表を作成する

④ 新設構造物の照査チェックリストに加えて、補修や点検のリストも作成する

熊本河川国道事務所と綜合技術コンサルタントへの取材をもとに作成

アンカーボルトを再施工した。修正設計の費用は綜合技術コンサルタントが、工事費は哲建設が負担した

■ 哲建設の再発防止策

① 着工前測量で判明した不具合や疑問点は
必ず設計変更の協議をする

② 契約後すみやかに工事に着手し、余裕のある
工程管理を進める

③ 出来形管理以降も管理を徹底し、下請け会社の
再施工が生じないように指導する

熊本河川国道事務所への取材をもとに作成

右にある分かりにくい図面になっていた。そのせいで転記ミスをしてしまった」と話す。

同社はこのミスを踏まえ、どの断面かが分かるように矢視を記入するといった、分かりやすい図面のルールを社内に通知した。「再発防止策を講じた後は、同様のミスは起こっていない」(坂口支店長)。

長いボルトで施工したが定着長不足

施工者は図面を確認したがミスを発見できず、加工表に基づいて装置を発注。届いた装置は左右の高さが間違っていた。ボルト穴の位置がそれぞれの装置で異なるので、入れ替えて使うことはできなかった。

P9橋脚側には、3組で6基の変位制限装置がある。3組とも左右を間違えたために、3基で高さが不足。高さを補うためにモルタルを打ち足したことで、準備したアンカーボルトでは定着長が足りなくなった。そこで、3基を固定する36本の長いボルトを新しく用意し、施工した。

そのうち4本で定着長が不足していた。橋脚の勾配や台座モルタルの高さなどで、アンカーボルトの長さは個別に異なる。「長いボルトを急きょ取り寄せたので、一部で長さが足りなくなったのではないか」と桒原副所長は推測する。

熊本河川国道事務所の調査では、元請け会社は設計ミスが起因した不具合を知らず、下請け会社が単独で隠蔽したことになっている。ただ、計12本の不正な施工の責任は元請け会社にあるとして、九州地整は哲建設を3カ月間の指名停止とした。

なぜ下請け会社は不正な施工を隠蔽したのか。設計ミスに起因するならば、報告すれば対処法はあったかもしれない。桒原副所長は「工期が迫った段階で不具合に気付き、報告したら工期内に終わらないと考えたのではないか」と推測する。

哲建設は、不具合が生じた際に発注者との協議を徹底するなどの再発防止策を熊本河川国道事務所に報告した。その後、11年8月に自己破産手続きを開始している。指名停止との直接的な因果関係は不明だが、影響は少なくなかったはずだ。

熊本河川国道事務所は、不具合があった場合の協議や、着工前測量などによる図面チェックの徹底を、個別の現場で指導する方針だ。

溶接検査 検査記録の偽装

工程遅れで偽装に手を染める

鋼橋の溶接検査で起こった検査記録の偽装には、慣れない検査法が背景にあった。

工程が遅れてスケジュールが厳しくなり、下請け会社は、検査データの欠損をほかのデータで偽装。損傷も見逃した。

溶接で損傷が生じたのは、技能者の能力不足が原因だ。元請け会社も管理記録を偽装するなど、広島高速2号線、3号線の工事では複数の偽装が発覚した。

匿名のメールが偽装を告発

2010年3月、広島県の「県政提言メール」に匿名の情報が寄せられた。広成建設（広島市）が施工する広島高速2号線山陽本線交差部工事で、無資格者による非破壊検査や、検査データの偽装を告発していた。

事業者である広島高速道路公社は、鋼橋の溶接において、内部に損傷がないかどうかを確かめる非破壊検査を施工者に課している。

同工事は、広島高速がJR西日本

■ 広島高速2号線、3号線で見つかった偽装の内容

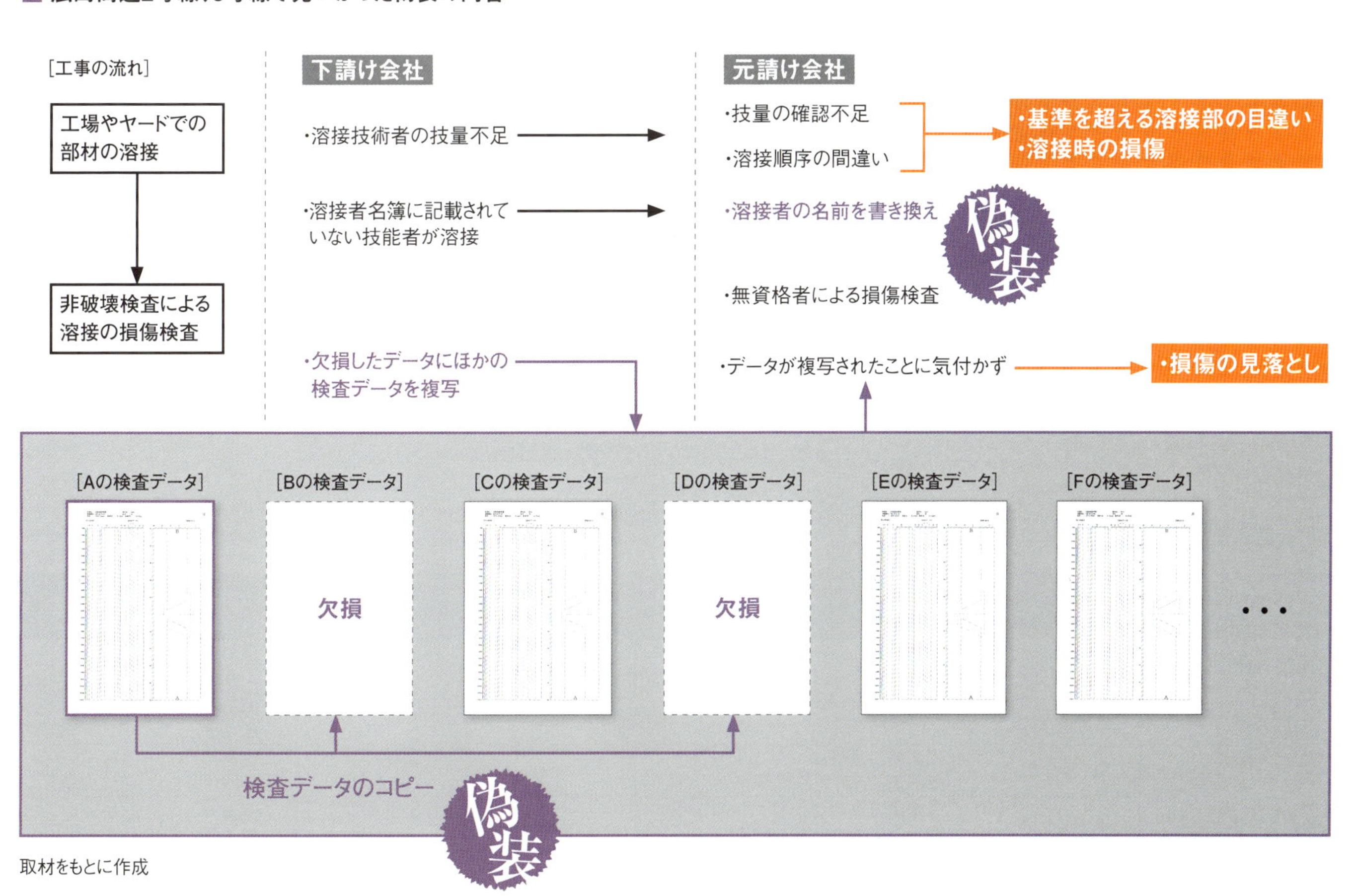

取材をもとに作成

広島高速3号線2期鋼上部工事(その5)のヤード溶接。下図のように溶接順序を間違えたために目違いが発生した(写真:下も広島高速道路公社)

広島高速3号線。元安川をまたぐ工区で検査記録の偽装が見つかった

■ 溶接の目違いの発生要因

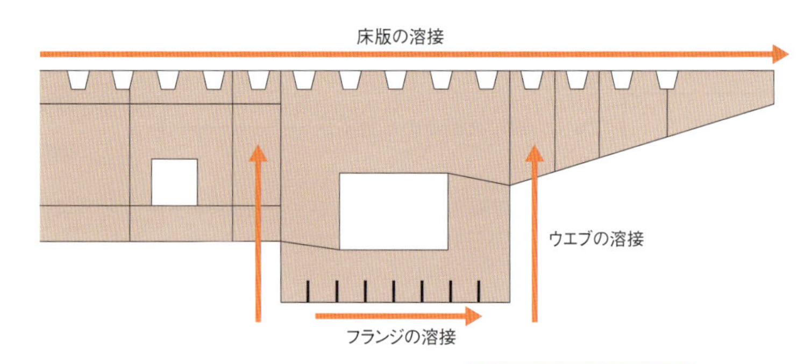

溶接の順序 正:①床版→②フランジ→③ウエブ
誤:①フランジ→②ウエブ→③床版

順序を間違えたために溶接の目違いが発生

三菱重工鉄構エンジニアリングの資料をもとに作成

■ 広島高速による偽装や損傷の調査結果

調査対象工事		施工者		溶接部非破壊検査の調査	
		無資格者検査	データの偽装		
高速2号線山陽本線交差部工事	広成建設	あり(1日)	複製使用など(17カ所)	傷あり(4カ所)	問題なし
高速2号線山陽新幹線交差部工事	広成建設	なし	なし	傷あり(6カ所)	問題なし
高速3号線2期鋼上部工事(その5)	三菱重工鉄構エンジニアリング・川田工業・宮地鉄工所 JV	なし	複製使用など(23カ所)	傷あり(154カ所)	目違い(33カ所)
高速3号線2期鋼上部工事(その6)	三菱重工鉄構エンジニアリング・宮地鉄工所・川田工業 JV	なし	複製使用など(8カ所)	傷あり(12カ所)	目違い(1カ所)

表中の宮地鉄工所は現在の宮地エンジニアリング(資料:広島高速道路公社)

に委託していた。JR西日本が調査したところ、資格者が立ち会っていない検査が1日だけあり、溶接の一部に損傷を発見した。溶接時の検査では見落としていた損傷だ。

非破壊検査を担当したのは下請け会社の関西エックス線（広島市）。同社が検査したほかの工区について広島高速が調査すると、損傷のほか、非破壊検査の記録に不審な点が見つかった。

超音波による非破壊検査は、検査箇所ごとに記録が残る。そのデータを調査すると、同時刻に検査したデータが複数箇所で見つかった。つまり、ある箇所の検査記録を複製し、ほかの箇所の記録であるかのように偽装していた。

48カ所で検査記録の偽装

当時、広島高速が段階検査で提出を求めていたのは、記録が印刷された書類だった。同社企画調査部技術管理課の下川英明課長は「損傷がなければ見た目は同じようになる。電子データに記録された日時などを詳しく見なければ、複製されていても気付くのは難しい」と話す。

前ページ下表のように、データの偽装は三つの工事で合計48カ所に及んでいた。見逃した損傷は、四つの工事で合計176カ所に上る。

能力不足で負のスパイラル

損傷が154カ所と圧倒的に多かったのが、三菱重工鉄構エンジニアリング・川田工業・宮地鉄工所（現・宮地エンジニアリング）JVが施工する広島高速3号線2期鋼上部工事（その5）だ。溶接する鋼材が板厚方向にずれる「目違い」も33カ所で見つかった。

広島高速の調査結果では、損傷が生じた原因について、元請け会社の溶接品質管理が不十分だったと断じている。その一つが、溶接技能者の技量確認不足だ。三菱重工鉄構エンジニアリングの上平悟生産本部長は「当時、全国的に溶接工事が好調で、溶接技能者が足りない状況だった。広島工場では初めて起用する溶接技能者を使った」と話す。

工事実績を知っていたので契約したが、能力が十分でなく溶接に手直しが生じた。「溶接の不具合、補修、再検査…という負のスパイラルに陥ってしまい、結果として工程がかなり厳しくなった」（上平本部長）。

目違いが生じたのは、元請け会社の担当者の判断ミスだ。施工計画書では、溶接を鋼床版、フランジ、ウエブの順番で記載していた。経験上、溶接による鋼部材の変形が最小になる作業手順だ。

しかし、工程が遅れて足場仮設が間に合わなかったので、担当者の判断で、フランジ、ウエブ、鋼床版の順序で溶接した。結果的に変形が大きくなり、目違いが複数箇所で生じた。「手順の変更検討をしないまま、担当者が『影響は軽微だ』と判断してしまった」（上平本部長）。

また、同社の担当者は、溶接に関する記録を記載する「溶接管理シート」を偽装した。溶接技能者の欄に、実際に作業した技能者とは別の名前を書いて提出していた。上平本部長は「広島高速に提出した技能者名簿に入っていない者が溶接していた。担当者は、そのメンバーでないとまずいと思ったようだ」と話す。

「過密工程が影響した」

損傷の見落としと検査データの偽装も、工程の遅れが発端となった。

■ 広島高速道路公社が新たに特記仕様書に追加した内容

❶ 施工体制台帳に溶接と非破壊検査の下請け会社を記載

❷ 溶接作業の管理強化

- 元請け会社が溶接施工要領の周知徹底を図り、溶接作業の記録を残す
- 溶接品質の確保に重要な施工条件を確認して記録し、検査時に提出
- 大ブロックの地組み立てで溶接する場合には板厚方向の偏心が規格値内であることを確認し、報告

❸ 非破壊検査の管理強化

- 十分な訓練を積んだ検査技術者が検査していることを元請け会社が確認し資料を保管、検査時に提出
- 超音波探傷試験は、支障がない限り自動探傷装置による。適用できない部位に限って手動探傷装置を使う
- 自動探傷装置を使う場合は「鋼道路橋溶接部の超音波自動探傷検査要領・同解説」（国総研）による
- 元請け会社は監督員の立ち会いのもとで検査結果の妥当性の保証を実証し、記録を検査時に提出
- 元請け会社は自動探傷装置のデータの再現に必要な全てのデータを保管する

❹ 資料の整備と保管の義務

- 元請け会社は溶接の品質を証明する全てのデータを記録し、10年間保管する

広島高速道路公社の資料をもとに作成

この工事では、検査に超音波自動探傷装置を使っていた。当時は導入したばかりの時期。本来なら、元請け会社が事前に検査の信頼性を確認すべきだったが、それを怠った。信頼性を確かめないまま検査したので、損傷を見逃してしまった。

また、検査する方向によって、検査データに欠損が発生した。溶接作業の遅れでスケジュールが押しているところに、検査にも手戻りが発生した。検査会社の関西エックス線は何度も検査をし直したが、報告書では欠損した部分を、ほかの箇所のデータで偽装した。

三菱重工鉄構エンジニアリングの上平本部長は「過密工程が影響したのだろう。関西エックス線はずっと一緒にやってきた協力会社で信頼していた。記録の管理が不十分だった」と話す。

■ 三菱重工鉄構エンジニアリングの再発防止策

❶ ヤード溶接の不具合の対策

・初めて起用する溶接作業者は、資格と経験に加えて溶接技量試験で技術を確認
・最初の溶接で実力を再評価し、以降の成績を分析、評価
・マイスターによる指導などで作業者の技術向上を図る

❷ 適切な非破壊検査のための活動

・自動探傷装置の検査姿勢に応じた実証試験
・検査会社に対して、定期的に品質監査を実施
・ヘルメットに資格の種類やレベルなどを表示して、作業者の資格の識別管理を実施
など

❸ 検査データの偽装の対策

・検査会社と日々の記録を管理し、その日の結果をデータ(CDなど)で記録
・自動探傷装置で記録に欠損が生じた場合、手動探傷装置で補完できるような要領を確立
・元請け会社として、非破壊検査に精通した人材を育成

❹ ヤード溶接の目違いの対策

・施工順序に応じた管理シートを作成し、施工状況を確認
・地組み立てヤード溶接の場合は、監督者を専任化
など

❺ 管理体制の再構築

・下図のように組織変更を伴う管理体制の強化を実施など

三菱重工鉄構エンジニアリングの資料と取材をもとに作成

特記仕様書でデータ保存を義務付け

広島高速は、三菱重工鉄構エンジニアリングや広成建設、川田工業を指名停止にした。関西エックス線に対しては、異例とも言える下請けの制限措置を取った。

また、一連の問題に対して、特記仕様書に以下のような事項を追加。超音波自動探傷装置を非破壊検査で使う場合には、検査データの保存を義務付ける。記録が残らない方法は原則として採用しない。溶接の品質管理を厳格化し、元請け会社に溶接状況の記録の提示を求める。

■ 管理体制強化のために部署を新設

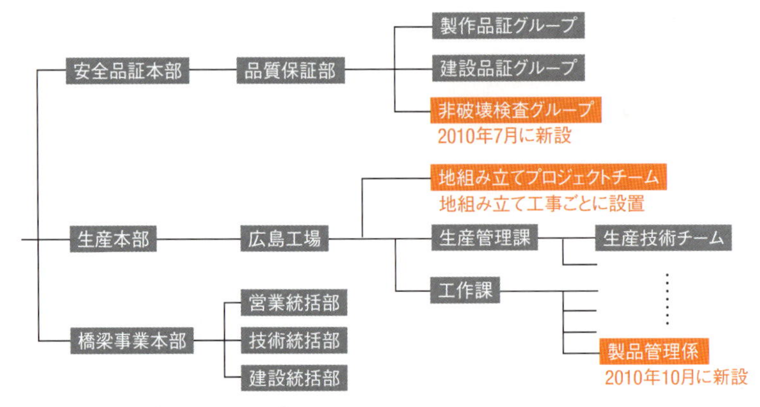

(資料:三菱重工鉄構エンジニアリング)

三菱重工鉄構エンジニアリングは、溶接技能者の技量確認の厳格化、検査記録の管理を徹底する。

それまで確認していた資格、実績に加え、溶接試験場で実技試験を実施する。実際の作業でも最初の溶接で実力を再評価する。

また、検査偽装への対策も取る。下請け会社が検査した記録をその日にデータで提出させる。自動探傷装置の記録に欠落が生じた場合には、手動探傷装置で補完できるように検査要領を確立。溶接順序に関しても、「地組み立てプロジェクトチーム」を新設し、管理を専任化する。

PCケーブル 不具合の偽装・隠蔽

全数立ち会いをくぐり抜けて隠蔽

隠蔽があったPCケーブルの定着部。抜け出たPC鋼線の端部に、左の写真のような鋼線の切れ端を入れ込み、抜け出たことが分からないように偽装していた（写真:207ページまで中日本高速道路会社）

PC（プレストレスト・コンクリート）ケーブルの緊張作業中に起こった不具合。施工者は、発注者による全数立ち会いの間隙を縫ってその不具合を偽装し、隠蔽した。

不正が明らかになったのは、新東名高速道路の新興津川橋（しんおきつがわ）（静岡県）。4径間連続PC箱桁橋で、2002年2月～03年11月にオリエンタル白石・川田建設JVが施工した。工事費は、その1工事が32億4200万円、その2工事が25億4000万円だった。

11年2月に、中日本高速道路会社が箱桁の内部を点検した際に、桁内に設置したPCケーブルがたわんでいるのを見つけた。新興津川橋には62本の外ケーブルがあり、1本のケーブルは27本のPC鋼線から成る。たわんでいたのは、27本のうちの1本だ。ほかの鋼線に比べて約30cmたわんでいた。ケーブルの長さは約260mで、たわみはP6橋脚とP7橋脚の間で見つかった。

■ 新興津川橋の側面図

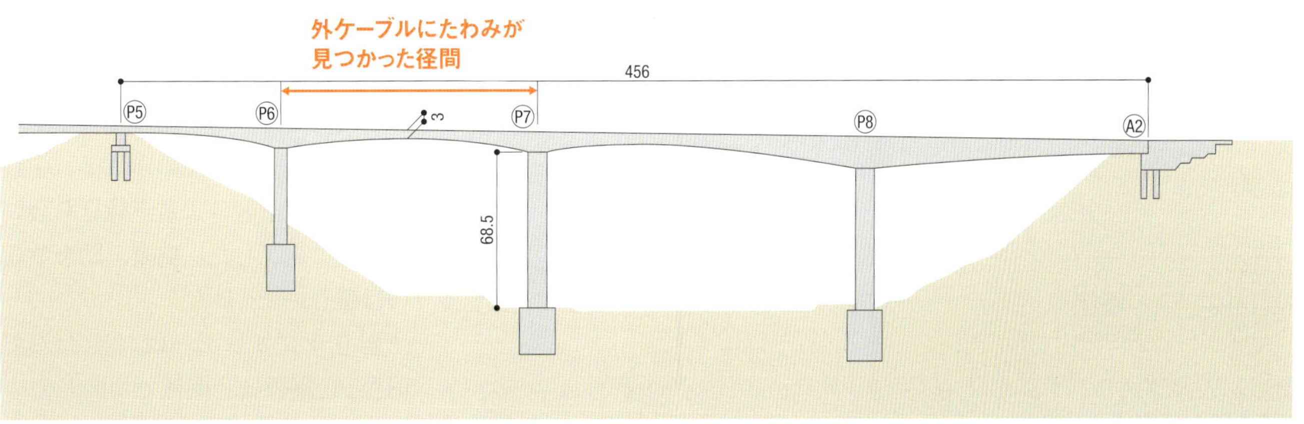

（資料:中日本高速道路会社）

■ ケーブル緊張の流れと偽装の内容

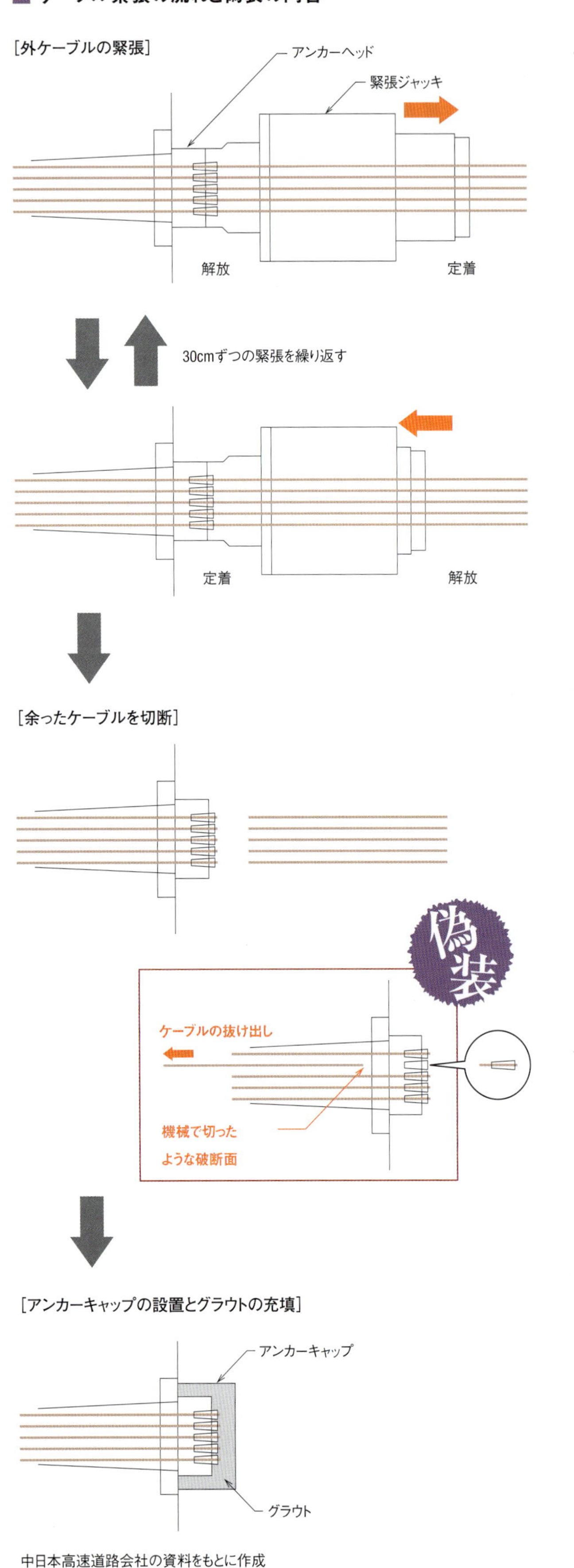

中日本高速道路会社の資料をもとに作成

調査するも原因分からず

中日本高速は調査を進めた。定着部のキャップを外してモルタルをはつっても、異常はない。加速度計を使った緊張力の測定でも、ほとんど問題は見つからなかった。

中日本高速はPC鋼線を切断し、途中にある二つの横桁を使って、3本に分けて再緊張した。すると、P7橋脚側のPC鋼線にうまくストレスが入らなかった。

そこで、P7橋脚側の定着部から27本の鋼線を1本ずつ引っ張ると、1本の定着部が簡単に抜け落ちた。端部は、不具合を隠蔽するために施工者がかぶせたもので、たわんだPC鋼線は定着されていなかった。

中日本高速建設事業本部建設チームの岩立次郎サブリーダーは、「10年12月にも点検しているが、その際はたわんでいなかった。恐らく、工事用車両による振動などで、徐々にたわんだのだろう」と話す。

費用と手間が隠蔽の動機か

外ケーブルの緊張作業は、次のように実施していた。ケーブルを定着部まで引き寄せてジャッキを装着した後で、引っ張りと定着を繰り返す「盛り替え」をする。規定の緊張力が入ったら、余分なケーブルを切断し、定着部にアンカーキャップをはめてグラウトを充填する。

この作業のうち、盛り替えと定着部へのグラウト充填の作業は、中日本高速の担当者による全数立ち会いのもとで施工した。偽装、隠蔽するのは難しい。

岩立サブリーダーは、「たわんでいたPC鋼線は、機械で切断したような切れ方をしていた。余分なケー

11年2月の点検で発見したPCケーブルのたわみ。27本のPC鋼線のうち1本だけが30cmほどたわんでいた

隠蔽が発見された新東名高速道路の新興津川橋。橋長456mの4径間連続PC箱桁橋だ

■ 受発注者の再発防止策

[中日本高速道路会社]

・外ケーブルの緊張手順の見直し

→建設会社や機材メーカーと協力してケーブルが緩まない手順を検討

→まとまり次第、社内に通知

[オリエンタル白石・川田建設JV]

・外ケーブルが緩まないような対策

→なるべく1本のケーブルを長くしない。長くせざるを得ない場合は両側から緊張

・下請け会社に任せず、施工管理を厳格化

→緊張作業の各段階でのチェックを厳しくする

→下請け会社の教育に力を入れる

中日本高速道路会社への取材をもとに作成

ブルを切断した後で、PC鋼線が抜け出したのではないか」と話す。

つまり、発注者の全数立ち会いが求められている工程の合間にPC鋼線が1本だけ抜け出て、それを隠蔽したという見立てだ。中日本高速はオリエンタル白石JVにヒアリングしたが、隠蔽した事実を知らなかったと答えたという。緊張作業を担当した下請けの専門工事会社は1社だけで、既に倒産しているので、隠蔽の動機は分かっていない。

ただ、推測はできる。抜け出たケーブルは27本の内側に位置する。1本だけを再緊張するのは難しく、27本全ての再緊張作業が発生する。岩立サブリーダーは「ケーブルを切断した後なので、新しいケーブルに交換する必要があり、費用が余分に掛かる。構造物に悪影響を及ぼす恐れがあるので、慎重にストレスを抜く必要がある。再緊張するまでにかなりの時間が掛かる。これらが隠蔽の動機ではないか」と推測する。

抜け出さない対策で再発防止

中日本高速は、隠蔽を招いたPC鋼線の抜け出しを問題視し、これまでも改良を続けてきた緊張手順をもう一度見直す。定着部のメーカーや協会などと協力して、PC鋼線が緩まないような対策を講じる。

施工者のオリエンタル白石・川田建設JVも同様に、抜け出しに対する再発防止策を中日本高速に報告した。ケーブルが長ければ盛り替えの作業が多くなり、抜け出しなどのリスクが大きくなる。なるべくケーブルを長くしないこと、やむを得ず長くする場合は、片側で緊張するのではなく、両側で緊張することで、抜け出しのリスクを減らす。

下請け会社が隠蔽したことに対しては、緊張作業の各段階での管理を厳しくするとした。

第5章

トラブルを防ぐ現場の心得

第5章は日経コンストラクション2013年3月11日号から16年4月11日号までに掲載した記事をベースに加筆・修正して編集し直した。文中の数値や組織名、登場人物の肩書などは取材、掲載当時のもの

マニュアル以上の対策が必須

一つの現象が多くの命を奪う事故は、いつの時代も発生している。日経コンストラクションが1989年の創刊以来、記事で報じてきた事故から、施工中に3人以上の死亡者が出た主だった案件を抜粋して、工事分野別にまとめてみた(下の図参照)。

90年代には総じて、多くの死者を出した事故が集中しているのが分かる。2000年初頭で報じた事故の件数は減ったものの、ここ数年でまた立て続けに発生している。

工事分野別に見ると、重大事故を機に安全対策に力を入れているケースが散見される。例えば、橋梁工事では、90年代に多くの重大事故が発生していた一方で、2000年代に入ってからは激減した。91年の「広島新交通システム橋桁落下事故」や98年の「来島大橋工事桁落下事故」などは、労働安全衛生規則の改正につながり、橋梁工事分野の安全対策を強化する大きな転機となった。

砂防工事も、96年の「蒲原沢土石流災害事故」の発生を機に、労働安全衛生規則が改正。事故以降、旧建設省の砂防工事の安全に対する心構

■1989年以降に発生した大惨事とその後の安全強化の流れ

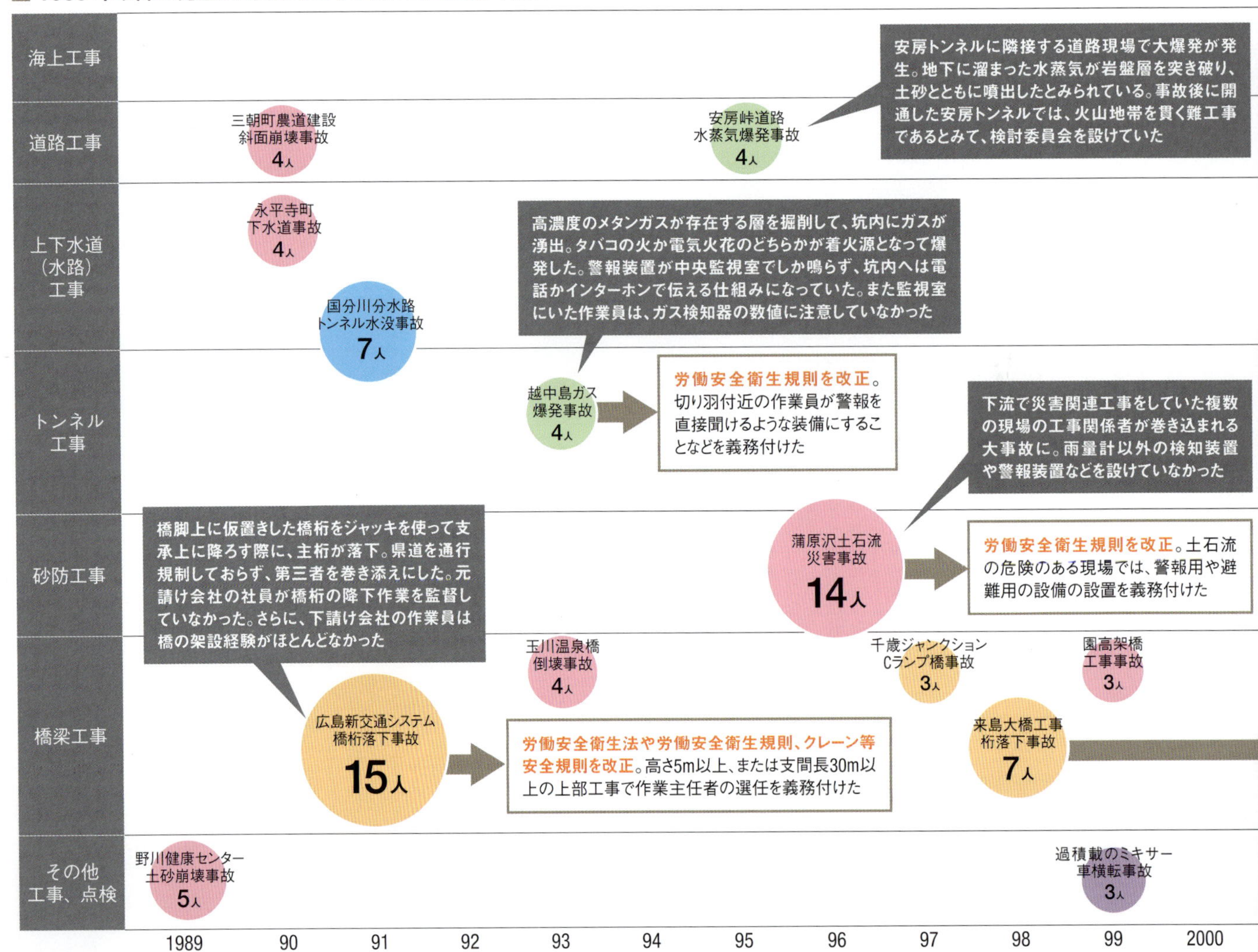

えも大きく変わった。毎年、安全施工管理技術研究発表会を実施するようになり、安全に関する施工技術の取り組みを共有している。

一方、海上工事では過去20～30年、多くの死者を出す大惨事は生じていなかった。沖ノ鳥島の事故(14ページ参照)をきっかけに、海上工事の安全対策は強化されるだろう。

安全対策が強化され事故が減ったとしても、油断は禁物だ。労働災害に詳しい労働安全衛生総合研究所の高木元也首席研究員は、「事故が長らく発生しなければ、危険感受性が低下する。そういうときほど、安全教育や対策の盲点を突いた想定外の事故が起こりやすい」と指摘する(214ページを参照)。

トンネルや管きょでは想定外の事故も

他方、従来の重大事故の原因と全く異なる様相を呈する事故が発生している分野もある。例えば、トンネルや管きょなどの工事だ。閉塞した現場状況という特性から、ガス爆発や有害物発生に注意が向いていた。

ところが、2000年代に目立ち出

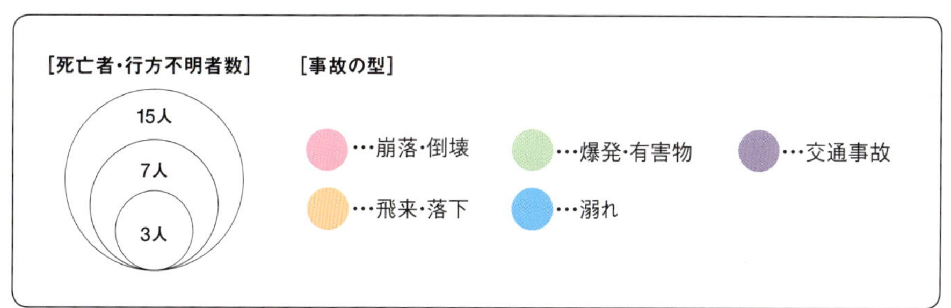

日経コンストラクションの1989年創刊号から2014年8月25日号までの記事から、3人以上の死亡者を出した事故を抜粋。事故の型や工事別の種類分けは独自に実施した。213ページに事故を一覧表にしてまとめている

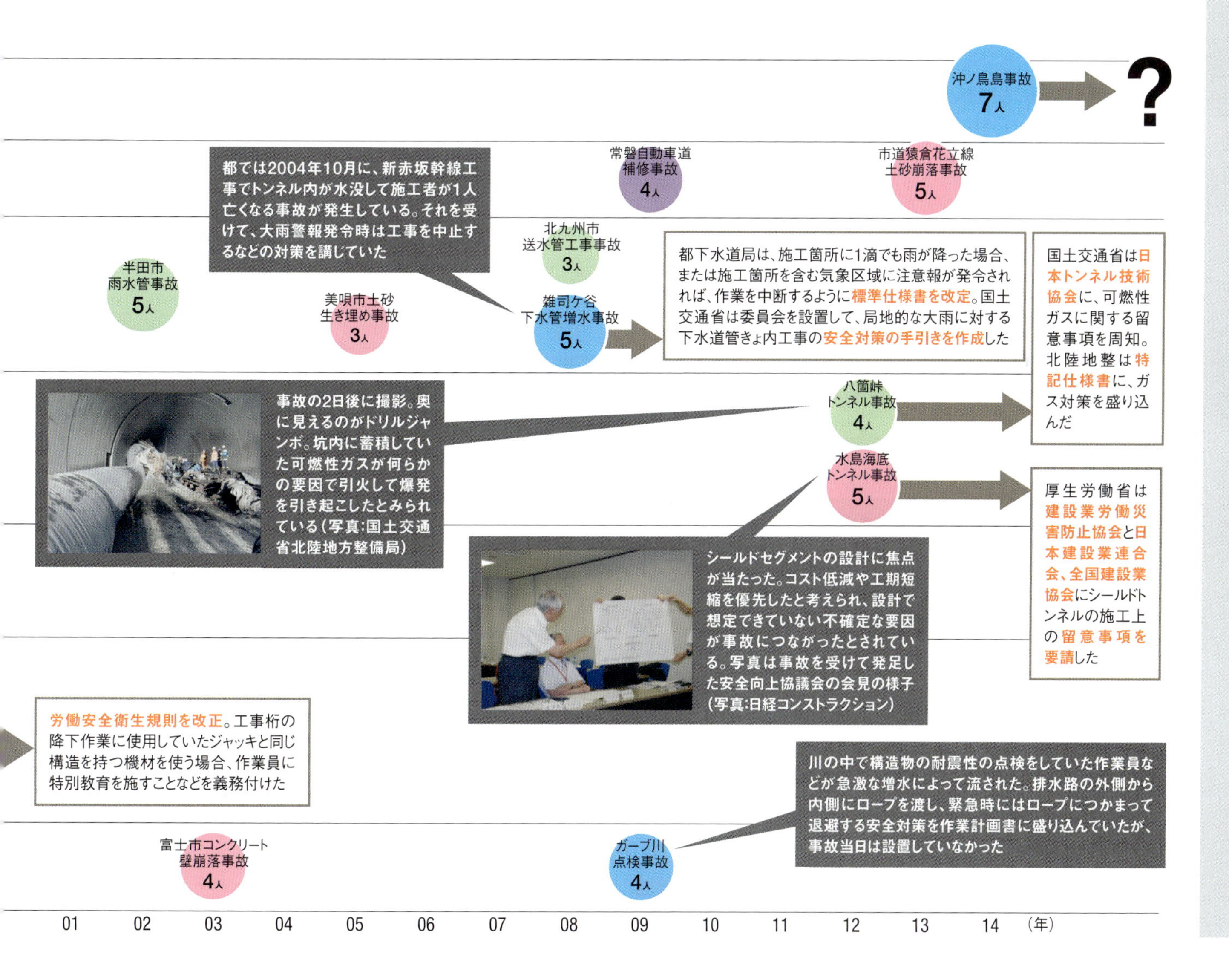

したのが、大雨による増水に巻き込まれて大惨事につながるケースだ。08年の「雑司ケ谷下水管増水事故」は、大雨警報発令前に作業中の5人が増水に巻き込まれた。

事故後、発注者の東京都下水道局は「1滴ルール」を採用して対策を強化。施工箇所に雨が1滴でも降れば作業を中断する決まりを守り続けている。以降、同様の事故は生じていない。国土交通省もこの事故を受けて、安全対策の手引きをまとめ、全国の自治体に通知文を出した。

シールドトンネル工事で多数の死者を出した「水島海底トンネル事故」も、全くノーマークだったセグメントの崩壊が原因とされている。

想定外の事態にも対処する力を

これまでの事故防止のアプローチは、過去にあった現象を教訓として、再発防止のためにマニュアルなどを定めて訓練するのが基本だった。このアプローチは重要で、これからも続ける必要がある。ただし、それだけでは想定外の現象に対処することは難しい。未知の事故に対して、安全対策は後手に回ってしまう。

近年、従来の事故防止のアプローチの補完的な役割として世界的に認知されつつあるのが、「レジリエンス」という考え方だ（218ページを参照）。直訳すれば弾性力や復元力だが、それが転じて、想定外の状況でも必要な行動や動作を維持できる能力を意味する。

具体的には、施工前に起こりうる現象を「予見する能力」、発生した現象に対して、刻々と変わる状況を「監視する能力」、起こった現象に「対処する能力」、過去の類似の失敗から「学習する能力」——。以上の四つの能力を高めることで、想定外の重大事故を未然に防止できるようになると言われている。

一貫して安全調整するCDM

近年の重大事故の多発に危機感を覚えてか、土木学会は工事の新たな安全強化策の検討に乗り出した。

13年8月には安全問題研究委員会が「土木工事の技術的安全性確保・向上検討小委員会」（委員長：白木渡・香川大学教授）を設置した。過去の重大事故や海外の安全強化の先進事例を分析し、土木工事の安全確保の在り方について提言する。「レジリエンス」の考え方も取り入れる。

安全確保の制度や仕組みの一つに委員会が期待するのが、設計から施工までの安全対策を一貫してみる「安全衛生調整者」の存在だ。英国ではCDMコーディネーターの名称で、既に多くの工事で活用している。国内での導入の可否も含めてCDMの役割も調査、分析する。

■ 土木学会安全問題研究委員会の小委員会が取り組む課題

事故事例の分析

- 重大事故の**判例の分析**
- 重大事故について**発注者や設計者、施工者の視点から要因の分析**

海外の事例の分析

- 日本の土木工事の標準約款や労働安全衛生法などの現状と課題
- **英国のCDM**（Construction Design and Management regulations）
- 米国のCM（Construction Management）

今後の工事の安全確保の在り方

- 入札や契約における**安全経費の考え方**
- 施工前に、**想定を超えた事態**を学術的、技術的に評価、対策する方法
- 発注者、設計者、施工者の**リスクアセスメントの在り方**
- 発注者、設計者、施工者の**安全に対する審査体制**（安全衛生調整者など）
- 発注や設計から施工までをみる**安全衛生調整者の養成**について

（資料：土木学会安全問題研究委員会「土木工事の技術的安全性確保・向上検討小委員会」）

■ 施工中に3人以上の死亡者が発生した主な事故一覧

発生時期	事故名	工事分類	死亡者・行方不明者（人）	負傷者（人）	場所	発注者	施工者（元請け）	事故概要
2014年3月30日	沖ノ鳥島事故	海上	7	4	東京都小笠原村	国土交通省関東地方整備局	五洋・新日鉄住金エンジ・東亜JV	14～19ページを参照
13年11月21日	市道猿倉花立線土砂崩落事故	道路（災害復旧）	5	1	秋田県由利本荘市	由利本荘市	山科建設	法面にふとんかごを設置している際、奥行き40m、幅約70mの範囲で土砂が崩れた（44～49ページ参照）
12年5月24日	八箇峠トンネル事故	山岳トンネル	4	3	新潟県南魚沼市	国土交通省北陸地方整備局	佐藤工業	坑内の点検作業中に爆発事故が発生。冬期休工明けでメタンガスが蓄積していた
12年2月7日	水島海底トンネル事故	シールドトンネル	5	0	岡山県倉敷市	JX日鉱日石エネルギー	鹿島	海底のシールドトンネル工事で、切り羽付近のセグメントが崩落して海水と土砂が流入
09年8月19日	ガーブ川点検事故	点検	4	—	那覇市	農連市場地区防災街区整備事業準備組合	間瀬コンサルタント	排水路の点検中に上流で大雨が降り、増水して流された。事故前には大雨洪水注意報が発令されていた
09年6月23日	常磐自動車道補修事故	舗装	4	1	福島県いわき市	東日本高速道路東北支社	大成ロテック	車両規制して施工していた高速道路の現場に、一般のトラックが突入した
08年8月5日	雑司ケ谷下水管増水事故	下水道	5	0	東京都豊島区	東京都下水道局	竹中土木	突発的な大雨で下水道が増水して流された。大雨警報などは発令されていなかった
08年1月7日	北九州市送水管工事事故	上水道	3	0	北九州市	北九州市水道局	平林組	ガソリンエンジン式の発電機が不完全燃焼。一酸化炭素発生の恐れが強い
05年11月17日	美唄市土砂生き埋め事故	農業用水路	3	0	北海道美唄市	北海土地改良区	開発工建・福中建設・高橋建設JV	深さ約4mの溝を掘削して、底面にビニールシートを敷いている際に、土砂が崩落
03年3月13日	富士市コンクリート壁崩落事故	解体	4	2	静岡県富士市	富士吉原2丁目地区優良建築物建設組合	木内建設	ビル解体中に、約15mの高さから4m×15mの軽量コンクリートと2本の鉄骨が崩落した
02年3月11日	半田市雨水管事故	下水道堆積物浚渫	5	0	愛知県半田市	半田市	東利	雨水管内を浚渫中に硫化水素が発生。一部のマンホールが閉まっており、送風機も止まっていた
1999年11月4日	過積載のミキサー車横転事故	コンクリート	3	8	東京都渋谷区	民間会社	宍戸コンクリート工業	最大積載量の5tを1t上回る量のモルタルを積載。横転した
99年6月15日	園高架橋工事事故	橋梁	3	0	鳥取県泊村	建設省倉吉工事事務所	福井土建	基礎構築中に、たて坑内に約110本、総重量約10tの鉄筋が崩落して作業員を直撃
98年6月10日	来島大橋工事桁落下事故	橋梁	7	1	愛媛県今治市	本州四国連絡橋公団	石川島播磨重工業・トピー工業・片山ストラテックJV	仮設の工事桁を地上に下ろす際に落下した。機材の安全機能に不備
97年9月2日	千歳ジャンクションCランプ橋事故	橋梁	3	3	北海道千歳市	日本道路公団	横河ブリッジ	橋桁の送り出し架設中に手延べ桁が横滑りして落下した
96年12月6日	蒲原沢土石流災害事故	砂防（災害復旧）	14	9	長野県小谷村	建設省や林野庁など	地崎工業、大旺建設、笠原建設など	融雪や雨をきっかけに土石流が発生。災害復旧を行っていた複数の現場を襲った
95年2月11日	安房峠道路水蒸気爆発事故	道路	4	0	長野県安曇村	建設省高山国道工事事務所	吉川建設	擁壁の基礎の床掘り中に、不透水岩盤下のガスが、岩盤層を突き破った
93年7月7日	玉川温泉橋倒壊事故	橋梁	4	5	秋田県田沢湖町	秋田県	ピー・エス	複合構造のアーチが上流側に変位。修正しようとブレース材を外した際に橋が倒壊した
93年2月1日	越中島ガス爆発事故	シールドトンネル	4	1	東京都江東区	東京都水道局	鹿島・熊谷組・鴻池組JV	充満したメタンガスが爆発。中央監視室で鳴った警報を坑内へ伝達する方法は、電話かインターホンだった
91年9月19日	国分川分水路トンネル水没事故	分水路トンネル	7	0	千葉県松戸市	千葉県	飛島建設	台風による豪雨で増水。坑口に設けた仮締め切りが決壊して現場を襲った
91年3月14日	広島新交通システム橋桁落下事故	橋梁	15	8	広島市	広島市	サクラダ	橋脚上で降下中の橋桁が落下。県道上の11台の車両を押しつぶした
90年8月1日	永平寺町下水道事故	下水道	4	0	福井県永平寺町	永平寺町	—	幅2.3m、深さ約6mの溝の中で鋼板の取り外し中に、土砂が崩壊した
90年7月31日	三朝町農道建設斜面崩壊事故	道路	4	2	鳥取県三朝町	三朝町	横山組	砕石の敷きならし中に山側の斜面が崩れた。崩壊土砂量は800～900m^3
89年5月22日	野川健康センター土砂崩壊事故	掘削	5	2	川崎市	民間会社	熊谷組	土留め支保の根入れ不足のまま掘削したため、親杭などが倒壊して土砂が崩壊

日経コンストラクション1989年創刊号から2014年8月25日号までの記事で、死亡者3人以上の事故を抜粋。
死者数や施工者名などは当時のデータ。掲載時に不明だった情報は「—」で表している

施工 ▶ 事故のタイプから考える

目立ち始めた大手・中小の二極化

特殊な状況下で発生する想定外の大事故と、頻繁に繰り返される身近な事故。いずれもゼロにすることが難しい点で、重大さは変わらない。建設業の労働災害事例に詳しい労働安全衛生総合研究所の高木元也首席研究員に、近年の事故に見られる傾向を聞いた。

建設現場で発生する事故は、労働災害の件数ベースでは中長期的に右肩下がりで推移してきた。だがその内訳から、発生原因に直結する時代特有の背景を見いだすことは極めて難しい。いつの時代も、社会的な関心を広く集める大規模な事故がある一方、頻繁に繰り返される身近な事故もある。

近年では、建設現場における人手不足が事故原因の有力ファクターにしばしば挙げられる。無視できない要素の一つだが、例えば工期のタイト化などと比べると、直接的なつながりはいま一つ分からない。再発防止策を考えるうえでは、もう少し突っ込んだ分析が必要だ。

近年の事故例に限って強いて傾向を挙げるなら、私は元請け会社の企業規模別、すなわち大手クラスと中小クラスで、事故のタイプに見られる差がより顕著になってきたように感じている。

事故情報の多寡で異なる対処策

いわゆるスーパーゼネコンなど、大手クラスは中小より、手掛ける年間工事件数が圧倒的に多い。したがって軽微なものから重篤なものまで、事故に遭う機会も多く、組織として失敗の経験値も豊富。安全教育や事故防止対策も、会社ごとに多少の違いはあるが、過去に経験した“痛い思い”の情報共有と分析に基づいて、組織内に浸透させてきた。

高木 元也（たかぎ・もとや）

1983年に名古屋工業大学工学部土木工学科を卒業し、佐藤工業に入社。国内の大型橋梁工事や海外の地下鉄工事などの現場で施工管理に取り組む。その後、設計や研究所職を経て、2004年に退社。同年、厚生労働省所管の独立行政法人労働安全衛生総合研究所に移る（写真：日経コンストラクション）

こうした組織で生じやすいのは既存の教育・対策の盲点を突いたり、その形骸化で引き起こされたりする事故。言い換えると、一人ひとりの「危険感受性」の低下が背景に認められるタイプだ。現場で作業の分業化が進み、担当外の仕事への目配りが手薄になりがちな現場状況なども無関係でないかもしれない。

この種の事故は組織にとって想定外で、より深刻な被害につながりやすい側面がある。安全管理体制が厳しいとされる化学プラントなどで生じる事故のタイプに近い。このタイプでは、教育・対策の形骸化を防ぐための日頃の工夫が重要だ。

他方、中小クラスでは相対的に、ベーシックな安全教育や事故防止対策がそもそも手薄。確率論的に自社が事故の当事者となるケースが少なく、自らの経験が乏しいことも背景にあるのかもしれない。事故を起こした担当者に聞いても「運が悪かった」、「作業員がもっと注意していれば…」などどこか人ごとで、当事者意識が極めて低いと思えてしまう人も珍しくない。

こうした中小クラスの事故では、安全教育の充実や現場での事故防止対策の徹底を施工会社だけに求めるのは事実上、無理がある。できていないから事故が起きているのだ。この場合は発注者が教育・対策にいま一歩踏み込んで関わることこそ、高い効果を得られる。（談）

施工 繰り返される身近な事故

中小会社の啓蒙に一歩踏み込む

安全教育や事故防止対策が手薄になりがちな中小建設会社をどう支援するか──。

発注者として、従来より一歩踏み込んだ取り組みに力を入れているのが、東京都水道局だ。2012～14年度の3カ年計画で、「水道工事事故防止アクションプラン」に基づく活動を続けている。

その端緒は06年に遡る。同年7月、同局が大田区内で実施した水道管交換工事で、運搬中の水道管が作業員に当たって死亡する事故が発生。この工事は、道路の片側車線を通行規制して実施していたものだ。下の図のように、数本の管を束ねてバックホーで吊り上げた際、一方の先端が安全柵の外側にはみ出し、対向車線を通りがかった車に接触。はずみで管が作業員を直撃した。

このケースでは、水道管を1点吊りしていたうえに、吊り上げ時に回転し始めた管を死亡した作業員が手で押さえていた。そのため、車と接触した管が大きく振れて作業員を直撃した。管の吊り上げ作業は一般に、2点吊りが基本。また吊り上げ時の回転抑制は本来、ロープを使って離れた位置から行うべきとされる。これら安全上の基本が守られていなかった点が、主たる事故原因だった。

■ 2006年7月に発生した死亡事故の状況

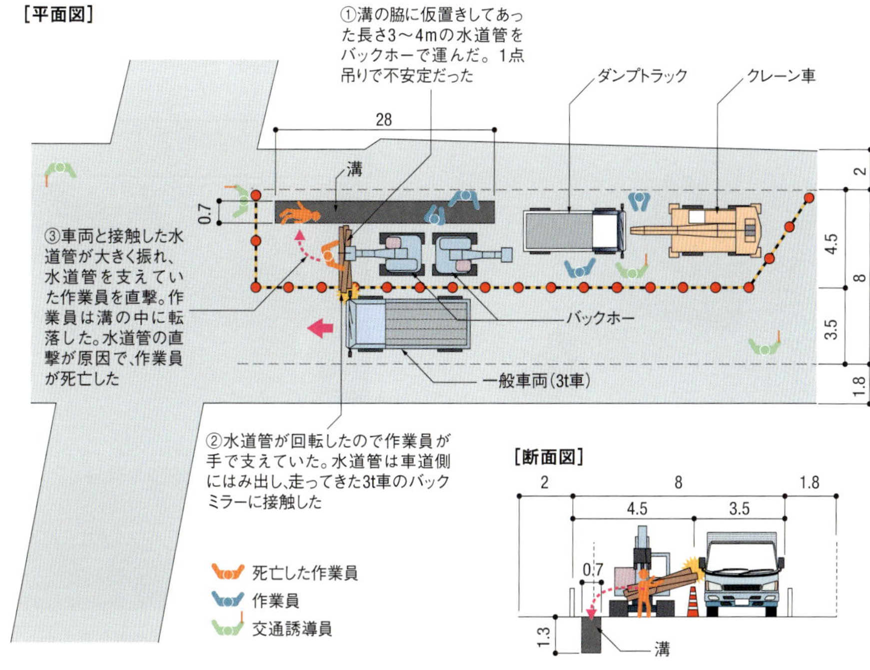

東京都水道局の資料をもとに作成

13タイプの「頻発事故」を分析

この例のように安全上の基本をなおざりにしたことが原因となった事故は、死亡に至らなかった例を含めて、相前後する時期に同局の他の現場でも発生していた。従来の安全対策を再点検するため、同局は同年、労働安全衛生総合研究所に助言を求めた。それが活動の端緒となる。

同局の工事の施工者は、約8割が中小クラスの建設会社。地域で中堅規模の会社もあれば、家族経営の小規模会社も珍しくない。現場の安全対策を見直すうえで、同局が目を付けたのはこうした中小の施工者だ。「安全に関する意識も現場の対策も、大手と比べてどうしてもいま一つ。『事故が起きなければ、今まで通りで』といった雰囲気があった」。同局建設部技術管理課の石井正紀課長は、こう説明する。

労働安全衛生総合研究所の高木元也首席研究員（前ページを参照）とともにまず着手したのは、記録が確認できた過去の事故やヒヤリハットの事例、合計約900件の仕分けだ。事例によっては、現場を手掛けた内部の監督員や施工者などにも改めてヒアリングを実施。施工者約50社にアンケート調査も行った。

同局で多いのは、道路の開削を伴う管などの入れ替え工事で、主任技術者、配管工、土工、交通整理要員など合計10人程度の規模が一般的。こうした工事で、過去の事故例を検証すると、何度も繰り返しているタイプが確認できた。

これらを、通行者など第三者を巻き込む事故、一般車によるもらい事故、重機の移動による事故、掘削作業による事故といった13タイプの「頻発事故」に分類。09～11年度は、タイプ別に事故例や原因、防止策を整理して小冊子（左）やDVD（次ページ右上）といった独自の啓蒙用教材にまとめた。

「学ぶ意欲」ある中小施工者も

発注者が施工者向けに行う安全講習などはよくある。しかし多くは、「現場の安全は、最終的には施工者に任せるもの」という姿勢にとどまりがちだ。「安全教育や事故防止策が不十分な中小建設会社の多くは、それらを充実する体制面や資金面の余裕がない。だが一方で、『学ぶ意欲』が旺盛な会社も少なくない。発注者が積極的に情報提供することは、教育や事故防止に確実に効果を見込める」（高木首席研究員）。

そうした効果こそ、水道工事事故防止アクションプランに基づく活動の狙いだ。12年度から本局や出先機関ごとに、工事契約の締結時に小冊子を示して説明したり、DVDを教

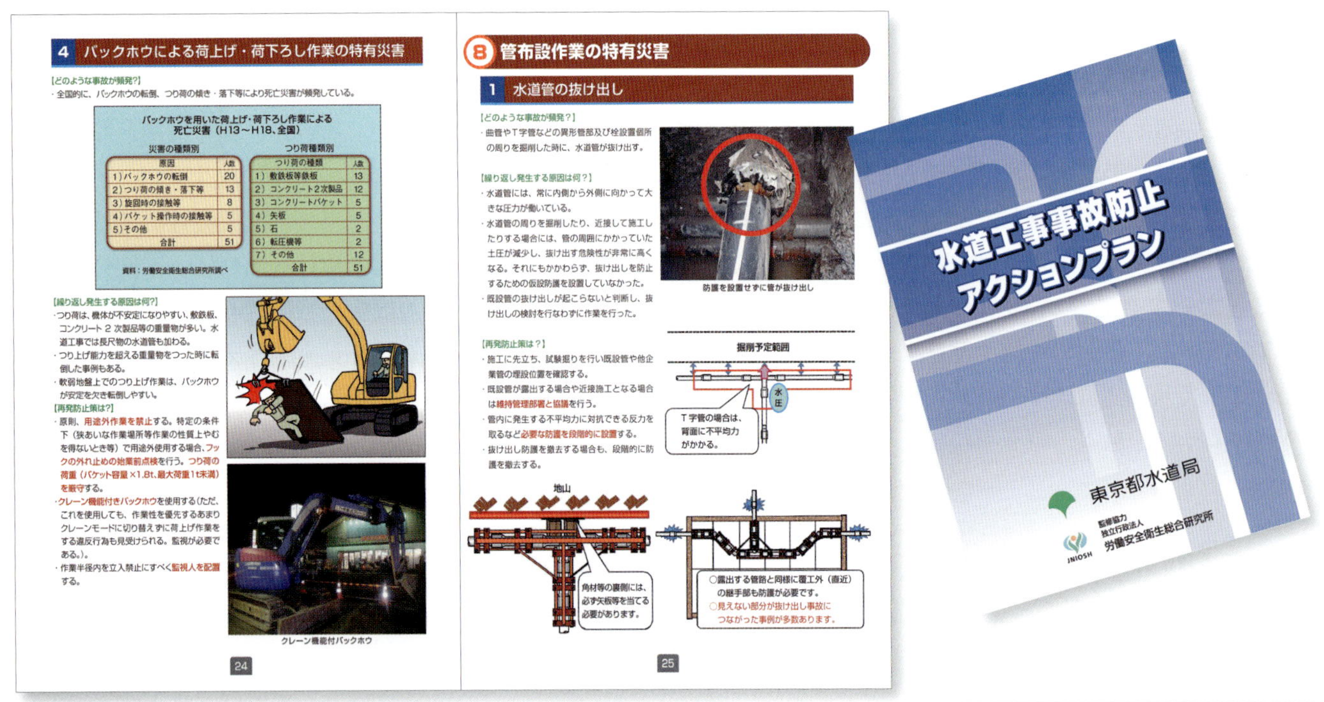

4 バックホウによる荷上げ・荷下ろし作業の特有災害

【どのような事故が頻発?】

・全国的に、バックホウの転倒、つり荷の傾き・落下等により死亡災害が頻発している。

バックホウを用いた荷上げ・荷下ろし作業による死亡災害（H13～H18、全国）

災害の種類別

原因	人数
1）バックホウの転倒	20
2）つり荷の傾き・落下等	13
3）旋回時の接触等	8
4）バケット操作時の接触等	5
5）その他	5
合計	51

つり荷種類別

つり荷の種類	人数
1）敷鉄板等鉄板	13
2）コンクリート2次製品	12
3）コンクリートバケット	5
4）矢板	5
5）石	2
6）転圧機等	2
7）その他	12
合計	51

資料：労働安全衛生総合研究所調べ

【繰り返し発生する原因は何?】

・つり荷は、機体が不安定になりやすい、敷鉄板、コンクリート2次製品等の重量物が多い。水道工事では長尺物の水道管も加わる。
・つり上げ能力を超える重量物をつった時に転倒した事例もある。
・軟弱地盤上でのつり上げ作業は、バックホウが安定を欠き転倒しやすい。

【再発防止策は?】

・原則、用途外作業を禁止する。特定の条件下（狭あいな作業場所等作業の性質上やむを得ないとき等）で用途外使用する場合、フックの外れ止めの始業前点検を行う。つり荷の荷重（バケット容量×1.8t、最大荷重1t未満）を厳守する。
・クレーン機能付きバックホウを使用する（ただ、これを使用しても、作業性を優先するあまりクレーンモードに切り替えずに荷上げ作業をする違反行為も見受けられる。監視が必要である。）。
・作業半径内を立入禁止にすべく監視人を配置する。

クレーン機能付バックホウ

24

8 管布設作業の特有災害

1 水道管の抜け出し

【どのような事故が頻発?】

・曲管やT字管などの異形管部及び栓設置個所の周りを掘削した時に、水道管が抜け出す。

【繰り返し発生する原因は何?】

・水道管には、常に内側から外側に向かって大きな圧力が働いている。
・水道管の周りを掘削したり、近接して施工したりする場合には、管の周囲にかかっていた土圧が減少し、抜け出す危険性が非常に高くなる。それにもかかわらず、抜け出しを防止するための仮設防護を設置していなかった。
・既設管の抜け出しが起こらないと判断し、抜け出しの検討を行なわずに作業を行った。

防護を設置せずに管が抜け出し

【再発防止策は?】

・施工に先立ち、試験掘りを行い既設管や他企業管の埋設位置を確認する。
・既設管が露出する場合や近接施工となる場合は維持管理部署と協議を行う。
・管内に発生する不平均力に対抗できる反力を取るなど必要な防護を段階的に設置する。
・抜け出し防護を撤去する場合も、段階的に防護を撤去する。

25

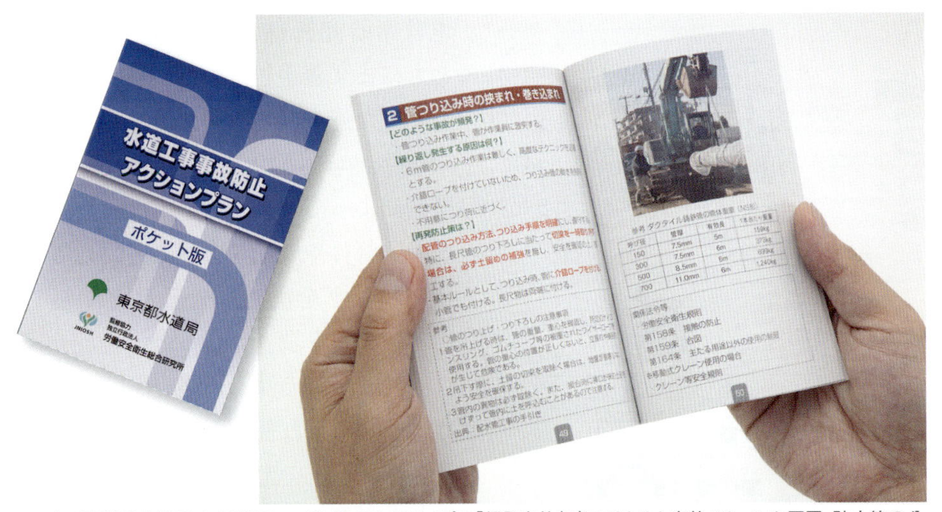

上は啓蒙用小冊子で、A4判30ページ。目玉は、13タイプの「頻発事故」ごとにまとめた事故パターンや原因、防止策の分かりやすい解説だ。下は文庫サイズのポケット版で、同局の監督員向け。"監督力"の教育ツールとしても役立てている（資料・写真：次ページまで東京都水道局）

「頻発事故」の事例写真を使った安全ポスター。施工者に活用してもらうために作成した

材に講習会を開催したりするところから本格的な啓蒙活動を始めた。

その後、本局と出先機関それぞれが、活動にバリエーションを加えるようになった。例えば出先機関が手作りで安全をテーマに情報紙をつくったり、管轄内の事故例集をまとめたりして、定期・不定期に施工者を交えて行う安全会議などで情報提供するといったケース。そのほか、工事を手掛ける施工者向けに、着工直前のタイミングに「出前講座」を実施するといった活動例もある。

いずれも単なるツールづくりにとどまらず、生きた情報として伝える場づくりに重点を置いた取り組みだ。小冊子や安全ポスター（前ページの右下）などは、同局のホームページからダウンロードできるようにした。

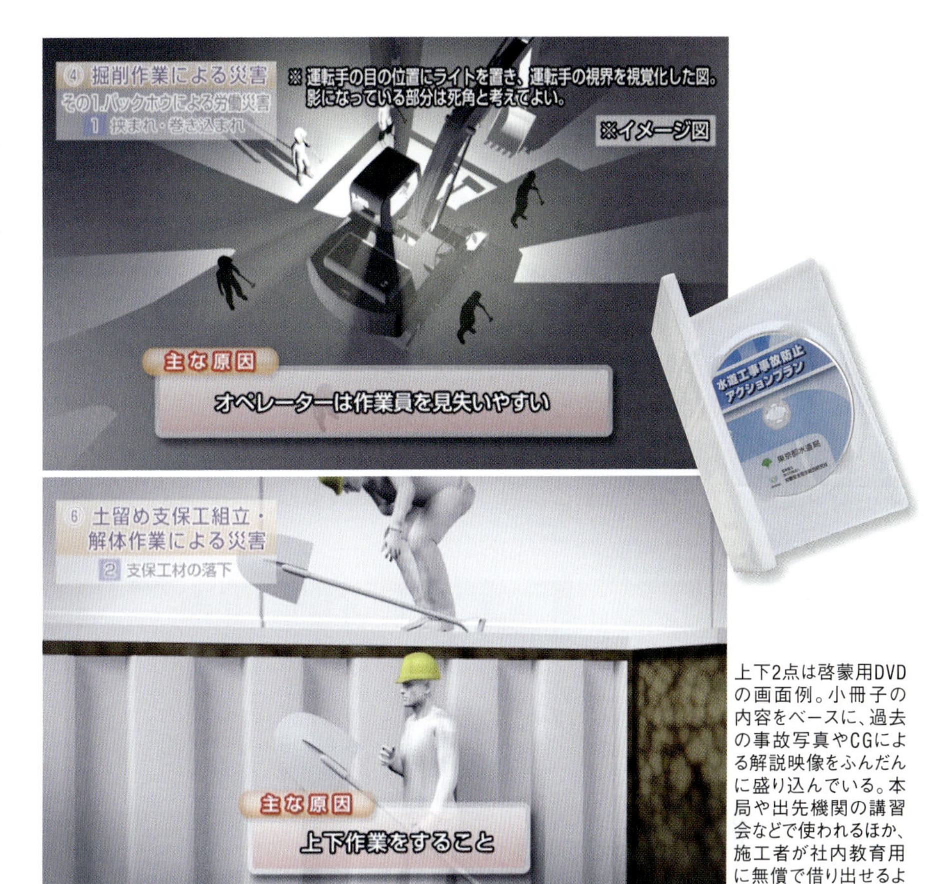

上下2点は啓蒙用DVDの画面例。小冊子の内容をベースに、過去の事故写真やCGによる解説映像をふんだんに盛り込んでいる。本局や出先機関の講習会などで使われるほか、施工者が社内教育用に無償で借り出せるようにした

こうした啓蒙活動の一方で、現場の安全パトロールも強化。担当監督員による従来の見回りに加えて、例えば担当外の監督員や近隣工事を受注した施工者、労働基準監督署の職員などを招いた様々な組み合わせの「合同パトロール」を実施。参加者による講評会も開く。結果として現場巡視の頻度は増えた。

「施工者をはじめ、関係者全体の安全意識が底上げされてきた手応えを感じる」（石井課長）。実際、休業4日以上の死傷事故（第三者に対する人身・物損事故を含む）は着実に減少。10年度の22件、11年度の19件から、取り組み開始後は12年度14件、13年度12件と減ってきた。「それでもまだ事故は起きている。地味な活動でも継続していくことが大切だ」。石井課長はこう話す。

安全パトロールも強化（左）。右は着工直前の施工者向けに実施する「出前講座」の例で、現場に入る全作業員が対象

「自ら考える力」で形骸化を防ぐ

生きた安全教育、効果的な事故防止策を考えるうえで必要な視点とは何か——。教育や対策を形骸化させないために必要なのは、事故のタイプに応じたシステム面の整備と、現場の一人ひとりの意識向上だ。それぞれどのようにアプローチしたらよいのか、労働災害の心理学的分析に詳しい立教大学現代心理学部心理学科の芳賀繁教授に聞いた。

労働災害では「ハインリッヒの法則」という保険請求のデータから導き出された知見がある。「330回転倒したら、そのうち29回はけがをして、1回は大けがになる」という一種の経験則。1回の大けがを防ぐために「転倒」を退治するということが、この知見の本質だ。

一方、事故には様々なタイプがある。例えば、「転倒」という現象が複数回生じた場合には、重大事故と同じ原因で起こっている多数の小事故の対策を取るべきだというのがハインリッヒの主張だ。しかし、原因が異なるのであれば、この法則は成り立たない。現実レベルで安全対策を考える際には、そこが盲点になりやすい。

墜落や転倒といった身近な事故では一般に、ヒューマンエラー対策が防止策の要となる。しかし、建設分野で近年起きた大規模事故の中には、例えば沖ノ鳥島沿岸部で発生した桟橋転覆事故など、ヒューマンエラーとは違うレベルの原因で起きているものも多いように思う。

後者はもっと川上というか、計画や施工管理といった安全マネジメント自体に問題があると疑われるタイ

芳賀 繁（はが・しげる）

1977年に京都大学大学院修士課程（心理学専攻）を修了し、日本国有鉄道に入社。鉄道労働科学研究所、鉄道総合技術研究所で産業心理学や人間工学などの研究を手掛ける。98年に立教大学文学部心理学科に移る。「事故がなくならない理由」（PHP研究所）ほか著書多数

（写真：日経コンストラクション）

プ。この種の事故は、組織全体とか公共事業の仕組みなど、かなり大きな枠組みで問題を洗い出さないといけない。ヒューマンエラー対策とは異なるアプローチが必要だろう。

東日本大震災後、現場の安全に関する研究では、「レジリエンス・エンジニアリング」という考え方に注目が集まっている。「レジリエンス」とは弾力、弾性といった意味で、私はしばしば「しなやかな」と言い換えている。

「マニュアルだけでは足りない」

ヒューマンエラー対策の徹底は、一方で過度のマニュアル主義とか、形骸化・硬直化するリスクを内包している。

それに対して「レジリエンス・エンジニアリング」では、単に無事故の状態を「安全」と捉えるのではなく、一人ひとりが自ら考えて動くことで現場がつつがなく回る状態を「安全」と捉える。

自ら考えて行動するようになると、一人ひとりの「危険感受性」や想定外の事象への対処能力は、確実に向上する。安全教育や事故防止策の意義や効果も、より主体的に理解できるようになる。

鉄道会社などではこうした考えに基づく教育訓練を導入し始めたところもある。例えばJR東日本は2012年から、「事例シート」とグループ討議による訓練手法を試行している。これは運転士向けのシート（右上）で、「地震が発生」といった状況設定に対して「自分ならどう行動するか」をディスカッションする。

進行役が途中で「混雑のピーク時なら」、「高齢の乗客が多かったら」など、追加条件を投げ掛ける。結論や正解はない。参加者が分かるのは「マニュアルだけでは足りない。自らの判断力を磨かねば」ということ。これが大切で、日常の不安全行動や不安全状態に対する危険感受性を高めることにつながる。建設業でも有効な訓練方法だと思う。

私は最近、「職業的自尊心」と安全行動の因果関係に注目している。製造業の工場労働者約1300人へのアンケート調査などを通じて、データ分析に基づき調べた。

そうした調査の結果を簡単に説明すると、職業的自尊心、つまり「仕事に感じる誇り」を持っていることが、「専門性を高めたい」とか「良いモノを作りたい」、「効率化したい」といった意識を支えているだけでなく、「安全態度」の向上につながっていることを確認できた。

「誇り」が安全態度を高める

安全態度は「自らの行動で安全を確保する」という態度と、「安全マニュアルや対策設備で守る」という態度に分けられる。職業的自尊心の高い人は前者、すなわち自らの行動で実践するという意識が相対的に高いことも分かった。

仕事を進める意欲のタイプの違いも、安全態度に影響する。仕事を進める意欲といっても、人によって品質、作業効率、納期順守など、こだわるポイントが違うものだ。

例えば納期順守型の中には、「多少の手抜きをしても間に合わせる」という考えを許容する人もいて、そうした人の安全態度のポイントは総じて低い。職業的自尊心の高い人は反対に「手抜きをしても間に合わせる」という意識が希薄で、安全態度のポイントが高い。

安全教育や事故防止策を考えるうえでは、このように一人ひとりの「誇り」こそが、重要なカギとなることを忘れるべきではないだろう。

（談）

■「事例シート」による訓練手法

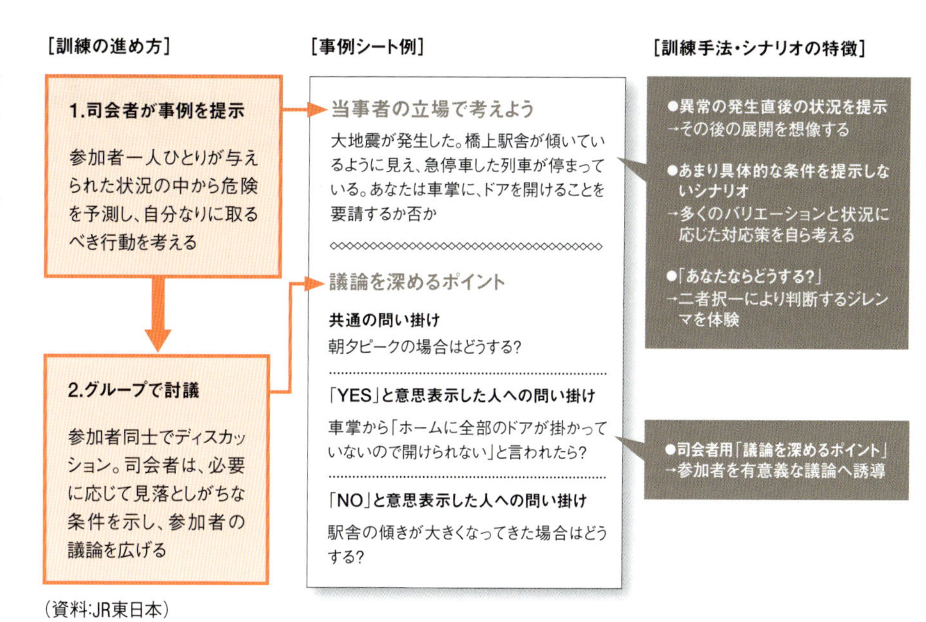

（資料：JR東日本）

設計 ▶ 国のトラブル防止策

じわり進む「責任」の仕分け

　発注者が設計条件をなかなか決めてくれない。しつこく催促すると、「設計者で決めてくれ」と言われたので、打ち合わせの際に条件を提示し、合意して業務を進めたはずだった。ところが、設計成果品の納品後に、提示した条件に関する不具合が発覚。発注者は「条件を決めたのはそちらだ」の一点張りで、責任を押し付けてくる。反論しようにも、明確な証拠が残っていない——。

　もし、このような設計トラブルが起こったとして、設計者側が責任の多くを負わされる可能性が高いことは、想像に難くない。

受注者も「条件明示シート」を活用

「結局のところ、設計ミスを巡ってもめるケースでは、誰が条件を提示し、いつ、何を根拠に決まったかが明確でない場合が非常に多い」。オリエンタルコンサルタンツの青木滋取締役はため息をつく。「的確に設計を進め、成果品の品質を高めるためにも、条件を確認することは極めて重要だ」（青木取締役）。

　そこで、同社が「設計ミスの防止」と「自衛」の両面から活用しているのが、国土交通省が作成した「条件明示チェックシート」。本来は、発注者側が設計条件や関係機関との協議の進捗状況などを記載し、受注者に提示するためのツールだ。

　発注者による条件明示が不明確だったり、遅れたりすると、設計業務の履行期間を圧迫し、手戻りが生

条件明示チェックシート（案）（橋梁詳細設計）

橋梁詳細設計業務実施における条件明示チェックシート（案）

橋梁詳細設計業務実施に必要な条件				対象項目	確認状況	確認日	確認資料	備考	発注時の確認（役職の記入）
項目No.	明示項目	内容No.	主な内容 （■）…重点項目（条件確定に時間がかかる項目であり、条件未確定の場合は、業務履行に影響が大きくなるため、早期に調整すること）	【選択】 ○：対象 ×：対象外	【選択】 ○：全条件確定済 △：一部条件確定済 ×：条件未確定	項目を確認した日付を記入	確認できる資料の名称、頁等… 入	確認状況「○」以外の進捗状況を記入	
1	履行期間、事業スケジュール	1	履行期間は適切になっているか。	○	○	2011年12月22日	○○○…		
		2	事業スケジュールは明確になっているか。	○	○	2011年12月22日	○○○…		確認済
		–							
2	基本的な設計条件	1	暫定計画、将来計画（都市計画決定）の有無を確認し、反映しているか。	○	×			半月後に提示予定	確認済
		2	設計範囲、内容、数量は明確になっているか。	○	○	2011年12月22日	○○○…		確認済
		3	気象条件（積雪寒冷地の適用等）は明確になっているか。	○	×		○○○…	予備設計時の協議内容… を整理中	
		4	地下水（自然水位、被圧水位）、湧水、河川水位の条件・状況は明確になっているか。	○	○	2011年12月22日	橋梁予備設…		
		5	動植物等に係わる制限は明確になっているか。	×					
		6	道路規格とその根拠は明確になっているか。	○	○	2011年12月22日	○○○…		
		7	道路の設計速度とその根拠は明確になっているか。	○	○	2011年12月22日	○○○…		

2012年度から始まった「条件明示チェックシート」の活用。適用分野は14年度から8工種に拡大

条件明示チェックシート（案）
（橋梁詳細設計）

橋梁詳細設計の条件明示チェックシート（資料：国土交通省）

じることが多く、ミスの温床となりがちだ。そこで、国交省が2012年度から導入を進めてきた。

このシートは、道路詳細設計、橋梁詳細設計、樋門・樋管詳細設計、排水機場詳細設計、築堤護岸詳細設計、山岳トンネル詳細設計、共同溝詳細設計の7工種それぞれにある。国交省北陸地方整備局が砂防詳細設計版を新たに作成しており、14年度から試行する。

オリエンタルコンサルタンツではこのシートを活用し、「いつ、どのような条件を発注者が示したか」を後から追跡できるようにしている。また、抜け落ちている条件があれば発注者に申し出て、詰めていく。同社は、受発注者が互いに活用することで、条件の漏れなどによる手戻りが大幅に減ると期待している。

発注者を律する対策に歓迎の声

このような対策は、「調査・設計等分野における品質確保に関する懇談会」(座長：小澤一雅・東京大学教授)における議論に基づいて、国交省が取り組みを進めてきた。

同様に、設計条件の明確化や共有を図るために、11年度から導入したのが受発注者による「合同現地踏査」だ。この仕組みにも、受注者からは好意的な声が上がる。

「例えば、山奥の橋梁を設計する際に、ザイルで崖を降りてまで詳細に現地を調査するのは現実的には不可能だ。それなのに、工事が始まって崖下で木を伐採すると、設計条件と地形が異なっていると分かり、発注者から『設計ミスだ』と言われて無償で修正を命じられることもある。できること、できないことを事

■ 国土交通省が実施している設計成果品の品質確保に向けた取り組み

時期	項目	目的
業務発注段階	適正な履行期間の設定と期限の平準化（11年度から全ての業務で実施）	履行期限の年度末集中による受注者の作業時間・照査時間の不足により発生する不具合を回避
設計・照査段階	**条件明示の徹底**（12年度から試行開始。14年度には対象が8工種に拡大）	発注者が受注者に対して、業務の履行に必要な設計条件を適切な時期に明示
	合同現地踏査（11年度から全ての業務を対象に実施）	受発注者による合同現地踏査で、設計条件などを明確化・共有
	業務スケジュール管理表（11年度から全ての詳細設計業務を対象に実施）	発注者の判断・指示が必要となる事項の有無を受発注者で協議し、役割分担や着手日、回答期限を明記して共有
	ワンデーレスポンス（13年度から全ての詳細設計業務、測量業務、地質調査業務、土木関係コンサルタント業務を対象に実施）	受注者から設計条件に関する質問を受けた発注者は、原則としてその日に回答
	受注者による確実な照査の実施（13年度から詳細設計業務で「赤黄チェック」を試行）	受注者が照査を実施した根拠となる資料（赤黄チェックの結果など）を、成果品の納入時に発注者に提示する
検査段階	**発注者による検査範囲の明確化**（13年度から調査・設計、測量など全ての業務で試行）	会計法に基づく検査と、品確法に基づく検査との区分を明確化。発注者による検査の範囲を明らかにし、受発注者の責任分担を明確にする

国土交通省の資料をもとに作成

■ 国土交通省が発注した設計業務における不具合の内訳

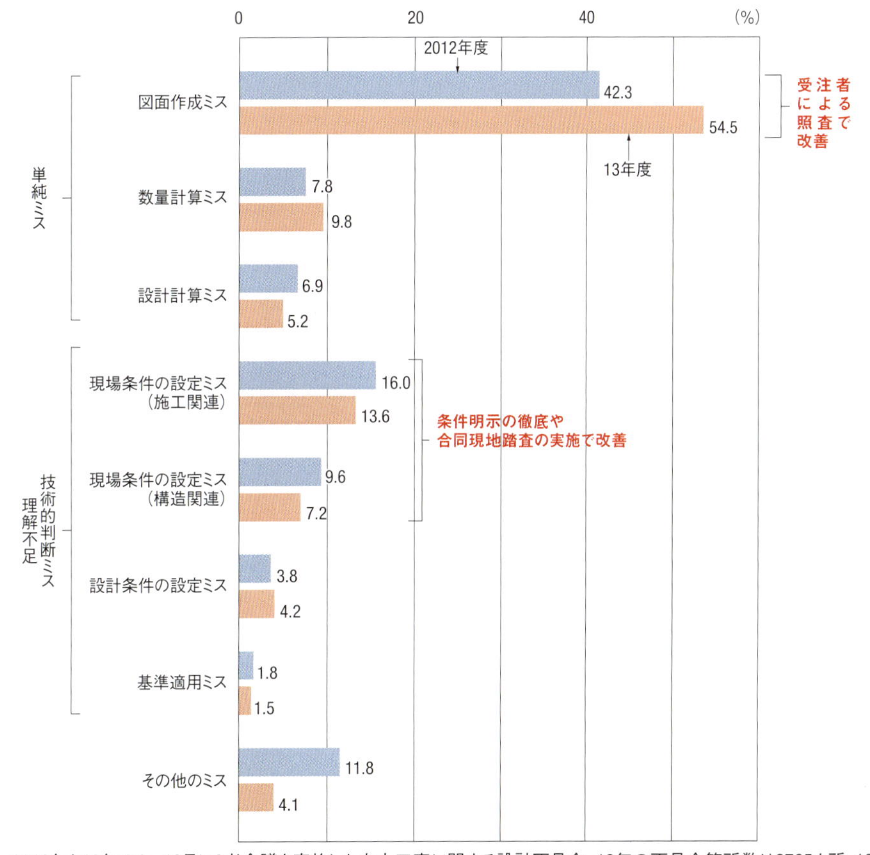

2012年と13年の4～12月に3者会議を実施した土木工事に関する設計不具合。12年の不具合箇所数は2765カ所、13年は3403カ所（資料:国土交通省）

前に共有できれば、そのような理不尽な指示はなくなる」(ある建設コンサルタント会社の幹部)。

14年2月28日の懇談会で、国交省は設計不具合の最近の発生状況を示した。同省が発注した設計業務を対象に、着工前に実施する3者会議(発注者と設計者、施工者による協議の場)で指摘された設計不具合をまとめたものだ(前ページ右下のグラフ)。

12年4月～12月と13年4月～12月に3者会議を実施した業務を対象に、それぞれの期間に発生した不具合の状況を調べたところ、以前から多かった「現場条件の設定ミス」に起因する不具合の割合は、「構造」と「施工」のいずれに関する事項でも減少した。国交省は条件明示の徹底や合同現地踏査の実施で、さらにミスを減らしていく考えだ。

設計条件にまつわるトラブルを避けるために、国だけでなく高速道路会社も手を打ち始めている。

西日本高速道路会社が13年11月に示した「調査等請負契約における設計変更ガイドライン」は一例だ。条件提示の遅れなどに伴う設計変更について、変更条件や手続きの流れなどのルールを定めた。受注者が正当な理由で変更を申し出ても、「検討は契約の範囲内だ」などと、発注者が却下するケースがあったからだ。

中日本高速道路会社でも建設コンサルタンツ協会と意見を交換しながら、同様のガイドラインを作成する。同社技術・建設本部技術管理部技術管理チームの野村謙二チームリーダーは「何ができて、何ができないかを示す。業務の進め方についても全般的に盛り込む。いつまでに誰が何をやるかを記録に残し、そのために工程をどう管理するか。社内の良い事例も取り入れたい」と話す。

「赤黄チェック」は実質義務化へ

現場条件の設定ミスによる不具合の割合が減少する一方で、単純ミス

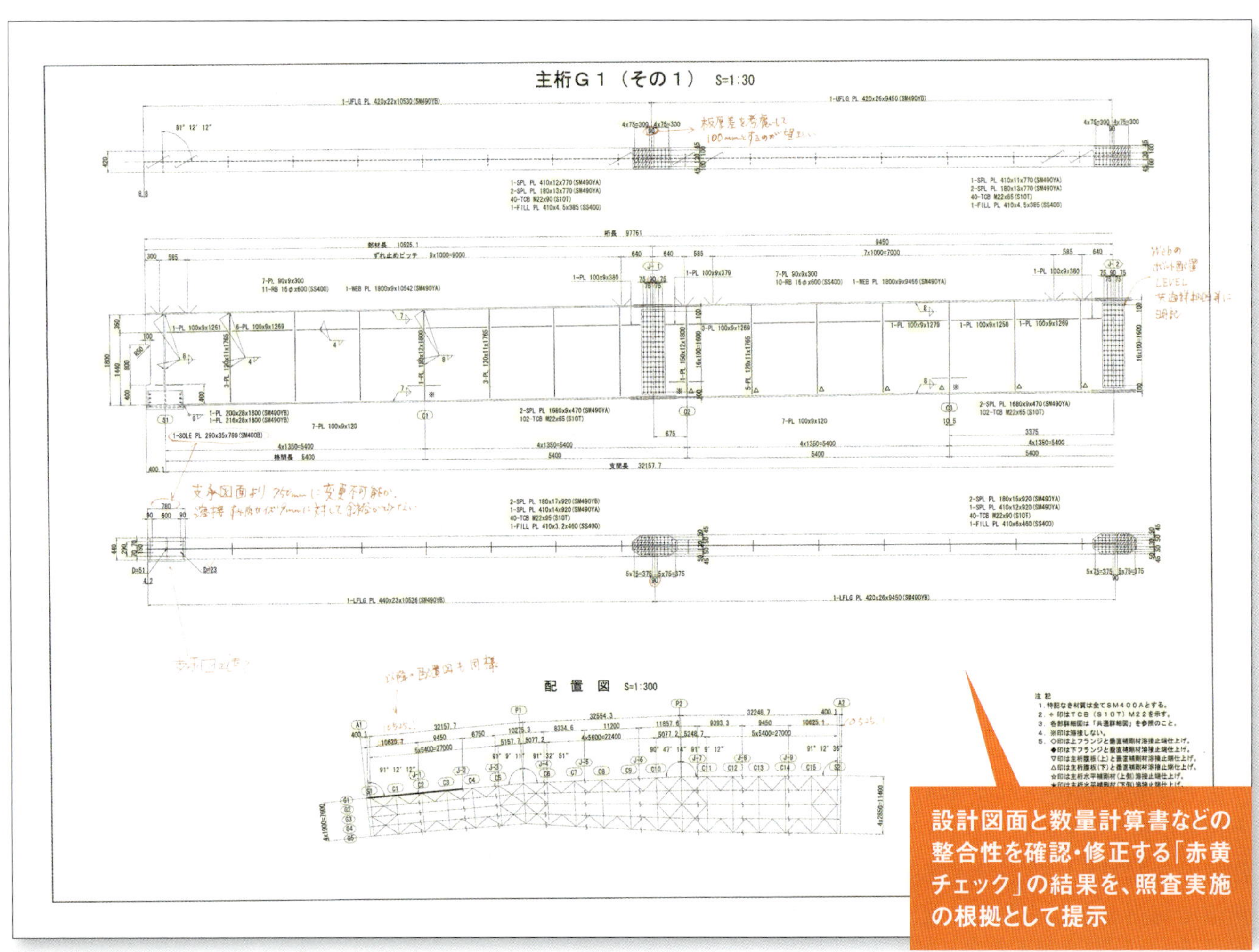

橋梁の耐震補強設計業務で実施した赤黄チェックの例。色の使い方は会社によって異なる(資料:オリエンタルコンサルタンツ)

■ 発注者と建設コンサルタントの役割の変化

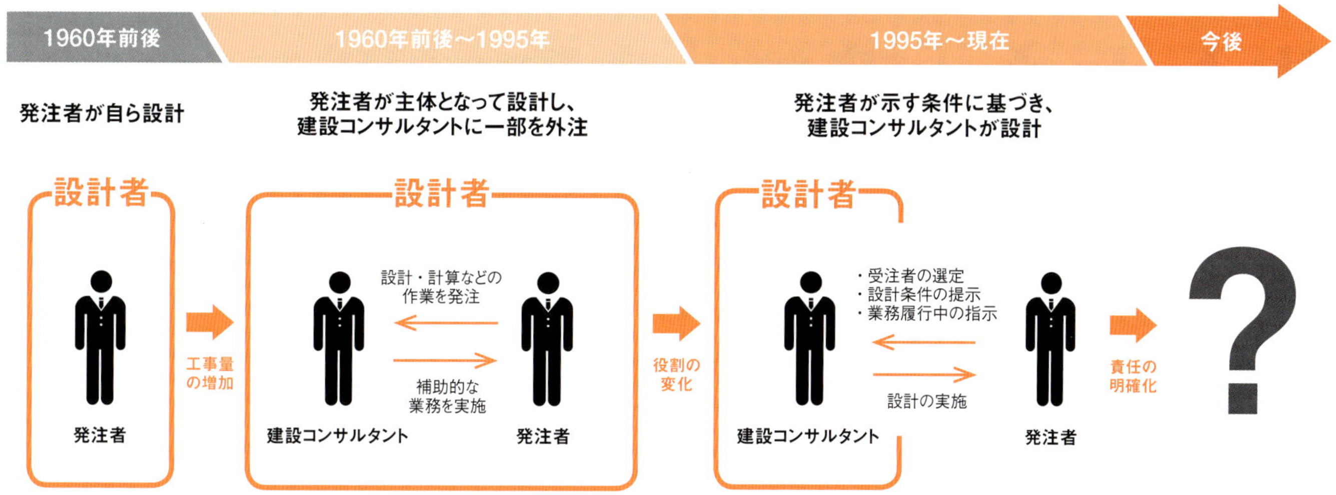

1960年前後　1960年前後～1995年　1995年～現在　今後

発注者が自ら設計
設計者
発注者
工事量の増加

発注者が主体となって設計し、建設コンサルタントに一部を外注
設計者
建設コンサルタント　発注者
設計・計算などの作業を発注
補助的な業務を実施
役割の変化

発注者が示す条件に基づき、建設コンサルタントが設計
設計者
建設コンサルタント　発注者
・受注者の選定
・設計条件の提示
・業務履行中の指示
設計の実施
責任の明確化

?

国土交通省の資料に加筆

に分類される「図面作成ミス」の割合は、12年の42.3%から13年は54.5%に、12.2ポイントも上昇した。

国交省は単純ミスを減らすために照査を徹底させる。あくまでも「照査は受注者の責任で実施する」と前置きしたうえで、実効性を高める仕組みを導入する。13年度下期から全国約60の詳細設計業務を対象に「赤黄チェック」を試行している。

赤黄チェックとは、照査技術者が設計図面と数量計算書を照らし合わせて見つけた不整合などを赤色のペンでチェックし、担当者が黄色で消して赤色で訂正する、という伝統的な照査方法だ（236ページ参照）。

建設コンサルタンツ協会品質向上専門委員会で委員長を務める八千代エンジニヤリング内部統制室品質環境マネジメント部の宇佐美正則参与は、「昔は図面が青焼きだったので、目立つように黄色を使っていた」と説明する。問題がない箇所を黄色でチェックして赤色で修正するなど、会社によってやり方は異なる。

国交省も、細かな手法までは指定していない。成果品の納入時に照査の「痕跡」が分かる資料を提示できればいいとの考えだ。提示を求める分、照査費用は上乗せを認める。工種によって異なるが、道路の詳細設計では現状から50%割り増す。

試行では工種を分散させて結果を分析し、効果が高い場合は本格実施する。例えば、関東地方整備局では道路の詳細設計や樋門の詳細設計など4件を、近畿地方整備局では橋梁上部構造の詳細設計や河川護岸の詳細設計など5件を対象としている。

成果品の「責任」には警戒の声も

発注者が自ら設計する時代から、作業や計算の一部を外注する時代を経て、建設コンサルタントが発注者の指示の下、自らの裁量で設計する時代となって久しい。

長年にわたって曖昧だった受発注者の責任分担が、以前に比べて整理されてきたことに受注者はおおむね歓迎ムードだ。しかし、国交省が示すメニューには警戒の声も上がる。

例えば、「発注者による検査範囲の明確化」（221ページ上の表）。ある建設コンサルタント会社の品質管理担当者は次のように懸念する。

「要するに『発注者は成果品を検査するけれど、会計法に基づく検査範囲を超える部分は責任を負わない』という内容だ。品質確保は受注者の責任で実施するというが、その『責任』の範囲がよく分からない。今のところ、全て受注者側に押し付けられているように感じる」。

加えて注視すべきなのが、社外の第三者による照査制度。国交省は今後、本格的に検討を始める。以前から俎上に上っていたが、ミスが発生した際の責任分担などが難しく、事実上、棚上げになってきた。

一方、東日本大震災の被災地で採用されたコンストラクションマネジメント（CM）方式のように、発注者の技術力や人員の不足を背景として、建設コンサルタントに役割や責任を委任するケースも増えそうだ。

受注者は、徐々に進む責任の「仕分け」の行方と、新たな仕組みへの対応に注意を払う必要がある。

設計 ▶ **発注者の技術力向上**

失われた「嗅覚」を取り戻せ

経験豊富な昔の技術者は、橋梁形式や規模を見るだけで鋼重やコストに見当を付けることができた。そして、怪しい箇所を直感的に言い当てる“嗅覚”を持っていた。発注者から失われつつあるこのような嗅覚を「見える化」し、経験の少ない若手に伝承する取り組みが、阪神高速道路会社の「マクロデータ分析」だ(230ページ参照)。

過去に手掛けた構造物の、設計値に潜む相関関係を見いだす。この関係こそが、昔の技術者が備えていた嗅覚に相当する。橋梁なら支間長や橋面積、鋼重などの関係に傾向がある。新たに設計した構造物のデータと、過去の事例から導いた傾向を比較すれば、不具合がないか大まかにチェックできる。

阪神高速建設事業本部建設技術課の小林寛設計審査担当課長は「事業

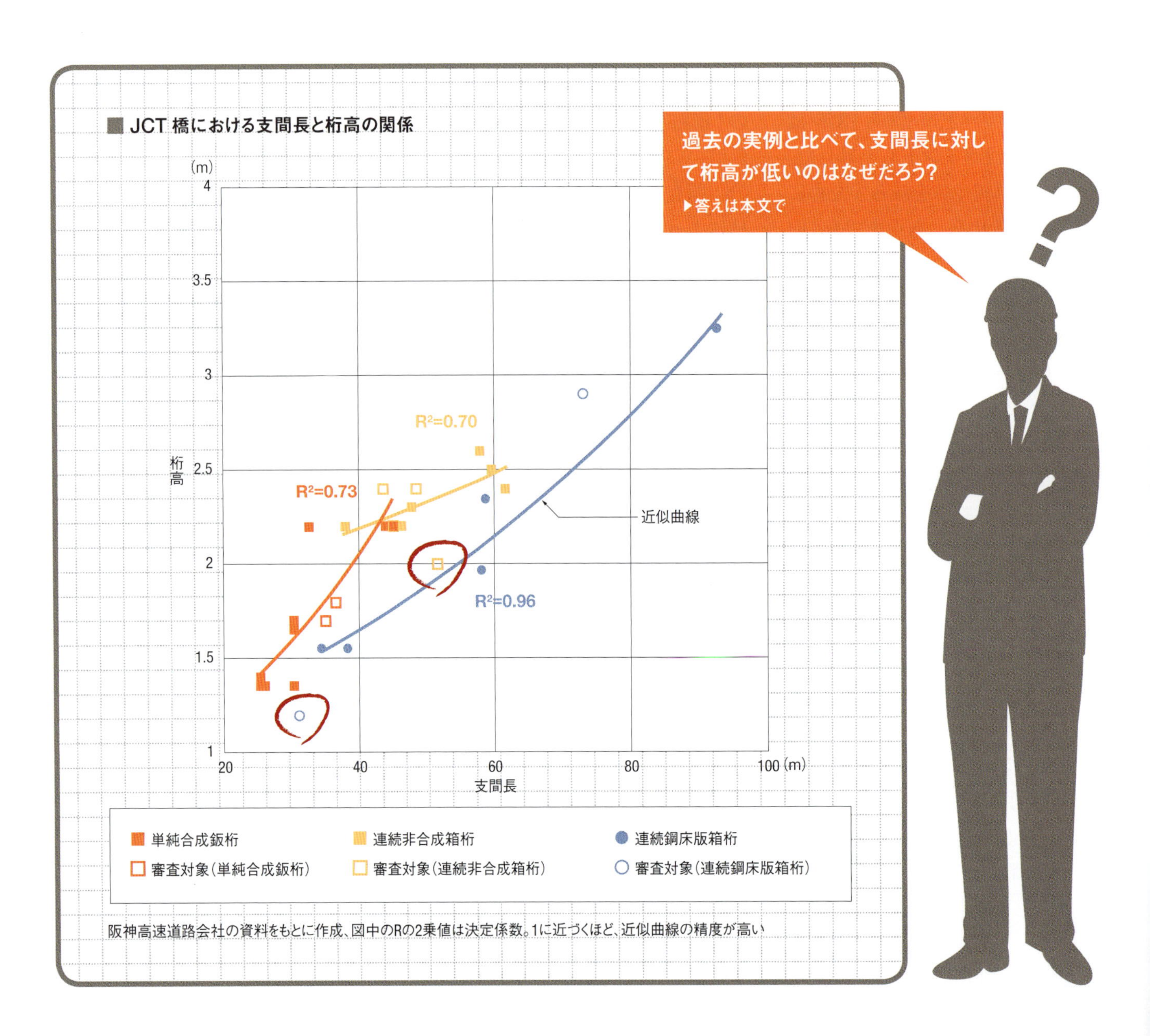

が少なくなるにつれて、昔なら考えられないミスが発生するようになった。技術や知識が伝承されていないことに危機意識が高まった」と取り組みを始めた経緯を説明する。

阪神高速では橋梁だけで鋼上部構造1400橋、コンクリート上部構造22橋、鋼製橋脚572基、コンクリート橋脚106基のデータを分析した。

設計審査を担当する建設技術課の杉山裕樹主任は、「指標は試行錯誤しながら決めた」と言う。例えば、直線が続く本線橋は支間長と単位幅員当たりの鋼重に高い相関関係がある。しかし、曲線や拡幅が多いジャンクション（JCT）橋には当てはまりにくい。そこで、指標を橋面積と鋼重の関係に変えると傾向を捉えたデータを得ることができた。

■ 二つのJCT橋を対象とした設計審査補助業務での指摘事項の内訳

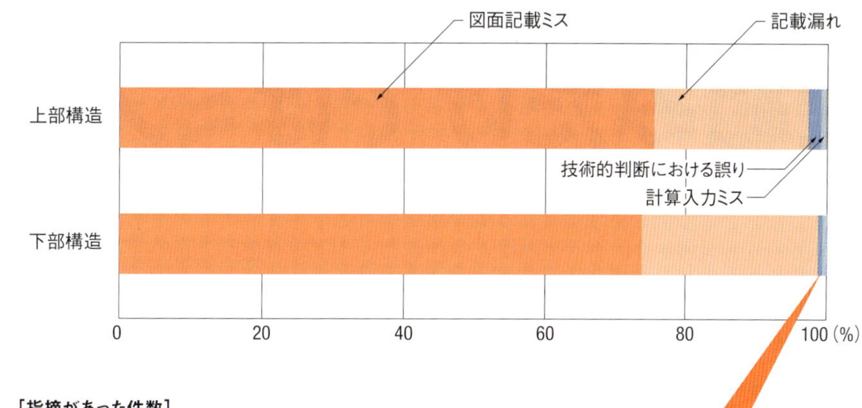

［指摘があった件数］

	上部構造	下部構造
図面記載ミス	1174	127
記載漏れ	339	42
技術的判断における誤り	27	1
計算入力ミス	8	1
基準適用における誤り	4	0
製作・施工に対する配慮不足	1	0
変更発生時の処理に対する配慮不足	1	0
合計	1554	171

（資料：阪神高速道路会社）

既設橋梁の仕様が影響

マクロデータによるチェックを実際の審査の流れで説明しよう。

前ページのグラフには、JCT橋の鋼上部構造における支間長と桁高の関係がプロットしてある。阪神高速が最近手掛けた四つのJCT橋のデータを抽出した。構造形式によって、傾向が異なるのが分かる。

このグラフに、審査対象とした西船場JCT改築事業などの設計データを重ねてみたところ、最近の事例に比べて支間長に対する桁高が著しく低いケースが見つかった。

設計の不具合か、構造的な特徴によるものか――。分析すると、後者であることが分かった。審査した事業は道路の拡幅がメーン。既設橋梁の桁高に合わせて、拡幅部分を設計していた。既設橋梁とは1964年に開通した環状線などで、現在の橋梁に比べて桁高が非常に低かった。

マクロデータ分析は不具合の発見だけでなく、設計の背景となる技術を深く読み解くきっかけにもなる。小林課長は「データを通じて過去の技術を追体験し、どのような条件が何に影響するか、感覚を養える」と語る。

阪神高速では2010年から、設計者と異なるコンサルタントが成果品を審査する設計審査補助業務を発注している。そこで挙がった指摘の数や内容にも、設計の不具合を未然に防ぐためのヒントがある。

ある2カ所のJCTを対象とした審査補助業務では、上部構造で1554件、下部構造で171件の指摘があった。両方とも、単純ミスに分類される「図面の記載ミス」と「記載漏れ」が大半だ。そして、いずれも全体の1～2％の割合で「技術的判断における誤り」が含まれていた。

小林課長は「100個のミスがあれば、注意すべき技術的なミスが1個は潜んでいる結果だった。母数も構造も違うのに、割合がほぼ同じだったことには驚いた。今後、審査の際の目安になるかもしれない」と話す。

単純ミスが多い場合、より重大なミスが潜んでいる可能性が高い。この業務は記載ミスが目立つので、重点的にチェックしてみよう――。こんな風に、危険を予見する嗅覚を培うのにも、ひと役買いそうだ。

杉山主任は「『照査しているのになぜ不具合があるんだ』と受注者に責任を押し付けるだけでは、成果品は良くならない。発注者も技術を磨いて、受注者をサポートしていく必要がある」と語る。

設計 ▶ **受注者の設計ミス対策**

仕組みだけではミスは減らない

「ISO9001を取得し、社内の第三者が照査する仕組みも整えたが、システムをつくって安心していたところがあった」。綜合技術コンサルタントの山本國勝執行役員は悔やむ。

山形県酒田市で施工中の日本海東北自動車道酒田中央ジャンクション（JCT）で、同社が設計したボックスカルバートの鉄筋不足が分かったのは2013年11月。施工者の山形建設が配筋工事の際に、せん断補強鉄筋の設計に疑問を抱いて発覚した。

綜合技術コンサルタントが確認すると、せん断補強鉄筋の本数だけでなく、主鉄筋の定着長も足りなかった。せん断強度は約38％、曲げ強度は約45％も不足していた。発注者の国土交通省東北地方整備局は、配筋図の照査が不十分だったとして同社を14年2月21日から1カ月間の指名停止とした。手戻りで発生する250万円は同社が負担する。

設計担当者と図面作成者がデータを受け渡す際に生じた誤解が、設計ミスの原因だった。

設計担当者は、設計計算に必要な部材の情報を記した「配筋要領図」を作成し、図面作成者に渡した。ところが、図面作成者は実際の配筋を示した図と誤解。鉄筋の定着長などが足りなくなってしまった。完成した配筋図は社内の複数のチェック体制をすり抜け、納入された。

社内体制の整備は一巡したが…

過去に重大な設計ミスを発生させたことへの反省から、あるいは瑕疵の責任を厳しく問う発注者の増加を受けて、建設コンサルタント会社は

ボックスカルバートの鉄筋不足が判明した酒田中央JCTの現場
（写真：国土交通省東北地方整備局）

■ 酒田中央 JCT で鉄筋が不足していた箇所の例

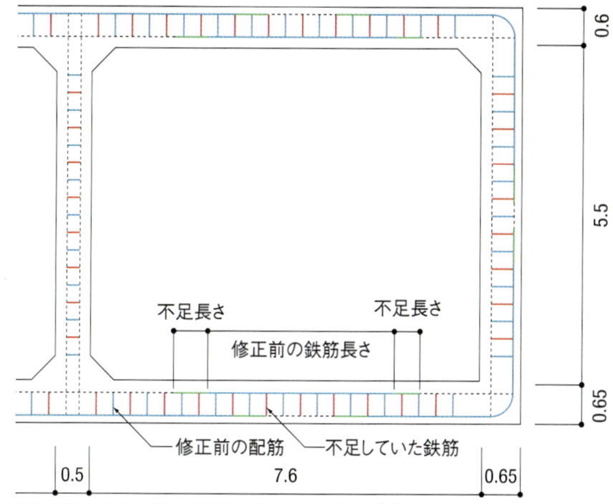

酒田中央JCTの施工延長は約900m。綜合技術コンサルタントは2011年7月から12年3月にかけて設計し、国土交通省東北地方整備局から発注業務を受託した東日本高速道路会社に納品した（資料:国土交通省東北地方整備局）

建設コンサルタンツ協会が集めた事例集以外に、社内でミス事例を収集して共有
（建設コンサルタント各社）

日水コンのミス事例集の一部。「表層数メートルが盛り土で、細かいコンクリート片を含む地盤」という土質調査の結果に基づいて土留め壁を設計したが、工事開始後に発注者から「大型の鉄筋コンクリート塊が多数埋まっていて、矢板を打てない」という連絡が入った事例。ボーリングは口径66mmなので、サンプルがそれ以下の大きさになるのは当然だが、考慮していなかった。また、現場はごみの廃棄場を埋め戻した場所だったので、大型のごみが埋まっている可能性を疑うべきだった（資料:日水コン）

組織を挙げて、ミスを防止する仕組みを整えてきた。

各社が参考としているのが、建設コンサルタンツ協会が11年7月に作成した「品質向上推進ガイドライン」。ISO9001の実効性向上や照査統括責任者の設置、第三者照査チームの設置、チェックシートの活用、赤黄チェックの実施といった対策に沿って、品質管理体制を構築している。このほか、社内で発生したミスの事例集の作成も“定番”だ。

社内の第三者による照査については、業務の難易度や契約金額をもとに対象を絞って見る企業が多い。ミスが発生した際の影響が大きい橋梁などの詳細設計を、特に念入りにチェックしているようだ。

ミスの発見だけでなく、低減にも効果があると感じる企業は多い。ニュージェック企画総務本部品質管理グループの岩垣孝一グループマネジャーは、「第三者照査チームが指摘した重大ミスの1業務当たりの件数はこの数年で減ってきた」と話す。

一方で、綜合技術コンサルタントのように、設計ミスの再発に頭を痛める企業も少なくない。

同社はかつて、首都圏中央連絡自動車道久喜白岡JCTの高架橋の設計で複数のミスが見つかった際に、日経コンストラクションの取材に対して「技術管理部に『設計審査室』を新設する」などと答えていた。酒田中央JCTでの設計ミスを受けて、山本執行役員は「社内の意識を改革

■ 建設コンサルタンツ協会の「品質向上推進ガイドライン」による効果

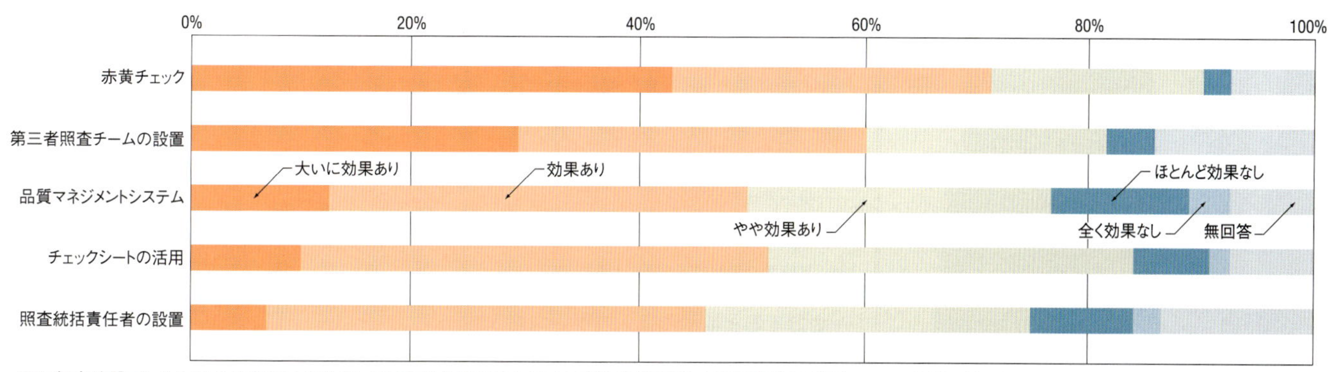

2013年度建設コンサルタント白書をもとに作成。調査には会員29社から国土交通省が発注した詳細設計162業務について回答があった

し、システムに魂を吹き込まなければ」と反省の弁を述べる。

そもそも、各社が設計ミスの防止に組織的に対応し始めたのは、個人の努力だけに頼らず、誰かがミスを犯してもどこかで発見して修正し、致命傷を避けるためだった。

しかし、社内体制の整備が一巡して分かったのは、「仕組みを運用するのは、結局は“人”である」ことの難しさだ。仕組みを十分に生かすために、各社は知恵を絞っている。

ミスがもたらす「損失」を強調

オリエンタルコンサルタンツの青木滋取締役は「技術者には、設計ミスが会社に与える損害の大きさを自覚してもらわなければならないが、そう簡単ではない。ミスをした本人は自覚するが、周囲は本人ほど深刻に捉えないのが実情だ」と話す。

そこで、同社の設計ミス事例集には、ミスで生じた損害額も記している。手戻り分の人件費や補強工事の負担、指名停止による受注機会の損失などを合算した。「億単位のケースもある」（青木取締役）。

支店ごとに1年に2回開催する「品質キャラバン」では、品質管理室員が出向いて警鐘を鳴らす。同社SC事業本部の船越博行品質管理室長は「最近は、『このミスがなければ1カ月分は余計にボーナスが出た』といった説明で、我が身に影響が降り掛かることを自覚してもらうようにしている」。

八千代エンジニヤリングでは1年に1回、自社で発生した事例を題材としたセミナーを実施している。

1業務当たり10分程度で、ミスをした本人が概要や対応を説明するのが特徴だ。同社内部統制室品質環境マネジメント部の宇佐美正則参与は、「新入社員は全員参加。指名して意見も言わせる」と話す。各部署に配属される頃に設計ミスの怖さをたたき込むというわけだ。セミナーには相談役なども出席し、支店にも映像を配信して議論を交わす。

ミスだけでなく「好例」も指摘

危機感の醸成と併せて、技術者のやる気を引き出したり、好例を分析して共有したりするのも有効だ。

品質管理チームを設けて社内の第三者による照査を実施している東京設計事務所では、照査の際にミスを指摘するだけでなく、優れた成果品を見つけた場合に「奨励」するようにしている。最近では、下水道施設の耐震診断結果を、色を使って見やすく整理したケースを取り上げた。

こうした事例は、当人が当たり前のように実施していても、他分野や他部署の社員が知らない場合も少なくない。同社品質管理チームの西川汎参事は「良い事例が社内で共有されるようになってきた」と話す。西川参事が次に取り組もうと考えているのが、ミスが少ない技術者やチームの分析だ。「どんな経験、教育で力量が備わったかを分析し、水平展開したい」（西川参事）。

パシフィックコンサルタンツは、局長表彰を受けた国交省の業務について、どのような点が評価されたかを調査している。直接的には業務成績評定点の向上に生かすのが目的だが、設計成果品の品質向上とも関係は深い。調べてみると、「合同現地踏査」を複数回にわたって実施したケースがあったという。

合同現地踏査は、設計段階で受発注者が一緒に現地を確認しながら設計条件を明確化し、共有する取り組みだ。国交省が設計ミスの防止や設計成果品の品質確保に向けて11年

（写真：日経コンストラクション）

■ 設計ミスが企業にもたらす損害の例

- 手戻りに掛かる人件費や委託費の負担
- 対応中に他業務ができないことによる損失
- 補強工事などの費用負担、損害賠償
- 指名停止期間の受注機会の損失
- 減点による次回以降の入札への影響
- ＋ 長期的な信頼性の低下、イメージの悪化

▶合計すると数億円に上るケースも

取材をもとに作成

度から推進している。

同社技術管理部品質環境管理センターの入澤徹氏は「我々から複数回の実施を提案した点が評価された」と説明する。「守り」の発想で取り組みがちな設計ミスの防止に「攻め」の姿勢で挑み、発注者の評価も勝ち取った好例だ。同社事業統括本部の増野正男技術管理部長は「受注者が能動的に取り組むことが、優れた成果につながる」と語る。

再び「人づくり」に立ち戻る

さらに一歩踏み込み、設計の品質確保を軸として13年から社員教育の再構築に着手したのが日水コンだ。同社管理本部品質・環境推進部の安宅貴生部長は「ISOによる業務管理を10年以上も続けてきて、社員にも定着した。しかし、仕組みを活用できる人と、できない人が出てきた」と背景を明かす。

同社で数年前から水道事業部の設計ミス防止策を構築してきた事業統括本部の渡部譲技師長は、「部長がピックアップした成果品を審査チームが3日掛かりでじっくり照査する制度や、ミスの教訓をまとめた事例集を作成してきた」と説明する。

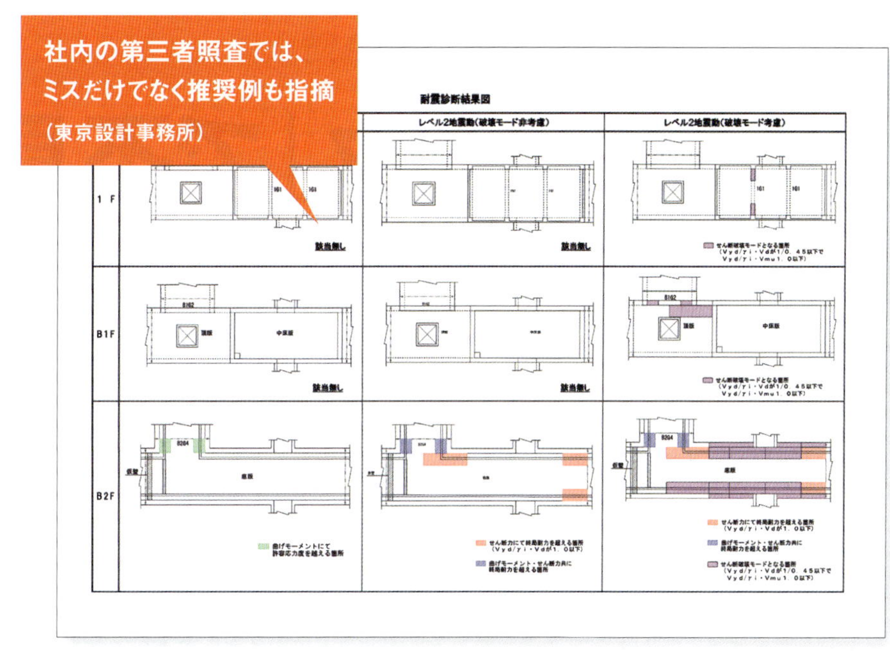

下水道施設の耐震診断結果を、分かりやすく色分けした例（資料：東京設計事務所）

効果に手応えはあるが、課題もある。例えば、ミスを起こさないために業務に取り掛かる前に事例集で勉強する人と全くしない人がいる。チームリーダーの違いで、品質確保に取り組む姿勢に温度差もある。

安宅部長は「これまでは1年に1回の全社説明会で一方的に話していたが、社員のステージに合わせてさらに細やかな教育に取り組む予定だ」と言う。例えば、仕事の進め方を知らない新入社員には、ひとまず品質確保の仕組みを教える。3年ぐらい経つと会社の動きが見えてくるので、「なぜ品質を管理しなければならないか」を詳しく説明する。

30歳前後では、瑕疵担保や善管注意義務といった法律の知識を学ばせる。課長や部長などの幹部候補には、部下に対するアプローチにまで踏み込む。「もう一度、『人づくり』に立ち戻らなければならない」。安宅部長は決意を新たに、設計ミスとの戦いを続けるつもりだ。

日水コンが実施している社内審査の様子。設計担当者と審査者が設計成果品を挟んでやりとりしながら、品質を向上させる（写真：日水コン）

設計　阪神高速の多面的なミス防止策

「マクロデータ」で不具合防ぐ

阪神高速道路会社が2013年12月にまとめた書籍「設計不具合の防ぎ方」(日経BP社刊)は、阪神高速を中心に、ほかの高速道路会社なども含めて実際に発生した166の不具合事例を紹介している。その原因などを分析するとともに、再発防止策についても言及している。

13年2月には、「道路インフラの設計品質向上に関する講習会」を開催した。書籍の発刊を機に開いたもので、設計不具合の分析事例や動的解析の照査事例、マクロデータ分析について、それぞれ編集を担当した阪神高速の職員が解説した。

「設計不具合の防ぎ方」は全4編で構成している。第1編が構造設計の現状と課題、第2編が実際に発生した不具合事例と分析結果、第3編は設計における審査・照査制度と法的責任について掲載。そして第4編が設計品質向上の実践例で、設計の不具合やミスを防ぐための方策を解説している。

書籍を作成したそもそものきっかけは、「人は必ずミスをする」という発想だ。では、どうすれば防ぐことができるのか。対策を示した第4編の概要を紹介する。

発注者のエンジンアに何ができるか

この書籍の編集責任者である阪神高速道路会社・設計不具合検討委員会の委員長である金治英貞建設事業本部建設技術課長は「大きな事故にはなっていないが、設計段階で数々の不具合が発生している。設計自由度の増大や複雑化、分業化が進み過ぎていることなどが、その背景にある」と指摘する。

第4編では、これらを整理したうえで具体的な防止策についてまとめ

2013年2月1日に大阪市内で開かれた阪神高速道路会社の講習会。講演後、橋梁や建設業団体の代表を交えたパネルディスカッションも実施された(写真:232ページも加藤 光男)

■ 設計の不具合を防ぐための四つの対策

対策1.単純ミスの防止

・不具合事例を網羅した各設計段階のチェックリストを作成して照査または審査を実施
・過去のデータを分析してマクロチェックを行う

対策2.分業化による情報伝達の弊害対策

・情報を共有できるシステムを導入
・設計・施工段階で発注者、受注者がリアルタイムで確認できるようにする

対策3.照査や審査のための時間の確保

・設計管理工程を作成する
・設計の課題や解決方法を検討できるようにする

対策4.設計審査体制の改善

・効率的に監理できる組織体制、設計審査体制を確立する

(資料:235ページまで特記以外は阪神高速道路会社)

■ 橋梁の各設計段階でのチェックポイント

段階	チェックポイント(確認事項)	
	上部構造	下部構造
1.設計条件	・線形計画における線形条件との整合 ・現地測量との整合 ・幅員構成 ・建築限界 ・下部構造位置との整合 ・支承位置および形状 ・荷重項目と組み合わせ ・活荷重	・施工要領 ・地下埋設物 ・支持層 ・建築限界 ・荷重項目と組み合わせ ・上部構造設計の荷重強度 ・動的解析のモデル化(設計振動単位)、慣性力、入力地震波
2.設計計算	・単位鋼重 ・解析入力条件(構造寸法、荷重条件) ・下部構造設計荷重との整合	・単位鋼重 ・解析入力条件(構造寸法、荷重条件)
3.図面作成	・支承位置の下部構造図面との整合 ・支承座標の下部構造実測値との整合 ・支承部アンカーホールと下部構造側主鉄筋の干渉有無 ・伸縮位置の隣接工区との整合	・支承位置の上部構造図面との整合 ・支承座標の上部構造実測値との整合
4.数量計算	・図面との整合 ・必要な数量項目	・図面との整合 ・必要な数量項目

下部構造工事・上部構造工事同時発注の場合を示した

■ 設計審査の概要

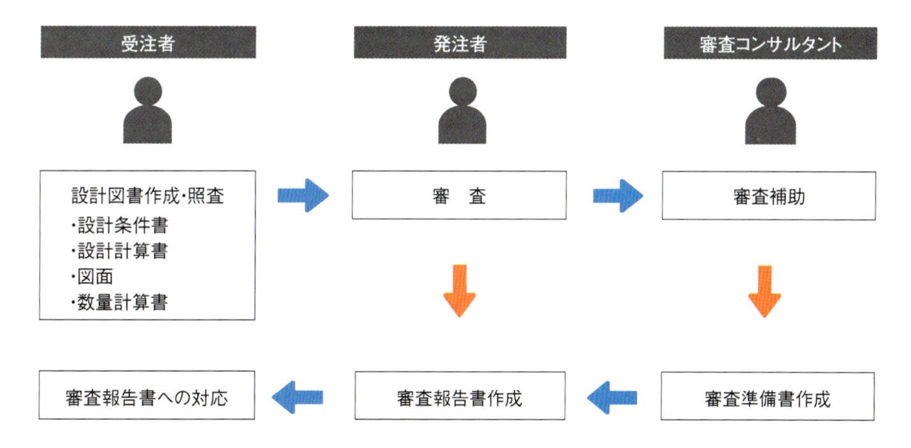

ている。設計に不具合が発覚した場合、「コンサルタントが入力データを誤った」、「担当者間の情報伝達不足」、「照査ミス」など、設計を受注したコンサルタントに責任があるとされるケースが多い。

一方で、インハウスのエンジニアとしては、どうすればこの不具合を見抜いて防ぐことができるのか。第4編は、その視点で構成。設計不具合の分析結果などを踏まえて、以下の四つの対策を挙げている。

(1)単純ミスが多いことなどを反映したチェックリストの作成

コンサルタントから提出された成果品を確認するチェックリストを実際に発生した不具合事例と照らし合わせることができるようにした。橋梁の上部、下部、さらにトンネルなどのそれぞれに、設計段階で不具合が発生しやすい部分がある。過去の事例を参考にすることで、設計ミスを見抜く試みだ(上の表を参照)。2010年から、第三者機関によるチェックに採用している。

(2)分業化が進んだことによる情報共有不足の解消策

インターネットを利用して、発注者の阪神高速、設計者のコンサルタント、施工者の建設会社がいつでもアクセスして確認できる仕組みを構築した。建設工事の情報共有化に対応する多くのシステムが開発されているが、セキュリティーを重視するあまり、利用しにくい面があった。「どれが最新のデータなのか分かりにくいものもあった。そこでシステムを単純にして、工事関係者が容易にアクセスでき、最新のデータがどれかが分かりやすいシンプルな構成にした」と阪神高速建設事業本部建設技術課の杉山裕樹主任は話す。

(3)照査や審査に十分な時間を確保するための設計管理工程の作成

工事の場合は、仮設に始まり、障害となる既設構造物の移設、本工事などの期間や具体的な内容まで盛り込んだ詳細な工程表が作成される。他方、設計では○年○月〜○年○月と、全体の期間を指定するだけだっ

た。設計の条件整理や設計計算、図面作成の期間が長引くと、確認のための数量計算や照査の時間が限られてしまう。これがミスを見抜けない原因にもなっていた。

ただし、厳密に工程に沿って設計するのは難しい面もある。例えば、実際の工事で予期せぬ地中障害物が出てきたとなれば、設計変更が生じる。「変更が多いのが設計の実情だ。設計品質確保のための具体策として取り上げたが、実際には工程通りに行うのは難しい」と金治課長は説明する。課題も多く本格的に採用していくかは今後の検討課題だ。

(4)インハウスの限られた人材での効率的な設計審査体制の確立

設計審査体制の確立に向けて、組織を効率化した。阪神高速には、各地域を担当する建設部があって、それぞれが設計管理業務などを担当し

[照査の現状] 体制の見直しも必要に

講習会では、東京大学社会基盤学専攻の小澤一雅教授が基調講演を実施。発注者と建設コンサルタント会社の役割の変遷を紹介したうえで、設計品質を確保するための取り組みについて解説した。

1960年代前後まで、設計業務は発注者自らが実施していた。その後、設計の補助業務を建設コンサルタントに依頼し、1995年以降は実質的な設計業務をコンサルタントに外注。発注者は、その成果品を審査するようになった。これと前後して発生したのが、低入札問題だ。

設計コンサルタント業務は価格競争となり、発注者の予定価格を大幅に下回る低価格での落札が続発し、設計の品質も低下した。そこで、国土交通省では、総合評価落札方式やプロポーザル方式など、設計内容についての技術提案を含めた調達方式を採用した。

これらの低入札防止策に加えて、設計品質を高めるための対策が、照査の充実と、発注者の役割と責任、検査範囲の明確化だ。

現状では、設計業務を受注した会社が照査する。成果品を受け取った発注者も審査するが、人員不足などもあって、詳細には確認できていないのが実情だ。設計業務の外注費には照査費用も含み、全く誤りのない成果品を提出することが原則になっているが、ミス防止の観点から、「第三者によるクロスチェックも防止策の一つだ」と小澤教授は指摘した。

設計コンサルタント業務の品質確保をテーマに基調講演をする小澤一雅・東京大学教授

■ 現状の照査の実施状況

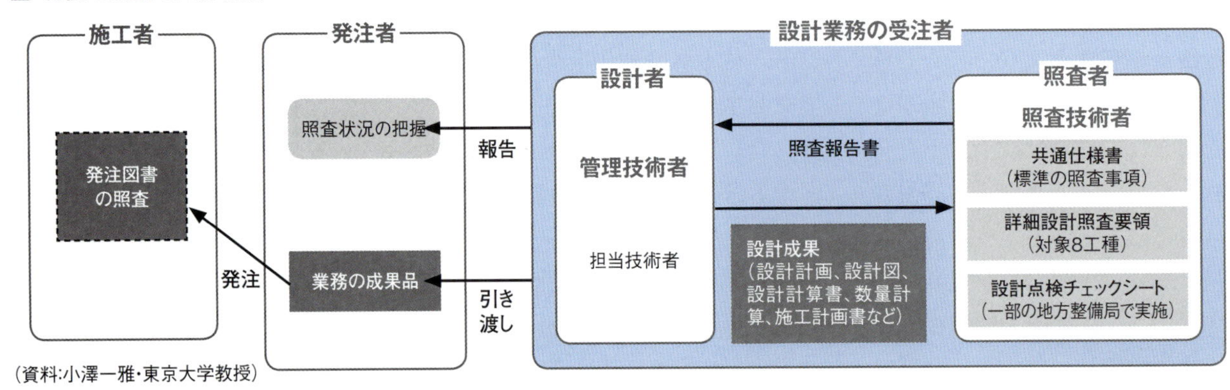

（資料：小澤一雅・東京大学教授）

ていたが、主要な構造物については本社の建設事業本部が行うことにした。「建設場所ごとではなく、構造物の種類に応じて専門の技術者が担当することで最新の技術を集約し、スパイラルアップを図れる体制にした」（金治課長）。

主要構造物は全て第三者による審査

これらに加えて第4編で紹介しているのが、第三者機関による設計審査体制や動的解析の審査と「マクロデータ分析」だ。

第三者による審査は、設計者と異なるコンサルタントに設計成果品の審査を依頼するもの。審査は発注者の阪神高速が行うが、それを補助する役割を果たす。発注者の人材が限られ、詳細にチェックできていない現実があるからだ。設計を担当したコンサルタントが実施する照査と同じレベルのチェックを依頼する。主要構造物については、全てを依頼するようにした。

下に、動的解析の審査フロー図の例を示す。鋼3径間連続鋼床版箱桁橋で、下部工は1基のRC（鉄筋コンクリート）橋脚と3基の鋼製橋脚。建設会社が詳細設計を、審査コンサルタントが審査解析を実施した。

第1回の審査では、設計解析の結果と審査解析の結果に誤差がある項目を多数で確認。原因はモデル化や要素分割の差異などにあることを突き詰めて、最終的に設計解析は妥当だと判断した。

実際に、第三者機関の審査によって図面と構造計算書の数値が異なるなどのミスが見つかったケースもあった。例えば、橋脚では1基当たり2、3カ所の修正が必要な項目と、10項目程度の確認事項が見つかっている。

しかし、審査費用は設計料の2割ほどかかる。本来は、設計を担当したコンサルタント会社が照査して間違いのない成果品を提出するのが原則。そこにさらにコストをかけてチェックする。「二重のコスト負担になり、それでも完全に不具合を防げるとは限らない。いまのところ試行段階だ」と金治課長は話す。

マクロデータをもとにミスを防止

設計不具合を防ぐもう一つの対策が「マクロデータ分析」。構造物ごとに、これまでの設計の数値を平均

■ 動的解析の審査フローの事例

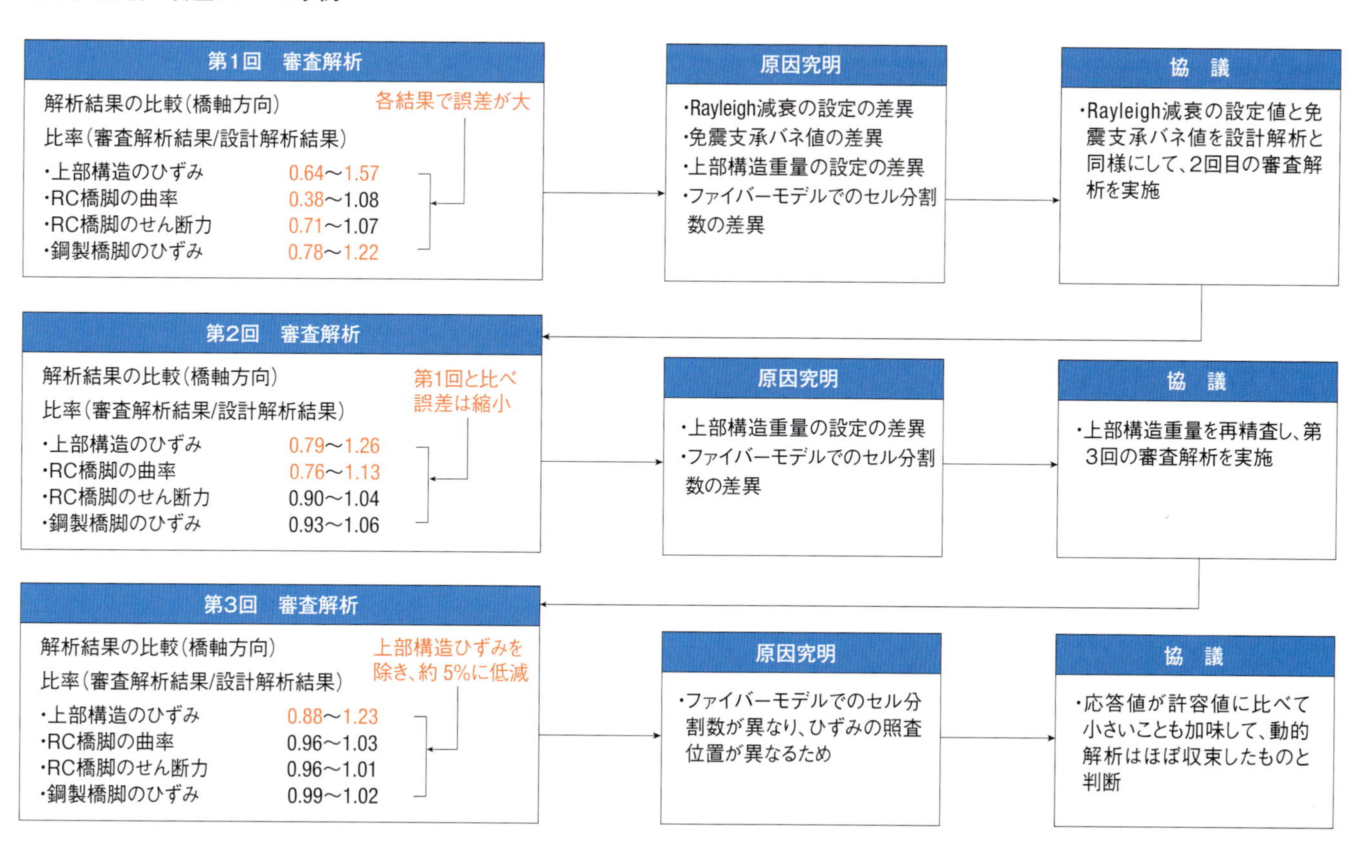

化して、誤りがないかを確認する。

阪神高速には橋梁区間が多い。鋼上部工1400橋、RCとPC（プレストレスト・コンクリート）を含めたコンクリート上部工22橋、下部工は鋼製橋脚572基、コンクリート橋脚106基を対象に分析した。

分析項目は、都市高速道路で多用される鋼単純桁の支間長と単位幅員当たりの重量のほか、鋼橋の支間長当たりの大型材片や小型材片の重量の関係など（下のグラフ参照）。大型材片は主要な構造部材、小型材片は付属する部材だ。

設計で算出する鋼重などの設計値と推定される支間長などの関係が明らかになれば、審査の際の目安になるのはもちろんのこと、同様の設計をする際に、概算数量や工費の算出にも使用できる。

例えば、支間長と単位幅員当たり鋼重に関する分析結果からは、支間長30m付近で単位幅員当たりの鋼重にばらつきが見られた。これはジャンクション（JCT）橋が本線橋に合流し、同じ支間長でも幅員が変化しているからだ。一方で、橋面積を指標にした場合、幅員の変化に起因するばらつきはなくなり、目安となるデータが得られた。

若手でも誤りを発見できるようにする

開削トンネルについては、阪神高

■ 鋼橋のマクロデータ分析結果

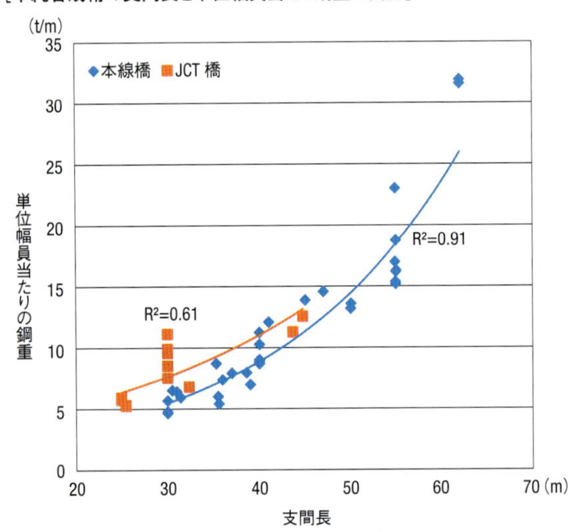

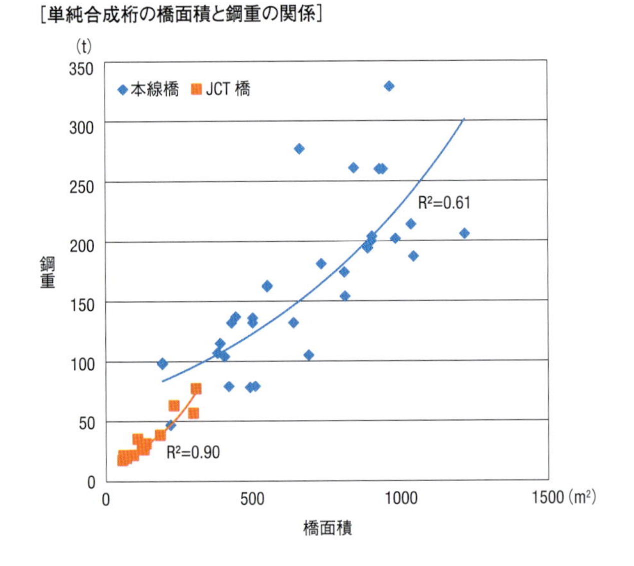

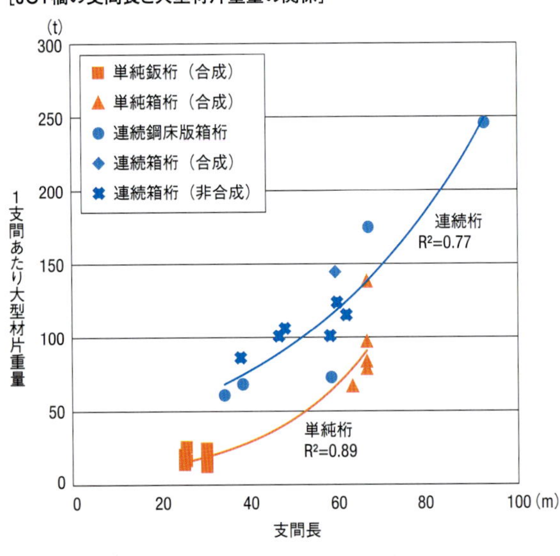

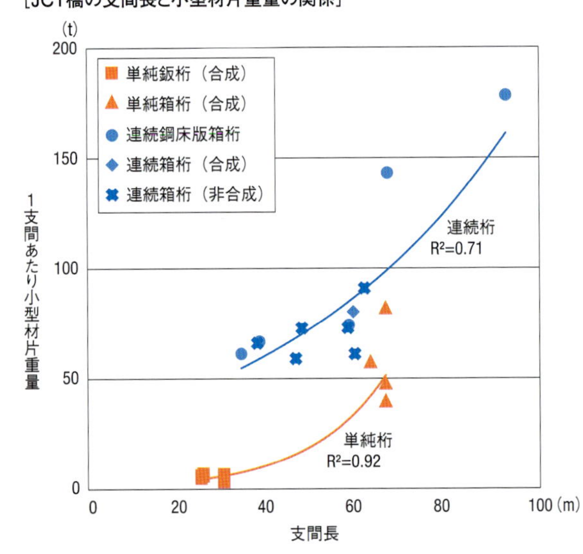

速の代表的な神戸山手線、淀川左岸線、大和川線の3路線における設計・施工データを集約して分析した。

マクロチェックの指標の一つに、「土かぶりの厚さとトンネル幅を乗じた値と、頂版の厚さの相関」がある（下図参照）。土かぶりと幅の積は、トンネルにかかる荷重を示す。これに対して、どの程度の厚さの頂版を設計しているかを確認するためだ。比較的、高い相関性を持つことが分かった。

これらのデータは、詳細なチェックには使えないが、いわば、ざっと見て計算に誤りがないかを確認する指標になる。金治課長は、「経験豊富なベテランの技術者なら、数値を見て感覚的に『誤りがあるのではないか』と見抜くことができる。それと同様に若い技術者でも、おおまかではあるが誤りを発見できるようにするための工夫だ」と話す。

こうしたチェックは、阪神高速の設計担当者が、納品されてきた設計結果と照らし合わせて確認する。データを見比べて、蓄積された過去のデータと設計値とが大きく異なっていれば、設計ミスがあったのか、またはその現場ならではの特殊な事情があったのかと、まずは大まかに判断できるわけだ。

左下の表やグラフはその一例だ。開削トンネルの内空の大きさとトンネルの上部にある土砂の量によって、頂版の部材厚はだいたい決まる。過去の設計データをもとにした平均値が表中の「部材厚の統計値」、±149などとあるのが許容誤差だ。

これを図化したのが右のグラフ。部材厚と、「土かぶり×全幅」が1σ（青色の帯の範囲）に収まっていれば、設計値に問題はないと判断できる。これが、2σの範囲となったら、設計条件などを確認することが望ましく、さらにこの範囲を超えたら設計ミスの可能性が高いことになる。マクロチェックは、ベテランの設計担当者でなくとも、こうしたことがおおまかに分かる仕組みだ。

■ 開削トンネルのマクロデータ分析結果

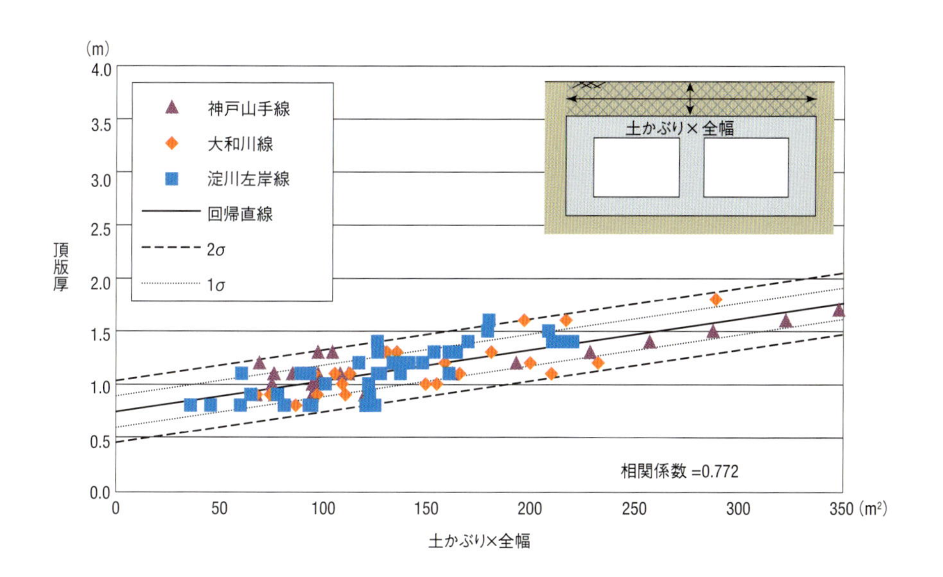

■ マクロチェック分析の一例

［統計値確認調書の例］

断面形状		1層2連			
部材		内空(mm)	部材厚(mm)	部材厚(mm) 統計値	判定
頂版	左側	9850	1000	1065±149	○
	中				
	右側	9850	1000	1065±149	○
底版	左側	9850	1000	1073±142	○
	中				
	右側	9850	1000	1073±142	○

⋮

支保工の水平間隔は5m以下

［頂版部材厚の推定（統計値）］

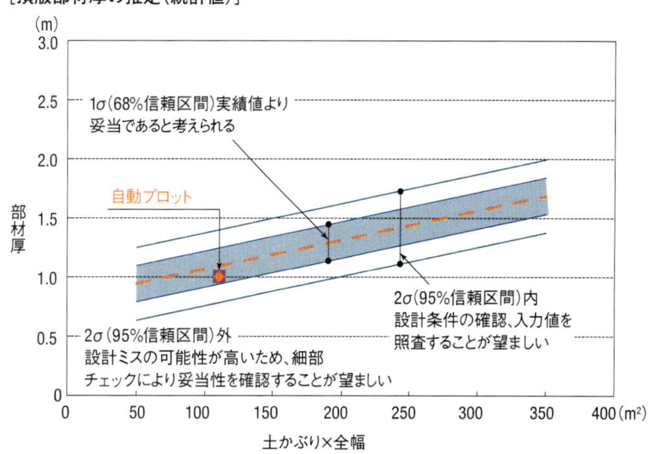

詳細設計で赤黄チェック義務付け

国土交通省は2016年度から、土木施設の詳細設計業務で受注者に「赤黄チェック」と呼ぶ方法の照査を義務付ける。3月14日付で改定した土木設計業務等共通仕様書に、赤黄チェックの原則実施を盛り込んだ。土木施設の設計不具合で大きな割合を占める図面作成ミスの防止を目指す。

赤黄チェックとは、各設計図書の整合性を照査する際に、担当者が数値などの誤りを赤字で修正するだけでなく、正しいことを確認した箇所にも黄色のマーカーでチェックを入れるなどして、照査済みであることを「見える化」する手法だ。

改定した土木設計業務等共通仕様書では、全案件の詳細設計業務で原則として受注者が赤黄チェックによる照査を行うこととしている。マーカーの使い分け方など照査方法の詳細は定めていない。赤黄チェックの跡が残った設計図書などの資料を発注者に提出する必要は無いが、照査報告などの際に提示する。

ミスは減るが負担は増える

国交省は13年度、一部の詳細設計業務で赤黄チェックの義務付けを試行して、成果を検証。15年8月に開いた「調査・設計等分野における品質確保に関する懇談会」で試行の成果を公表した。図面作成ミスなどの設計の不具合を減らす効果が認められた一方で、受注者側からは作業時間の増大への対策を求める声も上がったことを明らかにした。

国交省は赤黄チェック義務付けによる作業量の増大を考慮して、16年度から詳細設計照査歩掛かりを改定する。例えば、河川構造物の設計では、担当技術者の中の中堅に位置する「技師B」の歩掛かり（人・日）を約3.7%増の64.8に、その下の「技師C」の歩掛かりを約6.2%増の39.3にそれぞれ引き上げる。この時の発表資料で赤黄チェックの具体的な進め方の例を提示した。

1.3.2 保有耐力法

橋軸方向

	タイプIの設計震度, 分担重量				タイプIIの設計震度, 分担重量			
	CIzkhco	khg	0.4CIz	Wu (kN)	CIIzkhco	khg	0.4CIIz	Wu (kN)
正方向	1.0231	0.50	0.40	10900.00	1.1969	0.80	0.40	11000.00

1.02　1.20

橋軸直角方向

	タイプIの設計震度, 分担重量				タイプIIの設計震度, 分担重量			
	CIzkhco	khg	0.4CIz	Wu (kN)	CIIzkhco	khg	0.4CIIz	Wu (kN)
正方向	1.0666	0.50	0.40	10900.00	1.2505	0.80	0.40	11100.00

1.07　1.25

CIzkhco ：地域別補正係数×設計水平震度（タイプI）の標準値
CIIzkhco：地域別補正係数×設計水平震度（タイプII）の標準値
khg：地盤面における設計水平震度
0.4CIz ：道示V（解7.4.1）を適用したときの設計水平震度（タイプI）
0.4CIIz：道示V（解7.4.1）を適用したときの設計水平震度（タイプII）
Wu：橋脚が支持している上部工重量

赤黄チェックを施した設計計算書。設計図も同様にチェックする（資料：国土交通省）

過信が招いた施工管理不足

教訓１ 杭データの取得方法
改ざんできないよう原本を提示

178ページで取り上げた横浜のマンションの現場で、「データの改ざん」や「杭の支持層未達」は、どうすれば防げたのか。背景にある問題点ごとに、教訓を引き出していく。まずは杭の電流計のデータ取得方法についてだ。

電流計は、掘削時のオーガー稼働に伴うモーターの負荷を読み取り、チャート紙に即時で写す機能を持つ。古い機種ではバックアップ機能が装備されておらず、原本をぬらして解読不能にしたり紛失したりすれば、それまでだった。

昨今は、電流計がバックアップ機能付きの機器に更新されつつある。何らかの理由で原本がなくなってもバックアップがあるので、改ざんに走る可能性は低くなった。

ただし、それでもバックアップデータを改ざんする可能性は残る。旭化成建材は今後の再発防止策として、不正の介在する余地を無くすために、電流計データの原本を保管し元請け会社へ提出する。改ざんに関与したほかの会社も、掘削完了直後に電流計のデータを写真に収め、施工報告書に添付するチャート紙と照合する方針だ。

一方、データを取得できなかった場合は、元請け会社へ報告するように徹底させる。今後は杭施工各社または協会で、データ未取得時のルールづくりも考えねばならない。今回の件を受けて、今後は電流計データを取得すれば、即時に転送などができるような技術の開発も進むはずだ。

■ 横浜のマンションの施工で想定される問題点

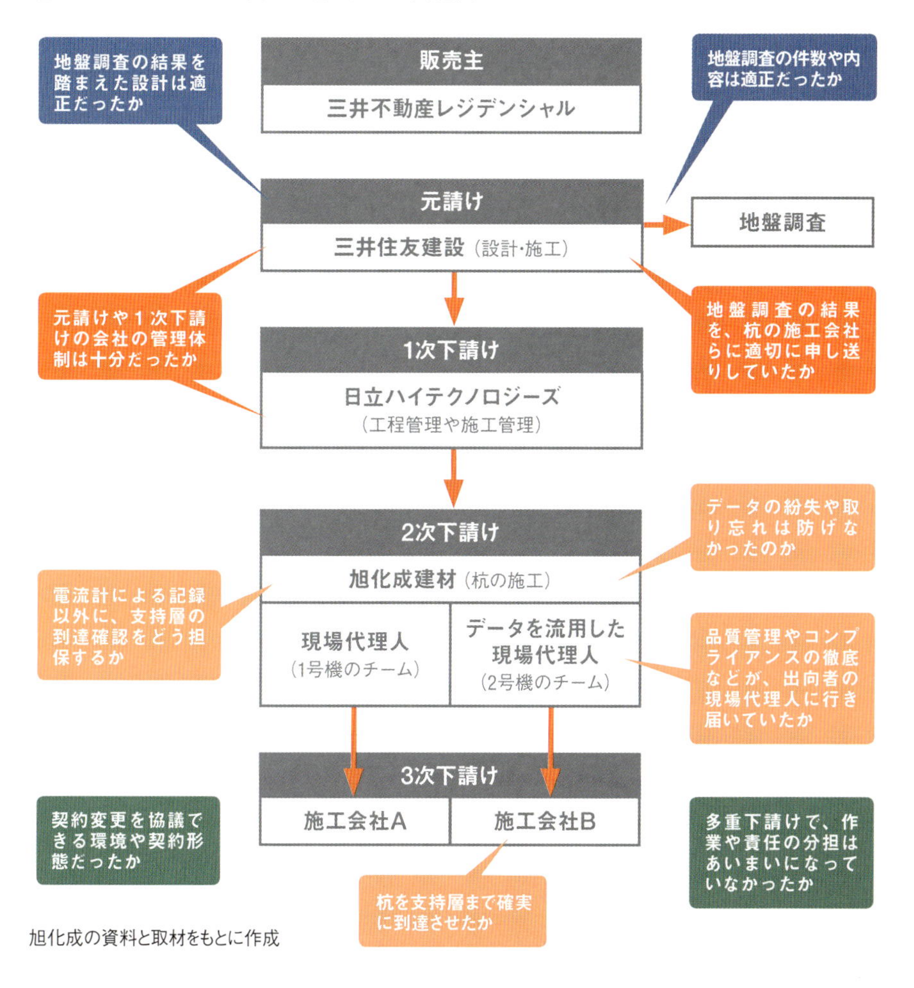

旭化成の資料と取材をもとに作成

教訓２ 元請け会社の管理責任
立ち会いで電流値以外の確認

横浜のマンションの工事で元請けの三井住友建設は、杭打ち機ごとに自社の技術者を配置していた。ただし、杭の検収や杭芯の位置確認などによる立ち会いが主で、支持層到達の管理に時間を割けるわけではなかったようだ。

同社は記者会見で、「旭化成建材の管理能力を過信しすぎた」という趣旨のコメントを残している。杭の支持層到達の管理は、実質的に下請け会社に委ねていた。一方、元請けとしては、試験杭で支持層到達の確認はしているものの、本杭では施工報告書に添付される電流計のデータだけが到達を確認する主な拠り所だった。欠陥があれば大問題に発展する基礎の品質管理体制としては、おそまつだったと言わざるを得ない。

地盤によっては、電流値に分かりにくい波形が出る場合があり、電流計だけで支持層到達を管理するのは困難と言われている。例えば、掘削するに従って徐々にN値が増す地盤では、オーガーへの負荷も徐々に大きくなるので、データでは支持層到達の有無が見極めにくい。そのため、掘削速度やオーガーの音の変化も考慮して、支持層への到達を総合的に確認するのが一般的だ。

三井住友建設は横浜の一件以来、杭工事の作業確認の強化を目的に、社員が杭全数に立ち会い、支持層への到達や根入れ深さを確認する体制にした。国土交通省も複雑な地盤条件下では、元請け会社へ杭の立ち会いを求める方針を固めている。

他方、オーガーが支持層に到達したと誤認するような複雑な地盤の場合、立ち会うだけで誤認を見抜くのは難しい。この場合は、場所打ち杭で一般的な支持層到達確認方法が有効だ。中掘りで排出した土砂と事前ボーリング調査を見比べて、支持層に到達したか否かを判断する。

三井住友建設によると、横浜の現場では試験杭で排土の状態を確認していた。詳しくは後述するが、同社は、支持層未達の杭があった場所で、支持層に急勾配がある可能性を事前に予想していた。そこだけでも排土をサンプリングして掘削プロセスを管理していれば、支持層未達を回避できたかもしれない。

管理の厳格化に数量・単価精算契約

今後、支持層到達の立ち会いが標準化されたとしても、時間がたてば立ち会うことが目的となり、施工管理の形骸化が懸念される。

建設工事の契約などに詳しい草柳

■ プレボーリング拡大根固め工法の手順と支持層確認方法

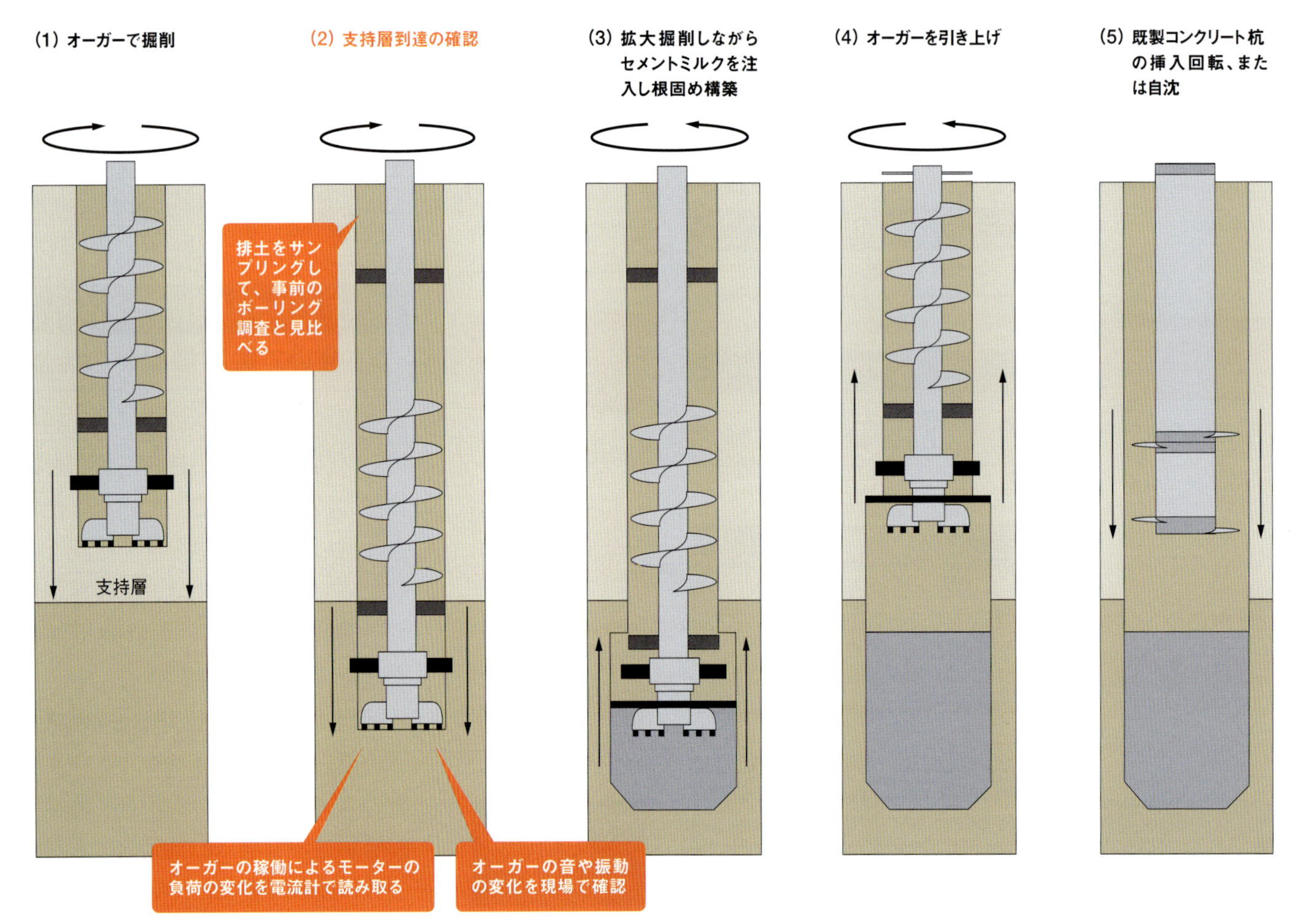

旭化成の資料をもとに作成

北海道長沼町にある道央用水南6号分水工。杭74本中8本でデータ流用が確認された
(写真:国土交通省北海道開発局)

俊二・高知工科大学名誉教授は、「杭工事の元下間の契約体制が、品質管理に影響を及ぼしている可能性がある。数量・精算単価契約であれば、管理の形骸化は解決する」と指摘する。草柳名誉教授が杭施工の実務者へヒアリングしたところ、建築は総価一式請負契約を、土木は単価・数量精算契約を結ぶ傾向があった。

総価一式は、杭全数の施工を総額で請け負う契約だ。杭長が変わったとしても、元下間の上下関係から契約変更は一般的に成立しづらいと言われている。つまり、元請けが厳格に管理してもしなくても、下請けに支払う額は変わらないので、施工管理の形骸化につながりかねない。

一方、杭1m当たりの単価で契約するのが単価・数量精算契約。これなら実際の出来形が支払いに直結するので、元請け会社が現場で厳格に管理する方向に働く。

■ 杭打ちデータの流用が明らかになった土木施設

場所	施設名	発注者	杭の総数(本)	流用数(本)	工期
北海道	東浦漁港−3.0m岸壁(屋根施設)	北海道開発局	28	1	10年9月〜11年6月
	臨空工業団地配水池	千歳市	155	2	08年12月〜10年1月
	道央用水南6号分水工施設	北海道開発局	74	8	09年3月〜10年2月
滋賀県	八日市低区第2配水池	東近江市	110	2	03年12月〜04年7月
山口県	牛野谷川ボックスカルバート水路など	山口県	113	4	06年10月〜07年9月

2015年12月4日時点。国土交通省などの資料と取材をもとに作成

■ 土木工事共通仕様書の「既製杭工」の箇所

施工計画書、施工記録

受注者は、あらかじめ杭の打止め管理方法(ペン書き法による貫入量、リバウンドの測定あるいは杭頭計測法による動的貫入抵抗の測定など)等を定め施工計画書に記載し、施工にあたり**施工記録を整備及び保管**し、**監督職員の請求があった場合は、速やかに提示**するとともに**工事完成時に監督職員へ提出**しなければならない。

杭支持層の確認・記録

受注者は、杭の施工を行うにあたり、JIS A 7201(遠心力コンクリートくいの施工標準)⑧施工8.3くい施工で、8.3.2埋込み工法を用いる施工の先端処理方法が、セメントミルク噴出撹拌方式または、コンクリート打設方式の場合は、**杭先端が設計図書に示された支持層付近に達した時点で支持層の確認**をするとともに、**確認のための資料を整備及び保管**し、**監督職員の請求があった場合は、速やかに提示**するとともに、**工事完成時に監督職員へ提出**しなければならない。セメントミルクの噴出撹拌方式の場合は、受注者は、過度の掘削や長時間の撹拌などによって杭先端周辺の地盤を乱さないようにしなければならない。また、コンクリート打設方式の場合においては、受注者は、根固めを造成する生コンクリートを打込む。

(資料:下も国土交通省)

■ 既製杭の工事監督基準

確認時期	確認項目	確認の程度
打ち込み完了時	基準高さ、偏心量	・試験杭は必ず ・一般監督は10本に1回 ・重点監督は5本に1回
掘削完了時	掘削長さ、杭の先端土質	
施工完了時	基準高さ、偏心量	
杭頭処理完了時	杭頭処理状況	・一般監督は10本に1回 ・重点監督は5本に1回

重点監督の対象は、主たる工種に新工法や新材料を採用、施工条件が厳しい、第三者に影響ある工事など。一般監督はそれ以外

教訓3 発注者の監督・検査基準
“最後の砦(とりで)”で見抜く体制を

土木工事で、データの改ざんがあった5件の施設が明らかにされた。中には国交省発注の工事もある。公共工事の場合は、施工会社が支持層未達などを見抜けなくても、発注者がそれを補完する体制を構築しておきたい。

国交省の土木工事共通仕様書によると、既製杭の施工では、「施工記録を整備、保管し、工事完成時に監督職員へ提出しなければならない」とある。施工記録には、電流計のチャート紙が含まれる。ただし、工事監督基準や検査基準には、チャート紙の照査に該当する項目がない。施工者から提出を受けても、現状では発注者が中身をチェックする義務はないということだ。

一方、発注者は支持層到達の有無をほかの手法で確認している。例えば、データ改ざんが発覚した分水施設の発注者である北海道開発局農業水産部。監督職員は工事監督基準に基づいて、掘削完了時に杭10本に

つき1回は杭先端の土質を確認していた。さらに試験杭で、先端土壌の土質とボーリング結果を突き合わせて、齟齬（そご）がないかを確認していた。

工事監督基準や検査基準に頼らなくても、監督職員が意識して厳格な管理に務めることも可能だ。仕様書の「監督職員の請求があった場合は、速やかに提示する」という文言をもとに、支持層の確認資料を施工者に抜き打ちで求めればよい。本来、元請け会社は発注者の要請に即座に対応できるように、日々の施工記録を管理しておかなければならない。

そのほか、地下の不可視部分の確実な施工を担保するために、ビデオカメラによる動画撮影を施工者に求める方法も有効だ。2008年に、ガードレールの支柱を無断で切断した問題が発覚した際、支柱の打ち込み作業をビデオカメラで記録するよう義務付けたのは、記憶に新しい。

国交省の写真管理基準によると、「施工状況の写真については、ビデオなどの活用ができるものとする」という文言がある。基準上、動画の撮影を課すことに問題はない。

教訓4 | 施工前のリスク軽減

調査結果の伝言と施工者照査

横浜の現場では、事前の地盤調査の充実で、支持層未達のリスクを軽減できなかったのかという疑問が、多くの技術者から寄せられている。現場一帯は複雑な支持層であることが推測できるからだ。

応用地質エンジニアリング本部の上野将司技術参与は、治水地形図を見ながら「現場周辺は、地上部にきつい傾斜のがけがあり、複数の谷が入り混じっている。このことから、地下にも同じような谷があると容易に類推できる」と説明する。杭の位置が、がけのへりに当たる場合、支持層の深さが急激に変わる可能性があるというわけだ。

ボーリング調査地点の間隔が空いていれば、支持層が部分的に落ち込んでいるにもかかわらず、一様に傾

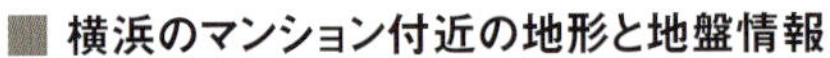

■ 横浜のマンション付近の地形と地盤情報

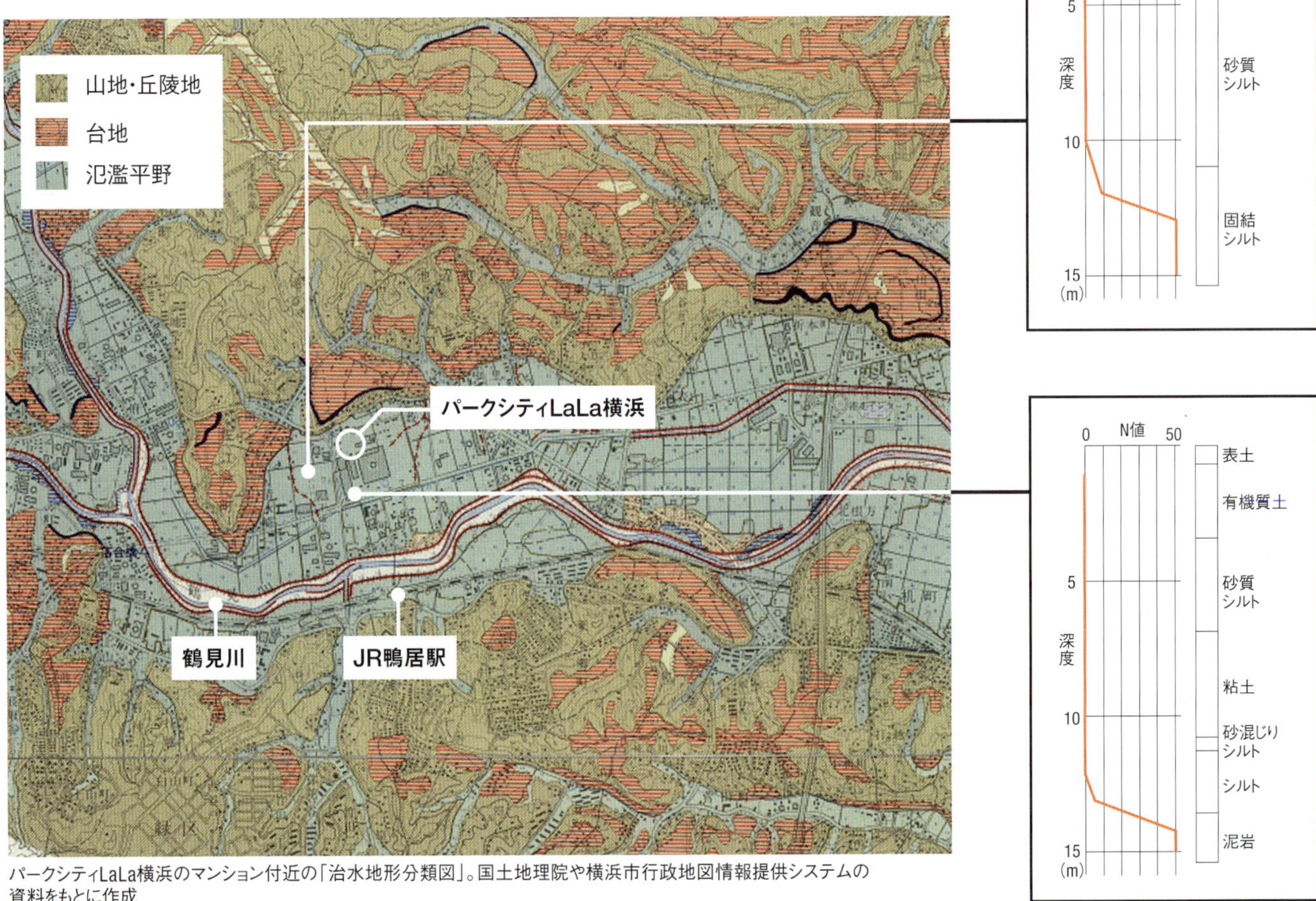

パークシティLaLa横浜のマンション付近の「治水地形分類図」。国土地理院や横浜市行政地図情報提供システムの資料をもとに作成

斜しているとみて設計しかねない。

では、横浜の現場ではどうだったのか。気になるのが、三井住友建設が事前に実施した地盤調査の箇所数だ。記者会見では、敷地全体で7カ所の地盤調査を実施後に、10カ所で追加調査を実施したとしている。

同社はその意図を、「標準貫入試験による地盤調査結果に基づいて、支持層の深さを想定。その過程で支持層の起伏が見られたので、調査を追加した」と述べている。複雑な支持層だという認識はあった。

17カ所の内訳は不明だが、単純に4棟で割ると、1棟当たり4カ所。さらに西棟では、既存の地盤調査結果が9カ所で残っていた。西棟の約60m×約15mの範囲で、少なくとも13カ所の地盤調査結果を参考に設計したとみられる。極端に少ない調査結果で設計したわけではない。

事前調査で支持層の複雑さが分かれば、杭の施工会社に注意すべきポイントを申し送り事項として伝えるのが一般的だ。横浜の件で、旭化成建材にどう伝えていたかは不明だ。

公共事業では施工者の照査義務あり

さらに、設計の適切さも気になる点だ。横浜のマンション敷地内に以前あった建物には、18mの杭が使われていたという資料が残っていた。一方、三井住友建設は14mの杭長で設計。同社は日経BP社の建築専門雑誌の取材に対して、「当社の地盤調査に基づいて杭長は設定した。設計ミスではない」と答えている。

工事契約書や国交省の土木工事共通仕様書では、施工者は設計図書を照査する義務を負っている。地方整備局の設計図書の照査チェックリストには、追加ボーリングの必要性を確認する項目が含まれている。

照査の結果、例えばボーリングの間隔が広いために追加でボーリング調査が必要だと判断されれば、発注者の責任で行うか、またはそれに関する費用を負担してもらえる。公共工事では設計者と施工者の照査で、地盤リスクを評価する機会が2回あるというわけだ。

■ 重層下請け構造の問題点

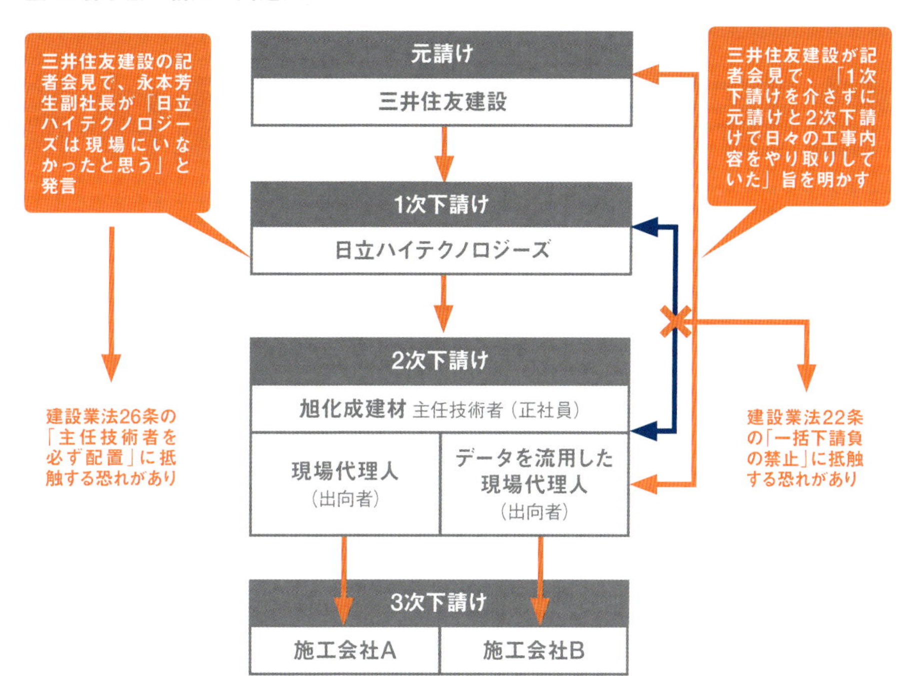

旭化成の資料と取材をもとに作成。2015年12月までに判明した事実に基づく

教訓5 ｜ 下請け構造の再考

作業と責任の関係性を明確に

横浜の案件では、データ改ざんのほかに注目を集めた問題がある。建設業法抵触の恐れだ。2015年12月時点で、1次下請けの日立ハイテクノロジーズが請け負った契約内容は不明。三井住友建設は会見で、「旭化成建材と一緒に管理していたのだろう」とあやふやな回答に終始した。

同社は「日立ハイテクノロジーズは現場にいなかったと思う」とも述べている。建設業法26条の主任技術者を現場に配置することに抵触する恐れがある。

さらに、元請け会社は日々の工事内容の確認などを、日立ハイテクノロジーズを介さずに旭化成建材と直接やり取りしていた。1次下請け会社は管理を丸投げしていた可能性があり、建設業法22条の一括下請負の禁止にも抵触する恐れもある。

重層下請け構造は一般的に、役割と責任があいまいになると言われている。今回も、役割分担が不明瞭になり、実効性のある品質確保体制が取れなかった可能性は十分にある。

今後は下請け構造を見直すと同時に、これまで見てきた教訓を生かしながら、発注者や設計者、元請け会社、下請け会社それぞれが、役割と責任を再度確認する必要がある。

品質管理 ＞ 継続できる品質確保へ

性善説による管理体制から脱却

2015年12月4日に開催した「落橋防止装置等の溶接不良に関する有識者委員会」の第2回会合（182ページ参照）。写真は法政大学教授の森猛委員長（写真:下も日経コンストラクション）

基礎ぐい工事問題に関する対策委員会

杭の品質確保対策以外に、重層下請け構造などの問題や建設業法の実効性についても議論が進む

15年11月25日に開催した「基礎ぐい工事問題に関する対策委員会」の第3回会合後の記者会見。東京工業大学教授の時松孝次委員は左から3番目（178ページ参照）

「（旭化成建材を）信頼していたけど、この工事については裏切られた」。

三井住友建設の永本芳生副社長は、2015年11月11日に開いた記者会見でこう述べた。横浜のマンション問題では、三井住友建設が旭化成建材とのこれまでの付き合いや実績を過信して、施工管理を実質的に形骸化させたことが問題視された。

落橋防止装置の溶接不良問題では、製品に対する施工会社の品質管理の形骸化が見られた。国土交通省の落橋防止装置の有識者委員会で、法政大学教授の森猛委員長は「性善説に基づいて実施されたものが多く、品質管理に対する認識の甘さが工事会社にあったことは否定できない」と述べている。

下請け会社や製作会社は不正やミスを犯さないという「性善説」に基づいた施工・品質管理体制では、不正を見抜けなかった。むしろ、**「不正やミスは起こり得るものだと」と疑って管理する**ことが、建設業界のスタンダードになりつつある。

「元請け会社による杭施工時の全数立ち会い」や「落橋防止装置全数の第三者検査」、「ジョイント全数の性能試験」——。どれも管理の内容は異なるが、管理の範囲は「全数」で共通する。これまでが性善説ならば、これからは「性悪説」に基づいた管理を検討しなければならない。

ただし、全てを性悪説で考えると管理に膨大な手間とコストが掛かり、長続きしない。厳格な管理は不可視部分の施工や工場製作といった注意の行き届きにくい作業に限定するなど、線引きをする必要がある。

未知のリスクを既知に変える

管理の厳格化と密接に絡むのが、適切なリスク管理だ。草柳俊二・高知工科大学名誉教授は「日本の建設会社には、『リスク管理』の概念を持つ経営者が少ない。リスクは回避するものだと思っている」と指摘する。

下請け会社にリスクのある工事を投げれば、管理リスクを回避できると考える元請け会社は少なくない。工事全体で見れば、トータルリスクは変わらないにもかかわらず、自分の手からリスクが離れたと思って、管理がずさんになる傾向がある。

リスクを回避するのではなく、リスクの範囲を減らすことができれば、より効果的な施工管理につながる。そのためには、リスクの実態をつかむことだ。具体的には、リスクにつながる未知の事象を既知に変える取り組みを実施する。

例えば、杭の施工で考えてみる。地盤調査の本数を増やせば、支持層に対する未知のリスクは減り、効率的な管理が可能になる。一方、地盤調査の費用を抑えると、下請け会社に未知のリスクを含んだ施工を委ねなければならない。トータルリスクが変わらないだけでなく、逆に管理は大変になるし、場合によっては施工をやり直す可能性も出てくる。

「かつてはプロセス管理が普通」

ポイントの三つ目は、技術開発で効率や性能が向上しても、管理の本質を忘れてはならないことだ。国交省の基礎杭の委員会で、東京工業大学教授の時松孝次委員は、「杭工事はかつて、プロセスを管理していた。現場で立ち会って確認するのが普通だった」と述べている。

技術開発で杭の施工精度が上がり、現在では、施工報告書やデータで確実に施工できたことを示して残すという方法に移ってきた。施工の効率化や省人化に異論はないが、本来、施工管理で押さえるべきだったポイントまで見失ってはならない。

さらに四つ目のポイントが、分業化された自らの仕事以外でも、最低限の技術力を身に付ける必要があるということだ。182ページで取り上げた落橋防止装置の溶接不良問題では、溶接について基本的な知識さえも持っていない発注者や施工会社の存在が明らかになった。

土木研究センターの西川和廣理事長は、「橋はいろいろな部材でできている。各部材がどういう役割を持っていて、どのような問題を起こすかを考えながら仕事をすべきだが、現実にはできていない」と嘆く。

分業化の弊害は、会社や組織にも言えることだ。「どこかで品質を守ってくれる人がいるはずだ」という意識が社内にまん延していれば、品質管理はおそろかになる。ただし、それはトップの方針次第で変えることが可能だ。会社のトップは、責任を持って品質管理を考えなければならない。「品質は会社の生命線だ」というぐらいの認識がなければ、社員にその重要性は伝わらない。

ひとたび品質が疑われれば、瞬く間に不信は広がり、企業の経営を揺るがす事態になる。

■ 品質確保を続けるための重要なポイント

その一.「信頼関係」だけで管理が成り立つと思い込んでいないか?
→万が一のことを考え、性善説ではなく性悪説に基づいた施工管理の在り方を検討しなければならない

その二. 下請け会社へお願いすることがリスクヘッジにつながると思っていないか?
→誰かにリスクのある作業をお願いしても、工事全体のリスクが消えるわけではない。リスクの実態をつかみ、知らない部分を減らすことから始めなければならない

その三. 工事の便利さや効率を追い求めるあまり、施工管理の意味を見失っていないか?
→技術革新などでデータなどによる施工管理が当たり前になる一方、従来の管理で求めていたポイントをおろそかにしてはいけない

その四. 担当以外の知識を習得する必要はないと思っていないか?
→分業化の弊害。誰かがどこかで品質を守ってくれるという認識ではいけない。自らの担当分野以外でも最低限の知識を習得しなければならない

その五. 経営者が社員や関連企業に対して品質確保のメッセージを出し続けているか?
→業績や株主ばかりに目が向いていないか。品質確保を会社の生命線ととらえ、トップ自らが責任を持って考えなければならない

取材をもとに作成

設計・施工トラブル事例索引

※第1章、第3章、第4章で掲載した設計・施工トラブル発生箇所。カッコ内はトラブルの内容と構造物の所在地。名称などは日経コンストラクション掲載当時のもの。索引は各工種とも五十音順

会計検査指摘事例索引

※第2章で掲載した会計検査の指摘対象。名称などは日経コンストラクション掲載当時のもの。カッコ内は会計検査で焦点となった内容と会計検査の公表年度。索引は各工種とも本書掲載順

著者一覧

第1章　青野昌行（日経コンストラクション副編集長）、安藤剛（日経コンストラクション記者）、真鍋政彦（日経コンストラクション記者）、奥野慶四郎（フリーライター）、山崎一邦（フリーライター）、渡辺圭彦（フリーライター）
第2章　下田健太郎（日経コンストラクション副編集長）、奥野慶四郎、山崎一邦
第3章　青野昌行、真鍋政彦、山崎一邦
第4章　青野昌行、真鍋政彦、島津翔（元日経コンストラクション記者）
第5章　下田健太郎、安藤剛、真鍋政彦、木村駿（日経コンストラクション記者）、奥野慶四郎、加藤光男（フリーライター）

100の失敗事例に学ぶ
設計・施工トラブルの防ぎ方

2016年9月13日　初版第1刷発行

編　者　日経コンストラクション
発行人　安達 功
編集スタッフ　谷川 博
発　行　日経BP社
発　売　日経BPマーケティング
〒108-8646　東京都港区白金1-17-3
アートディレクション　奥村 靫正（TSTJ Inc.）
装丁・デザイン　佐藤 正明／米川 智陽（TSTJ Inc.）
印刷・製本　図書印刷株式会社

 ISBN978-4-8222-3518-5